学ぶ人は、
変えて
ゆく人だ。

目の前にある問題はもちろん、
人生の問いや、
社会の課題を自ら見つけ、
挑み続けるために、人は学ぶ。
「学び」で、
少しずつ世界は変えてゆける。
いつでも、どこでも、誰でも、
学ぶことができる世の中へ。

旺文社

基礎からの
ジャンプアップノート

理論化学

計算＆暗記ドリル

改訂版

東進ハイスクール 講師・駿台予備学校 講師
橋爪健作 著

旺文社

はじめに

「書いて覚える！」

何事も効率良くこなすことが評価される現代では，この「書いて覚える！」という勉強法は，非効率で無駄が多いと感じる人がいるかもしれません。でも，「読む」・「下線を引く」・「マーキングする」という勉強法では，膨大な勉強内容が覚えられないし，入試問題がなかなか解けるようにもならないとも感じていませんか？　ただし，教科書全文をノートに書き写して覚えるような勉強法は明らかに効率が良くない。**インプットとアウトプットの絶妙なバランス，少しずつレベルアップする構成，そして「書いて覚える」という王道の勉強法**をメインに据えた本があれば受験生に喜ばれるのではないだろうか，そんなことを日頃から漠然と考えていました。

いろいろと考え悩んだ末に，従来の参考書や問題集とは異なる新しい形のアウトプット中心のドリルを書くことを思いつきました。漠然とイメージしていたものを形にするのにはかなりの時間と困難を要しましたが，時間をかけ苦労し，かなり納得のいく自慢のドリルに仕上がりました。是非皆さんには，このドリルに書き込みまくり最後まで仕上げてほしいと思います。ドリルが完成した時には，**「短時間」で「効率良く」，入試で必要とされる内容を覚える**ことができたと実感できるのではないかと思います。編集担当者とさまざまなアイディアを盛り込んだこのドリルを楽しみながら完成していってほしいと思います。頑張ってくださいね。

橋爪 健作

この本の特長と使い方

本書は，化学に苦手意識をもっている人・これから学習する人のためのドリル形式の問題集です。初歩の初歩から入試の基礎がためまで，少しずつレベルアップできるように構成してありますので，理論化学の問題を解くために必要な力が無理なく身につきます。
教科書の化学基礎の内容も復習しながら，理論化学（化学基礎・化学）の全分野を学習できます。

本冊の構成

■例題（手本）

問題を解くために必要な重要事項を整理してあります。
解答をうすく印刷してあるところは，他の解答のヒントになるキーワードなどですので，問い全体を考えながら，なぞって覚えましょう。自分の手を動かし，書いて覚えることは大切です。

■練習問題

上の例題（手本）をみながら，練習問題を解きましょう。少しずつレベルアップできるように構成されていますので，無理なく，実力アップすることが可能です。

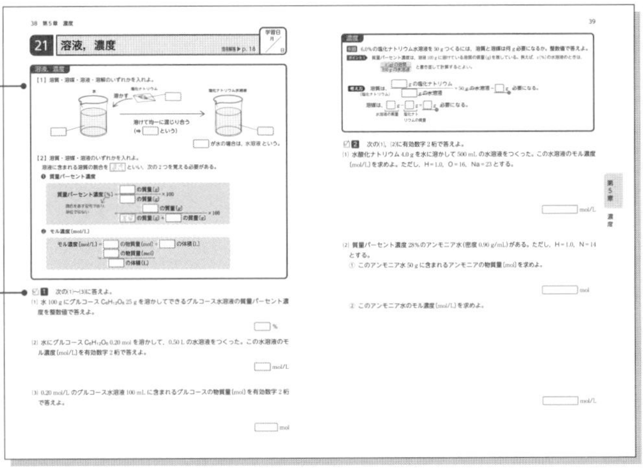

別冊解答の構成

まず，別冊解答の向きを回転させ，文字が読める向きにしてください。
別冊解答では，本冊の問題を縮小して再掲載してありますので，解答が探しやすくなっています。

■解答

解答は，解答欄に赤色で示しました。
（本冊で解答がうすく印刷してあるところは，黒色で示してあります。）

■解説

考え方や計算方法などの解き方です。

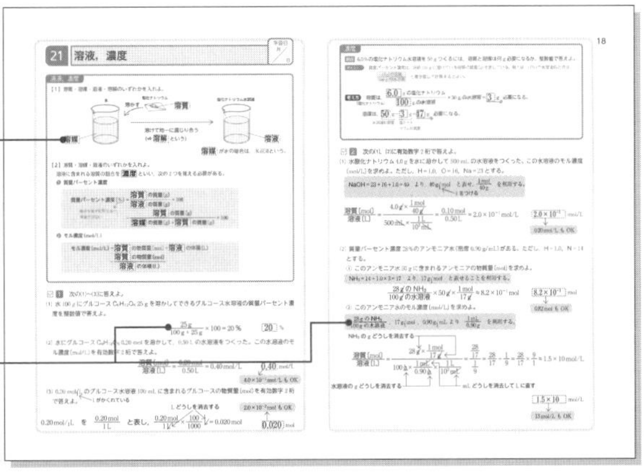

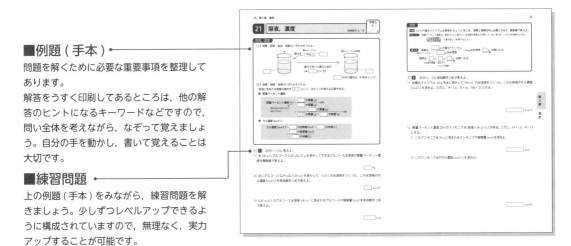

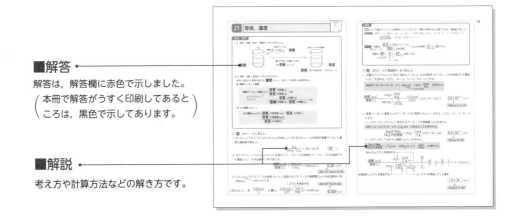

もくじ

1　単体と化合物，純物質と混合物

別冊解答 ▶p. 2

学習日　月／日

【1】空欄に単体《たんたい》，化合物《かごうぶつ》のどちらかを入れよ。

空気 → 窒素 N_2 → [　　]　／　酸素 O_2 → [　　]　／　アルゴン Ar → [　　]　／　二酸化炭素 CO_2 → [　　]　…

いずれも「純物質」とよぶ

空気 ↓ 混合物

純物質が混じりあったものが「混合物」になる

元素記号1種類で表せるものが「単体」になる

元素記号2種類以上で表せるものが「化合物」になる

窒素・酸素・アルゴン・二酸化炭素などは，[純物質] ともよばれる。

【2】空欄に純物質《じゅんぶっしつ》，混合物《こんごうぶつ》のどちらかを入れよ。

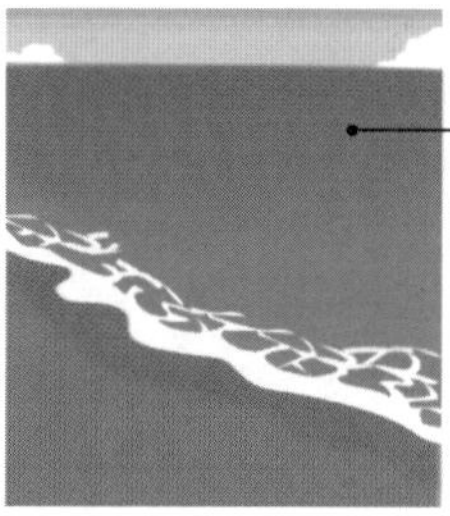

海水 → 水 H_2O → [化合物]　／　塩化ナトリウム NaCl → [化合物]　／　塩化マグネシウム $MgCl_2$ → [化合物]　…

それぞれを [　　] とよぶ

海水 ↓ [　　]

海水は，水，塩化ナトリウムなどの [　　] が混じりあった [　　] である。

☑ **1**　純物質，混合物，単体，化合物のいずれかを入れよ。

物質
- [　　] 例 空気，海水
- [　　]（決まった融点や沸点をもつ）
  - [　　] 例 窒素，酸素，アルゴン
  - [　　] 例 二酸化炭素，水，塩化ナトリウム

☑ **2**　単体，化合物，混合物のいずれかを入れよ。

(1) アンモニア [　　]　(2) 石油 [　　]　(3) 水素 [　　]

(4) 塩酸 [　　]　(5) ドライアイス [　　]　(6) ネオン [　　]

☑ **3**　純物質は，沸点や融点などが決まって [　　]（いる or いない）。これに対して，混合物は，沸点や融点などの値が混じっている純物質の割合によって変化 [　　]（する or しない）。

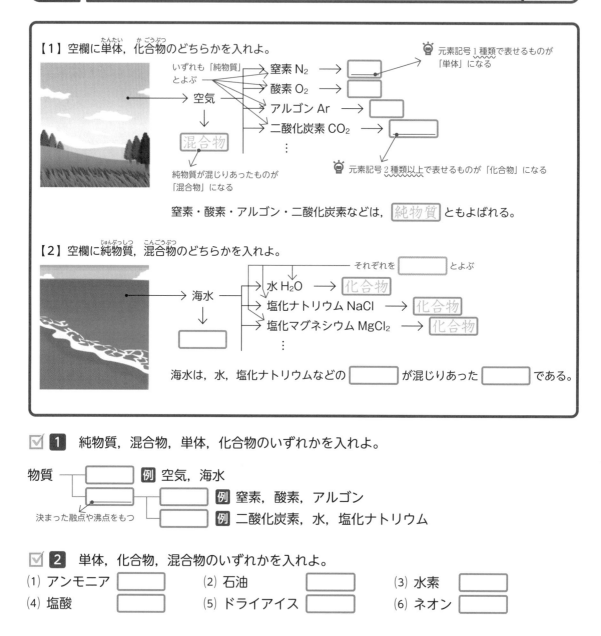

混合物は

［　］・［　］することで，

目的の純物質をとり出す操作のこと　純度を高める操作のこと

純物質に分けることができる。

方法としては，右図のような［　］などがある。

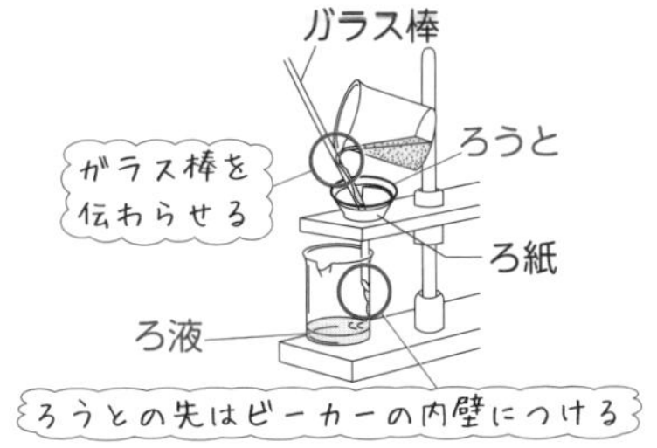

ガラス棒
ろうと
ガラス棒を伝わらせる

ろ液
ろうとの先はビーカーの内壁につける

混合物を分離・精製する方法には，ろ過以外にも次の 4，5 のような方法がある。

☑ **4** ［蒸留］…液体と他の物質との混合物を加熱し［沸　］させることで生じる［　］（気体 or 液体）を冷やして，再び［　］（気体 or 液体）として分離する操作を［　］という。次の❶～❺が実験上の注意点になる。

参考 液体の混合物を蒸留によって分離する操作は，「分留《ぶんりゅう》」という

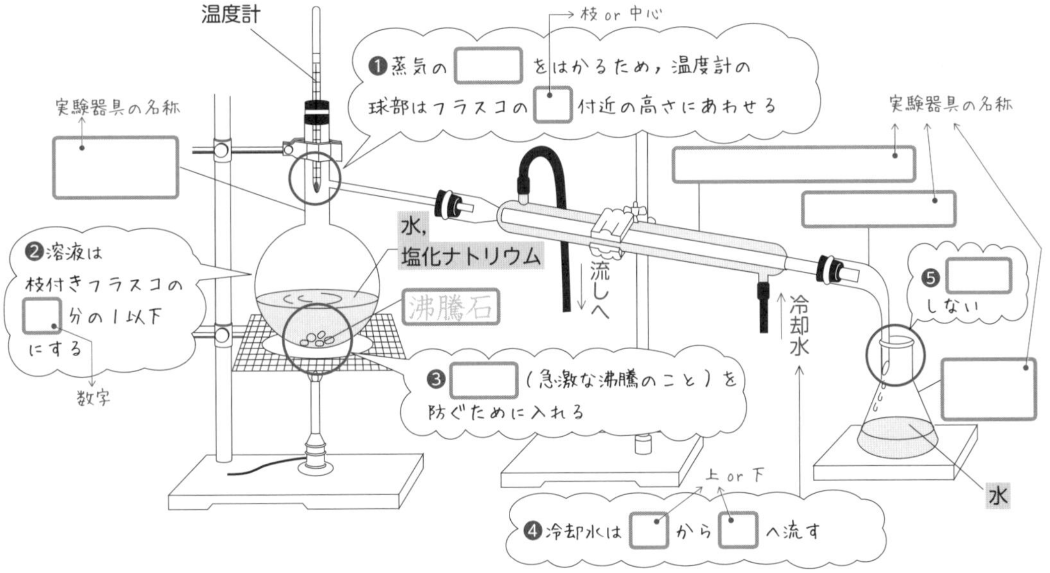

温度計
❶蒸気の［　］をはかるため，温度計の球部はフラスコの［　］付近の高さにあわせる
枝 or 中心
実験器具の名称

実験器具の名称

水，
塩化ナトリウム
沸騰石
❷溶液は枝付きフラスコの［　］分の1以下にする
数字
流しへ
冷却水
❸［　］（急激な沸騰のこと）を防ぐために入れる
❹冷却水は［　］から［　］へ流す
上 or 下
❺［　］しない
水

☑ **5** クロマトグラフィー…ろ紙やシリカゲル（乾燥剤にも使われるケイ素の化合物のこと）などの［吸着剤］への［　］（吸着 or 分離）のされやすさの違いを利用して，混合物を分離・精製する操作を［　］という。ろ紙を使う［　］や，シリカゲルの粉末などをガラス管（カラムという）に詰めたものを使う［　］などがある。

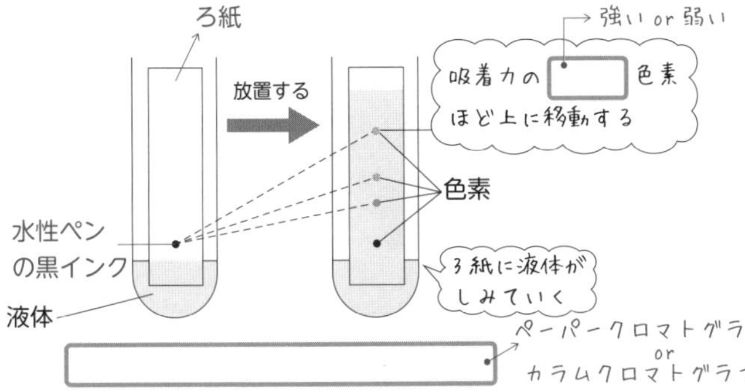

放置する
吸着力の［　］色素ほど上に移動する
強い or 弱い
色素
水性ペンの黒インク

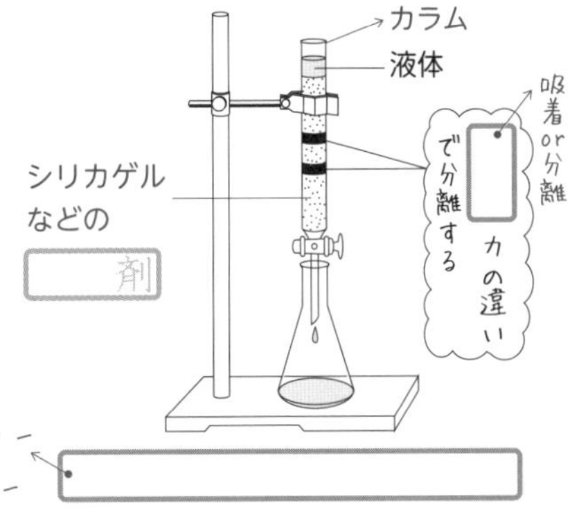

シリカゲルなどの［　剤］
［　］力の違いで分離する

ペーパークロマトグラフィー or カラムクロマトグラフィー

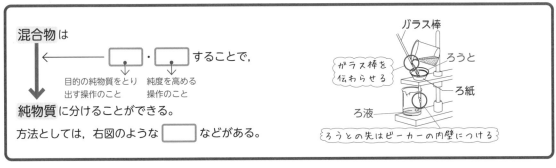

ろ紙に液体がしみていく

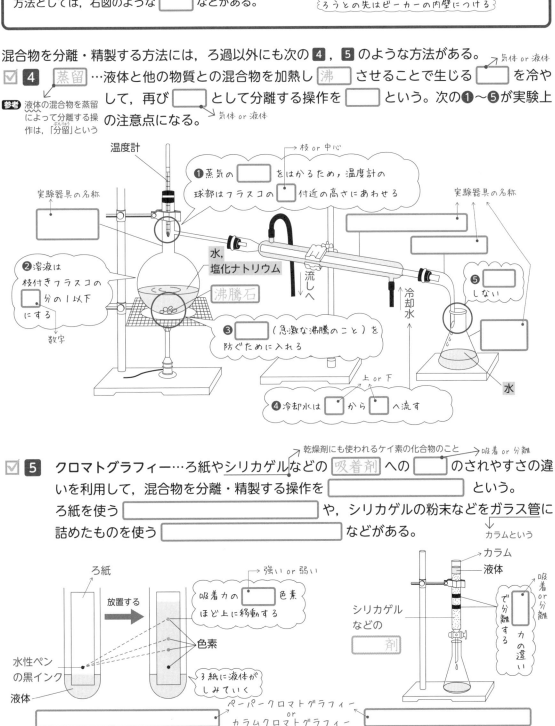

2　単体と元素，同素体

別冊解答 ▶p. 3

学習日　月／日

【1】単体は，1種類の［元素］だけでできている［　　　］である。（→混合物 or 純物質）

【2】元素は，H，He などの［　　　］で表される。（→元素記号 or 原子番号）

【3】ダイヤモンドと［　　］(グラファイト)のように，同じ［　　］からなる［　　］で性質が異なるもの
（ダイヤモンド→宝石，無色透明，硬い　［　　］(グラファイト)→鉛筆の芯，黒色，やわらかい）
どうしを，互いに［　　　］という。

同素体の存在する元素は，［　］《ス》，［　］《コ》，［　］《ッ》，［　］《プ》 と覚えよう。
（元素記号をゴロにあわせて書こう）

☑ 1　硫黄 S の同素体

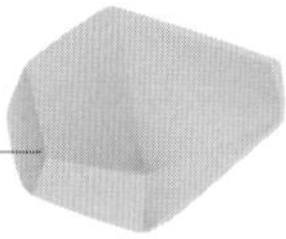

常温で安定

名称 ←［　　　］

ゆっくり加熱すると変化する →

← 放置すると変化する

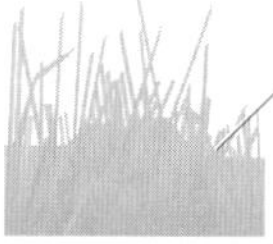

針状の結晶

［　　　］→ 名称

ゴムに似た弾力がある

名称 ←［　　　］

☑ 2　炭素 C の同素体

うすくはがれやすい。

電気を［　　］（通す or 通さない）

鉛筆の芯

［　　］→ 名称

宝石，硬い

電気を［　　　］（通す or 通さない）

［　　　　］→ 名称

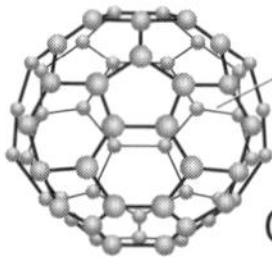

C_{70} もある

C_{60}

名称 ←［　　　］

☑ 3　酸素 O の同素体

O_2 → 無色・無臭　　O_3 → 淡青色・特異臭

［　　］　［　　］→ 名称

☑ 4　リン P の同素体

空気中で［　　　］する

［　　］に保存する（水中 or 空気中）

淡黄色で［　　］（有毒 or 無毒）

［　　］→ 名称

マッチ箱の［　　　］に使われている

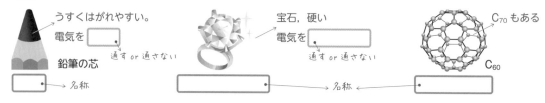

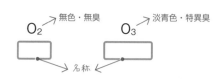

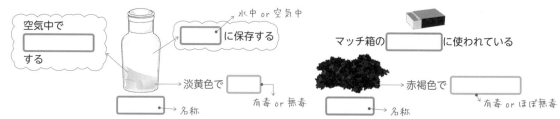

赤褐色で［　　　］（有毒 or ほぼ無毒）

［　　］→ 名称

3 原子の構造，同位体

別冊解答 ▶p. 3

学習日　月／日

原子の構造

例 ヘリウム He 原子のモデル

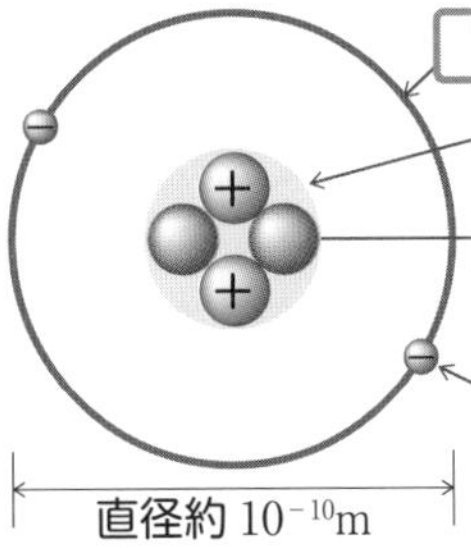

原子核 or 電子殻

［　　］［　　］…［　］の電荷をもつ　（正 or 負）

⊕［　　］…［　］の電荷をもつ　（正 or 負）

●［　　］…電荷を［　　］　（もつ or もたない）

［　　］…［　］の電荷をもつ　（正 or 負）

原子は，［陽子の数］＝［　　の数］になるので，原子全体では電気的に［　　］である。

☑ **1** ［　　核］に含まれる陽子の数を［　　］という。
ヘリウム He 原子がもつ陽子の数は［2］個なので，原子番号は［　］である。

☑ **2** 陽子の数と中性子の数の［和］を［　　］という。

☑ **3**

［　　］→ $^{4}_{2}$He　「陽子の数＋中性子の数」のこと
［　　］→　「陽子の数」と同じになる

質量数 ＝ 陽子 の数＋［　　］の数
原子番号＝［　　］の数 ＝ 電子 の数
（原子全体では電気的に中性なので）

☑ **4** 次の(1)，(2)の原子に含まれる陽子の数，電子の数，中性子の数をそれぞれ求めよ。

(1) $^{35}_{17}$Cl　陽子は［　］個，電子は［　］個，中性子は［　］個

(2) $^{19}_{9}$F　陽子は［　］個，電子は［　］個，中性子は［　］個

同位体

原子番号＝［　　］の数

	(軽)水素 $^{1}_{1}$H	重水素 $^{2}_{1}$H	三重水素 $^{3}_{1}$H
原子番号	［1］	［　］	［　］
質量数	［　］	［　］	［　］
中性子の数	［　］	［　］	［　］

原子番号（陽子の数）が［　　］。（同じ or 異なる）
中性子の数が［　　］ため，質量数が異なっている

原子番号が同じ原子であるが質量数が異なる原子どうしを，［　　］という。［　　］は，質量が異なるが，化学的性質はほとんど［　　］。

（例 $^{1}_{1}$H と $^{2}_{1}$H）（化学的性質：反応のようすのこと）（同じ or 異なる）

☑ **5** 同位体には，原子核が［不安定］で，［　　］とよばれる粒子やエネルギーを出して，別の原子に変わるものがある。これを［　　同位体］という。

（α線，β線，γ線がある）

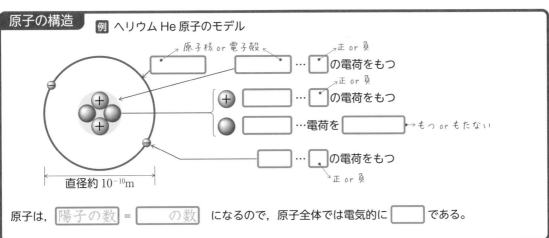

4 元素の周期表

別冊解答 ▶ p. 4

学習日　月／日

次の表を，元素の［　　　］という。最初の［周期表］は，［　　　　　　］によってつくられた(1869年)。
└→ 化学者の名前

<覚え方の例>　第4周期までは，ゴロあわせを使って覚えよう。

族＼周期	1	2	3	4	5	6	7	8	9	10	11	12	13	14	15	16	17	18
1	$_{1}$H スイ																	$_{2}$He ヘー
2	$_{3}$Li リー	$_{4}$Be ベイ											$_{5}$B ボ	$_{6}$C ク	$_{7}$N ノ	$_{8}$O ー	$_{9}$F フ	$_{10}$Ne ネ
3	$_{11}$Na ナナ	$_{12}$Mg マグ											$_{13}$Al アリ	$_{14}$Si シッ	$_{15}$P プ	$_{16}$S ス	$_{17}$Cl ク	$_{18}$Ar アー
4	$_{19}$K ク	$_{20}$Ca カ	$_{21}$Sc スコ	$_{22}$Ti ッチ	$_{23}$V バ	$_{24}$Cr クロ	$_{25}$Mn マン	$_{26}$Fe 鉄	$_{27}$Co 子	$_{28}$Ni に	$_{29}$Cu どう？	$_{30}$Zn あえん	$_{31}$Ga が	$_{32}$Ge ゲ	$_{33}$As 明日	$_{34}$Se せ	$_{35}$Br しゅう	$_{36}$Kr くろ？

臭素 → $_{35}$Br

たての列を族《ぞく》（1〜18族まである）
横の行を周期《しゅうき》（第1〜第7周期まである）
という。

［メンデレーエフ］は，元素を原子量の順に並べた最初の［　　　］をつくった。しかし，現在の周期表は，元素が［　　　　］の順に並べられている。

☑ **1** (1) 周期表のたての列を［　］，横の行を［　　］という。

(2) 周期表は，1〜［　］族，第1〜［　］周期からなる。

(3) 周期表の同じ族に属している元素を［　　　　］という。

(4) 同族元素は性質が［　　　　］ことが多い。特に性質がよく似ている同族元素は，特別な名前でよぶ。
└→ 似ている or 異なる

① 水素H以外の1族元素 ⇒［　　　　　　］

② 2族元素 ⇒［　　　　　　　］

③ 17族元素 ⇒［　　　　］

④ 18族元素 ⇒［　　　］

(5) 周期表の1族，2族，および13〜18族の元素を［　　元素］といい，3〜12族の元素を［　　元素］という。

(6) 元素は［　　元素］とそれ以外の［　　元素］に分けることもできる。
→ 単体が電気や熱をよく通す元素
→ 単体が金属の性質を示さない

(7) 遷移元素はすべて［　　元素］である。
└→ 金属 or 非金属

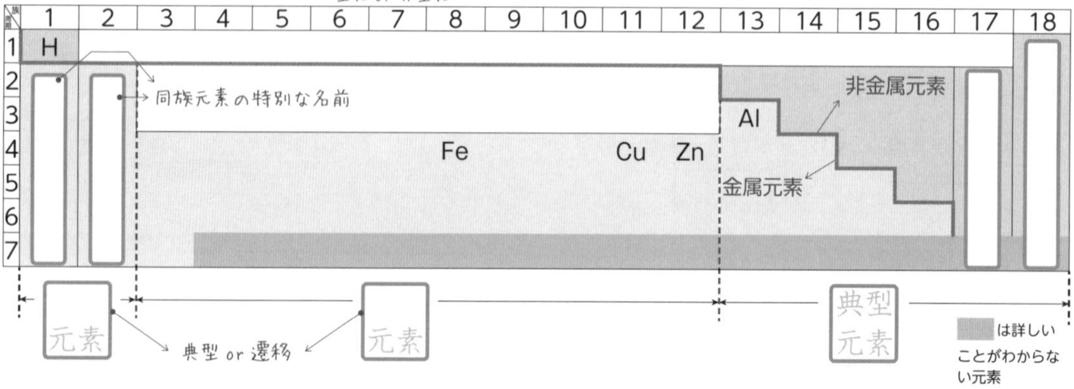

学習日　月／日

5 電子配置

別冊解答 ▶ p. 4

［　　］は，原子核のまわりをいくつかの層に分かれて運動している。
→ e^- と表される

この層を［　　］という。

内側から n 番目の電子殻には，最大［　　］個の電子が入ることができる

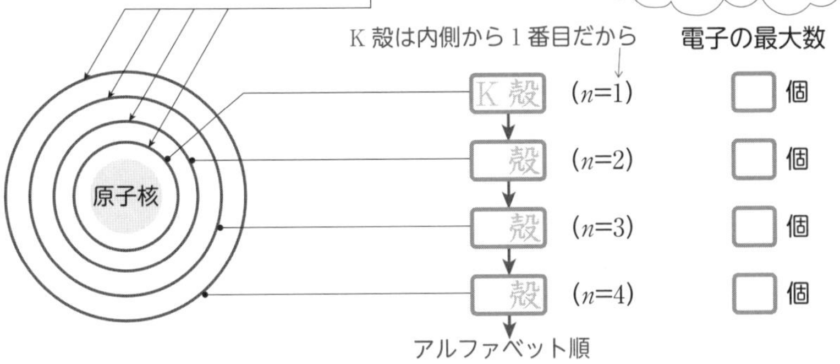

最大数の電子(K 殻なら［　］個，L 殻なら［　］個)で満たされている電子殻を［　　］という。

1 電子殻への電子の入り方を［電子配置］という。電子は，ふつう原子核に最も近い［　］殻から順に，［　］殻，［　］殻，［　］殻と入る。
→ K，L，M or N

2 それぞれの電子殻に入ることのできる電子の最大数は決まっていて，［K］殻，［L］殻，［M］殻，［N］殻，…の順に［2］，［　］，［　］，［　］，…となる。
つまり，内側から n 番目の電子殻には，最大［　　］個の電子が入る。

3 原子番号 12 のマグネシウム原子 $_{12}$Mg では，まず，［K］殻に［　］個，次に［　］殻に
→ 原子番号＝陽子の数＝電子の数　なので電子の数は［　］個
［　］個，残り［　］個の電子が［　］殻に入る。これを，本書では今後，
K(2)L(［　］)M(［　］)　のように表すことにする。このような，電子殻への電子の入り方を
［　　］という。

4 次の(1)～(8)の原子の電子配置を答えよ。

(1) $_{1}$H《水素》［K(1)］
(2) $_{2}$He《ヘリウム》［　　］
(3) $_{3}$Li《リチウム》［　　］
(4) $_{11}$Na《ナトリウム》［　　］
(5) $_{17}$Cl《塩素》［　　］
(6) $_{18}$Ar《アルゴン》［　　］
(7) $_{19}$K《カリウム》［K(2)L(8)M(8)N(1)］
$_{19}$K と $_{20}$Ca は，M 殻に電子がすべて入らず，N 殻に入る
(8) $_{20}$Ca《カルシウム》［　　］

5 最も外側の電子殻にある電子を［　　電子］という。［　　電子］は，原子がイオンになったり，原子と原子が結びついたりするときに重要な役割を示す。$_{7}$N の電子配置は
K(［　］)L(［　］)　となるので，最外殻電子は［　］殻にあり，その数は［　］個とわかる。
→ このような最外殻電子を［　　］ともいう

6 イオン

別冊解答 ▶ p. 5

学習日　月／日

単原子イオン

原子は電気的に［　　］（→陽性 , 中性 or 陰性）なので，電子を失ったり受けとったりすると，［　　］になる。
「+の電荷をもつイオン」を「［　］イオン」，「−の電荷をもつイオン」を「［　］イオン」という。

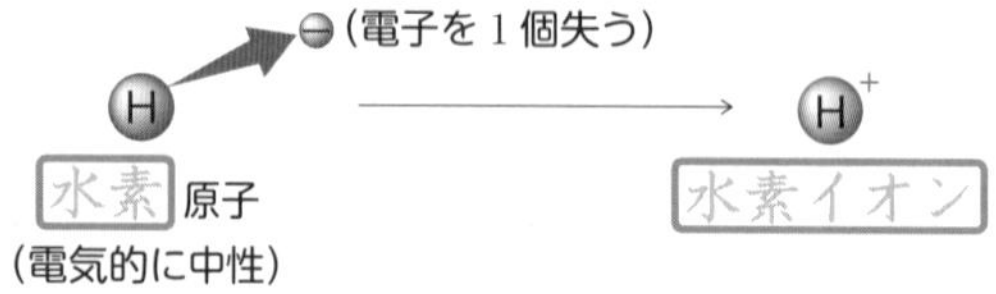

水素イオンは［H^{+}］（1価の陽イオンを表している）と表す。

マグネシウムイオンは［　　］と表す。

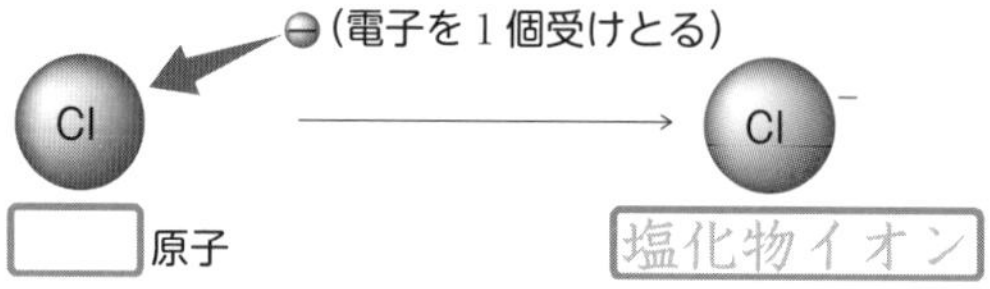

塩《えん》化《か》物《ぶつ》イオンは［　　］と表す。

☑ 1　次の元素記号にイオンの電荷を書け。

周期＼族	1	2	13	14	15	16	17	18
1	H［+］							
2	Li［　］					O［　］	F［　］	
3	Na［　］	Mg［　］	Al［　］			S［　］	Cl［　］	
4	K［　］	Ca［　］					Br［　］	

多原子イオン

多原子イオン（→2個以上の原子からなるイオンのこと）の化学式と名称も覚えよう。

H_3O^{+}（［1］価の［陽］イオン）➡ オキソニウムイオン

NH_4^{+}（［　］価の［　］イオン）➡ アンモニウムイオン

OH^{-}（［　］価の［　］イオン）➡ 水酸《すいさん》化《か》物《ぶつ》イオン

SO_4^{2-}（［　］価の［　］イオン）➡ 硫酸イオン

☑ 2　次の多原子イオンの化学式を書け。

(1) オキソニウムイオン ➡ ［　　］

(2) アンモニウムイオン ➡ ［　　］
　アンモニアの分子式 NH_3

(3) 水酸化物イオン ➡ ［　　］

(4) 硝酸《しょうさん》イオン ➡ ［　　］
　硝酸の分子式 HNO_3

学習日　月／日

7　電子配置と単原子イオン

別冊解答 ▶ p. 5

【1】例題　窒素原子の電子配置を，モデル図を使って表す。

（周期表で何番目になるか思い出そう）

考え方　窒素原子の元素記号は □ となり，原子番号は □ である。
原子番号＝ □ の数＝ □（数字） となり，N の原子核が「＋ □」の電荷をもっていることがわかる。
また，電子の数は，陽子と同じ □ 個となり，その電子配置は K(□)L(□)となる。これをモデル図で表すと，次のようになる。

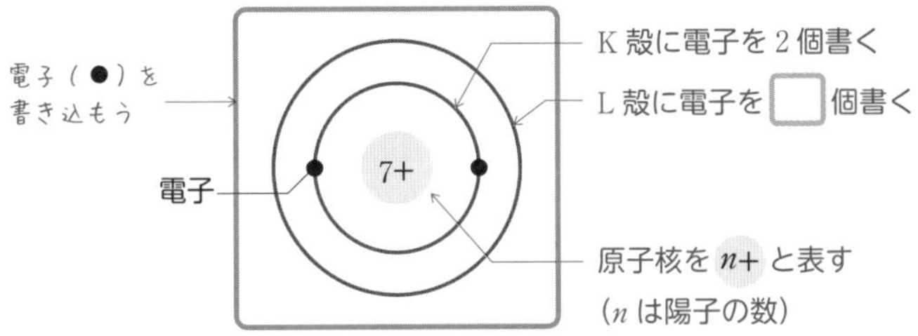

【2】最も外側の電子殻に入っている電子を □ といい，窒素原子の場合は □ 個になる。
最外殻電子のうち，原子がイオンになったり，原子と原子が結びつくときに関わる最外殻電子を □ という。貴ガスの原子は，他の原子と結びつきにくく，□ として存在し，貴ガスの原子の価電子の数はどれも □ 個とする。

参考　原子 1 個がそのまま分子としてふるまうことにより，こうよぶ。

・典型元素(貴ガス以外) … **最外殻電子の数＝ □ の数**
・貴ガス … 最外殻電子の数は □（$_2$He） 個か □（$_2$He 以外） 個になり，**価電子の数は □ 個**　とする。

☑ **1**　価電子の数が 1〜3 個の原子は □（陽イオンになりやすいこと） が強く，価電子 1〜3 個を失って 1〜3 価の □ イオンになりやすい。

例　$_{11}$Na　K(2)L(8)M(1)（電子 1 個を失う） ➡ Na^+　K(□)L(□)

（貴ガスである □（元素記号） 原子と同じ安定な電子配置になる）

価電子の数が 6，7 個の原子は □（陰イオンになりやすいこと） が強く，電子 2，1 個を受けとって，2 または 1 価の □ イオンになりやすい。

例　$_{17}$Cl　K(2)L(8)M(7)（電子 1 個を受けとる） ➡ Cl^-　K(□)L(□)M(□)

（貴ガスである □（元素記号） 原子と同じ安定な電子配置になる）

学習日　月／日

8　イオン化エネルギー，電子親和力

別冊解答 ▶ p. 6

イオン化エネルギー

原子から［電子］1個を取りさって，［　］価の［　］イオンにするのに必要なエネルギーを［　　　　　］という。

エネルギーが原子に吸収される　［イオン化］エネルギー

原子 に［　　　　　］を加えると，原子 となることで電子が1個放出され，原子 は 1価の陽イオン$^{+}$ になる。これを図にまとめると，

原子 ①［　　　　　］を加えることで，
②⊖（［　　］）1個が飛んでいき，
③ 1価の陽イオン$^{+}$ になる

・イオン化エネルギーが小さいほど，陽イオンになり［　　］。（やすい or にくい）
・イオン化エネルギーが大きいほど，陽イオンになり［　　］。

1　次のイオン化エネルギーのグラフを（•をつないで）完成させよ。

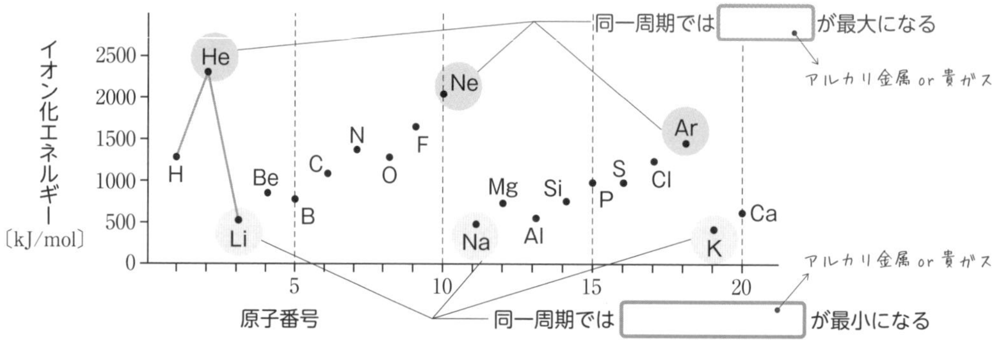

2　18族の［　　］の原子は，電子配置が安定なのでイオン化エネルギーが［　　］（大きく or 小さく），陽イオンになり［　　］（やすい or にくい）。

3　1族の水素原子や［　　　］の原子は，イオン化エネルギーが［　　］（大きく or 小さく），陽イオンになり［　　］（やすい or にくい）。

4　同じ族の原子のイオン化エネルギーを比べてみると，

18族：He［　］Ne［　］Ar（不等号（<，>））

1族：Li［　］Na［　］K

となる。これは，原子番号の大きい原子ほど，原子核から最外殻電子までの距離が［　　］（近く or 遠く）なるために電子が取れ［　　］（やすく or にくく）なり，イオン化エネルギーが［　　］（大きく or 小さく）なるためである。

陽性と陰性

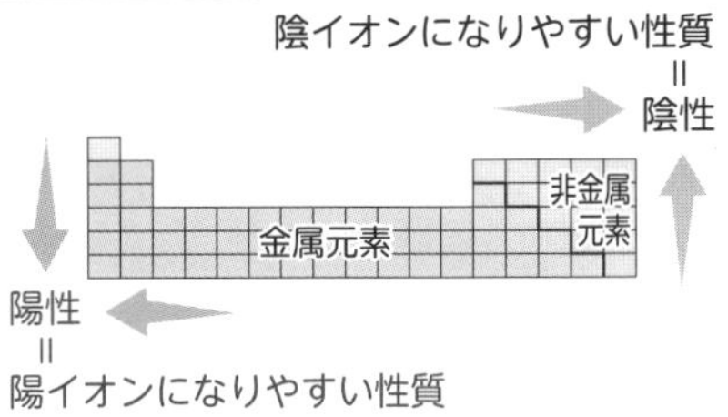

原子が陽イオンになりやすい性質を［　　］といい，陰イオンになりやすい性質を［　　］という。

陽性は［　　］性ともいい，周期表で左下にいくほど［　　］。（強い or 弱い）

陰性は［　　］性ともいい，周期表で右上にいくほど［　　］（18族の貴ガスは除く）。（強い or 弱い）

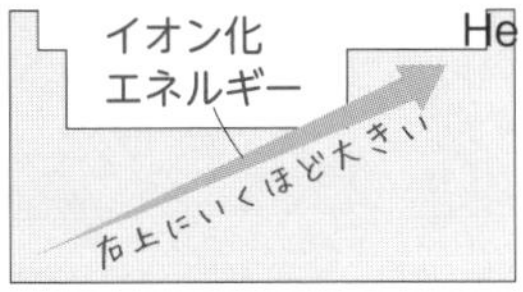

⇒ イオン化エネルギーが最大の原子は，［　　］原子とわかる。

☑ **5** 原子が［　　］1個を受けとり，［　］価の［　］イオンになるときに放出されるエネルギーを［　　　］という。

原子 が電子1個を受けとると，

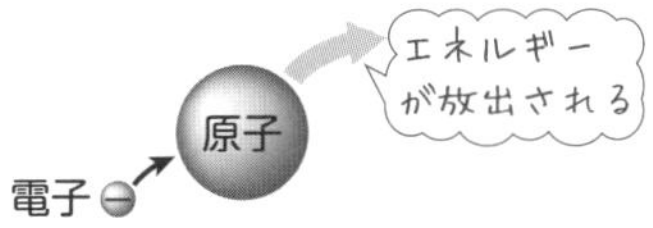

となることでエネルギー(これを［　　　］という)が放出され，原子 は 1価の陰イオン$^-$ になる。これを図にまとめると，

☑ **6**

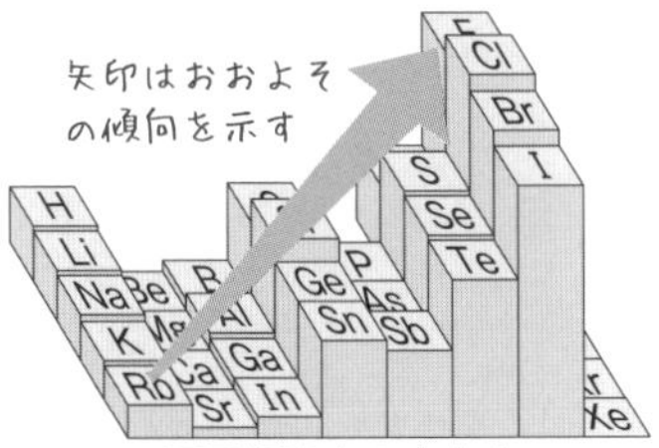

<電子親和力の大きさ>

⇒ ClやFのように，Cl^-や［　］になりやすい原子の電子親和力は［　　］。（大きい or 小さい）

電子親和力の大きい原子ほど陰イオンになり［　　］，陰性が［　　］。（やすく or にくく）（強い or 弱い）

☑ **7** 電子親和力が大きい ⇒ 陰イオンになり［　　］。（やすい or にくい）

☑ **8** 17族の［　　　］の原子は電子親和力が［　　］，陰イオンになり［　　］。（大きく or 小さく）（やすい or にくい）

9　指数，有効数字，比

別冊解答 ▶ p. 7

学習日　月／日

指数の表し方

$5000 = 5 \times 10^{3}$　（左へ3回）　　$0.00007 = 7 \times 10^{-5}$　（右へ5回）

注 「10^n」は「10の n 乗《じょう》」，「10^{-n}」は「10のマイナス n 乗」という。

☑ **1**　次の数を右の例のように表せ。　例　5×10^{3}，7×10^{-5} →「有効数字1桁で表す」という

(1) 40000000000　［　　］

(2) 0.0000008　［　　］

☑ **2**　次の数を右の例のように表せ。　例　5.0×10^{3}，7.0×10^{-5} →「有効数字2桁で表す」という

(1) 400000　［　　］

(2) 0.00000070　［　　］

☑ **3**　次の数を右の例のように表せ。　例　5.00×10^{3}，7.00×10^{-5} →「有効数字3桁で表す」という

(1) 96500　［　　］

(2) 0.00000100　［　　］

指数の計算

【1】$10^a \times 10^b = 10^{a+b}$　　例　$10^3 \times 10^5 = 10^{3+5} = 10^8$

【2】$10^a \div 10^b = \dfrac{10^a}{10^b} = 10^{a-b}$　　例　$10^6 \div 10^3 = 10^{6-3} = 10^3$

【3】$(10^a)^b = 10^{a \times b} = 10^{ab}$　　例　$(10^3)^2 = 10^{3 \times 2} = 10^6$

注　$10^0 = 10^{a-a} = \dfrac{10^a}{10^a} = 1$

☑ **4**　次の計算をして，10^n の形で表せ。

(1) $10^7 \times 10^3$　［　　］　　(2) $10^7 \times 10^{-3}$　［　　］

(3) $10^6 \div 10^2$　［　　］　　(4) $10^{-5} \div 10^{-2}$　［　　］

(5) $(10^2)^4$　［　　］　　(6) $(10^{-2})^{-4}$　［　　］

有効数字

(例1)～(例4)は，いずれも有効数字2桁で表している。

(例1) 2.3　　(例2) 3.0（↑0は有効数字に入る）　　(例3) 0.055（↑0.0は有効数字に入らない）

(例4) 6.0×10 ← 有効数字をはっきり示す表し方(注)を身につけよう‼

注　60と表すと，末位の0を有効数字とみなすかどうかはっきりしない。有効数字2桁であることをはっきり示すには，6.0×10 と表す方がよい。

☑ **5** 次の数の有効数字の桁数を答えよ。

(1) 7 は有効数字 □ 桁　(2) 22.4 は有効数字 □ 桁

(3) 1.01×10^5 は有効数字 □ 桁　(4) 1.013×10^5 は有効数字 □ 桁

(5) 0.080 は有効数字 □ 桁　(6) 1.0×10^2 は有効数字 □ 桁

指数の計算

$$(A \times 10^a) \times (B \times 10^b) = (A \times B) \times 10^{a+b}$$

分けて $A \times B$ だけを計算する

例題 次の計算を有効数字 2 桁で求める。

$(6.0 \times 10^5) \times (0.83 \times 10^{-1}) = (6.0 \times 0.83) \times 10^{5-1} = 4.98 \times 10^4$

$\fallingdotseq 5.0 \times 10^4$

有効数字 2 桁

3 桁目を四捨五入する　4.98 → 5.0

1 桁目　2 桁目　3 桁目

☑ **6** 次の計算を有効数字 2 桁で求めよ。

(1) $(3.0 \times 10^{-1}) \times (2.0 \times 10^{-2})$ □

(2) $(4.0 \times 10^{-3}) \div (2.0 \times 10^{-5})$ □

比の計算

$3 : 8 = 15 : x$　x にあてはまる数を求める。

【解き方 1】 $3 : 8 = 15 : x$ （$\times \frac{8}{3}$，$\times \frac{8}{3}$）

8 は 3 の $\frac{8}{3}$ 倍なので，x は 15 の $\frac{8}{3}$ 倍となる

$x = 40$ 答

または

$3 : 8 = 15 : x$ （$\times 5$，$\times 5$）

15 は 3 の 5 倍なので，x は 8 の 5 倍と求めることもできる

$x = 40$ 答

【解き方 2】 $3 : 8 = 15 : x$

外項の積を求める

内項の積を求める

イコールでむすぶ

$3 \times x = 8 \times 15$（15 と 3 を約分して 5）より，$x = 40$ 答

外項の積　内項の積

☑ **7** 【解き方 1】を使って，次の比例式の x にあてはまる数を有効数字 2 桁で求めよ。

$2.0 \times 10^{-23} : 1.7 \times 10^{-24} = 12 : x$　$x =$ □

☑ **8** 【解き方 2】を使って，次の比例式の N_A を求めよ。

$W : \frac{S}{a} = 284 : N_A$

$N_A =$ □

10　相対質量，原子量

別冊解答 ▶ p. 8

学習日　月／日

相対質量

ボール Ⓐ 1個の質量が 0.0020 g のとき，　これを「1」とすると，

ボール Ⓑ 1個の質量が 0.0040 g であれば，これは「[2]」となる。（×2）（×2）

0.0020 g や 0.0040 g を「[質量]」といい，「1」や「2」を「[相対質量]」という。

例題　^{12}C 1個の質量が 2.0×10^{-23} g のとき，これを「12」（国際基準）とすると，^{24}Mg 1個の質量は 4.0×10^{-23} g なので，^{24}Mg の相対質量は「□」となる。

考え方　次の比例式で求めるとよい。

$\square$ g ： $\square$ g ＝ 12 ： x　　よって，x＝□ 答

（^{12}C 1個の質量）（^{24}Mg 1個の質量）（基準）（^{24}Mg の相対質量）

☑ **1**　^{12}C 1個の質量を 2.0×10^{-23} g，^{27}Al 1個の質量を 4.5×10^{-23} g として，^{27}Al の相対質量を有効数字2桁で求めよ。

$\square$ g ： $\square$ g ＝ $\square$ ： x　　よって，x＝□ 答

（基準）（^{27}Al の相対質量）

原子量の考え方

例題　体重 60 kg の人が 3 人と体重 40 kg の人が 2 人いた。体重の平均は，

$$\frac{60\times\square+40\times\square}{\boxed{3}+\square}=60\times\frac{\square}{\square}+40\times\frac{\square}{\square}=\square\ \text{kg}$$

となる。

☑ **2**　相対質量 10.0 の ^{10}B が 20 個と相対質量 11.0 の ^{11}B が 80 個ある。B の相対質量の平均値（「原子量」という）を小数第一位まで求めよ。

$$\frac{\boxed{10.0}\times\square+\square\times\square}{\boxed{20}+\square}=\boxed{10.0}\times\frac{\square}{\square}+\square\times\frac{\square}{\square}=\square$$ 答

ホウ素 B の原子量（軽い ^{10}B と重い ^{11}B の相対質量の平均値）

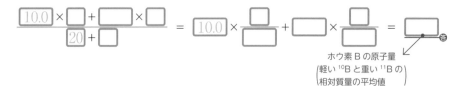

分子量，式量

【1】 分子量 ：分子式を構成している元素の原子量の合計

例題　C の原子量を 12，O の原子量を 16 とすると，二酸化炭素 CO_2 の分子量は，次のように求める。

CO_2 の 分子量 ＝(C の 原子量)＋(O の ［　　］)×2

＝ 12 ＋ ［　］×2

＝ ［　］

分子は，原子何個かが集まってできている粒子のこと

【2】 式量 ：Na^+ や Cl^- などのイオン，NaCl などのイオンからなる化合物(Na^+，Cl^- からなる)，および Cu などの金属のように，分子を単位としないものに用いる。

例題　Na の原子量を 23，Cl の原子量を 35.5，Cu の原子量を 63.5 とすると，

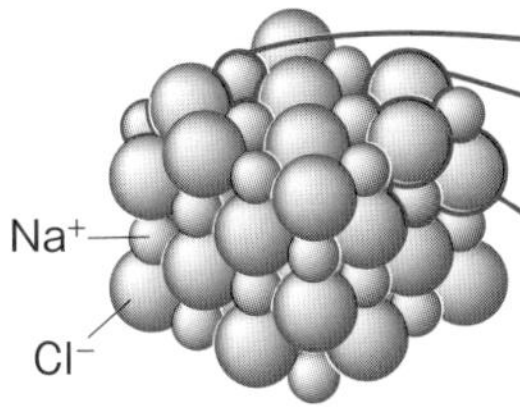

塩化ナトリウム NaCl の結晶
（Na^+ と Cl^- が集まってできている）

電子の質量はとても小さいので，Na の原子量がそのまま Na^+ の式量になる

Na^+ の式量＝(Na の原子量)＝［　］

Cl^- の式量＝(［　］の原子量)＝［　　］

電子の質量はとても小さいので ,Cl の原子量がそのまま Cl^- の式量になる

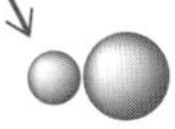

NaCl の式量＝(Na の ［　　］) ＋ (Cl の ［　　］)

＝　23　　＋　35.5

＝　58.5

NaCl → 組成式 という

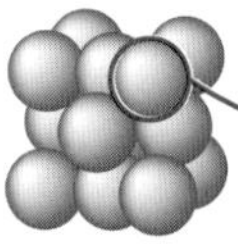

銅 Cu の結晶
（Cu が集まってできている）

Cu の式量＝(Cu の原子量)＝　63.5

Cu → ［　　式］という

☑ **3**　次の物質の分子量を整数値で求めよ。ただし，原子量は H＝1.0，C＝12，O＝16，S＝32 とする。

(1) 水素　H_2　の分子量　［　］
(2) 酸素　O_2　の分子量　［　］
(3) 水　H_2O　の分子量　［　］
(4) メタン　CH_4　の分子量　［　］
(5) 硫酸　H_2SO_4 の分子量　［　］

☑ **4**　次のイオンや物質の式量を整数値で求めよ。ただし，原子量は H＝1.0，N＝14，O＝16，Na＝23，Al＝27 とする。

(1) 水酸化物イオン OH^- の式量　［　］
(2) アンモニウムイオン NH_4^+ の式量　［　］
(3) ナトリウム Na の式量　［　］
(4) アルミニウムイオン Al^{3+} の式量　［　］

第3章　物質量

11 単位変換

別冊解答 ▶p. 9

学習日　月／日

1 m = [100] cm = [10^2] cm　のように「同じ量を2通りの単位で表せる」とき，

（→今回は m と cm）

$\frac{10^2\ [\mathrm{cm}]}{1\ [\mathrm{m}]}$　または　$\frac{1\ □}{10^2\ □}$

と表し，どちらか必要な方を選び，単位ごと計算すると単位を変換できる。（コツ）

例題 7 m を cm の単位に変換するときには，m から cm への変換なので，$\frac{□\ \mathrm{cm}}{□\ \mathrm{m}}$　を利用し，

$7\ \mathrm{m} \times \frac{10^2\ \mathrm{cm}}{1\ \mathrm{m}} = 7\times10^2\ \mathrm{cm}$ 答　とする。

（「m」どうしを消去する）

☑ **1**　□ にあてはまる数を $A\times10^n$ の形で書け(ただし，$1\leqq A<10$ とする)。

(1) 3 m　= □ cm

(2) 5 cm = □ m

(3) 4 kg = □ g

(4) 8 g　= □ kg

(5) 2 t　= □ g

$\mathrm{g/cm^3}$ のような「/(マイ)」がついている単位を見つけたら，次の❶，❷を意識する。

❶ 質量〔g〕÷体積〔$\mathrm{cm^3}$〕　という計算で求められる。

❷ 1 $\mathrm{cm^3}$ あたりの質量〔g〕を表している。

例題 質量 135 g，体積 50 $\mathrm{cm^3}$ の金属の密度〔$\mathrm{g/cm^3}$〕を小数第1位まで求めてみる。$\mathrm{g/cm^3}$ なので g÷$\mathrm{cm^3}$ を計算することで求めることができる。

□ g÷□ $\mathrm{cm^3}$ = $\frac{□\ \mathrm{g}}{□\ \mathrm{cm^3}}$ = □ $\mathrm{g/cm^3}$

☑ **2**　氷の密度を 0.90 $\mathrm{g/cm^3}$ とする。次の(1)，(2)に整数値で答えよ。

(1) 体積 50 $\mathrm{cm^3}$ の氷の質量は □ g になる。

(2) 質量 1.8 g の氷の体積は □ $\mathrm{cm^3}$ になる。

学習日　月／日

12 物質量〔mol〕の考え方の基本

別冊解答 ▶ p. 9

例題 鉛筆は 12 本をまとめて 1 ダースとして数える。ここで，4800 本の鉛筆が何ダースか求めてみる。

考え方 1 ダース = 12 本　なので，$\frac{\square\text{本}}{\square\text{ダース}}$　または　$\frac{\square\text{ダース}}{\square\text{本}}$　と表すことができ，「本」から「ダース」への変換なので　$\frac{\square\text{ダース}}{\square\text{本}}$　を利用して，

$$4800\,\cancel{\text{本}} \times \frac{1\,\text{ダース}}{12\,\cancel{\text{本}}} = \underline{400\,\text{ダース}}$$ 答　となる。

「本」どうしを消去する

☑ **1**　次の(1)，(2)に整数値で答えよ。

(1) 鉛筆 3 ダースは，鉛筆 □ 本になる。

(2) 鉛筆 720 本は，鉛筆 □ ダースになる。

物質量〔mol〕の考え方

原子は 6.0×10^{23} 個をまとめて 1 mol《モル》 として数える。

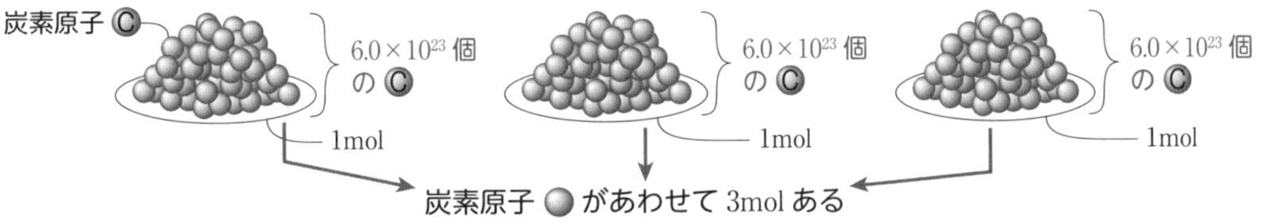

例題 炭素原子 C 3 mol《モル》 に含まれる炭素原子の数を求める。

考え方 $\underline{6.0\times10^{23}\,\text{個}/\text{mol}}$（「個」がかくれている）（アボガドロ定数という）　なので，$\frac{\square\,\text{個}}{1\,\text{mol}}$　または　$\frac{1\,\text{mol}}{\square\,\text{個}}$　と表すことができ，

「mol」から「個」への変換なので，$\frac{\square\,\text{個}}{1\,\text{mol}}$　を利用して，

$$3\,\cancel{\text{mol}} \times \frac{6.0\times10^{23}\,\text{個}}{1\,\cancel{\text{mol}}} = 18\times10^{23}\,\text{個} = \underline{1.8\times10^{24}\,\text{個}}$$ 答　となる。

（$18 \rightarrow 1.8\times10$）

☑ **2**　次の(1)，(2)に有効数字 2 桁で答えよ（アボガドロ定数 6.0×10^{23}/mol）。

(1) ナトリウム原子 Na 3.0×10^{23} 個の集まりは何 mol になるか。　□ mol

(2) 銅原子 Cu 2.0 mol に含まれる銅原子 Cu の数は何個になるか。　□ 個

物質量〔mol〕の考え方（分子，イオンなどの場合）

【1】分子は 6.0×10^{23} 個をまとめて 1 □ として数える。

原子も 6.0×10^{23} 個をまとめて 1 mol とした

【2】イオンも □ 個をまとめて 1 mol《モル》として数える。

【3】NaCl や NaOH なども，NaCl や NaOH という粒子が存在すると考え，NaCl □ 個をまとめて 1 mol《モル》，NaOH □ 個をまとめて 1 mol《モル》として数える。

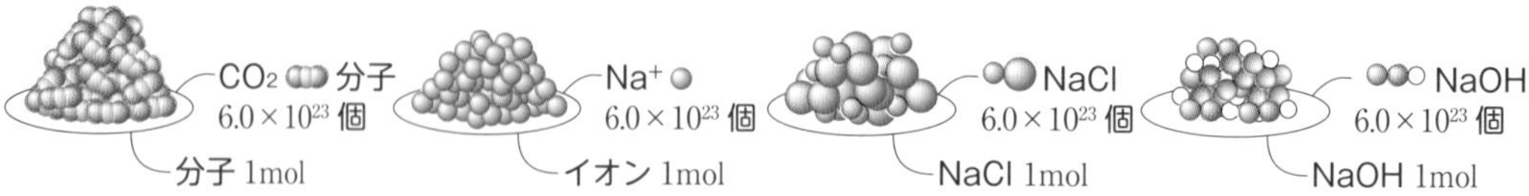

大きさや g は関係なく，個数だけを考えること !!

例題 二酸化炭素 CO_2 1.5 mol《モル》に含まれる CO_2 分子の数を有効数字 2 桁で求める。

考え方 □ 個/mol（←「個」がかくれている，←「1」がかくれている）　なので，1.5 ~~mol~~ × $\dfrac{\square\ 個}{1\ \text{mol}}$ ＝ □ 個

3　次の(1)〜(3)に有効数字 2 桁で答えよ。ただし，アボガドロ定数は 6.0×10^{23}/mol とする。

(1) 水 0.50 mol に含まれる水分子の数は何個か。

□ 個

(2) ナトリウムイオン 1.2×10^{23} 個は何 mol か。

□ mol

(3) 塩化ナトリウム 10 mol に含まれる塩化ナトリウムは何個か。

□ 個

1 mol の質量

「1 mol の質量」は，原子量・分子量・式量の数値に単位 g をつけた値になる。

例題 原子量を H＝1.0，O＝16，Na＝23，Al＝27 とし，それぞれ 1 mol の質量を有効数字 2 桁で答える。

アルミニウム Al 1 mol の質量は，Al　＝□ より，□ g になる。 ⇒ □ g/mol と表せる（モル質量という）

水素分子 H_2 1 mol の質量は，　H_2　＝□ より，□ g になる。 ⇒ □ g/mol と表せる

水分子 H_2O 1 mol の質量は，　H_2O＝□ より，□ g になる。 ⇒ □ g/mol と表せる

水酸化ナトリウム NaOH 1 mol の質量は，NaOH＝□ より，□ g になる。 ⇒ □ g/mol と表せる

4　次の(1)，(2)に有効数字 2 桁で答えよ。H＝1.0，C＝12，O＝16

(1) メタン CH_4 のモル質量

□ g/mol

(2) 二酸化炭素 CO_2 のモル質量

□ g/mol

13 物質量〔mol〕計算

別冊解答 ▶ p. 10

学習日 月／日

物質量〔mol〕計算（原子の場合）

（←「個」がかくれている）（「1」がかくれている→）

アボガドロ定数を 6.0×10^{23} 個/mol とすると，1 mol のアルミニウム Al は，［　　　］個の Al 原子からなる。また，Al＝27 より，Al のモル質量は［　］g/mol となる。よって，（←「1」がかくれている）

Al 0.027 g の物質量〔mol〕は，

$$0.027\,\text{g}\times\frac{1\ \text{mol}}{[\quad]\ \text{g}}=[\qquad]\ \text{mol}$$（有効数字 2 桁）

となり，その粒子数は，（そのまま代入する）

$$[\qquad]\ \text{mol}\times\frac{[\qquad]\ \text{個}}{1\ \text{mol}}=[\qquad]\ \text{個}$$（有効数字 2 桁）

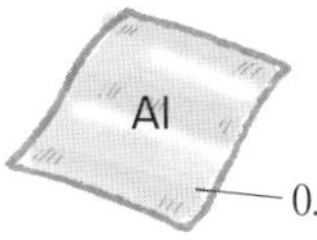

☑ **1** 次の(1)〜(3)に，有効数字 2 桁で答えよ。ただし，Al＝27，Mg＝24，アボガドロ定数 6.0×10^{23}/mol とする。

(1) ナトリウム 3.0 mol 中のナトリウム原子の数

［　　　　］個

(2) アルミニウム 5.4 g 中のアルミニウム原子の数

［　　　　］個

(3) マグネシウム 4.8 g の物質量〔mol〕

［　　　　］mol

物質量〔mol〕計算（分子の場合）

H＝1.0，O＝16 より，H_2O の分子量＝［　］（有効数字 2 桁） なので，水分子 H_2O のモル質量は［　］g/mol となる。また，アボガドロ定数を 6.0×10^{23} 個/mol とすると，1 mol の水分子 H_2O は［　　　］個の H_2O からなる。

よって，コップ 1 杯の水 H_2O（180 g）の物質量〔mol〕は，

$$180\,\text{g}\times\frac{1\ \text{mol}}{[\quad]\ \text{g}}=[\qquad]\ \text{mol}$$（有効数字 2 桁）

となり，その粒子数は，（そのまま代入する）

$$[\qquad]\ \text{mol}\times\frac{[\qquad]\ \text{個}}{1\ \text{mol}}=[\qquad]\ \text{個}$$（有効数字 2 桁）

☑ **2** ドライアイス CO_2 4.4 kg について，次の(1)，(2)に有効数字 2 桁で答えよ。C＝12，O＝16，アボガドロ定数 6.0×10^{23}/mol

(1) 物質量〔mol〕

［　　　　］mol

(2) CO_2 分子の数〔個〕

［　　　　］個

物質量〔mol〕と気体の体積

0℃，1.013×10^5 Pa《パスカル》(この温度・圧力の状態を［　　状態］ということもある)で気体 1 mol の体積は，すべての気体で［　　］L になる。これを［　　］L/mol と書く。

H$_2$，CO$_2$，O$_2$，…など，どの気体でもいえる

小数第1位まで

モル体積という

☑ 3　次の(1)，(2)に有効数字 2 桁で答えよ。

(1) 酸素 O_2 3.0 mol は，0℃，1.013×10^5 Pa で何 L か。

［　　　］L

(2) 0℃，1.013×10^5 Pa で，5.6 L の O_2 の物質量は何 mol か。

［　　　］mol

物質量〔mol〕計算のまとめ

【1】時速

1 時間あたりに進む距離〔km〕を　km/時　と書く。

1 ←「1」がかくれている

【2】アボガドロ定数(記号 N_A)

1 mol あたりの粒子の数 6.0×10^{23} 個を［アボガドロ定数］といい，6.0×10^{23} 個/mol　と書く。

「個」がかくれている　　1 ←「1」がかくれている

【3】モル質量

物質 1 mol あたりの質量を［モル質量］といい，g/mol　と書く。

1 ←「1」がかくれている

例　Al = 27 は 27 g/mol，H_2 = 2.0 は 2.0 g/mol，NaCl = 58.5 は 58.5 g/mol　となる。

【4】モル体積

物質 1 mol あたりの体積を［モル体積］といい，0℃，1.013×10^5 Pa(［　　状態］ということもある)では，22.4 L/mol　と書く。

1 ←「1」がかくれている

【5】気体の密度

気体 1 L あたりの質量を気体の密度といい，g/L　と書く。

1 ←「1」がかくれている

☑ 4　次の(1)～(4)に答えよ。ただし，数値は整数値で答えよ。

(1) アボガドロ定数の記号は［　　］で表し，その単位は［　　　］になる。

(2) モル質量は，原子量・分子量・式量に単位［　　　］をつけて表す。

(3) H = 1.0，O = 16，Na = 23，Cl = 35.5，Ca = 40 とすると，

　O_2 のモル質量は［　］g/mol，H_2O　のモル質量は［　］g/mol，

　Na のモル質量は［　］g/mol，$CaCl_2$ のモル質量は［　　］g/mol

になる。

(4) 0℃，1.013×10^5 Pa で，ある気体 1.2 L の質量は 2.4 g であった。この気体の 0℃，1.013×10^5 Pa での密度は［　］g/L になる。

☑ **5** 次の(1)〜(8)に有効数字2桁で答えよ。ただし，アボガドロ定数は 6.0×10^{23}/mol，気体の体積は0℃，1.013×10^5 Pa での値とする。

(1) 二酸化炭素 CO_2 1.5 mol に含まれる CO_2 分子の数〔個〕

□個

(2) 水素 H_2 分子 1.2×10^{22} 個の物質量〔mol〕

□mol

(3) カルシウム Ca 0.75 mol の質量〔g〕(ただし，Ca = 40 とする)

□g

(4) 塩化ナトリウム NaCl 23.4 g の物質量〔mol〕(ただし，Na = 23，Cl = 35.5 とする)

□mol

(5) 水 H_2O 4.5 g に含まれる H_2O 分子の数〔個〕(ただし，H = 1.0，O = 16 とする)

□個

(6) アンモニア NH_3 2.5 mol の体積〔L〕

□L

(7) 酸素 O_2 112 mL の物質量〔mol〕

□mol

(8) 密度 1.25 g/L の気体の分子量

□

14 イオン結合とイオン結晶

学習日 月 / 日

別冊解答 ▶p. 12

【1】ナトリウムイオン Na^+ と塩化物イオン Cl^- は，静電気的な力で引きあって結びつく。

$Na^+ \Rightarrow \Leftarrow Cl^-$ ➡ Na^+Cl^- ➡ $Na^+Cl^-Na^+$ / $Cl^-Na^+Cl^-$ / $Na^+Cl^-Na^+$

たがいに引き合う　　さらに集まる　　（イオン結晶という）

この静電気的な力を，［静電気］力または［　　　］力という。Na^+ と Cl^- の結びつき方を［　　　］結合という。

【2】イオンなどの粒子が規則正しく並んでいる固体を［結晶］といい，塩化ナトリウム NaCl は［　　　］結晶という。

☑ **1** 塩化ナトリウムは，Na^+（［　　　］イオン）と Cl^-（［　　　］イオン）が［　　　］結合している。

金属元素と非金属元素が結びつくことが多い

☑ **2** 塩化ナトリウムは，［　　　］結合からできている［　　　］結晶である。

☑ **3** Na^+ と Cl^- を結びつける静電気的な力を［　　　］力または［　　　］力という。

組成式のつくり方

イオンからなる物質は［　　　］で表す。（分子式 or 組成式）

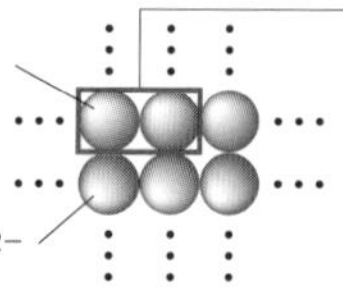

「組成式」は，構成しているイオンの数を最も簡単な整数比で表す

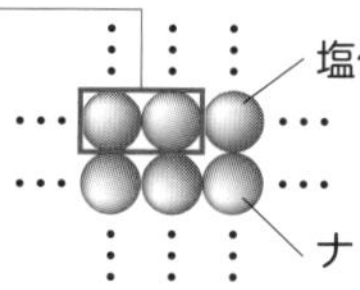

●**組成式のつくり方**

〈Ca^{2+} と Cl^- の場合〉

❶ 価数の比を求める

Ca^{2+} : Cl^- ＝ 2価 : 1価 ＝ 2 : 1

❷ 価数の比を書き，その比をたすきに書く

価数の比を書く → 2　1

Ca　Cl

価数の比をたすきに書く

❸ 組成式が完成する

$CaCl_2$

〈Ca^{2+} と $SO_4{}^{2-}$ の場合〉

❶ 価数の比を求める

Ca^{2+} : $SO_4{}^{2-}$ ＝ ［　］価 : ［　］価 ＝ 1 : ［　］

❷ 価数の比を書き，その比をたすきに書く

価数の比を書く → 1　1

Ca　SO_4

価数の比をたすきに書く

❸ 組成式が完成する

［　　　］

☑ **4** 次のイオンからなる物質の組成式を書け。

(1) Na^+，Cl^- ［　　　］　(2) Ca^{2+}，F^- ［　　　］　(3) Al^{3+}，Cl^- ［　　　］

(4) Cu^{2+}，$NO_3{}^-$ ［　　　］　(5) Al^{3+}，OH^- ［　　　］　(6) Al^{3+}，$SO_4{}^{2-}$ ［　　　］

イオンからなる物質の名前のつけ方

例題1 $CaCl_2$ の名前をつける。

❶ 組成式をつくっている陰イオンと陽イオンの名称をつける。

↓ Cl^- は［　　　］イオン，Ca^{2+} は［　　　　］イオンとなる。

❷「〜化物イオン」は「物イオン」をとり，「〜イオン」は「イオン」をとる。

↓ Cl^- は塩化物イオンなので「［　　］」，Ca^{2+} はカルシウムイオンなので「［　　　　］」と直す。

❸「陰イオン → 陽イオン」の順に名前をつける。

「$CaCl_2$」は，「塩化 カルシウム」となる。

例題2 Na_2SO_4 の場合，$SO_4{}^{2-}$ は［　　］イオン，Na^+ は［　　　　］イオンなので，

硫酸イオンは「硫酸」，ナトリウムイオンは「ナトリウム」と直す。

よって，名前は「［　　　　　］」となる。

5 次の物質の名称を書け。

(1) $NaCl$［　　　　　］　(2) $NaOH$［　　　　　］

(3) Na_2SO_4［　　　　　］　(4) $CaSO_4$［　　　　　］

(5) CaF_2［　　　　　］　(6) $Al_2(SO_4)_3$［　　　　　］

イオン結晶の性質

【1】［　　　］結合が強いので，融点が［　　］（高く or 低く），［　　］（やわらかい or 硬い）ものが多い。

【2】強い力が加えられてイオンの配列がずれると，イオンどうしが［反発］することで結晶は割れ［　　　］（やすく or にくく），［　　　］（丈夫 or もろい）。

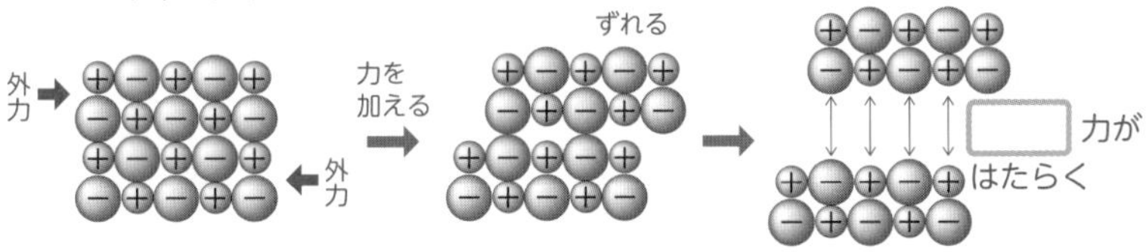

このように特定の面にそって結晶が割れることを［へき開］という。

【3】結晶のままでは電気を［　　　］（通す or 通さない）が，融解して液体にしたり，水に溶かして［　　　］にしたりすると，イオンが動けるようになるので，電気を［　　］（通す or 通さない）ようになる。

6 イオン結晶は，次のような共通の性質がある。

① 融点の［　　］（高い or 低い）ものが多い。

② ［　　］（やわらかい or 硬い）が，もろく，割れ［　　　］（やすい or にくい）。

③ 結晶は電気を［　　　］（通す or 通さない）。

④ 融解した液体（［　　　］）や水溶液は電気を［　　］（通す or 通さない）。

第4章 化学結合

15 分子，共有結合，電子式

別冊解答 ▶p. 13

学習日　月／日

分子

非金属元素の原子が結びついてできた粒子を［　　］という。
水素分子 H_2 は 2 個の原子からなるので［二原子分子］，水分子 H_2O は［　］個の原子からなるので［　　　　］という。3 個以上の原子からなる分子を［多原子分子］という。

水素 H_2　　酸素 O_2　　水 H_2O　　二酸化炭素 CO_2　　アンモニア NH_3　　メタン CH_4

［　］原子分子　［　］原子分子　［　］原子分子　［　］原子分子　［　］原子分子　［　］原子分子

多原子分子

ヘリウム He やネオン Ne などの［ガス］は，原子 1 個が分子のふるまいをするので［　　　　］という。

☑ **1** 次の分子は，単原子分子，二原子分子，多原子分子のいずれか答えよ。

(1) 水［　　　　］　(2) アンモニア［　　　　］　(3) 水素［　　　　］

(4) アルゴン［　　　　］　(5) 酸素［　　　　］　(6) 窒素［　　　　］

共有結合，電子式

【1】共有結合　水素分子 H_2 は 2 個の水素原子 H が価電子を［　］個ずつ出し合い，それを原子間で共有してできている。このように，2 個の原子が価電子を出し合い，それを 2 個の原子で共有してできる結合を［　　］結合という。

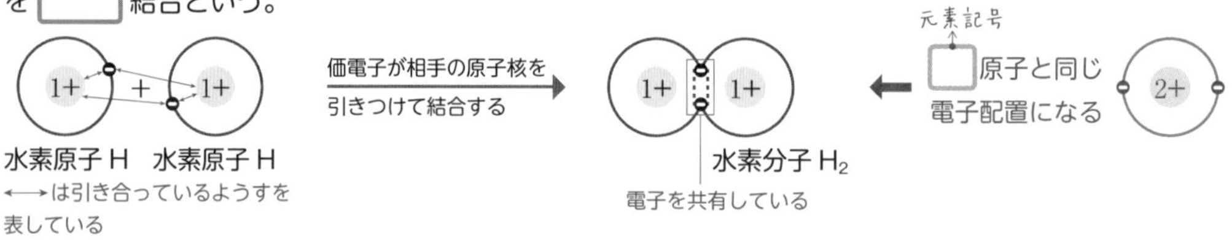

【2】電子式　最外殻電子を点「・」で示した化学式

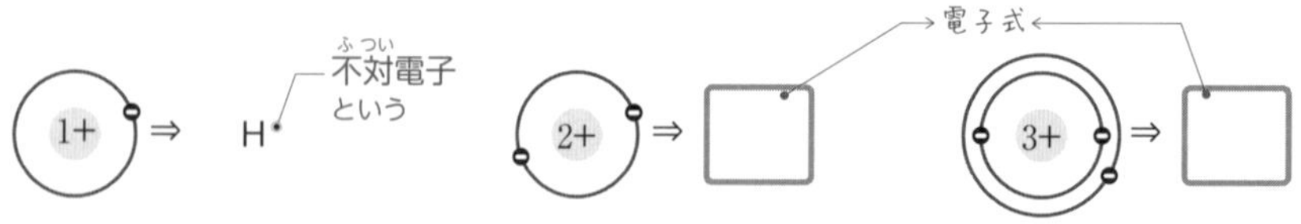

☑ **2** 次の原子の電子式を書け。

例題 N　**考え方**　原子番号＝［　］であり，その電子配置は K(［　］)L(［　］)となり，最外殻電子は［　］個とわかる。元素記号の上下左右に最外殻電子を 4 個目まではバラバラに書き，5 個目からは電子対(ペア)をつくるように書く。

電子対《つい》という
不対電子
$\ddot{\mathrm{N}}$・ (・N:，・N・，:N・　でもよい) 答

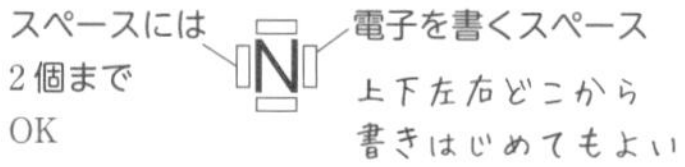

(1) O □　　(2) Ne □　　(3) F □　　(4) Be □

☑ **3** (1) ·N· のもつ不対電子の数は □ 個　　(2) ·C· のもつ不対電子の数は □ 個

電子式の書き方の練習

原子の電子式を書け。

族	1	2	13	14	15	16	17	18
第 1 周期	H·							
第 2 周期								
第 3 周期								
不対電子の数	1 個	□ 個	□ 個	□ 個	□ 個	□ 個	□ 個	□ 個

☑ **4** 次の原子や分子の電子式を書け。

(1) H_2　H· ＋ ·H —共有結合→ H:H（共有電《きょうゆうでん》子《し》対《つい》という）　（不対電子）

(2) H_2O　H· ＋ ·O· ＋ ·H —共有結合→ H:O:H（非《ひ》共有電子対という）　（不対電子）（電子対）

(3) Cl_2　:Cl· ＋ ·Cl: —共有結合→ □

(4) H_2S（硫化水素）　H· ＋ □ ＋ ·H —共有結合→ □

(5) F_2　□ ＋ □ —共有結合→ □

☑ **5** 次の分子の電子式を書き，共有電子対を □，非共有電子対を ⬭ で囲め。

(1) H_2O □　　(2) H_2 □　　(3) F_2 □

(4) Cl_2 □　　(5) H_2S □

☑ **6** 次の分子の電子式を書け。

(1) HCl　H· ＋ ·Cl: —共有結合→ □

(2) CO_2　:O· ＋ ·C· ＋ ·O: —共有結合→ □

(3) N_2　:N· ＋ ·N: —共有結合→ □

(4) NH_3　H· 3 個 と ·N· 1 個が共有結合 ⇒ □

(5) CH_4　H· 4 個 と ·C· 1 個が共有結合 ⇒ □

16 構造式，分子の形，極性

別冊解答 ▶p. 14

学習日　月／日

共有結合のようすを線－(価標ということもある)で表した化学式を □ という。H・を □ と表す。
原子から出ている線－の本数を □ という。　　不対電子を「－」で表す

例題 原子の電子式を書き，構造式の一部を完成させよ。

族	1	14		15		16		17	
電子式	H・	C	Si	N	P	O	S	F	Cl
構造式の一部	H－	－C－（上下にも－）	□	□	□	□	□	□	□
原子価	1 価	□ 価		□ 価		□ 価		□ 価	

1 次の分子の構造式を書け。

例題 H_2　H－　と　H－　をつないで，H－H とする。（H－H：構造式，－：単結合）

(1) H_2O　H－ H－　と　□　をつないで，□　とする。
→ 構造式は，結合のようすを表すもので，分子の形を正しく表しているとは限らない

(2) Cl_2　□　と　□　をつないで，□　とする。

(3) NH_3　H－ H－ H－　と　□　をつないで，□　とする。

(4) H_2S　H－ H－　と　□　をつないで，□　とする。

(5) CO_2　－O－ －O－　と　□　をつないで，□　とする。

(6) CH_4　H－ H－ H－ H－　と　□　をつないで，□　とする。

(7) HCl　H－　と　□　をつないで，□　とする。

(8) HF　H－　と　□　をつないで，□　とする。

(9) N_2　□　と　□　をつないで，□　とする。

分子の形

構造式は，分子の形を正しく表しているとは限らない。実際の分子の立体的な形はさまざまになる。

【1】直線形

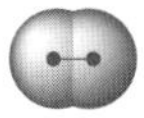

⇒ 例 水素 H_2　　塩素 Cl_2　　塩化水素 HCl　　窒素 N_2

構造式　　二原子分子は直線形になる

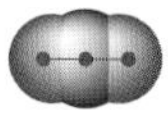

⇒ 例 二酸化炭素 CO_2

構造式

【2】折れ線形(V 字形)

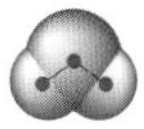

⇒ 例 水 H_2O

構造式

【3】三角すい形

例 アンモニア NH_3

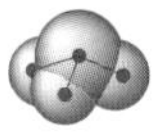

⇒ 構造式

【4】正四面体形

例 メタン CH_4

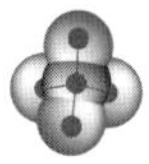

⇒ 構造式

☑ **2** 次の分子の形を答えよ。

(1) 水　　(2) 二酸化炭素　　(3) メタン

(4) フッ素　　(5) 水素　　(6) 塩素

(7) アンモニア　　(8) 塩化水素

電気陰性度のイメージ

水素分子 H−H(H:H) の　　対は，どちらの H 原子にも引き寄せられていない。

ところが，塩化水素分子 H−Cl(H:C̈l:) の　　対は，Cl 原子の方に引き寄せられている。

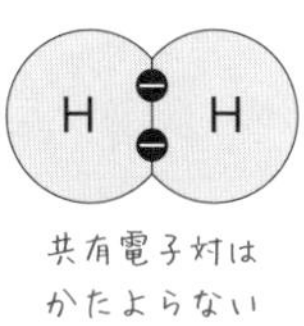

共有電子対はかたよらない

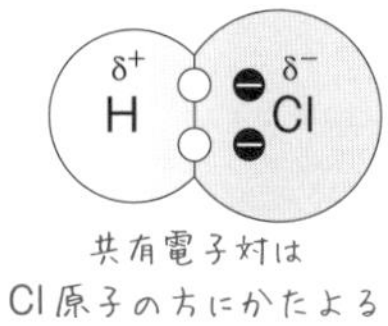

共有電子対はCl原子の方にかたよる

これは原子の共有電子対を引きつける強さに違いがあるためで，この強さを数値で表したものを　　という。

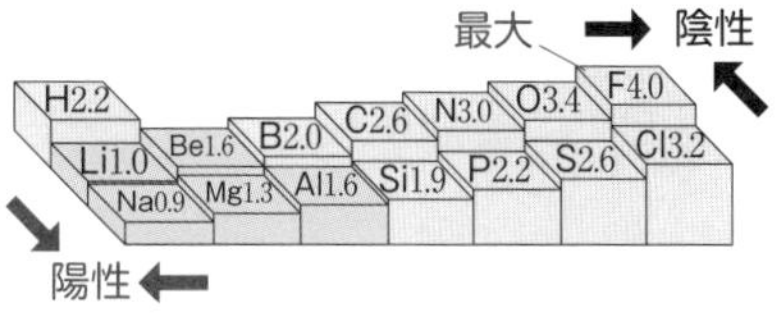

＜電気陰性度の値（ポーリングの値）＞

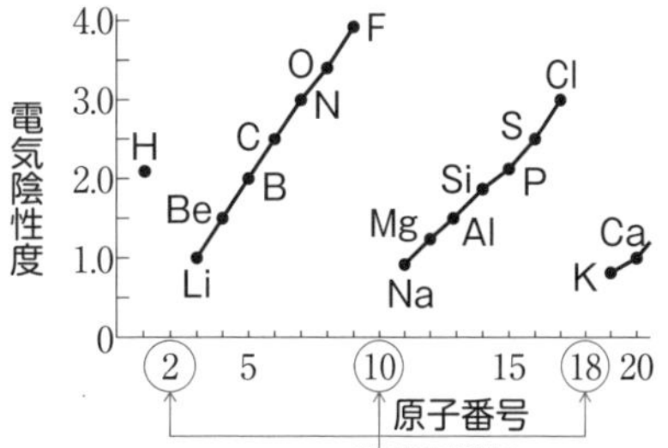

$_2He$, $_{10}Ne$, $_{18}Ar$ (　　) の電気陰性度の値は，ふつう省略される

☑ **3** 右上の〈電気陰性度の値(ポーリングの値)〉の図から，電気陰性度の大きな原子の順は，

□ > □ > □ > □　の順とわかる。

電気陰性度の数値　4.0　3.4　3.2　3.0

第4章 化学結合

☑ **4**　不等号を入れよ。　　電気陰性度の値　⇒　C [　] H

電気陰性度の特徴

共有電子対を引きつける強さを数値で表したものを [　　　] という。電気陰性度は [貴ガス] を除いて周期表上で [右上] にある元素ほど [　　]（→大きく or 小さく），[左下] にある元素ほど [　　]（→大きい or 小さい）。

電気陰性度の大きい元素は，電子を引きつける力が [　　]（→強く or 弱く），[　] 性（→陽 or 陰）が強い元素といえる。また，電気陰性度の小さい元素は，電子を引きつける力が [　　]（→強く or 弱く），[　] 性（→陽 or 陰）が強い元素といえる。

電気陰性度が最も大きい元素の元素記号は [　] である。

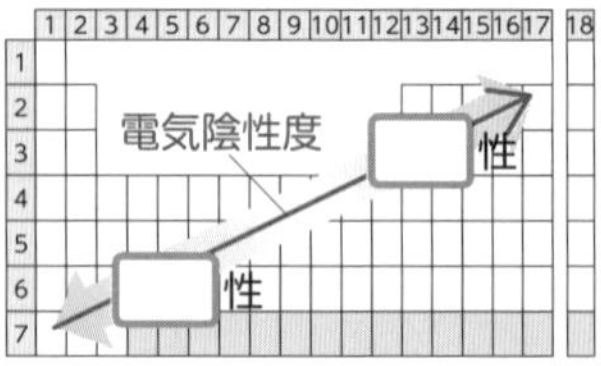

二原子分子 XY について，X と Y の電気陰性度の差が小さいほど共有結合性が [　　]（→強く or 弱く），差が大きいほどイオン結合性が [　　]（→強い or 弱い）といえる。

☑ **5**　塩化水素分子 H−Cl では，電気陰性度の大きな [　　] 原子の方に共有電子対が引き寄せられる。

☑ **6**　H−Cl 分子では，共有電子対が [　　] 原子の方に引き寄せられることで Cl 原子はわずかに [　] の電荷（$\delta-$）を，H 原子はわずかに [　] の電荷（$\delta+$）を帯びる。
δ（デルタ）は「わずかに」という意味

→ は共有電子対が矢印の方向にかたよっていることを示す

☑ **7**　$^{\delta+}H \rightarrow Cl^{\delta-}$ のように共有結合に電荷のかたよりが [　　]（→ある or ない）ことを，「結合に [　　] がある」という。

☑ **8**　次の中で，結合の極性が最も大きいものは [　]（→(ア)〜(エ)）であり，最も小さいものは [　]（→(ア)〜(エ)）である。
(ア) H−O　　(イ) H−N　　(ウ) H−F　　(エ) H−Cl

極性

【1】H−H や Cl−Cl は，結合に極性が [　　]（→ある or ない）。このような分子を [　　　] 分子という。

【2】$\overset{\delta+}{H}-\overset{\delta-}{F}$ や $\overset{\delta+}{H}-\overset{\delta-}{Cl}$ は，結合に極性が [　　]（→あり or なく），分子全体として極性をもつ。このような分子を [　　] 分子という。

【3】$\overset{\delta-}{O}=\overset{\delta+}{C}=\overset{\delta-}{O}$ は，$\overset{\delta+}{C}=\overset{\delta-}{O}$ 結合に極性が [　　]（→ある or ない）が，分子の形が [　　] 形であり，極性の大きさが [等しく] 逆向きなので，互いに打ち消しあう。このような分子を [　　　] 分子という。

【4】$\overset{\delta+}{H}\diagup\overset{\delta-}{O}\diagdown\overset{\delta+}{H}$ は，$\overset{\delta-}{O}-\overset{\delta+}{H}$ 結合に極性が [　　]（→あり or なく），分子の形は [　　　] 形であるので極性が打ち消されない。このような分子を [　　] 分子という。

●**極性分子と無極性分子の見分け方** 極性の方向を矢印（$\delta+$ → $\delta-$）で示し，分子の形を考えて見分ける。

H−H ［　　］形　　Cl−Cl ［　　］形　⇒ いずれも電気陰性度の差がなく，矢印で示すことができない。
よって，［　　］分子

電気陰性度は，F＞O＞Cl＞N＞C＞H の順であり，Cl＞H，O＞C，O＞H となる。これを利用すると，
（最大）

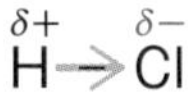

［　　］形
→ が残るので，
［　　］分子

［　　］形
→ の合力が0《ゼロ》に［　　］ので，
なる or ならない
［　　］分子

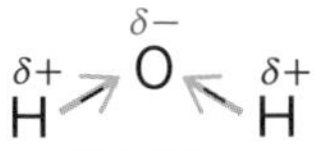

［　　］形
→ の合力が0《ゼロ》に［　　］ので，
なる or ならない
［　　］分子

と考えることができる。電気陰性度は，N＞H，C＞H なので，次の分子は，

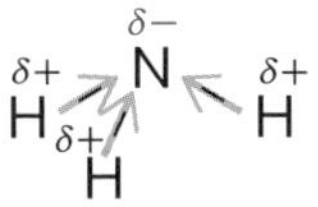

［　　］形
→ の合力が0《ゼロ》に［　　］ので，
なる or ならない
［　　］分子

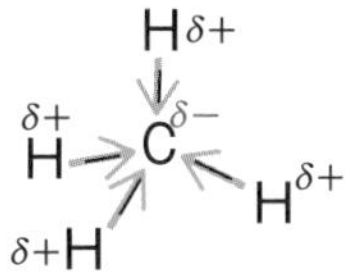

［　　］形
→ の合力が0《ゼロ》に［　　］ので，
なる or ならない
［　　］分子

☑ **9** 次の分子の形と極性分子か無極性分子かを答えよ。

(1) H_2O ［　　］形 ［　　］分子
(2) CO_2 ［　　］形 ［　　］分子
(3) NH_3 ［　　］形 ［　　］分子

(4) H_2S ［　　］形 ［　　］分子
(5) CH_4 ［　　］形 ［　　］分子
(6) CCl_4 ［　　］形 ［　　］分子

☑ **10** 極性，無極性のいずれかを入れよ。

メタン CH_4 は［　　］分子だが，クロロメタン CH_3Cl は［　　］分子，ジクロロメタン CH_2Cl_2 は［　　］分子，トリクロロメタン $CHCl_3$ は［　　］分子である。ただし，テトラクロロメタン CCl_4 は［　　］分子になる。

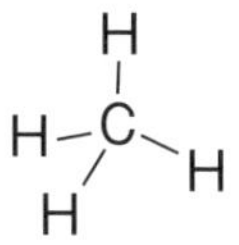
メタン

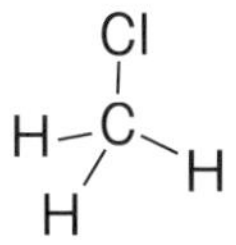
クロロメタン

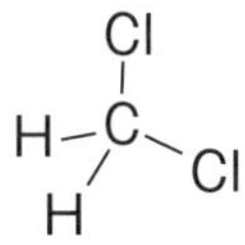
ジクロロメタン

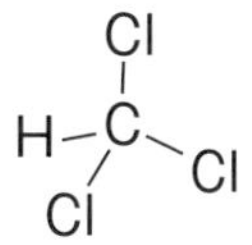
トリクロロメタン

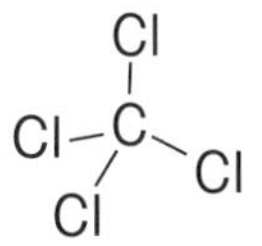
テトラクロロメタン

17 配位結合

別冊解答 ▶ p. 16

学習日　月／日

水分子（H∶O∶H）は，O 原子（·O·）と H 原子（H·）が不対電子を1個ずつ出し合うことで（∶のところ），［　　　］をつくって［　　］結合している。また，共有結合には使われていない電子対（∶のところ）を［　　　］という。

H^+ は水溶液中では H_2O と結合して H_3O^+（［　　　イオン］）になっている。この結合は，H_2O の非共有電子対が H^+ と共有されることで生じる。

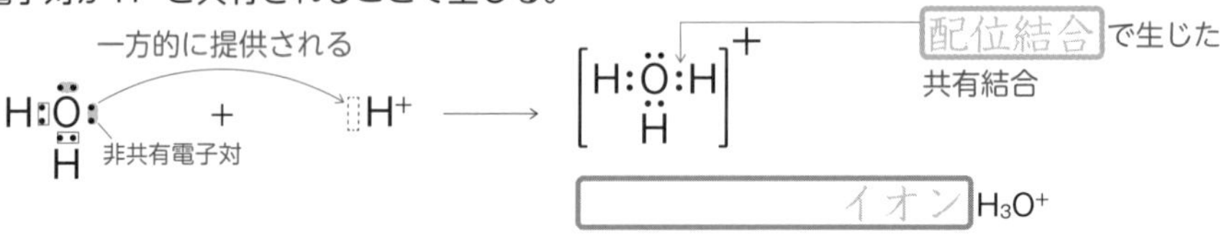

このように，非共有電子対が提供され，それを互いに共有してできる結合を［　　］結合という。オキソニウムイオン H_3O^+ のもつ3つの O−H 結合は，できるしくみが異なるだけで，共有結合と配位結合は区別することができ［　　］。→る or ない

オキソニウムイオンの構造式

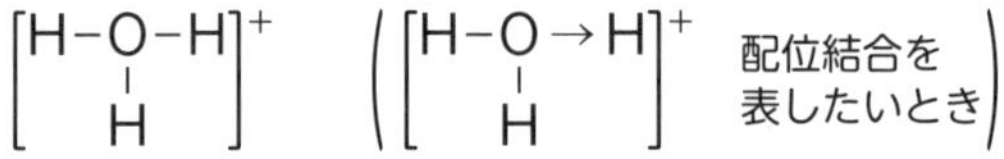

☑ **1**　アンモニア分子の電子式と構造式をそれぞれ記し，共有電子対と非共有電子対は何組ずつあるか答えよ。

電子式［　　］　構造式［　　］　共有電子対［　］組　非共有電子対［　］組

☑ **2**　アンモニウムイオン NH_4^+ は，NH_3 と H^+ が［　　］結合してできている。

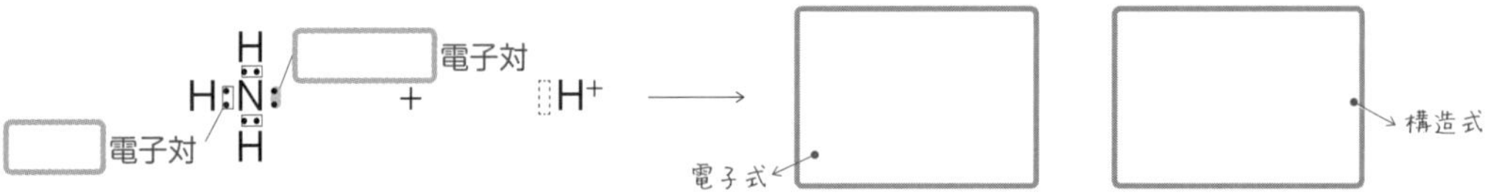

☑ **3**　NH_4^+ の［　］個の N−H 結合はすべて同等であり，どれが［　　］結合か［　　］結合かを区別することが［　　　］。→できる or できない

☑ **4**　一方の原子から提供された［　　　］電子対が共有されてできる共有結合を［　　］結合という。

☑ **5**　オキソニウムイオンとアンモニウムイオンの電子式をそれぞれ記し，共有電子対を▯，非共有電子対を⬮で示せ。

オキソニウムイオン［　　　］　アンモニウムイオン［　　　］

18 分子間にはたらく力，分子結晶

別冊解答 ▶ p. 16

学習日 月／日

ドライアイスは二酸化炭素 CO_2 の［　　］（→固体，液体 or 気体）であり，CO_2 分子どうしが分子間にはたらく弱い引力により集まってできている。この分子間にはたらく弱い引力のことを［分子間力］という。
ドライアイスは CO_2 分子が規則正しく配列してできた固体であり，このような固体を［　　結晶］という。
〈分子結晶の例〉

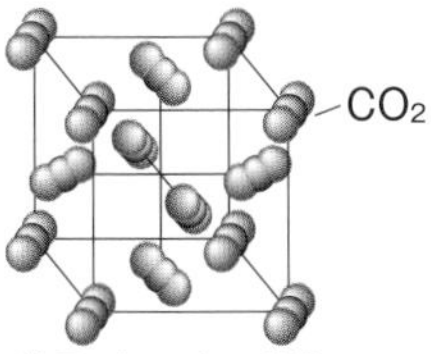

ドライアイス CO_2

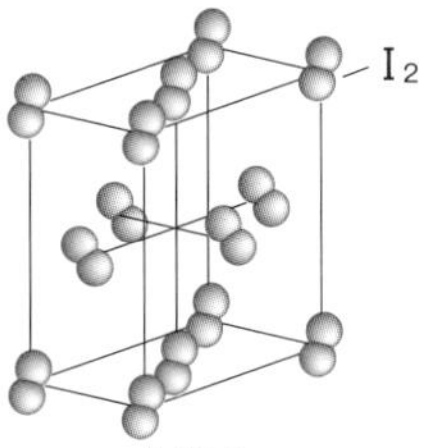

ヨウ素 I_2

分子結晶は，分子間にはたらく引力が弱いため，融点が［　　］（→高く or 低く），やわらかいものが［　　］（→多い or 少ない）。また，ドライアイスやヨウ素のように［　　］しやすいものが多い。固体は電気を［　　］（→通し or 通さず），液体になっても電気を［　　］（→通す or 通さない）。

1 分子が規則正しく配列してできている固体を［　　］結晶という。

2 分子結晶には，［ドライアイス CO_2］，［ヨウ素 I_2］，［ナフタレン］のように［　　］しやすいものが多い。

3 固体が直接気体に変化することを［　　］という。

4 分子結晶の性質について答えよ。
① 硬さ ⇒ ［　　］
② 融点 ⇒ ［　　］いものが多い
③ 電気 ⇒ 固体・液体とも［　　］（→通す or 通さない）

5 氷は水分子からなる［　　］結晶であり，その体積は氷の方が液体の水より［　　］（→大きい or 小さい）。そのため，氷の密度は液体の水の密度より［　　］（→大きく or 小さく），氷は水に［　　］（→浮く or 沈む）。水以外の多くの物質は，固体の密度が液体の密度より［　　］（→大きく or 小さく），固体は液体に［　　］（→浮く or 沈む）。

6 右図の［　　］に，固体，液体のいずれかを入れよ。

19 共有結合の結晶

学習日　月／日

別冊解答 ▶ p. 17

C や Si などの非金属元素の原子が［　　］結合で次々に結合した結晶を［　　　］の結晶という。

〈共有結合の結晶の例〉

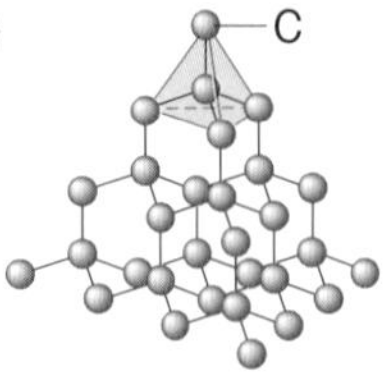

ダイヤモンドの構造

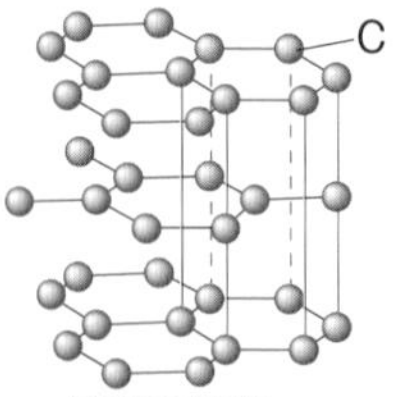

黒鉛の構造

共有結合の結晶は［　　］（やわらかく or 硬く），融点が［　　］（高い or 低い）ものが多い(ただし，黒鉛は融点は［　　］（高い or 低い）が，やわらかい)。また，電気を［　　　］（通す or 通さない）ものが多い(ただし，黒鉛は電気をよく［　　］（通す or 通さない）)。

ダイヤモンド，ケイ素 Si，二酸化ケイ素 SiO_2（石英の主成分。硬く，融点も高く，電気を通さない）などの結晶は［　　　］の結晶であり，硬さは［　］く，融点が［　］い。ダイヤモンド，二酸化ケイ素 SiO_2 は電気伝導性が［　　］（ある or ない）。ケイ素 Si は，わずかに電気を［　　］（通す or 通さない）ために［　　体］とよばれ，太陽電池，LED，集積回路(IC)などに利用される。

黒鉛は［　　　］の結晶だが，硬さは［　　　　］（硬く or やわらかく），電気を［　　］（通す or 通さない）。ただし，融点は［　　］（高い or 低い）。

☑ **1** 共有結合の結晶の性質

① 硬さ　→　とても［　　］（硬い or やわらかい）(黒鉛は［　　　　］（硬い or やわらかい）)

② 融点　→　極めて［　　］（高い or 低い）

③ 水への溶けやすさ　→　［　　　　］（溶けやすい or 溶けにくい）

④ 電気　→　通し［　　　］（やすい or にくい）(黒鉛は［　　］（通す or 通しにくい）)

☑ **2** ダイヤモンドは，炭素原子 C が価電子［　］個すべてを使って，となりあう［　］個の C 原子と［　　］結合している。ダイヤモンドは非常に［　］く（やわらか or 硬），電気を［　　　］（通し or 通さず），［　　　　］形の立体構造をつくっている［　　　］の結晶である。

☑ **3** 黒鉛(グラファイト)は，C 原子がとなりあう［　］個の C 原子と［　　］結合している。［　　　］形を基本単位とする［平面構造］をつくり，この［　　］構造どうしは弱い［　　　］力で積み重なっているので，黒鉛は［　　　　］（やわらかく or 硬く），うすく［　　　　　］（はがれやすい or はがれにくい）。また，［　］個の価電子のうちの［　］個を使って共有結合しており，残る［　］個の価電子が平面構造にそって自由に動くために電気をよく［　　］（通す or 通さない）。

☑ **4** ダイヤモンドと黒鉛は［　　　］（同素体 or 同位体）の関係にある。

☑ **5** 純度の高いケイ素は，わずかに電気を通し，［　　　］として集積回路(IC)や太陽電池などの材料に使われる。

学習日　月／日

20 金属結合と金属結晶

別冊解答 ▶ p. 17

鉄 Fe，銅 Cu などの［　　　］（→金属 or 非金属）は，多くの［　　　］原子が規則正しく並んで［　　　］結晶をつくっている。金属原子は，イオン化エネルギーが［　　　］（→大きく or 小さく），価電子を放出しやすい。

金属結晶では，価電子が特定の原子の間で共有されず，［すべて］の原子に共有され結晶中を自由に動きまわっている。このような電子を［　　　］という。

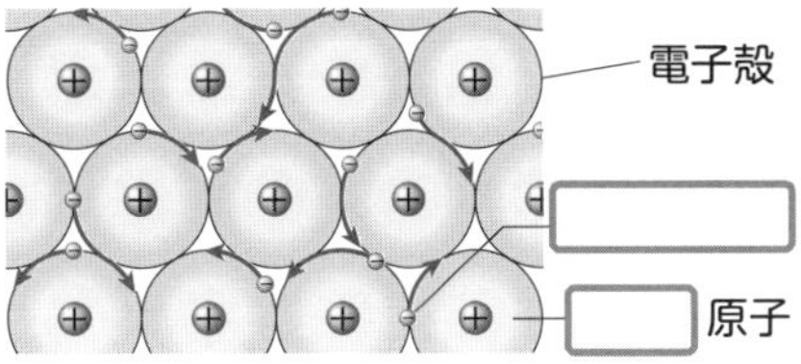

〈［　　］結合のようす〉

金属原子は［　］（→陽 or 陰）性が強く，価電子は原子から離れ［　　　］（→やすい or にくい）

↓

価電子は［　　　］の原子に共有されている

↓

このような価電子を［　　　］という

↓

自由電子による結合を［　　］結合という

1 金属結晶の性質

① その表面が光をよく反射するので，特有の光沢《こうたく》をもつ。これを［　　　］とよぶ。

② 電気を伝える性質（［　　　　］という）や，熱を伝える性質（［　　　］という）が［　　　］（→大きい or 小さい）。［　　　］が電気や熱を伝える。

③ 引っ張ると長く伸びる性質（［　　］という）やたたくとうすく広がる性質（［　　］という）をもつ。

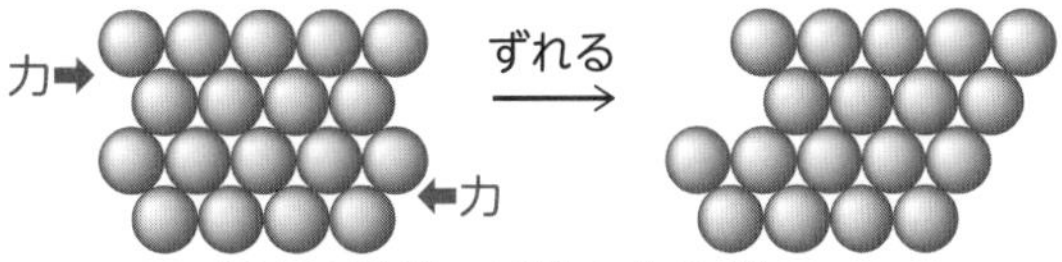

〈金属の延性・展性のようす〉

④ 融点は高いものから低いものまである。一般に，典型元素の金属より遷移元素の金属の方が融点・沸点が［　　］（→高い or 低い）。水銀 Hg は融点が［　　］（→高く or 低く），常温で［　　］（→固体，液体 or 気体）である。

2 金属結晶の性質

① ［　　　］を示す　⇒　特有のつやをもつ

② 電気や熱を［　　］（→通す or 通さない）。電気伝導性と熱伝導性が最大の金属単体は［　］（物質名）である。

③ 金箔は［　　］（→展性 or 延性），銅線は［　　］（→展性 or 延性）を利用してつくられる。

④ 遷移元素の金属の融点は［　　］（→高い or 低い）。

21　溶液，濃度

別冊解答 ▶ p. 18

学習日　月／日

溶液，濃度

【1】溶質・溶媒・溶液・溶解のいずれかを入れよ。

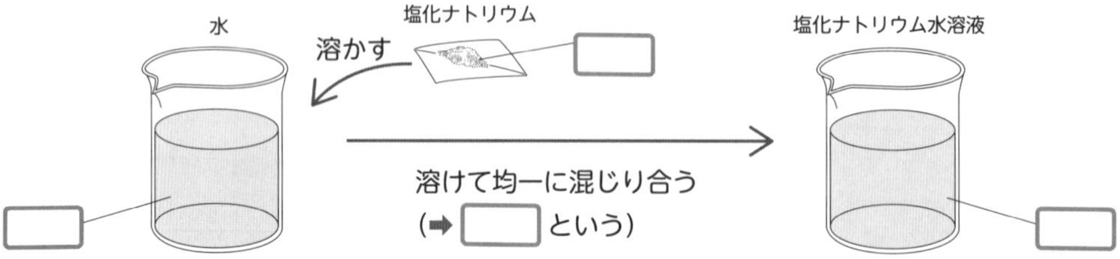

□ が水の場合は，水溶液 という。

【2】溶質・溶媒・溶液のいずれかを入れよ。

溶液に含まれる溶質の割合を 濃度 といい，次の 2 つを覚える必要がある。

❶ 質量パーセント濃度

$$\text{質量パーセント濃度〔\%〕} = \frac{\square\ \text{の質量〔g〕}}{\square\ \text{の質量〔g〕}} \times 100$$

割合を表す記号であり，単位ではない

$$= \frac{\square\ \text{の質量〔g〕}}{\text{溶媒 の質量〔g〕} + \square\ \text{の質量〔g〕}} \times 100$$

❷ モル濃度〔mol/L〕

$$\text{モル濃度〔mol/L〕} = \square\ \text{の物質量〔mol〕} \div \square\ \text{の体積〔L〕}$$

$$= \frac{\square\ \text{の物質量〔mol〕}}{\square\ \text{の体積〔L〕}}$$

☑ **1**　次の(1)〜(3)に答えよ。

(1) 水 100 g にグルコース $C_6H_{12}O_6$ 25 g を溶かしてできるグルコース水溶液の質量パーセント濃度を整数値で答えよ。

□ %

(2) 水にグルコース $C_6H_{12}O_6$ 0.20 mol を溶かして，0.50 L の水溶液をつくった。この水溶液のモル濃度〔mol/L〕を有効数字 2 桁で答えよ。

□ mol/L

(3) 0.20 mol/L のグルコース水溶液 100 mL に含まれるグルコースの物質量〔mol〕を有効数字 2 桁で答えよ。

□ mol

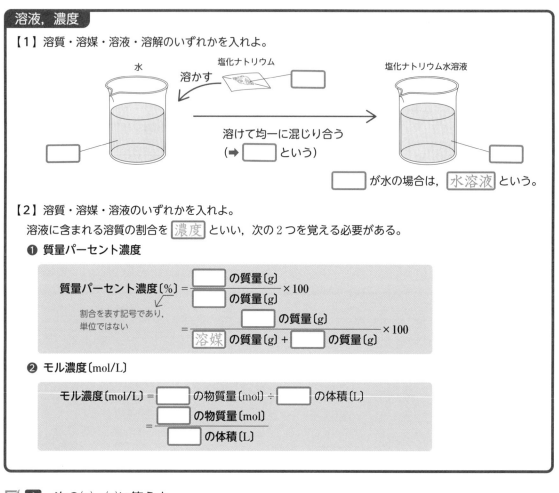

濃度

例題 6.0%の塩化ナトリウム水溶液を 50 g つくるには，溶質と溶媒は何 g 必要になるか。整数値で答えよ。

ポイント！ 質量パーセント濃度は，溶液 100 g に溶けている溶質の質量〔g〕を表している。例えば，x〔%〕の水溶液のときは，$\dfrac{x\text{〔g〕の溶質}}{100\text{ g の水溶液}}$ と書き直して計算するとよい。

考え方 溶質は，（塩化ナトリウム） $\dfrac{\square\text{ g の塩化ナトリウム}}{\square\text{ g の水溶液}} \times 50\text{ g の水溶液} = \square\text{ g}$（答） 必要になる。

溶媒は，□ g（水溶液の質量）− □ g（塩化ナトリウムの質量）＝ □ g（答） 必要になる。

2 次の(1)，(2)に有効数字 2 桁で答えよ。

(1) 水酸化ナトリウム 4.0 g を水に溶かして 500 mL の水溶液をつくった。この水溶液のモル濃度〔mol/L〕を求めよ。ただし，H＝1.0，O＝16，Na＝23 とする。

□ mol/L

(2) 質量パーセント濃度 28%のアンモニア水（密度 0.90 g/mL）がある。ただし，H＝1.0，N＝14 とする。

① このアンモニア水 50 g に含まれるアンモニアの物質量〔mol〕を求めよ。

□ mol

② このアンモニア水のモル濃度〔mol/L〕を求めよ。

□ mol/L

22 化学反応式と物質量

別冊解答 ▶ p. 19

学習日　月／日

化学反応式

【1】 空欄に反応物・生成物のいずれかを入れよ。

物質が別の物質になる変化を化学変化(化学反応)という。

$2H_2 + O_2 \longrightarrow 2H_2O$　(化学反応式)

（②の矢印）係数《けいすう》という

$2H_2 + O_2$ → [　　　]　　$2H_2O$ → [　　　]

【2】 化学反応式のつくり方

手順1　反応物を左辺，生成物を右辺に書き，矢印「⟶」で結ぶ。

$H_2 \quad + \quad O_2 \quad \longrightarrow \quad H_2O$

↓

手順2　どこか1つの化学式の係数を①とする。

$1H_2 \quad + \quad O_2 \quad \longrightarrow \quad H_2O$

↓

手順3　両辺で各原子の数が等しくなるように係数をつける。

③ 右辺にOは1×1=1個あるので，係数$\frac{1}{2}$をつける

$1H_2 \quad + \quad \frac{1}{2}O_2 \quad \longrightarrow \quad 1H_2O$

① 左辺にHは2×1=2個ある

② Hの数をそろえるために係数1をつける

↓

手順4　係数を簡単な整数比にする。

全体を2倍(分母倍)する

$2H_2 \quad + \quad O_2 \quad \longrightarrow \quad 2H_2O$　⟵ 完成！

☑ **1**　次の化学反応式に係数をつけて，化学反応式を完成させよ。

(1)　$C + O_2 \longrightarrow CO$

(2)　$CH_4 + O_2 \longrightarrow CO_2 + H_2O$

(3)　$NH_3 + O_2 \longrightarrow NO + H_2O$

(4)　$CO_2 + NaOH \longrightarrow Na_2CO_3 + H_2O$

完全燃焼の反応式

完全燃焼《ねんしょう》とは，酸素 O_2 が十分な条件で燃焼させることをいい，反応物中のすべてのCやHが CO_2，H_2O に変化する。化学反応式は，次のようにつくる。

手順1　「完全燃焼させる物質」と O_2 を左辺，「完全燃焼後の物質」を右辺に書く。

C_2H_6《エタン》 ＋ O_2 ⟶ CO_2 ＋ H_2O

↓

手順2　完全燃焼させる物質の係数を1とする。

$1\,C_2H_6 + O_2 \longrightarrow CO_2 + H_2O$

↓

手順3　C原子やH原子などに注目しながら，生成物の係数をつける。

$1\,C_2H_6 + O_2 \longrightarrow 2\,CO_2 + 3\,H_2O$

↓

手順4　O_2 で係数をそろえる。

$1\,C_2H_6 + \frac{7}{2}O_2 \longrightarrow 2\,CO_2 + 3\,H_2O$

↓

手順5　係数を簡単な整数比にする。

全体を2倍(分母倍)する

$2\,C_2H_6 + 7\,O_2 \longrightarrow 4\,CO_2 + 6\,H_2O$

☑ **2**　次の化学反応式に係数をつけて，化学反応式を完成させよ。

(1)　$C_3H_8 + O_2 \longrightarrow CO_2 + H_2O$

(2)　$C_2H_6O + O_2 \longrightarrow CO_2 + H_2O$

化学反応式の読みとり方

$1CH_4 + 2O_2 \longrightarrow 1CO_2 + 2H_2O$

この反応式からは，CH_4 1 mol と O_2 □ mol から，CO_2 □ mol と H_2O □ mol ができることがわかる。

☑ **3**　C_3H_8《プロパン》 ＋ $5O_2$ ⟶ $3CO_2$ ＋ $4H_2O$

この反応式からは，C_3H_8 1 mol と O_2 □ mol から，CO_2 □ mol と H_2O □ mol ができることがわかるので，C_3H_8 2 mol なら O_2 □ mol が反応して，CO_2 □ mol と H_2O □ mol ができる。

23 化学反応式の量的関係

別冊解答 ▶ p. 20

学習日　月／日

係数の読みとり方

$$2H_2 + O_2 \longrightarrow 2H_2O$$

例題1 H_2 5.0 mol と反応する O_2 は何 mol か(有効数字 2 桁)。

手順 1　反応式の係数関係を読みとる。

$$2H_2 + 1O_2 \longrightarrow 2H_2O$$ （1 は強調のために書いてあります）

$\times \frac{1}{2}$　「O_2〔mol〕は，H_2〔mol〕の $\frac{1}{2}$ 倍必要」と読みとる

↓

手順 2　読みとった係数関係を使って求める。

O_2 は，$5.0 \times \frac{1}{2} =$ □ mol 反応する。（答）

例題2 H_2O 6.0 mol が生じたとき，反応した O_2 は何 mol か(有効数字 2 桁)。

$$2H_2 + 1O_2 \longrightarrow 2H_2O$$

より，「O_2〔mol〕は，H_2O〔mol〕の □ 倍必要」となり，

O_2 は，□（H_2O〔mol〕）× □（O_2〔mol〕）＝ □ mol（答）　反応したとわかる。

1　次の化学反応式について，(1)〜(4)に有効数字 2 桁で答えよ。

$$2CO + O_2 \longrightarrow 2CO_2$$

(1) 7.0 mol の CO と反応する O_2 は何 mol か。

□ mol

(2) 8.0 mol の CO_2 が生じたとき，反応した O_2 は何 mol か。

□ mol

(3) 2.8 g の CO と反応する O_2 は何 mol か。ただし，C＝12，O＝16 とする。

□ mol

(4) 4.0 mol の CO から生成する CO_2 は何 g か。ただし，C＝12，O＝16 とする。

□ g

化学反応式の量的関係

例題 メタン CH_4 3.2 g の完全燃焼について，次の(1)，(2)に答えよ。ただし，H＝1.0，C＝12，O＝16とする。

(1) この反応の化学反応式に係数をつけて完成させよ。

$$CH_4 \quad + \quad O_2 \quad \longrightarrow \quad CO_2 \quad + \quad H_2O$$

(2) 生成する CO_2 と H_2O の質量は，それぞれ何 g か(有効数字 2 桁)。

3.2 g の CH_4 の物質量は，$\square\ \mathrm{g} \times \dfrac{1\,\mathrm{mol}}{\square\ \mathrm{g}} = \square\ \mathrm{mol}$
（CH_4：分子量 16）

$1CH_4 + 2O_2 \longrightarrow 1CO_2 + 2H_2O$ より，
（CH_4 → CO_2：×1，CH_4 → H_2O：×2）

生成する CO_2 は，CO_2＝44 なので，$\square \times \square \times \square = \square$ g 答
（CH_4〔mol〕 CO_2〔mol〕 CO_2〔g〕）

生成する H_2O は，H_2O＝18 なので，$\square \times \square \times \square = \square$ g 答
（CH_4〔mol〕 H_2O〔mol〕 H_2O〔g〕）

2 プロパン C_3H_8 4.4 g の完全燃焼について，次の(1)～(3)に答えよ。ただし，H＝1.0，C＝12，O＝16とする。

(1) この化学反応を化学反応式で表せ。

(2) 生成する CO_2 と H_2O の質量は，それぞれ何 g か(有効数字 2 桁)。

CO_2：$\square$ g　H_2O：$\square$ g

(3) 完全燃焼に必要な O_2 は，0℃，1.013×10^5 Pa で何 L か(有効数字 2 桁)。

$\square$ L

24 酸と塩基

別冊解答 ▶ p. 21

学習日　月／日

酸と塩基の定義

空欄にアレニウス，ブレンステッド・ローリーのいずれかを入れよ。

酸とは「水に溶けて水素イオン H^+ を生じる物質」
塩基とは「水に溶けて水酸化物イオン OH^- を生じる物質」
⇒ □ の定義

酸とは「H^+ を与える分子やイオン」
塩基とは「H^+ を受けとる分子やイオン」
⇒ □ の定義

1　H^+，OH^- のいずれかを入れよ。

●アレニウスの定義

酸 ➡ 水溶液中で電離し，□ を生じる物質
塩基 ➡ 水溶液中で電離し，□ を生じる物質

●ブレンステッド・ローリーの定義

酸 ➡ 相手に □ を与える物質　　塩基 ➡ 相手から □ を受けとる物質

2　H^+，OH^- のいずれかを入れよ。

酸 $\xrightarrow{\text{電離}}$ □ ＋ 陰イオン　　塩基 $\xrightarrow{\text{電離}}$ 陽イオン ＋ □

酸や塩基の電離

次の酸や塩基の電離を示すイオン反応式を書け。

酸

$HCl \longrightarrow H^+ + Cl^-$
塩化水素

$CH_3COOH \rightleftarrows$ □
酢酸

$H_2SO_4 \longrightarrow H^+ + HSO_4^-$
硫酸

$HSO_4^- \rightleftarrows$ □
硫酸水素イオン

塩基

$NaOH \longrightarrow$ □
水酸化ナトリウム

$Ca(OH)_2 \longrightarrow$ □
水酸化カルシウム

$NH_3 + H_2O \rightleftarrows$ □
アンモニア

注　酸から生じる H^+ は，水溶液中では H_2O と 配位 結合してオキソニウムイオン H_3O^+ として存在している。

3　次の(1)～(6)の酸や塩基の水溶液中での電離を，イオン反応式で表せ。

(1) 塩酸 □　　(2) 酢酸 □

(3) 硝酸 □　　(4) 水酸化カリウム □

(5) 水酸化バリウム □

(6) アンモニア □

酸・塩基の価数

電離を示すイオン反応式を完成させ，価数を入れよ。

HCl ＿＿ ＿＿＿＿ → イオン反応式

（→ or ⇄）

HNO_3 ＿＿ ＿＿＿＿

CH_3COOH ＿＿ ＿＿＿＿

（数字）＿＿価の酸

H_2SO_4 ⟶ ＿＿＿＿

このようにまとめて表すこともある

H_2S ＿＿ ＿＿＿＿

硫化水素

＿＿価の酸

$NaOH$ ＿＿ ＿＿＿＿

KOH ＿＿ ＿＿＿＿

NH_3 ＋ H_2O ＿＿ ＿＿＿＿

＿＿価の塩基

$Ca(OH)_2$ ＿＿ ＿＿＿＿

$Ba(OH)_2$ ＿＿ ＿＿＿＿

＿＿価の塩基

4 次の酸や塩基の化学式と価数を書け。

(1) 塩化水素 HCl，1 価

(2) アンモニア ＿＿，＿＿価

(3) 硝酸 ＿＿，＿＿価

(4) 硫酸 ＿＿，＿＿価

(5) 水酸化ナトリウム ＿＿，＿＿価

(6) 酢酸 ＿＿，＿＿価

(7) 水酸化カルシウム ＿＿，＿＿価

(8) リン酸 ＿＿，＿＿価

(9) 硫化水素 ＿＿，＿＿価

酸・塩基の強弱

＿＿＿＿(記号 α)

$$\alpha = \frac{\text{電離している酸(塩基)の物質量〔mol〕}}{\text{溶けている酸(塩基)の物質量〔mol〕}}$$

物質量〔mol〕のところは，モル濃度〔mol/L〕でも OK

【1】空欄に，強酸・強塩基・弱酸・弱塩基のいずれかを入れよ。

水溶液中でほぼすべてが電離している酸を＿＿＿，ほぼすべてが電離している塩基を＿＿＿という。
また，水溶液中でごくわずか電離している酸を＿＿＿，ごくわずか電離している塩基を＿＿＿という。

【2】空欄に数字や語句を入れよ。

強酸・強塩基 ⇒ 電離度が＿＿（数字）に近い酸・塩基

弱酸・弱塩基 ⇒ 電離度が＿＿＿（大きい or 小さい）酸・塩基

【3】電離度を百分率(整数値)で表すと，

$\alpha = 1$ は $\alpha =$ ＿＿ % になり，$\alpha = 0.50$ は $\alpha =$ ＿＿ %，$\alpha = 0.050$ は $\alpha =$ ＿＿ % となる。

5 次の酸や塩基の化学式と強酸・強塩基・弱酸・弱塩基のいずれかを答えよ。

(1) 酢酸 CH_3COOH 弱酸

(2) アンモニア ＿＿＿＿

(3) 硝酸 ＿＿＿＿

(4) 硫酸 ＿＿＿＿

(5) 硫化水素 ＿＿＿＿

(6) 水酸化ナトリウム ＿＿＿＿

(7) リン酸 ＿＿＿＿

(8) 二酸化炭素 ＿＿＿＿

(9) 水酸化カルシウム ＿＿＿＿

25 水素イオン濃度と pH

別冊解答 ▶ p. 22

学習日 月／日

pH の定義

空欄に語句や数値(有効数字 2 桁)を入れよ。

【1】純粋な水(純水)は，ごくわずかであるが，電離 している。

25℃の純水では，水素イオン H^+ のモル濃度(□ともいう)と水酸化物イオン OH^- のモル濃度(□ともいう)は等しくなる。

$$H_2O \rightleftarrows H^+ + OH^-$$

$[H^+] = [OH^-] =$ □ mol/L(25℃)

[　]はモル濃度を表す記号

【2】水素イオン指数 pH

$[H^+] = 10^{-n}$〔mol/L〕　のとき，$pH = n$　となる。

1 空欄に適当な数値(整数)や語句を入れよ。

$[H^+]$〔mol/L〕	10^0 ($10^0=1$)	10^{-1}	10^{-3}	10^{-5}	10^{-6}	10^{-7}	10^{-8}	10^{-9}	10^{-11}	10^{-13}	10^{-14}
pH	□	□	□	□	□	□	□	□	□	□	□
水溶液の性質	□性					□性	□性				

2 次の(1)～(5)の pH を整数で求めよ。

(1) $[H^+] = 0.1$ mol/L　□

(2) $[H^+] = 0.00001$ mol/L　□

(3) $[H^+] = 10^{-9}$ mol/L　□

(4) $[H^+] = 1$ mol/L　□

(5) $[H^+] = 0.0000000001$ mol/L　□

3 空欄に適当な数値(整数)や語句，記号(<，>，＝のいずれか)を入れよ。

(1) 中性は pH＝□となり，酸性が□(強く or 弱く)なるほど pH は 7 より小さく，塩基性が□(強く or 弱く)なるほど pH は 7 より大きくなる。

(2) 酸性：pH□(< , > or =)7　　中性：pH□7　　塩基性：pH□7

(3) 酸性が強いほど pH は□(大きく or 小さく)なり，塩基性が強いほど pH は□(大きく or 小さく)なる。

(4) 酸性は，$[H^+]$□(< , > or =) 10^{-7} mol/L　であり，pH□(< , > or =)7　となる。

中性は，$[H^+]$□ 10^{-7} mol/L　であり，pH□7　となる。

塩基性は，$[H^+]$□ 10^{-7} mol/L　であり，pH□7　となる。

強酸の pH

例題 0.1 mol/L の塩酸 HCl の pH の求め方

HCl は 強酸 であり，電離度 $\alpha = 1.0$ つまり 100% が電離している。

	HCl $\longrightarrow$	① H^+	+ ① Cl^-
(電離前)	0.1 mol/L		
(電離後)	0	$0.1 \times$ ① mol/L	$0.1 \times$ ① mol/L

強酸なので，すべて電離し，なくなる

よって，$[H^+] = 0.1 \times 1 = 0.1 = 10^{-□}$ mol/L　となり，pH = □ → 整数値

☑ **4** 次の(1)，(2)の pH を整数値で求めよ。

(1) 0.010 mol/L の塩酸(電離度 1.0) □

(2) 0.0010 mol/L の塩酸(電離度 1.0) □

弱酸の pH

例題 0.1 mol/L の酢酸 CH_3COOH 水溶液(電離度 $\alpha = 0.01$)の pH の求め方

CH_3COOH は 弱酸 であり，0.1 mol/L の CH_3COOH のうち電離度が $\alpha = 0.01$ なので，0.1×0.01 mol/L の CH_3COOH が電離している。

$$CH_3COOH \longrightarrow CH_3COO^- + H^+$$

より，CH_3COOH 1 mol が電離すると，CH_3COO^- □ mol，H^+ □ mol が生じることがわかるので，次のようになる。

	CH_3COOH $\rightleftarrows$	CH_3COO^-	+ H^+
(電離前)	0.1 mol/L		
(電離後)	$0.1 - 0.1 \times 0.01$ mol/L	0.1×0.01 mol/L	0.1×0.01 mol/L

$[H^+] = 0.1 \times 0.01 = 10^{-□}$ mol/L　となり，pH = □ → 整数値

☑ **5** 次の(1)，(2)の pH を整数値で求めよ。

(1) 0.040 mol/L の酢酸水溶液(電離度 0.025) □

(2) 0.050 mol/L の酢酸水溶液(電離度 0.020) □

強酸や弱酸の $[H^+]$

$$[H^+] = (価数) \times (モル濃度) \times (電離度)$$

☑ **6** 次の(1)，(2)の pH を整数値で求めよ。

(1) 0.10 mol/L の塩酸(電離度 1.0) □

(2) 0.10 mol/L の酢酸水溶液(電離度 0.010) □

26 中和反応

別冊解答 ▶ p. 23

学習日 月 / 日

空欄に H^+, OH^-, H_2O のいずれかを入れよ。

例題 塩酸 HCl と水酸化ナトリウム NaOH 水溶液の中和反応

2つの反応式を加えてまとめる

$HCl \longrightarrow$ 【H^+】 $+ Cl^-$

+) $NaOH \longrightarrow Na^+ +$ 【　】

$HCl + NaOH \longrightarrow NaCl +$ 【　】

（HCl：酸　NaOH：塩基　NaCl：塩　【　】：水）

まとめる

Na^+ と Cl^- をまとめて，NaCl と書く

H^+ と OH^- をまとめて，H_2O と書く

中《ちゅう》和《わ》反応 ➡ 酸の【　】と塩基の【　】とが結びついて，【　】ができる反応

【　】 + 【　】 ⟶ 【　】 (中和反応)

☑ **1** 次の酸と塩基が完全に中和するときの化学反応式を書け。

(1) CH_3COOH と NaOH

(2) H_2SO_4 と NaOH

(3) HCl と NH_3

例題 硫酸 H_2SO_4 と水酸化カリウム KOH 水溶液の中和反応

②価　①価

$1H_2SO_4 + 2KOH \longrightarrow 2H^+ + SO_4^{2-} + 2K^+ + 2OH^-$

反応相手の価数を書く　反応相手の価数を書く

まとめる K_2SO_4　　まとめる $2H_2O$

$H_2SO_4 + 2KOH \longrightarrow K_2SO_4 + 2H_2O$ ← 完成！

☑ **2** 次の酸と塩基が完全に中和するときの化学反応式を書け。

(1) HCl と $Ca(OH)_2$

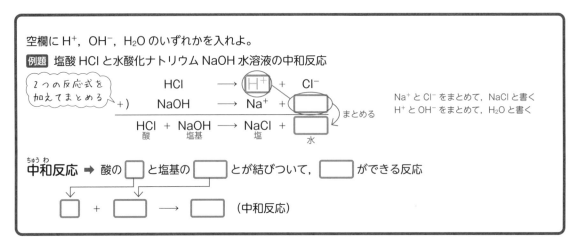

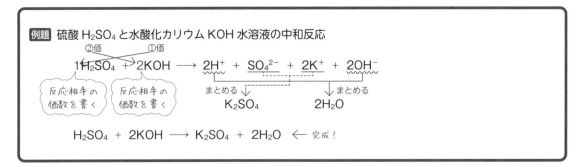

(2) HNO_3 と $Ba(OH)_2$

(3) H_2SO_4 と NH_3

塩の種類

HCl ＋ $NaOH$ ⟶ $NaCl$ ＋ H_2O

H_2SO_4 ＋ $2NaOH$ ⟶ Na_2SO_4 ＋ $2H_2O$

⟶「塩《えん》」という。（酸の陰イオンと塩基の陽イオンから生じる化合物）

- $NaCl$，Na_2SO_4，CH_3COONa のように酸の H や塩基の OH が残っていない塩 ⇒
- $NaHSO_4$，$NaHCO_3$ のように酸の H が残っている塩 ⇒
- $MgCl(OH)$，$CuCl(OH)$ のように塩基の OH が残っている塩 ⇒

3 次の塩は，正塩，酸性塩，塩基性塩のいずれか答えよ。

(1) KNO_3　(2) NH_4Cl　(3) $NaCl$

(4) $MgCl(OH)$　(5) CH_3COONa　(6) $NaHSO_4$

塩の水溶液の性質

【1】正塩 ➡ 強いものが勝つ!! と覚える

例題 CH_3COONa ⇒ CH_3COONa を生じる中和反応をイメージする

⬇ 水溶液が塩基性を示す

⬇ CH_3COOH（弱酸） ＋ $NaOH$（強塩基） ⟶ CH_3COONa ＋ H_2O

⬇

「弱酸」対「強塩基」の戦い!!　強い塩基が勝利して塩基性を示す

【2】酸性塩 ➡
- $NaHSO_4$ の水溶液は酸性を示す
- $NaHCO_3$ の水溶液は塩基性を示す

4 次の正塩の水溶液は，酸性・中性・塩基性のいずれを示すか。

(1) $NaCl$

(2) $CaCl_2$

(3) NH_4Cl

(4) Na_2CO_3

(5) Na_2SO_4

5 次の酸性塩の水溶液は，酸性・中性・塩基性のいずれを示すか。

(1) $NaHSO_4$　(2) $NaHCO_3$　(3) $KHSO_4$　(4) $KHCO_3$

27 中和反応の量的関係

別冊解答 ▶ p. 24

学習日　月／日

化学反応式の係数と量的関係

酸や塩基をちょうど中和するのに必要な物質量〔mol〕は，中和の化学反応式の係数関係から求めることができる。

例題１　①HCl ＋ ①NaOH ⟶ NaCl ＋ H_2O

①mol には，①mol が必要になる

HCl 1 mol をちょうど中和するのに NaOH は 1 mol 必要

例題２　①CH_3COOH ＋ ①NaOH ⟶ CH_3COONa ＋ H_2O

①mol には，①mol が必要になる

CH_3COOH 1 mol をちょうど中和するのに NaOH は 1 mol 必要

酸や塩基の強弱には関係なく「係数だけ」で決まる！

1　次の(1)，(2)に有効数字 2 桁で答えよ。

(1) 硫酸 1.0 mol とちょうど中和する水酸化ナトリウムの物質量〔mol〕

［　　　］mol

(2) 酢酸 0.10 mol とちょうど中和する水酸化ナトリウムの物質量〔mol〕

［　　　］mol

酸や塩基の価数と量的関係

酸や塩基をちょうど中和するのに必要な物質量〔mol〕は，酸や塩基の価数を考えることで求めることができる。

例題　H_2SO_4 0.20 mol とちょうど中和する NaOH の物質量〔mol〕

必要な NaOH を x〔mol〕とすると，次の式が成り立つ。

$$0.20 \times ② = x \times ①$$

H_2SO_4〔mol〕（②価）　H^+〔mol〕　NaOH〔mol〕（①価）　OH^-〔mol〕

H_2SO_4 から生じた H^+〔mol〕　NaOH から生じた OH^-〔mol〕

x = 0.40 mol 答

つまり，（酸について立てる式）**（物質量〔mol〕）×（価数）＝（物質量〔mol〕）×（価数）**（塩基について立てる式）

2　次の(1)，(2)に有効数字 2 桁で答えよ。

(1) HCl 0.50 mol とちょうど中和する $Ca(OH)_2$ は何 mol か。

［　　　］mol

(2) CH_3COOH 0.20 mol とちょうど中和する $Ba(OH)_2$ は何 mol か。

［　　　］mol

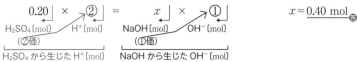

中和反応の量的関係

例題 濃度のわからない塩酸 20 mL を，0.10 mol/L の水酸化ナトリウム水溶液でちょうど中和するために 12 mL 必要であった。この塩酸の濃度は何 mol/L か。

手順 1　塩酸（HCl 水溶液）を x〔mol/L〕とする。（L の下に 1 ←「1」がかくれている）

↓

手順 2　HCl と NaOH の物質量〔mol〕を求める。

HCl〔mol〕 ➡ $\frac{x\text{〔mol〕}}{1\,\cancel{\text{L}}} \times \frac{20}{1000}\,\cancel{\text{L}}$　　NaOH〔mol〕 ➡ $\frac{0.10\text{ mol}}{1\,\cancel{\text{L}}} \times \frac{12}{1000}\,\cancel{\text{L}}$

↓

手順 3　酸と塩基の価数を調べ，（物質量〔mol〕）×（価数）＝（物質量〔mol〕）×（価数）の式を立てる。
（左辺：酸について立てる　右辺：塩基について立てる）

$x \times \frac{20}{1000} \times \square = 0.10 \times \frac{12}{1000} \times \square$　　$x =$ □ mol/L 答

（$x \times \frac{20}{1000}$：HCl（1 価）〔mol〕　□：H^+〔mol〕　$0.10 \times \frac{12}{1000}$：NaOH（1 価）〔mol〕　□：$OH^-$〔mol〕）

☑ **3**　次の(1)，(2)のモル濃度を有効数字 2 桁で求めよ。

(1) 濃度不明の硫酸 10 mL をちょうど中和するのに，0.10 mol/L の水酸化ナトリウム水溶液が 20 mL 必要であった。この硫酸のモル濃度〔mol/L〕を求めよ。

□ mol/L

(2) 濃度不明の酢酸水溶液 20 mL をちょうど中和するのに，0.10 mol/L の水酸化ナトリウム水溶液が 10 mL 必要であった。この酢酸水溶液のモル濃度〔mol/L〕を求めよ。

□ mol/L

☑ **4**　次の(1)，(2)に有効数字 2 桁で答えよ。

(1) 0.10 mol/L の塩酸 10 mL をちょうど中和するのに，0.050 mol/L の水酸化ナトリウム水溶液が何 mL 必要か。

□ mL

(2) 0.10 mol/L の硫酸 10 mL をちょうど中和するのに，0.050 mol/L の水酸化ナトリウム水溶液が何 mL 必要か。

□ mL

28 中和滴定の器具

別冊解答 ▶p. 25

学習日 月 ／ 日

中和滴定の器具

次の中和滴定に用いるガラス器具の名前を答えよ。

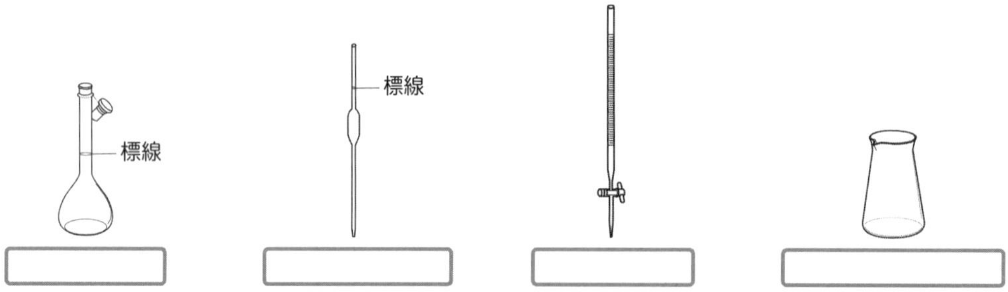
標線
標線

1 シュウ酸水溶液(標準溶液)の調製

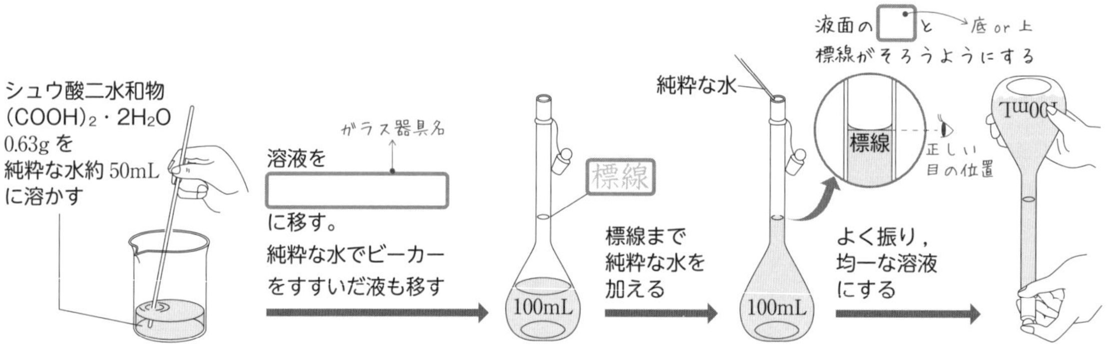
シュウ酸二水和物
(COOH)₂・2H₂O
0.63g を
純粋な水約 50mL
に溶かす
ガラス器具名
溶液を
に移す。
純粋な水でビーカー
をすすいだ液も移す
標線
100mL
標線まで
純粋な水を
加える
純粋な水
液面の と 底 or 上
標線がそろうようにする
標線
正しい
目の位置
100mL
よく振り,
均一な溶液
にする

2 中和滴定の操作

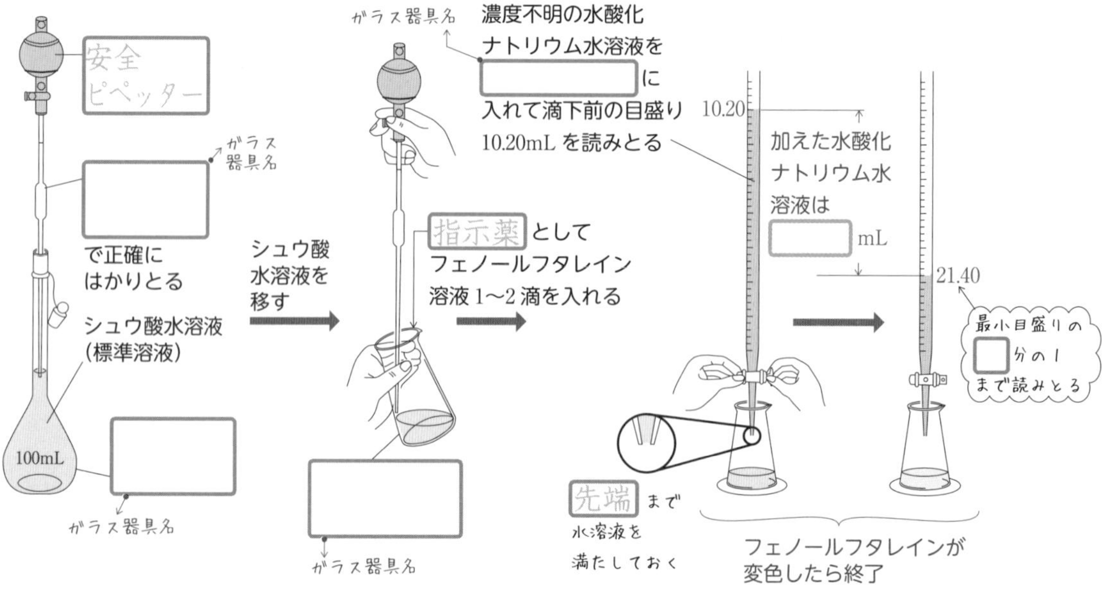
安全
ピペッター
ガラス
器具名
で正確に
はかりとる
シュウ酸水溶液
(標準溶液)
100mL
ガラス器具名
シュウ酸
水溶液を
移す
ガラス器具名
濃度不明の水酸化
ナトリウム水溶液を
に
入れて滴下前の目盛り
10.20mL を読みとる
指示薬 として
フェノールフタレイン
溶液 1～2 滴を入れる
ガラス器具名
10.20
加えた水酸化
ナトリウム水
溶液は
mL
21.40
最小目盛りの
分の 1
まで読みとる
先端 まで
水溶液を
満たしておく
フェノールフタレインが
変色したら終了

3 ～ 5 の空欄に，メスフラスコ，ホールピペット，ビュレット，コニカルビーカーのいずれかを入れよ。

☑ 3　ガラス器具の使用目的

(1) 正確な濃度の溶液をつくるのに使われる器具は［　　　　］である。
(2) 溶液を滴下し，その溶液の体積を正確にはかるのに使われる器具は［　　　　］である。
(3) 一定体積の溶液を正確にはかりとる器具は［　　　　］である。
(4) 中和反応を行う器具は［　　　　］である。（［三角フラスコ］でも代用できる。）

☑ 4　ガラス器具の洗浄方法

(1) 純粋な水で洗い，そのまま使用できる器具は［　　　　］と［　　　　］である。
(2) 純粋な水で洗い，使用する溶液で 2～3 回洗って（共洗《ともあら》い）から使用できる器具は［　　　　］と［　　　　］である。

☑ 5　ガラス器具の乾燥方法

加熱乾燥してはいけない器具は［　　　　］，［　　　　］，［　　　　］で，加熱乾燥してよい器具は［　　　　］である。

体積を正確にはかる器具を加熱乾燥してはいけない。

指示薬

水溶液の pH により色が大きく変化する物質は pH の測定に使われ，［pH 指示薬］という。指示薬の色が変わる pH の範囲は［　　　］とよばれる。

指示薬＼pH	1	2	3	4	5	6	7	8	9	10
［　　　　］		［　］	3.1		4.4	［　］				
メチルレッド			赤	4.2		6.2	黄			
リトマス				赤	5.0			8.0	青	
［　　　　］							［　］	8.0		9.8 ［　］

〈指示薬と変色域〉

色
メチルオレンジ or フェノールフタレイン

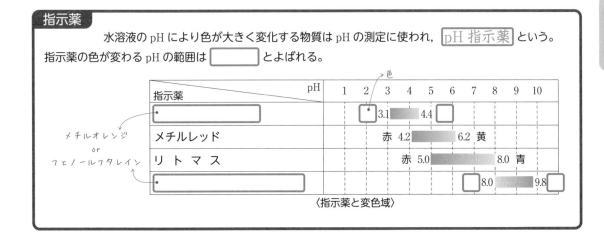

29 中和滴定曲線

別冊解答 ▶ p. 26

学習日 月 / 日

次の滴定曲線について，下の【1】～【3】に答えよ。

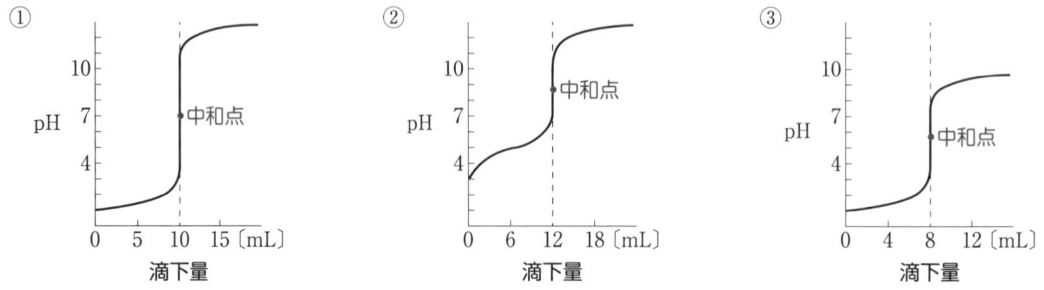

【1】空欄に①～③のいずれかの番号を入れよ。

(1) 0.1 mol/L の塩酸 10 mL を 0.1 mol/L の水酸化ナトリウム水溶液で滴定したときの滴定曲線は □ になる。

(2) 0.1 mol/L の酢酸水溶液 12 mL を 0.1 mol/L の水酸化ナトリウム水溶液で滴定したときの滴定曲線は □ になる。

(3) 0.1 mol/L の塩酸 8 mL を 0.1 mol/L のアンモニア水で滴定したときの滴定曲線は □ になる。

【2】空欄に整数値で答えよ。

①～③の滴定曲線から中和点までの滴定量を読みとれ。

(1) ①は □ mL　(2) ②は □ mL　(3) ③は □ mL

【3】空欄に酸性・中性・塩基性のいずれかを入れよ。

(1) ①の中和点は □　(2) ②の中和点は □　(3) ③の中和点は □

1 次の反応式を完成させよ。また，中和で生じる塩の化学式を答え，その水溶液が酸性・中性・塩基性のいずれを示すか答えよ。

(1) $HCl + NaOH \longrightarrow$ □

中和で生じる塩は □ なので，その水溶液は □ を示す。

(2) $CH_3COOH + NaOH \longrightarrow$ □

中和で生じる塩は □ なので，その水溶液は □ を示す。

(3) $HCl + NH_3 \longrightarrow$ □

中和で生じる塩は □ なので，その水溶液は □ を示す。

この性質から中和点が何性になるかがわかる

2 0.1 mol/L 塩酸 10 mL を 0.1 mol/L 水酸化ナトリウム水溶液で滴定すると，図のような滴定曲線が得られた。混合水溶液の色について答えよ。

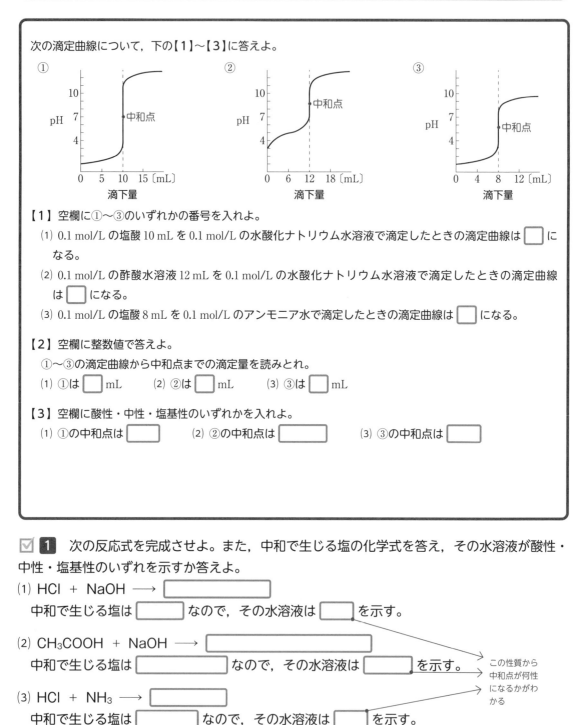

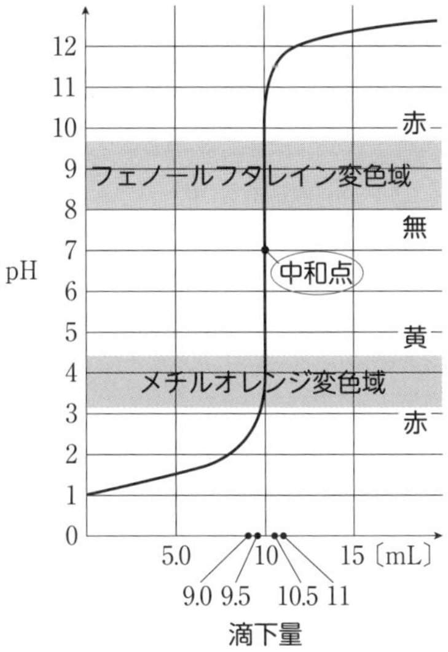

滴下量	指示薬としてメチルオレンジを用いたときの水溶液の色	指示薬としてフェノールフタレインを用いたときの水溶液の色
0 mL	赤色	無色
5.0 mL	□色	□色
9.0 mL	□色	□色
9.5 mL	□色	□色
10 mL（→中和点）	□色	□色
10.5 mL	□色	□色
11 mL	□色	□色
15 mL	□色	□色

メチルオレンジ・フェノールフタレインのどちらを用いても，色の変化で中和点を知ることができる

☑ **3**　0.1 mol/L 酢酸水溶液 10 mL を 0.1 mol/L 水酸化ナトリウム水溶液で滴定すると，図のような滴定曲線が得られた。混合水溶液の色について答えよ。

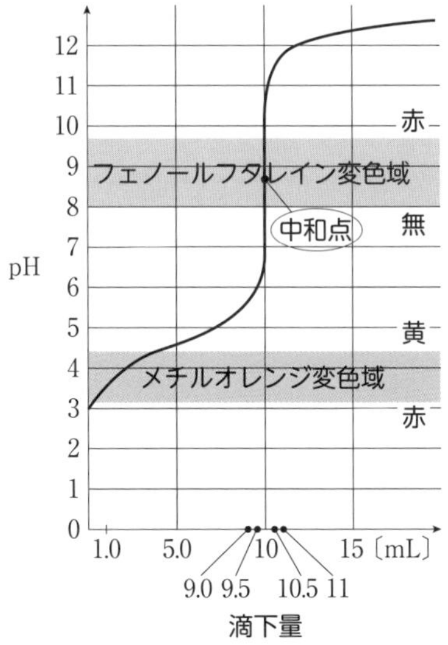

滴下量	指示薬としてメチルオレンジを用いたときの水溶液の色	指示薬としてフェノールフタレインを用いたときの水溶液の色
0 mL	赤色	無色
1.0 mL	□色	□色
5.0 mL	□色	□色
9.0 mL	□色	□色
9.5 mL	□色	□色
10 mL（→中和点）	□色	ほぼ□色
10.5 mL	□色	□色
11 mL	□色	□色
15 mL	□色	□色

メチルオレンジは中和点より前に変色してしまうので指示薬として使うことができない

フェノールフタレインを用いると，変色により中和点を知ることができる

☑ **4**　0.1 mol/L の酸 10 mL に 0.1 mol/L の塩基を加えたとき，指示薬として適当なものを，①メチルオレンジのみ，②フェノールフタレインのみ，③メチルオレンジとフェノールフタレインいずれでもよい　から選び，①～③の番号で答えよ。

(1) HCl−NaOH　□

(2) CH_3COOH−NaOH　□

(3) HCl−NH_3　□

30 酸化と還元

別冊解答 ▶ p. 27

学習日　月／日

物質が酸素 O と結びつく反応を［　　］といい，物質が酸素 O を失う反応を［　　］という。

Cu は O と結びつく＝Cu は［　　］された

$2Cu + O_2 \longrightarrow 2CuO$

H_2 は O と結びつく＝H_2 は［　　］された

$CuO + H_2 \longrightarrow Cu + H_2O$

CuO は O を失う＝CuO は［　　］された

物質が水素 H を失う反応を［　　］といい，物質が水素 H と結びつく反応を［　　］という。

H_2S は H を失う＝H_2S は［　　］された

$H_2S + I_2 \longrightarrow S + 2HI$

I_2 は H と結びつく＝I_2 は［　　］された

☑ **1**　$Fe_2O_3 + 2Al \longrightarrow 2Fe + Al_2O_3$　の反応で，Fe_2O_3 は O を失っているので［　　］されたことがわかり，Al は O と結びついているので［　　］されたことがわかる。

☑ **2**　$CH_4 + 2O_2 \longrightarrow CO_2 + 2H_2O$　の反応で，CH_4 は H を失っているので［　　］されたことがわかり，O_2 は H と結びついているので［　　］されたことがわかる。

物質が電子 e^- を失ったとき，その物質は［　　］されたという。また，物質が電子 e^- を受けとったとき，その物質は［　　］されたという。

Cu は e^- を失った＝Cu は［　　］された

$2Cu \longrightarrow 2Cu^{2+} + 4e^-$　…①

$O_2 + 4e^- \longrightarrow 2O^{2-}$　…②

①＋②より

$2Cu + O_2 \longrightarrow 2CuO$

O_2 は e^- を受けとった＝O_2 は［　　］された

☑ **3**　$Zn \longrightarrow Zn^{2+} + 2e^-$　から，Zn は［　　］されたことがわかる。

$Cu^{2+} + 2e^- \longrightarrow Cu$　から，Cu^{2+} は［　　］されたことがわかる。

☑ **4**　空欄に，O，H，e^- のいずれかを入れよ。

酸化される	［　］と結びつく	［　］を失う	［　］を失う
還元される	［　］を失う	［　］と結びつく	［　］を得る

☑ **5**　O と結びつく　⇒　［　　］される。　O を失う　⇒　［　　］される。

H と結びつく　⇒　［　　］される。　H を失う　⇒　［　　］される。

e^- を得る　⇒　［　　］される。　e^- を失う　⇒　［　　］される。

学習日 月／日

31 酸化数

別冊解答 ▶ p. 27

酸化数のルール

【1】単体中の原子の酸化数は □ とする。

例 $\underline{H}_2$ ， $\underline{Cu}$ ， $\underline{I}_2$ ， $\underline{S}$

□ □ □ □

（↘ 酸化数）

【2】化合物中の H の酸化数は [+1]，O の酸化数は [−2] とする。

例 $\underline{H}_2\underline{O}$ ， $Cu\underline{O}$ ， $\underline{H}_2S$ ， $\underline{H}I$

□ [−2]　□　□　□

注 【2】には例外がある。NaH《水素化ナトリウム》の H は □，H_2O_2《過酸化水素》の O は □ になる。

【3】化合物をつくっている原子の酸化数の合計は □ になる。

例 $\underline{H}_2\underline{O}$　（□）×2＋（□）＝□

□ □　（H の酸化数）（O の酸化数）

【4】1 つの原子からできている単原子イオンの酸化数は，イオンの電荷と同じになる。

例 $\underline{Al}^{3+}$ ， $\underline{H}^{+}$ ， $\underline{O}^{2-}$ ， $\underline{Cl}^{-}$

□ □ □ □

【5】2 つ以上の原子からできている多原子イオンの酸化数の合計は，イオンの電荷と同じになる。

例 $\underline{N}\underline{H}_4^{+}$（−3 ＋1）　（□）＋（□）×4＝□

（N の酸化数）（H の酸化数）

【6】化合物中のアルカリ金属の酸化数は [+1]，アルカリ土類金属の酸化数は [+2] になる。

アルカリ金属 → Li，Na，K，…

アルカリ土類金属 → Be，Mg，Ca，Sr，Ba，…

例 $\underline{Na}\underline{H}$ ， $\underline{Ca}\underline{O}$ ， $\underline{Ba}SO_4$

□ □　□ □　□

☑ **1** $KMnO_4$ の Mn の酸化数を x とすると，次の式が成り立つ。

（□）＋ $\underset{\text{Mn}}{x}$ ＋（□）×4＝□　　よって，x＝□

（K：アルカリ金属の酸化数）（O：O の酸化数）（化合物の酸化数の合計）

別解 $KMnO_4$ をイオンに分けて，K^{+} と MnO_4^{-} とし，Mn の酸化数を x とすると，次の式が成り立つ。

$\underset{\text{Mn}}{x}$ ＋（□）×4＝□　　よって，x＝□

（O：O の酸化数）（イオンの電荷）

酸化数を求める練習

【1】NH_3 中のNの酸化数を x とおくと，次の式が成り立つ。

x + (□) × 3 = □　　よって，x = □

（x：N　□：H → Hの酸化数　□ → 化合物の酸化数の合計）

【2】NO_3^- 中のNの酸化数を x とおくと，次の式が成り立つ。

x + (□) × 3 = □　　よって，x = □

（x：N　□：O → Oの酸化数　□ → イオンの電荷）

2　下線を引いた原子の酸化数を求めよ。

(1) $\underline{O}_2$ □　　(2) $H_2\underline{O}_2$ □　　(3) $H_2\underline{S}O_4$ □

(4) $\underline{Cr}_2O_7^{2-}$ □　　(5) $Na\underline{H}$ □　　(6) $\underline{Mn}O_2$ □

酸化数の増減と酸化・還元

原子の酸化数が増加したとき，その原子は □（→酸化 or 還元）されたという。また，

原子の酸化数が減少したとき，その原子は □ されたという。

$\underline{Cu} \longrightarrow \underline{Cu}^{2+} + 2e^-$　　Cuの酸化数は □（→増加 or 減少）しており，Cuは □（→酸化 or 還元）されたとわかる。

酸化数　0 —増加→ +2

$\underline{O}_2 + 4e^- \longrightarrow 2\underline{O}^{2-}$　　Oの酸化数は □ しており，Oは □ されたとわかる。

酸化数　0 —減少→ −2

3　下線を引いた原子の酸化数を求め，酸化された物質，還元された物質の化学式を答えよ。

(1) $2\underline{Na} + 2\underline{H}_2O \longrightarrow 2\underline{Na}OH + \underline{H}_2$

□　□　□　□

よって，酸化された物質は □，還元された物質は □ となる。

反応式のどこかに単体がある反応は，酸化還元反応になる。

(2) $\underline{N}_2 + 3\underline{H}_2 \longrightarrow 2\underline{N}\underline{H}_3$

□　□　□□

よって，酸化された物質は □，還元された物質は □ となる。

(3) $\underline{Cu} + 4H\underline{N}O_3 \longrightarrow \underline{Cu}(NO_3)_2 + 2H_2O + 2\underline{N}O_2$

□　□　□　□

よって，酸化された物質は □，還元された物質は □ となる。

32 酸化剤と還元剤

別冊解答 ▶ p. 28

学習日 月 / 日

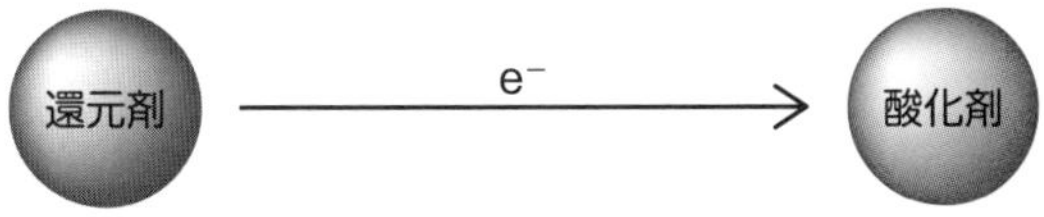

電子 e^- を与える物質を □，電子 e^- をうばう物質を □ という。

還元剤は，相手を □ する物質で，自身は □ される。
酸化剤は，相手を □ する物質で，自身は □ される。

1 過マンガン酸イオン MnO_4^- は次のように反応し，相手の物質から電子 e^- をうばう □ である。

還元剤からうばった電子 e^-

$$MnO_4^- + 8H^+ + 5e^- \longrightarrow Mn^{2+} + 4H_2O$$

この電子 e^- を含むイオン反応式は，次の手順にしたがってつくる。

手順 1　酸化剤，還元剤とその変化後を書く。

$MnO_4^- \longrightarrow$ Mn^{2+} ← 変化後は覚える必要がある

手順 2　両辺の O の数が等しくなるように H_2O を加える。

$MnO_4^- \longrightarrow Mn^{2+} +$ □ H_2O

左辺に O は □ 個あるので，右辺は H_2O □ 個でそろえる

手順 3　両辺の H の数が等しくなるように H^+ を加える。

$MnO_4^- +$ □ $H^+ \longrightarrow Mn^{2+} + 4H_2O$

①右辺に H が 4×2= □ 個ある

②左辺は H^+ □ 個でそろえる

手順 4　両辺の電荷が等しくなるように電子 e^- を加える。

$MnO_4^- + 8H^+ +$ □ $e^- \longrightarrow Mn^{2+} + 4H_2O$

左辺の電荷の合計は，
(□) +8× (□) = □

右辺の電荷の合計は，
(□) +4× □ = □

左辺の電荷 □ と右辺の電荷 □ をそろえるために必要な □ を表す。

→ e^- で −1 を表す

☑ **2**　次のニクロム酸イオン $Cr_2O_7^{2-}$ やシュウ酸 $(COOH)_2$ の電子 e^- を含むイオン反応式を完成させよ。

$Cr_2O_7^{2-}$ ＋ □ H^+ ＋ □ e^- ⟶ [$2Cr^{3+}$] ＋ □ H_2O

$(COOH)_2$ ⟶ [$2CO_2$] ＋ □ H^+ ＋ □ e^-

$Cr_2O_7^{2-}$ は相手の物質から電子 e^- をうばう □ であり，
$(COOH)_2$ は相手の物質に電子 e^- を与える □ であることがわかる。

☑ **3**　次の①式と②式を完成させてから，電子 e^- を消去して「イオン反応式」をつくれ。

□ 剤：MnO_4^- ＋ □ H^+ ＋ □ e^- ⟶ [Mn^{2+}] ＋ □ [H_2O]　…①
□ 剤：H_2O_2 ⟶ [O_2] ＋ □ H^+ ＋ □ e^-　…②

MnO_4^- がうばう電子の数と H_2O_2 が与える電子の数が等しくなるように，$5e^-$ と $2e^-$ の最小公倍数 $10e^-$ でそろえる。つまり，①式を □ 倍，②式を □ 倍して両辺を加え，電子 e^- を消去する。

①式×2 ➡　$2MnO_4^-$ ＋ $\overset{6H^+}{\cancel{16H^+}}$ ＋ $\cancel{10e^-}$ ⟶ $2Mn^{2+}$ ＋ $8H_2O$
②式×5 ➡　$5H_2O_2$ ⟶ $5O_2$ ＋ $\cancel{10H^+}$ ＋ $\cancel{10e^-}$　(＋

たすことで $10e^-$ を消去する

□ ⟶ □　➡「イオン反応式」という

☑ **4**　希硫酸で酸性にした $KMnO_4$ と H_2O_2 との「化学反応式」を，次のイオン反応式からつくれ。

$2MnO_4^-$ ＋ $5H_2O_2$ ＋ $6H^+$ ⟶ $2Mn^{2+}$ ＋ $5O_2$ ＋ $8H_2O$　…イオン反応式

つくり方　MnO_4^- に K^+ を加えて $KMnO_4$，$2H^+$ に SO_4^{2-} を加えて H_2SO_4 にする。

$2MnO_4^-$ ＋ $5H_2O_2$ ＋ $6H^+$ ⟶ $2Mn^{2+}$ ＋ $5O_2$ ＋ $8H_2O$

$2KMnO_4$ にするために $2K^+$ を加える

$3H_2SO_4$ にするために $3SO_4^{2-}$ を加える

左辺に加えた $2K^+$ と $3SO_4^{2-}$ を右辺にも加えてまとめる

[　＋ $5H_2O_2$ ＋　] ⟶ [　＋　＋ $5O_2$ ＋ $8H_2O$]

☑ **5**　二酸化硫黄 SO_2 水溶液に硫化水素 H_2S 水を加えると，硫黄 S が生じる。この酸化還元反応を化学反応式で書け。

つくり方　□ 剤：SO_2 ＋ □ H^+ ＋ □ e^- ⟶ [S] ＋ □ □　…①
□ 剤：H_2S ⟶ [S] ＋ □ H^+ ＋ □ e^-　…②

最小公倍数 $4e^-$ でそろえるため，②式を □ 倍して両辺を加え，電子 e^- を消去する。

①式 ➡　SO_2 ＋ $\cancel{4H^+}$ ＋ $\cancel{4e^-}$ ⟶ S ＋ $2H_2O$
②式×2 ➡　$2H_2S$ ⟶ 2S ＋ $\cancel{4H^+}$ ＋ $\cancel{4e^-}$　(＋

たすことで $4e^-$ を消去する

□ ⟶ □

33 酸化還元滴定

別冊解答 ▶ p. 29

学習日 月 / 日

濃度のわからない還元剤や酸化剤の濃度を，酸化還元反応を利用し求める方法を［酸化還元滴定］という。

例題 1 0.50 mol/L 過酸化水素 H_2O_2 水 10 mL を希硫酸で酸性にして，x〔mol/L〕過マンガン酸カリウム $KMnO_4$ 水溶液で滴定したところ，20 mL 加えたところで水溶液の赤紫色が消えなくなった。$KMnO_4$ 水溶液のモル濃度を次の化学反応式を利用して，有効数字 2 桁で求めよ。
（水溶液の赤紫色が消えなくなった → 滴定が終わったサイン）

$$2KMnO_4 + 3H_2SO_4 + 5H_2O_2 \longrightarrow K_2SO_4 + 2MnSO_4 + 5O_2 + 8H_2O$$

考え方 反応式の係数から，$KMnO_4$ ［2］ mol と H_2O_2 ［　］ mol が過不足なく反応することがわかる。

［2］ mol（$KMnO_4$）：［　］ mol（H_2O_2）＝ ［$\dfrac{x\text{〔mol〕}}{1\ \text{L}} \times \dfrac{20}{1000}\ \text{L}$］（$KMnO_4$）：［　　　］ mol（$H_2O_2$）

x ＝［　　　］ mol/L 答

☑ 1 **例題 1** の滴定で，H_2O_2 3 mol と過不足なく反応する $KMnO_4$ は何 mol か。有効数字 2 桁で求めよ。
（何 mol → x〔mol〕とする）

考え方 2 mol（$KMnO_4$）：［　］ mol（H_2O_2）＝［　］ mol（$KMnO_4$）：［　］ mol（H_2O_2）　　x ＝［　　］ mol 答

例題 2 0.060 mol/L のシュウ酸 $(COOH)_2$ 水溶液 10 mL を希硫酸で酸性にして，x〔mol/L〕過マンガン酸カリウム $KMnO_4$ 水溶液で滴定したところ，反応の終点までに 12 mL が必要だった。$KMnO_4$ 水溶液のモル濃度を有効数字 2 桁で求めよ。ただし，$(COOH)_2$ と MnO_4^- は次のようにはたらく。

$$(COOH)_2 \longrightarrow 2CO_2 + 2H^+ + 2e^-$$

$$MnO_4^- + 8H^+ + 5e^- \longrightarrow Mn^{2+} + 4H_2O$$

考え方

還元剤 $(COOH)_2$ が終点までに放出した e^-〔mol〕＝酸化剤 $(KMnO_4)$ が終点までにうばった e^-〔mol〕

より，$1(COOH)_2 \longrightarrow \cdots + 2e^-$（×2），$1MnO_4^- + 8H^+ + 5e^- \longrightarrow \cdots$（×5）

$0.060 \times \dfrac{10}{1000} \times 2$ ＝［　　　］　　x ＝［　　　］ mol/L 答

（左辺：還元剤である $(COOH)_2$ が終点までに放出した e^-〔mol〕／右辺：酸化剤である $KMnO_4$ が終点までにうばった e^-〔mol〕）

☑ 2 **例題 2** の滴定で，x〔mol/L〕$(COOH)_2$ 水溶液 10 mL と過不足なく反応する 0.010 mol/L $KMnO_4$ 水溶液は 20 mL だった。$(COOH)_2$ 水溶液のモル濃度を有効数字 2 桁で求めよ。

［　　　］ mol/L

学習日
月／日

34 金属のイオン化傾向

別冊解答 ▶ p. 30

金属のイオン化傾向

→陽 or 陰

水溶液中で，金属が[　]イオンになろうとする性質を金属の[　　　　]といい，金属を[　　　　]の大きい順に並べたものを[イオン化列]という。

(大) ← イオン化傾向（陽イオンへのなりやすさ） (小)

リ	カ	バ	カ	ナ	マ	ア	ア	テ	ニ	ス	ナ	ヒ	ド	ス	ぎる	借	金
[　]	[　]	[　]	[　]	[　]	[　]	[　]	[　]	[　]	[　]	[　]	[　]	(H_2)	[　]	[　]	[　]	[　]	[　]

→元素記号をゴロにあわせて書いてみよう

イオン化傾向　A>B　のとき，次の反応が起こる。

A　＋　Bのイオン　⟶　Aのイオン　＋　B

1　次の(1)，(2)の反応が起こるか，起こらないかを判定せよ。

(1) $Cu + 2Ag^{+} \longrightarrow Cu^{2+} + 2Ag$　　反応は[　　　　]

(2) $Zn^{2+} + Cu \longrightarrow Zn + Cu^{2+}$　　反応は[　　　　]

2　次の金属とイオンの組み合わせで，反応が起こるものを①～③から1つ選び，そのイオン反応式とともに答えよ。

① Zn^{2+} と Ag　　② Cu と Fe^{2+}　　③ Cu と Ag^{+}

[　　　　　　　　　　]

水との反応

(大) ← 反応性大きい　イオン化傾向　反応性小さい (小)

リ	カ	バ	カ	ナ	マ	ア	ア	テ	ニ	ス	ナ	ヒ	ド	ス	ぎる	借	金
Li	K	Ba	Ca	Na	Mg	Al	Zn	Fe	Ni	Sn	Pb	(H_2)	Cu	Hg	Ag	Pt	Au

常温の水と反応して，H_2 を発生する（Li～Na）

熱水と反応して，H_2 を発生する（Li～Mg）

高温の水蒸気と反応して，H_2 を発生する（Li～Fe）

☑ **3** イオン化傾向の大きいLi，K，Ba，Ca，Naなどは［　　］の水と反応して［H_2］を発生しながら溶ける。Mgは［熱水］と反応して［H_2］を発生する。Al，Zn，Feは熱水とは反応せず，［　　　　］と反応して［H_2］を発生する。

酸との反応

（大）◀ 反応性大きい　　イオン化傾向　　反応性小さい（小）

リ	カ	バ	カ	ナ	マ	ア	ア	テ	ニ	ス	ナ	ヒ	ド	ス	ギる	借	金
Li	K	Ba	Ca	Na	Mg	Al	Zn	Fe	Ni	Sn	Pb	(H_2)	Cu	Hg	Ag	Pt	Au

塩酸，希硫酸と反応して，H_2を発生する（**4**，**6** 参照）［Li～Pb］

熱濃硫酸，濃硝酸，希硝酸と反応して，SO_2，NO_2，NOを発生する（**5** 参照）［Li～Ag］

王水《おうすい》とのみ反応（**7** 参照）［Pt，Au］

☑ **4** ZnやFeは水素よりも［　　　　］が大きいので，希硫酸のH^+と反応して［　］（化学式）を発生する。例えば，Feと希硫酸の化学反応式は次のようになる。

Fe ⟶ ［　　］ ＋ ［　］e^-

$2H^+$ ＋ ［　］e^- ⟶ H_2

まとめると ⟹ イオン反応式［　　　　⟶　　　　］

↓ H_2SO_4にするためにSO_4^{2-}を加えてまとめる　↓ 左辺に加えたSO_4^{2-}を右辺にも加えてまとめる

化学反応式［　　　　⟶　　　　］

☑ **5** ［　　　　］が水素よりも小さいCuやAgなどは，塩酸や希硫酸とは反応［　　　］（する or しない）が，熱濃硫酸（加熱した濃硫酸）と反応して［　　　］（化学式）を発生して溶ける。さらに，CuやAgは，濃硝酸と反応して［　　　］を発生して溶け，希硝酸と反応して［　　　］を発生して溶ける。例えばCuと熱濃硫酸とは次のように反応する。

Cu ⟶ ［　　　　　］

H_2SO_4 ＋ ［　］H^+ ＋ ［　］e^- ⟶ ［　　　］ ＋ ［　］H_2O

まとめると ⟹

イオン反応式［　　　　⟶　　　　］

↓ SO_4^{2-}を両辺に加えてまとめる

化学反応式［　　　　⟶　　　　］

Fe，Ni，Alは，濃硝酸にはその表面にち密な［酸化被膜］ができてほとんど溶けない。このような状態を［　　　］という。

ゴロ 元素記号
手　ニ　アル
［　］［　］［　］は，
濃硝酸と不動態になる

☑ **6** Pbは，塩酸HClや希硫酸H_2SO_4と反応して生じる$PbCl_2$や［　　　］（化学式）が水に溶け［　　　］（やすく or にくく），塩酸や希硫酸とはほとんど反応［　　　］（する or しない）。

☑ **7** PtやAuは，熱濃硫酸・濃硝酸・希硝酸に溶けないが，濃硝酸と濃塩酸の体積が1：［　］の混合物である［　　］には溶ける。

第8章 酸化還元

35 物質の三態

別冊解答 ▶ p. 31

学習日　月／日

物質の［固体］・［　　］・［　　］の3つの状態を物質の［　　］という。［温度］や［　　］を変化させると物質の三態は変化する。この変化を［　　　　］という。

●物質の三態と状態変化

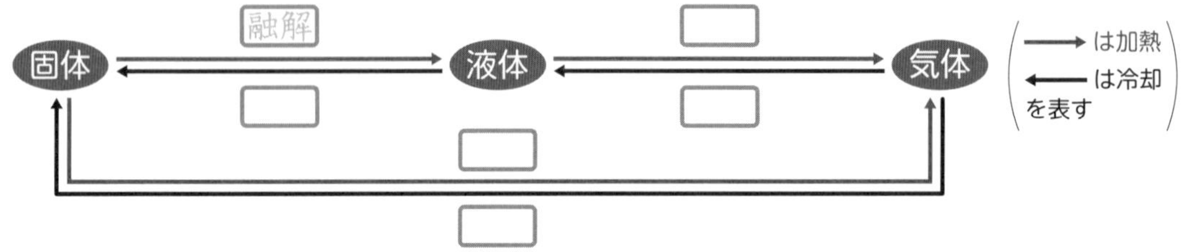

☑ **1**　固体を加熱すると，とけて液体になる。この現象を［　　］，このときの温度を［　　］という。液体から気体になる現象を［　　］，液体が［沸騰］する温度を［　　］という。

☑ **2**　たて軸に圧力，よこ軸に温度をとり，固体・液体・気体のどの状態をとるかを表した図を［　　　］という。

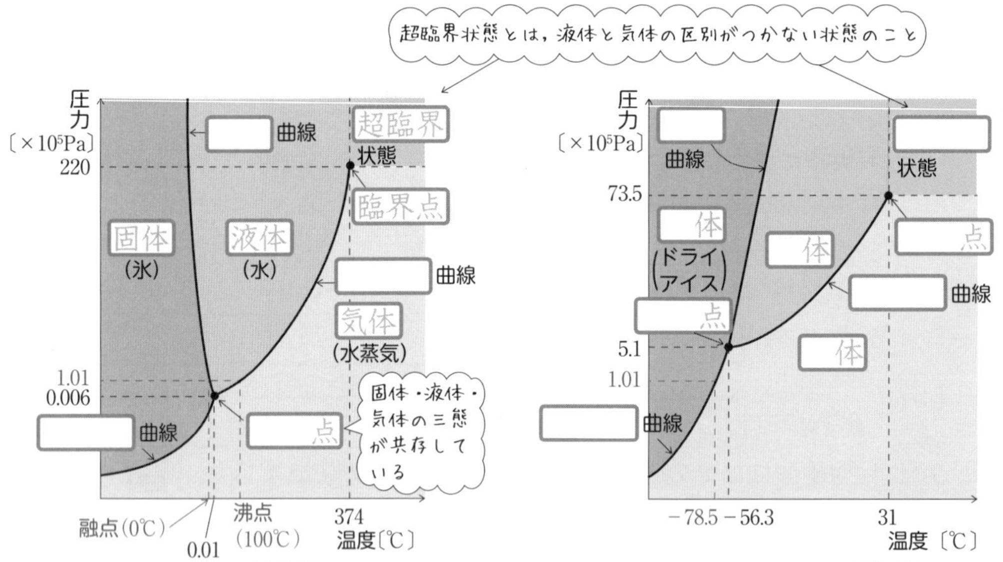

〈水H_2Oの［　　］図〉　　〈二酸化炭素 CO_2の［　　］図〉

臨界点よりも高温・高圧の状態（［　　　状態］）にある物質を［　　　　］という。

36 ファンデルワールス力と水素結合

別冊解答 ▶ p. 31

学習日 月／日

水素 [H$_2$]，二酸化炭素 [CO$_2$] のような [　　　]（→極性 or 無極性）分子や，塩化水素 [HCl] のような [　　　]（→極性 or 無極性）分子の間にはたらく引力をまとめて，[　　　　　　　　] という。

ハロゲン単体の沸点は，F$_2$ [　]（→< or >）Cl$_2$ [　]（→< or >）Br$_2$ [<] I$_2$ の順になる。これは，[　　　　] が大きくなるほど，[　　　　　　　　] が強くなるためである。

フッ化水素 [HF] は，17 族の水素化合物（[ハロゲン化水素]）の中で分子量が最も [　　　] いが，沸点は最も [　] い。これは HF と HF との間に，F−H…F のような強い引力が生じるためであり，この [H] 原子を仲立ちとして生じる結合を [　　　] 結合という。

図を見ると，[H$_2$O]，[HF]，[NH$_3$] は分子量が [小さ] いにもかかわらず沸点が高い。これは分子間で [　　　　] を生じているためである。

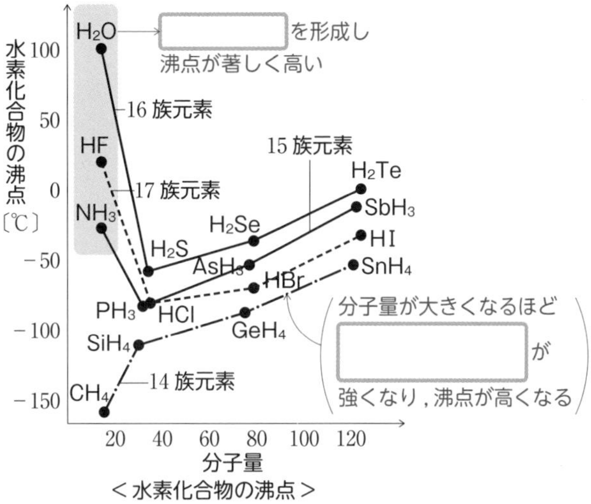

＜水素化合物の沸点＞

☑ **1** 次の(1)〜(3)の構造式に δ− と δ+ を書き入れ，さらに，水素結合を…で書き入れよ。

(1) 水

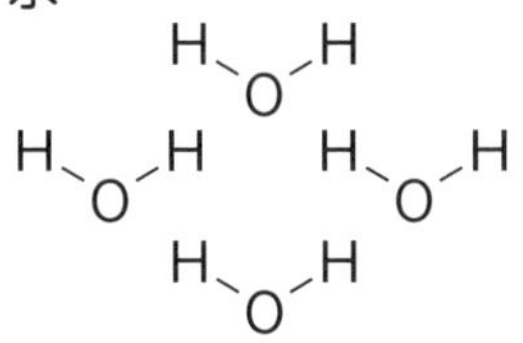

(2) フッ化水素

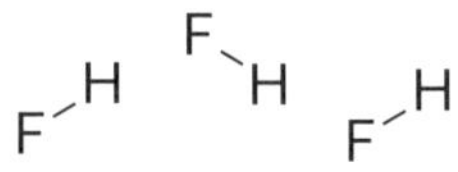

(3) アンモニア

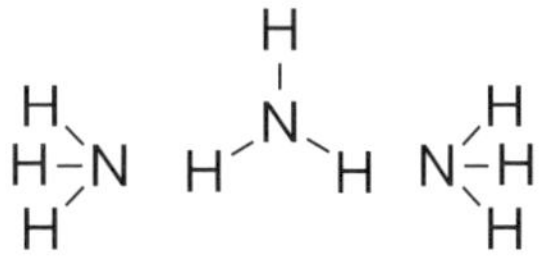

☑ **2** 右図を見るとわかるように，氷(固体の水)では，1 分子の水が他の [　] 分子の水と [　　　] 結合し固定されることで，[すきまの大きい結晶構造] になっている。このため，氷は液体の水よりも密度が [　　　　]（→大きく or 小さく），氷は水に [　　　]（→浮く or 沈む）。

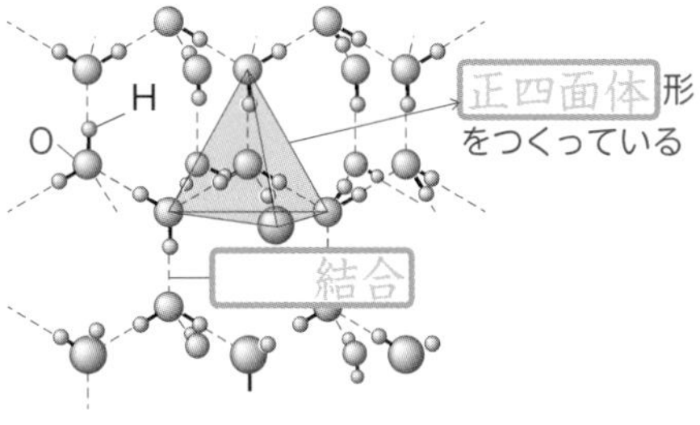

＜氷(H$_2$O)の構造＞

37 気体の圧力，気液平衡と蒸気圧，絶対温度

別冊解答 ▶ p. 32

学習日　月／日

気体の圧力

【1】 熱運動 している気体分子が容器の壁に衝突し，単位面積あたりに加えている力が気体の □ になる。

【2】 国際単位系(SI)による圧力の単位には，パスカル(記号 □)が用いられる。
1 Pa は面積 1 □ に 1 ニュートン(記号 □)の力がはたらいたときの □ である。つまり，
1 □ = 1 N/m^2 となる。
（m^2 → 1 m^2 の面積を表している）

【3】 大気による圧力を □ といい，右図のような実験により測定する。通常の大気圧 1.013×10^5 Pa では，
h = □ mm になる。
「1.013×10^5 Pa」は，「 □ ミリメートル水銀柱(記号 □)」や「1 気圧(記号 atm)」と表す。

1.013×10^5〔Pa〕 = 760〔 □ 〕
= 1〔 □ 〕

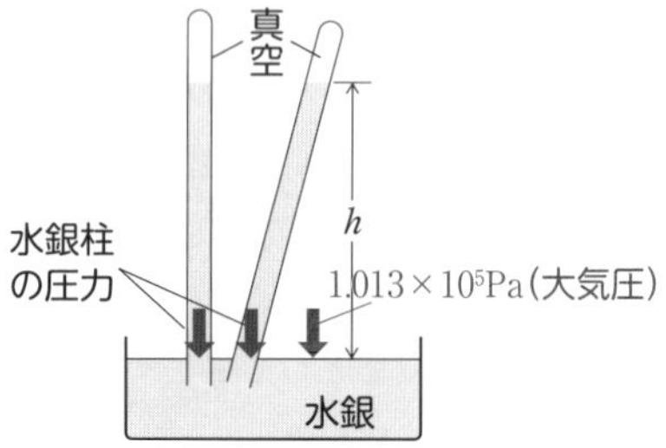

【4】 h《ヘクト》 は 10^2 倍を意味するので，
1.013×10^5〔Pa〕 = □〔hPa〕 となる。

1 次の圧力を〔　〕内の単位で表せ(有効数字 4 桁)。

(1) 1013 hPa〔Pa〕

□ Pa

(2) 1.013×10^5 Pa〔kPa〕

□ kPa

2 次の圧力を〔　〕内の単位で表せ(有効数字 2 桁)。ただし，1.0×10^5 Pa = 760 mmHg とする。

(1) 5.0×10^3 Pa〔mmHg〕　□ mmHg

(2) 380 mmHg〔Pa〕　□ Pa

気液平衡と蒸気圧

右図のような真空の密閉容器に液体を入れて常温で放置すると，容器内の圧力は一定の値に保たれ，見かけ上，［蒸発］も［凝縮］も起こっていないような状態となる。この状態を［　　　］という。
このとき，水銀柱の液面の高さの差 h は，常温におけるこの液体の［　　　］を示す。

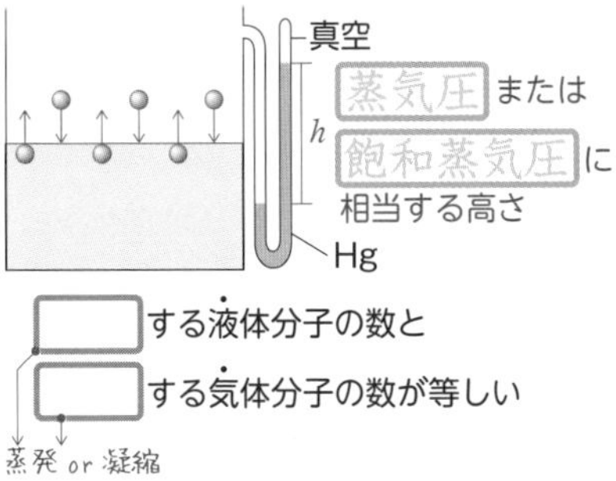

蒸気圧曲線

蒸気圧と温度との関係を示すグラフを［　　　］という。
液体を加熱していき，［蒸気圧 ＝ 大気圧］となると，液体の表面だけでなく，内部からも［蒸発］が起こるようになる。この現象を［　　　］といい，［沸騰］の起こる温度を［　　　］という。

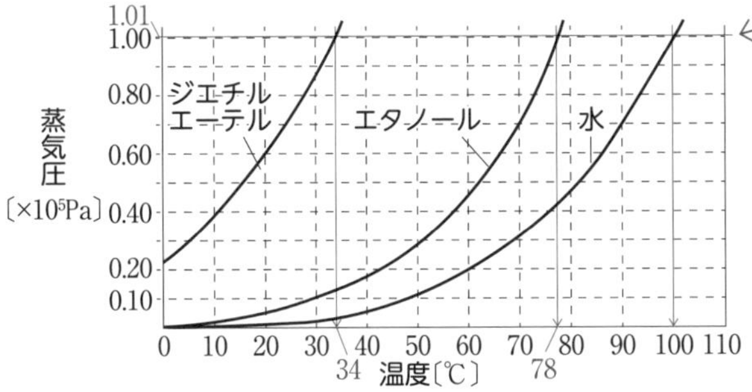

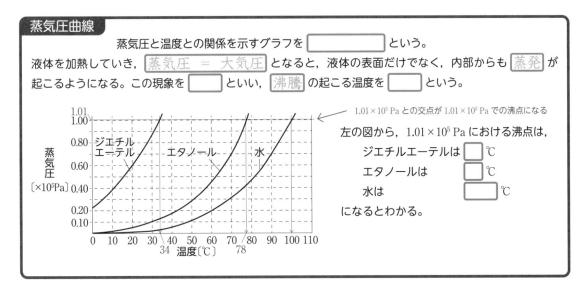

1.01×10^5 Pa との交点が 1.01×10^5 Pa での沸点になる

左の図から，1.01×10^5 Pa における沸点は，
ジエチルエーテルは［　］℃
エタノールは［　］℃
水は［　　］℃
になるとわかる。

☑ **3** 大気圧が 0.70×10^5 Pa におけるエタノールと水の沸点は何℃か。上の図を利用して整数値で答えよ。

エタノールは［　］℃ ， 水は［　］℃ になる。

絶対温度

−273℃を基準とした温度を［　　　］といい，単位には［ケルビン］（記号［　］）を用いる。
絶対温度 T〔K〕とセルシウス温度 t〔℃〕の間には，

T〔K〕＝［　　　　　］

の関係が成り立つ。

☑ **4** 次の(1)をセルシウス温度，(2)を絶対温度に変換し，整数値で答えよ。

(1) 400 K ［　　］℃

(2) 27℃ ［　　］K

38 気体の法則

別冊解答 ▶ p. 33

学習日 月／日

気体の状態方程式

絶対温度 T〔K〕，圧力 P〔Pa〕において，n〔mol〕の気体の体積を V〔L〕とすると，

$$PV=nRT$$

という式が成り立つ。この式を気体の［　　　］，R を［　　　］という。

例題 0℃，1.013×10^5 Pa（［　　］状態）において，1 mol の気体の体積 V は［　　］L である。この値を使って，気体定数 R の値を有効数字 2 桁で求めよ。また，単位も記せ。

考え方 $PV=nRT$ より，$R=\dfrac{PV}{nT}=$［　　　　　　　　］

≒［　　　］［　　　　　　］答

↘数値　↘単位

☑ **1** 27℃，8.3×10^5 Pa で 3.0 L を占める気体の物質量〔mol〕を有効数字 2 桁で求めよ。ただし，$R=8.3\times10^3$ Pa･L/(mol･K) とする。

↘用いる単位は，P が Pa，V が L，n が mol，T が K になる

［　　］mol

☑ **2** 127℃，8.0×10^5 Pa で 8.3 L を占める気体の物質量は何 mol か。有効数字 2 桁で求めよ。ただし，$R=8.3\times10^3$ Pa･L/(mol･K) とする。

［　　］mol

重要！ (P，V，T) の条件がすべてわかると，n が決まることを知っておこう！
（3 つのデータ）

ボイルの法則

例題 27℃，4.0×10^5 Pa で 6.0 L を占めている気体がある。この気体を 27℃，8.0×10^5 Pa とすると，体積は何 L になるか。有効数字 2 桁で求めよ。

考え方 問題文の操作を簡単な図で表し，変化していない値（一定の値）を探して $PV=nRT$ に□をつける。そして，□をまとめて得られる式を使えばよい。

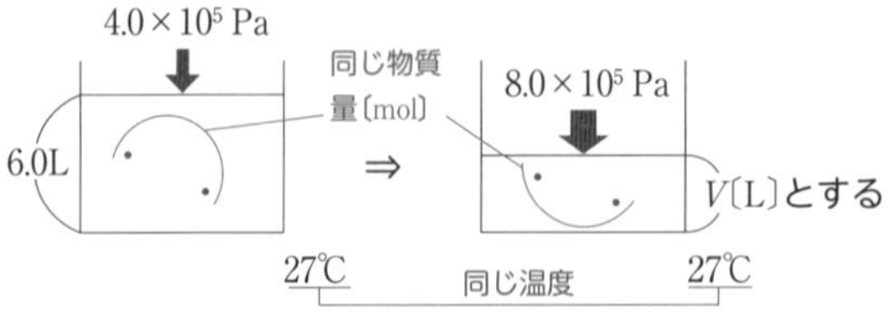

$PV=$ $\boxed{n}\boxed{R}\boxed{T}$ から，
（n：同じ物質量〔mol〕，R：同じ値（例 8.3×10^3）になる，T：同じ温度）

$PV=$（一定） ➡［　　　］の法則が成り立つ。

$PV=4.0\times10^5\times6.0=$［　　　　］×［　］

これを解くと，$V=$［　　］L 答

☑ **3** 27℃，1.0×10^5 Pa で 3.0 L の気体を，6.0 L の容器に入れ 27℃に保った。容器内の気体の圧力は何 Pa になるか。有効数字 2 桁で求めよ。

［　　　　］Pa

シャルルの法則とボイル・シャルルの法則

例題1 圧力一定で，27℃で 6.0 L の気体を 127℃にすると，体積は何 L になるか。有効数字 2 桁で求めよ。

考え方

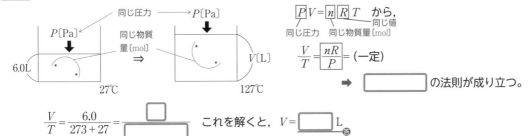

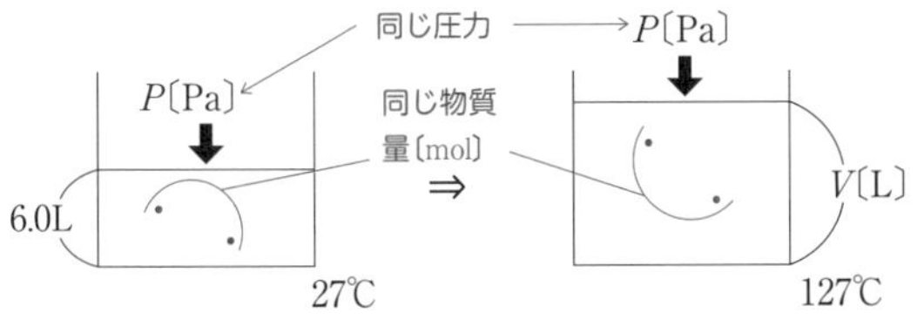

$\boxed{P}V=\boxed{n}\boxed{R}T$ から,
同じ圧力　同じ物質量〔mol〕　同じ値

$\frac{V}{T}=\boxed{\frac{nR}{P}}=$ (一定)

➡ □ の法則が成り立つ。

$\frac{V}{T}=\frac{6.0}{273+27}=\frac{\square}{\square}$ 　これを解くと，$V=$ □ L 答

例題2 27℃，2.0×10^5 Pa で 6.0 L の気体を，67℃，1.0×10^6 Pa とすると，体積は何 L になるか。有効数字 2 桁で求めよ。

考え方

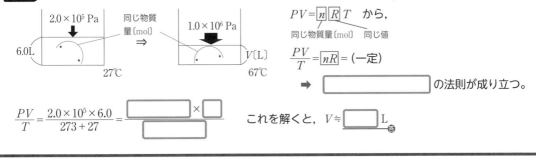

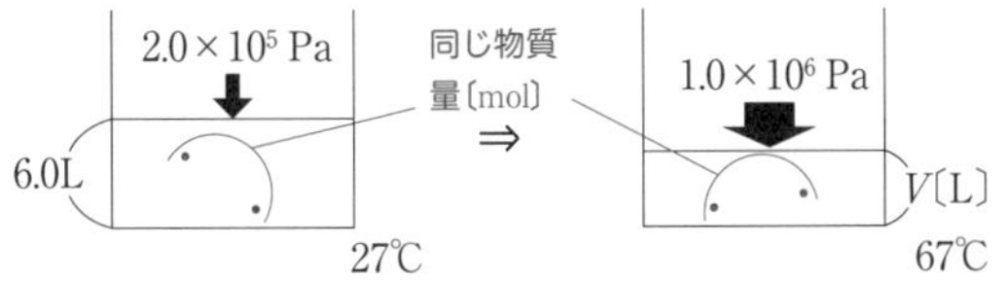

$PV=\boxed{n}\boxed{R}T$ から,
同じ物質量〔mol〕　同じ値

$\frac{PV}{T}=\boxed{nR}=$ (一定)

➡ □ の法則が成り立つ。

$\frac{PV}{T}=\frac{2.0\times10^5\times6.0}{273+27}=\frac{\square\times\square}{\square}$ 　これを解くと，$V\fallingdotseq$ □ L 答

☑ **4** 　27℃，4.5×10^5 Pa で 6.0 L の気体を，3.0 L の容器に入れ 127℃に保つと圧力は何 Pa になるか。有効数字 2 桁で求めよ。

□ Pa

気体の分子量

気体の質量を w〔g〕，モル質量を M〔g/mol〕とする。すると，気体の物質量 n〔mol〕を w と M で表すと $\boxed{n=}$ になる。これを気体の状態方程式 $\boxed{PV=}$ に代入すると，

（分子量 M に単位 g/mol がついたもの）

$PV=$ □ となるので，$M=$ □ とできる。

☑ **5** 　ある揮発性の物質 1.0 g を 830 mL の容器中で完全に蒸発させたところ，97℃で 1.0×10^5 Pa となった。この物質の分子量を有効数字 2 桁で求めよ。ただし，$R=8.3\times10^3$ Pa・L/(mol・K) とする。

□

39 混合気体

別冊解答 ▶ p. 34

学習日　月／日

例題 右図のように，4.0 L の容器 A には 1.0×10^5 Pa のヘリウム He が，1.0 L の容器 B には 5.0×10^5 Pa のアルゴン Ar が入っている。温度一定でコックを開いてしばらく放置した。

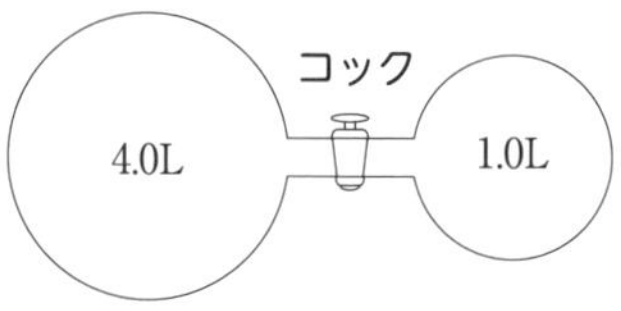

(1) ヘリウムとアルゴンの分圧はそれぞれ何 Pa か。有効数字 2 桁で求めよ。

考え方 ヘリウム He の分圧を P_{He}〔Pa〕とおき，コックを開く前と後の He だけに注目する。

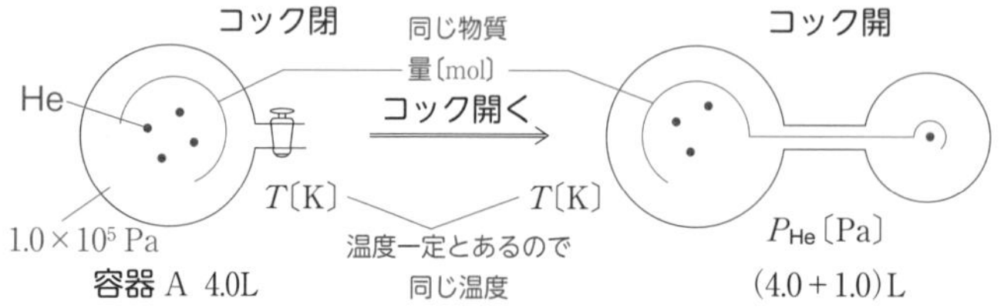

$PV=\boxed{n}\boxed{R}\boxed{T}$ から，
$PV=$ (一定) となる。

$PV=1.0\times10^5\times4.0=P_{He}\times\boxed{\quad}$　　$P_{He}=\boxed{\quad\quad}$ Pa 答

アルゴン Ar の分圧を P_{Ar}〔Pa〕とおき，コックを開く前と後の Ar だけに注目する。

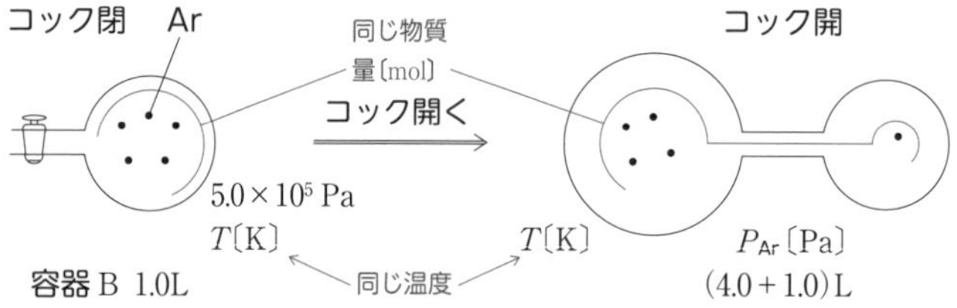

$PV=\boxed{n}\boxed{R}\boxed{T}$ から，
$PV=$ (一定) となる。

$PV=\boxed{\quad\quad}\times\boxed{\quad}=\boxed{\quad}\times\boxed{\quad}$　　$P_{Ar}=\boxed{\quad\quad}$ Pa 答

(2) 混合気体の全圧は何 Pa か。有効数字 2 桁で求めよ。

考え方 混合気体の全圧は，その成分気体の分圧の $\boxed{\quad}$ に等しくなるので，

$\underbrace{P_{全}}_{全圧}=\underbrace{\boxed{\quad\quad}}_{\text{He の分圧}}+\underbrace{\boxed{\quad\quad}}_{\text{Ar の分圧}}=\boxed{\quad\quad}$ Pa 答

☑ **1** 温度一定の下で 1.0×10^5 Pa の水素 H_2 1.0 L と 6.0×10^5 Pa の窒素 N_2 3.0 L を混合して，体積を 5.0 L とした。このときの全圧は何 Pa か。有効数字 2 桁で求めよ。

$\boxed{\quad\quad}$ Pa

学習日　月／日

40 理想気体と実在気体

別冊解答 ▶ p. 34

気体の状態方程式 ［$PV=$　　］ が厳密にあてはまる気体を ［　　］ という。

	理想気体	実在気体
	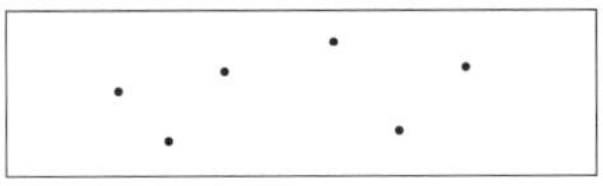	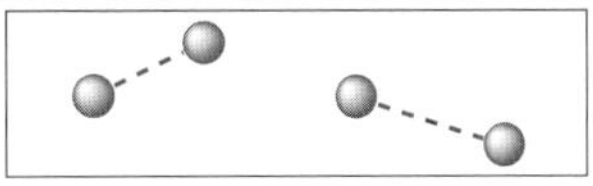
分子自身の体積(大きさ)	［　　］ → あり or なし	← ［　　］
ファンデルワールス力や水素結合などの分子間力	［　　］ → はたらく or はたらかない	← ［　　］

☑ **1** 実在気体では，分子間力が ［　　］（はたらき or はたらかず），分子自身の体積(大きさ)が ［　　］（ある or ない）。
一方，理想気体では，分子間力が ［　　］（はたらき or はたらかず），分子自身の体積が ［　　］（ある or ない）。

☑ **2** 理想気体については，$PV=nRT$ つまり $\frac{PV}{nRT}=$ ［　］ が常に成り立つ。
一方，実在気体では分子自身の体積(大きさ)や分子間力が存在 ［　　］（する or しない）ため，
圧力が ［　　］（高い or 低い）ときや温度が ［　　］（高い or 低い）ときは $\frac{PV}{nRT}$ の値が 1 から大きくずれる。

［分子自身の　　］のため，
理想気体より体積が大きくなり，
$\frac{PV}{nRT}$ が 1 より大きくなる

(0℃のとき)

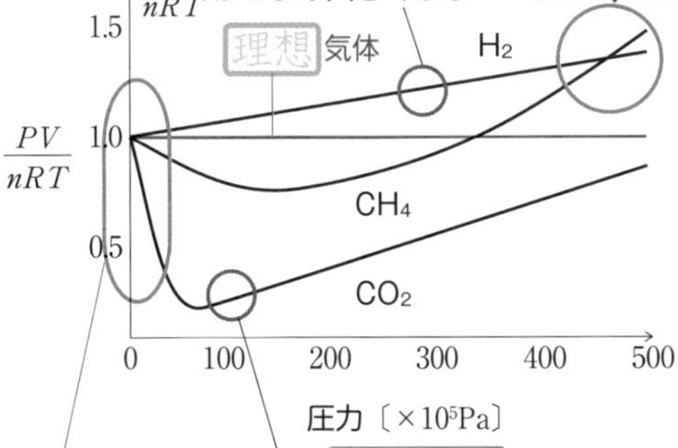

［　　］のため，理想気体より体積が小さくなり，$\frac{PV}{nRT}$ が 1 より小さくなる

［低圧］ほど，実在気体と理想気体のずれは ［　　］。→ 大きい or 小さい

(1.013×10^5Pa のとき)

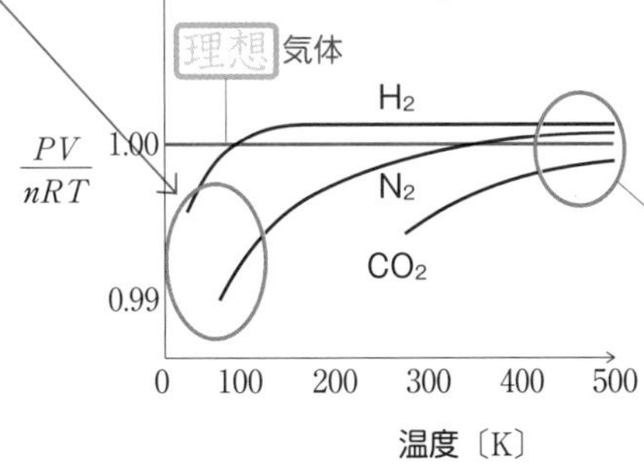

［高温］ほど，実在気体と理想気体のずれは ［　　］。（大きい or 小さい）

☑ **3** 実在気体が理想気体に近いふるまいをする条件は，［　］温・［　］圧になる。
［　］温では，分子の ［　　］ が活発になり，分子間力の影響が無視できる。
［　］圧では，一定体積中の分子数が少ないので，分子自身の体積の影響が無視 ［　　］（できる or できない）。

41 溶解，濃度

別冊解答 ▶p. 35

学習日　月／日

溶解

塩化ナトリウム NaCl は，水に溶けて無色透明の［水溶液］になる。

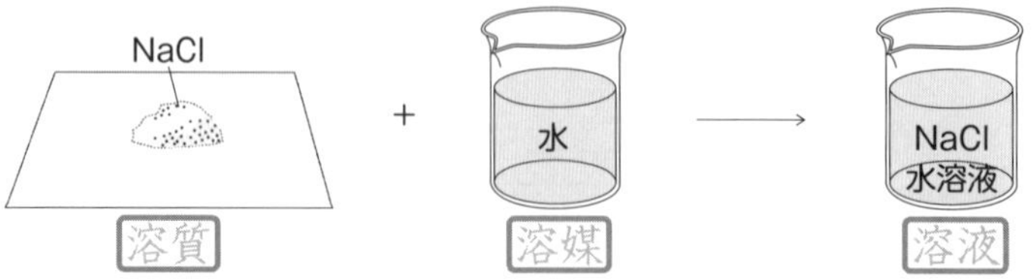

溶媒が水である場合の溶液を特に［　　］といい，液体に他の物質が溶けて均一になる現象を［　　］という。

イオンに分かれることを［　　］といい，NaCl のように水に溶けて Na^+ や Cl^- に［　　］する物質を［　　］という。また，スクロースのように水に溶けても電離しない物質は［　　］という。

☑ **1**　図の空欄に，Na^+，Cl^- のいずれかを入れよ。

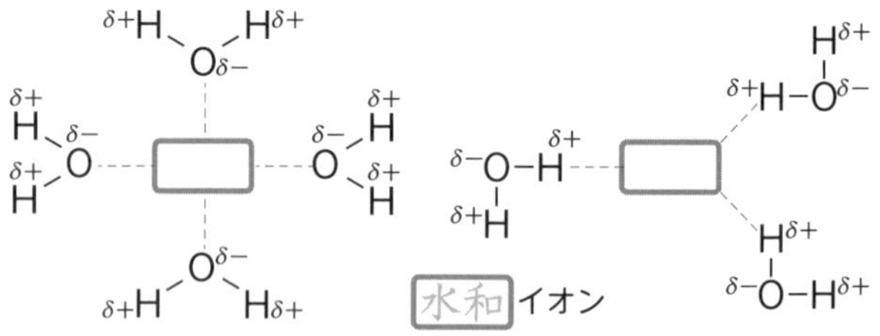

溶液の濃度

溶液の濃度には，質量パーセント濃度〔%〕，モル濃度〔mol/L〕以外に質量モル濃度〔mol/kg〕がある。

質量モル濃度〔mol/kg《モル毎キログラム》〕＝［　　］の物質量〔mol〕÷［　　］の質量〔kg〕

$$= \frac{［　　］\text{の物質量〔mol〕}}{［　　］\text{の質量〔kg〕}}$$

☑ **2**　次の濃度を求めよ。

(1) 水 1.0 kg にグルコース $C_6H_{12}O_6$ 0.20 mol を溶かしてできるグルコース水溶液の質量モル濃度〔mol/kg〕を有効数字 2 桁で答えよ。

［　　］mol/kg

(2) 水 100 g に NaOH 2.0 g を溶かしてできる水酸化ナトリウム水溶液の質量モル濃度〔mol/kg〕を有効数字 2 桁で答えよ。ただし，NaOH のモル質量は 40 g/mol とする。

［　　］mol/kg

42 固体の溶解度

別冊解答 ▶p. 35

学習日 月／日

固体の溶解度

一定温度で，一定量の溶媒に溶ける溶質の量には限度がある。この溶解の限度の量を □ といい，限度まで溶質が溶けた溶液を □ という。

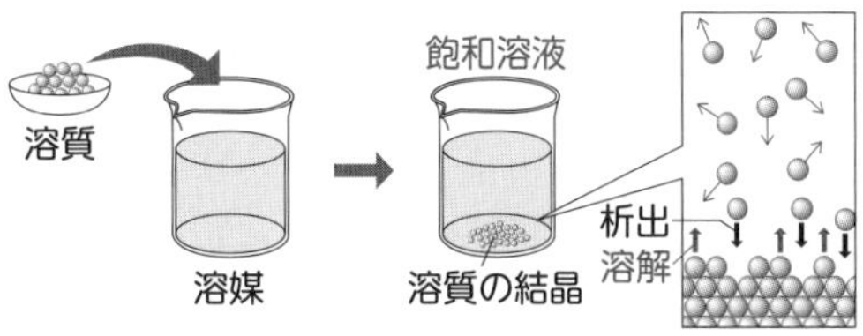

「固体の溶解度」はふつう，「溶媒 □ gあたりに溶ける 溶質 の最大の質量〔g〕」で表される。溶媒が水のときは，S〔g/水 100 g〕のように表す。

1 右図のような溶解度と温度の関係を示すグラフを 溶解度曲線 という。

(1) 右の溶解度曲線を見て，空欄に整数値を入れよ。

40℃における KNO_3 の溶解度は □ g/水 100 g

100℃における NaCl の溶解度は □ g/水 100 g

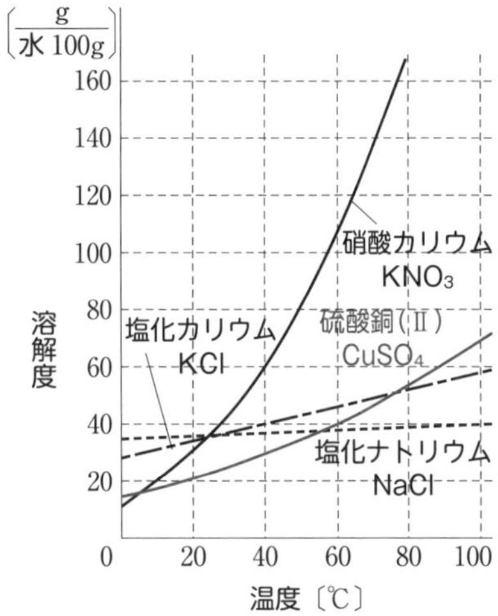

(2) 右の溶解度曲線から，KCl と $CuSO_4$ の水に対する溶解度を，整数値で求めよ。

KCl の溶解度は，40℃で □ g/水 100 g，$CuSO_4$ の溶解度は，60℃で □ g/水 100 g

(3) 40℃の水 200 g に KCl 70 g を溶かした。この水溶液から水を 100 g 蒸発させると，KCl は何 g 析出するか。(2)の結果を利用して整数値で求めよ。

考え方 (2)より，40℃で水 200g には KCl は □ g まで溶けることがわかる。つまり，KCl 70 g は 40℃では水 200 g にすべて溶けている。

また，(2)より 40℃で水 100 g には KCl は □ g まで溶けることがわかる。

よって，KCl は □ g − □ g = □ g(答) 析出する。

（40℃で水 200 g に溶かした KCl〔g〕）（40℃で水 100 g に溶けている KCl〔g〕）

(4) 60℃の $CuSO_4$ の飽和水溶液 280 g に溶けている $CuSO_4$ は何 g か。(2)の結果を利用して整数値で求めよ。（何 g → x〔g〕とせよ）

考え方 60℃

$$\frac{\text{溶質〔g〕}}{\text{飽和水溶液〔g〕}} = \frac{x\text{〔g〕}}{\square\ \text{g}} = \frac{\square\ \text{g}}{100\ \text{g} + \square\ \text{g}} \qquad x = \square\ \text{g}$$

（□：60℃の溶解度）（答）

固体の溶解度の計算

例題　60℃における硝酸カリウム KNO_3 の飽和水溶液 420 g を 20℃に冷却すると，何 g の硝酸カリウムが析出するか。整数値で求めよ。ただし，60℃と 20℃における硝酸カリウムの溶解度は，それぞれ 110，32 である。

解き方

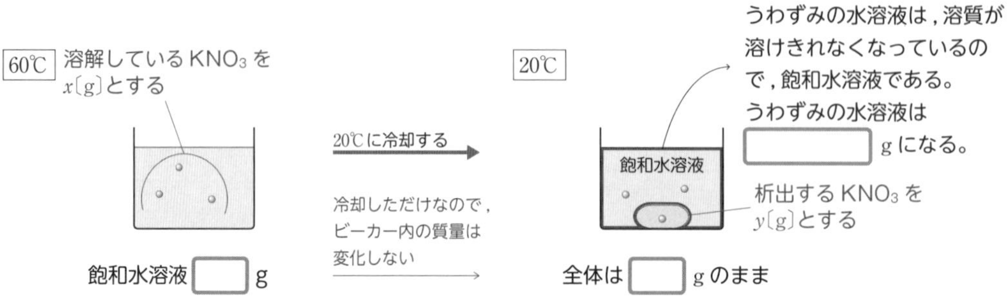

60℃　$\dfrac{\text{溶質〔g〕}}{\text{飽和水溶液〔g〕}} = \dfrac{\boxed{x}\ \text{g}}{\square\ \text{g}} = \dfrac{\square\ \text{g}}{100\ \text{g} + \square\ \text{g}}$　　$x = \square$ g

60℃の溶解度 110 g /水 100 g を代入する

20℃ で，うわずみの水溶液（飽和水溶液）□ g に溶けている KNO_3 は □ g になる。

20℃　$\dfrac{\text{溶質〔g〕}}{\text{飽和水溶液〔g〕}} = \dfrac{\square\ \text{g}}{\square\ \text{g}} = \dfrac{\square\ \text{g}}{100\ \text{g} + \square\ \text{g}}$

20℃の溶解度 32 g /水 100 g を代入する

$x = 220$ を代入すると，$y = \square$ g 答

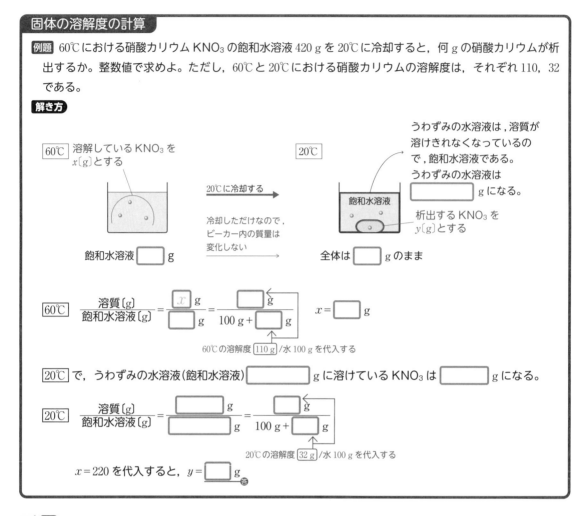

☑ **2**　80℃における硝酸ナトリウムの飽和水溶液 500 g を 20℃に冷却すると，何 g の硝酸ナトリウムが析出するか。整数値で求めよ。ただし，80℃と 20℃における硝酸ナトリウムの溶解度はそれぞれ 150，88 である。

□ g

固体の溶解度の計算(水和物)

例題 硫酸銅(Ⅱ)五水和物 $CuSO_4 \cdot 5H_2O$(式量 250)は，60℃の水 50 g に何 g 溶けるか。整数値で答えよ。ただし，$CuSO_4$ の式量は 160，H_2O の分子量は 18 とする。また，$CuSO_4$ の水に対する溶解度は，60℃で 40 である。

解き方 水和水をもつ $CuSO_4 \cdot 5H_2O$ を無水物 $CuSO_4$ と水 H_2O に分ける。

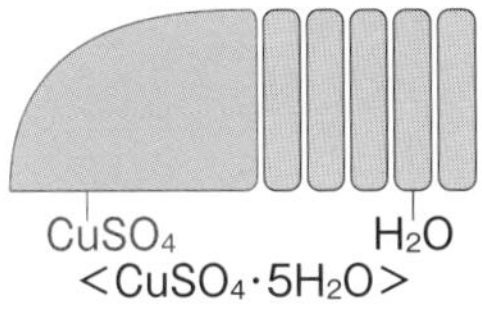

$CuSO_4 \cdot 5H_2O$ 1 個は $CuSO_4$ [1] 個に H_2O □ 個が結合している。溶けた $CuSO_4 \cdot 5H_2O$ を x〔g〕とおくと，その中に含まれる

$\underbrace{\underbrace{CuSO_4}_{160} \cdot \underbrace{5H_2O}_{90}}_{250}$

$CuSO_4$ は $\dfrac{□}{□}x$〔g〕，H_2O は $\dfrac{□}{□}x$〔g〕 となる。

60℃ $\dfrac{溶質〔g〕}{飽和水溶液〔g〕} = \dfrac{□\ g}{50\ g + □\ g} = \dfrac{□\ g}{100\ g + □\ g}$ $x ≒$ □ g 答

（分子の□ → 溶けている $CuSO_4$）

（50 g + □ g → 水 50 g に x〔g〕の $CuSO_4 \cdot 5H_2O$ すべてが溶ける）

（60℃の溶解度 [40 g]/[水 100 g] を代入する）

☑ **3** 今，20℃で，硫酸銅(Ⅱ)の飽和水溶液 240 g をつくりたい。次の(1)，(2)に整数値で答えよ。ただし，$CuSO_4 = 160$，$H_2O = 18$ とする。また，$CuSO_4$ の水に対する溶解度は 20℃で 20 である。

(1) 無水硫酸銅(Ⅱ)は何 g 必要か。

□ g

(2) 硫酸銅(Ⅱ)五水和物を用いる場合には何 g 必要か。

□ g

43　気体の溶解度，ヘンリーの法則

別冊解答 ▶ p. 37

学習日　月／日

気体の溶解度

【1】炭酸水は，気体である［　　］（→化学式）が溶媒である水に溶けたものである。

【2】気体の水への溶けやすさ(気体の溶解度)は，温度が［　　］（→高い or 低い）ほど小さくなり，温度が低いほど［　　］（→大きく or 小さく）なる。また，

水に接している気体の圧力が高いほど，その気体の水への溶解度は［　　］（→大きく or 小さく）なる。

【3】「20℃で 1.013×10^5 Pa の窒素 N_2 は，水 1 L に 6.79×10^{-4} mol 溶ける」というように，気体の溶解度は，圧力が 1.013×10^5 Pa のとき，溶媒(水)に溶ける気体の［物質量〔mol〕］などを使って表す。

20℃

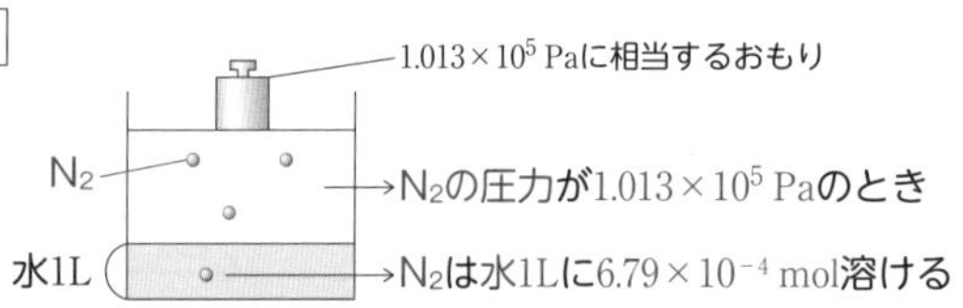

→ もし，N_2 の圧力が 2 倍になれば，水 1L に溶ける N_2 の物質量〔mol〕も［　］倍になる。

☑ **1**　気体の圧力と溶解度には，次の関係が成り立つ。

温度一定のとき，一定量の溶媒に溶ける気体の物質量〔mol〕は，その気体の圧力に［　　］（→比例 or 反比例）する。

これを［　　　］の法則という。

☑ **2**　20℃で，10^5 Pa の N_2 は，水 1 L に a〔mol〕溶ける。

考え方　まず，与えられた条件を分数で表す。　N_2 は，$\dfrac{a\text{〔mol〕溶ける}}{10^5\ \text{Pa}\cdot\text{水}\ 1\ \text{L}}$（の下で　に）

(1) 20℃，2×10^5 Pa の N_2 が水 1 L に接している。この水に N_2 は何 mol 溶けるか。

$$\frac{a\text{〔mol〕}}{10^5\ \text{Pa}\cdot\text{水}\ 1\ \text{L}}\times2\times10^5\ \text{Pa}\times\text{水}\ 1\ \text{L}=a\times\frac{2\times10^5}{10^5}\times\frac{1}{1}=\boxed{\quad}\text{〔mol〕}$$ 答

与えられた条件を書く　　Pa どうしを消去する　　L どうしを消去する

(2) 20℃，4×10^5 Pa の N_2 が水 3 L に接している。この水に N_2 は何 mol 溶けるか。

$$\frac{\boxed{\quad}\text{〔mol〕}}{\boxed{\quad}\ \text{Pa}\cdot\text{水}\ 1\ \text{L}}\times\boxed{\quad\quad}\ \text{Pa}\times\text{水}\ \boxed{\quad}\ \text{L}=\boxed{\quad}\times\frac{\boxed{\quad\quad}}{\boxed{\quad}}\times\frac{\boxed{\quad}}{\boxed{\quad}}$$

与えられた条件を書く

$$=\boxed{\quad}\text{〔mol〕}$$ 答

(3) 20℃，8×10^5 Pa の N_2 が水 2 L に接している。この水に N_2 は何 mol 溶けるか。

$$\frac{\boxed{\quad}\text{〔mol〕}}{\boxed{\quad}\ \text{Pa}\cdot\text{水}\ 1\ \text{L}}\times\boxed{\quad\quad}\ \text{Pa}\times\text{水}\ \boxed{\quad}\ \text{L}=\boxed{\quad}\times\frac{\boxed{\quad\quad}}{\boxed{\quad}}\times\frac{\boxed{\quad}}{\boxed{\quad}}$$

与えられた条件を書く

$$=\boxed{\quad}\text{〔mol〕}$$ 答

ヘンリーの法則

［ヘンリー］の法則は，N_2 や O_2 などの溶解度の［　　］（→大きい or 小さい）気体で成り立つ。HCl や NH_3 などは，溶媒の水と反応し電離するので，溶解度が［　　］（→大きく or 小さく），［　　］の法則が成り立たない。

混合気体では，各成分気体の溶解度は，それぞれの［分圧］に［　　］（→比例 or 反比例）する。つまり，窒素と酸素の混合気体では，水に溶ける窒素の物質量〔mol〕は［窒素の　　］に比例し，水に溶ける酸素の物質量〔mol〕は［酸素の　　］に比例する。

☑ **3** 酸素は，20℃，1.0×10^5 Pa において，水 1 L に 1.4×10^{-3} mol 溶ける。今，20℃，1.0×10^5 Pa の空気が 5.0 L の水に接している。ただし，空気は，窒素と酸素が体積比 4：1 の混合気体とし，$O_2=32$ とする。

(1) 酸素の分圧は何 Pa か。有効数字 2 桁で答えよ。

［　　］Pa

(2) この水に溶けている酸素は何 mol か。有効数字 2 桁で答えよ。

［　　］mol

(3) この水に溶けている酸素は何 g か。有効数字 2 桁で答えよ。

［　　］g

(4) この水に溶けている酸素の体積は，0℃，1.013×10^5 Pa で何 L か。有効数字 2 桁で答えよ。

［　　］L

ヘンリーの法則のまとめ

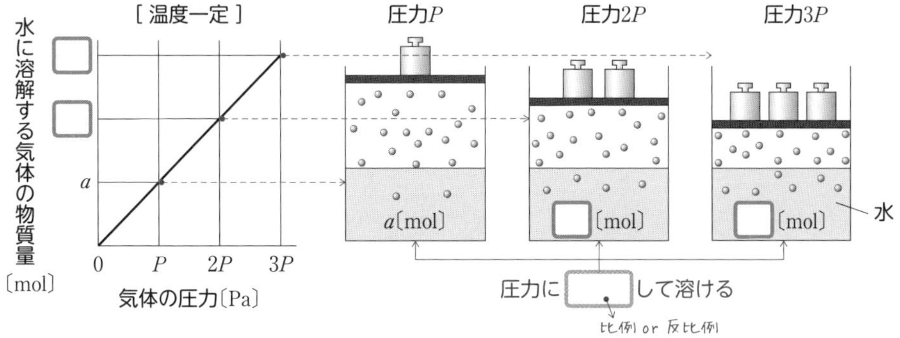

学習日　月／日

44　希薄溶液の性質(蒸気圧降下，沸点上昇，凝固点降下)

別冊解答 ▶ p. 38

蒸気圧降下と沸点上昇

海水でぬれた水着は，純粋な水でぬれた水着よりも乾き［　　］（やすい or にくい）。塩化ナトリウム NaCl のようなほとんど蒸発しない物質（［　　］という）を溶かした水溶液の蒸気圧は，同じ温度の水の蒸気圧より［　　］（高く or 低く）なる。この現象を［　　］という。

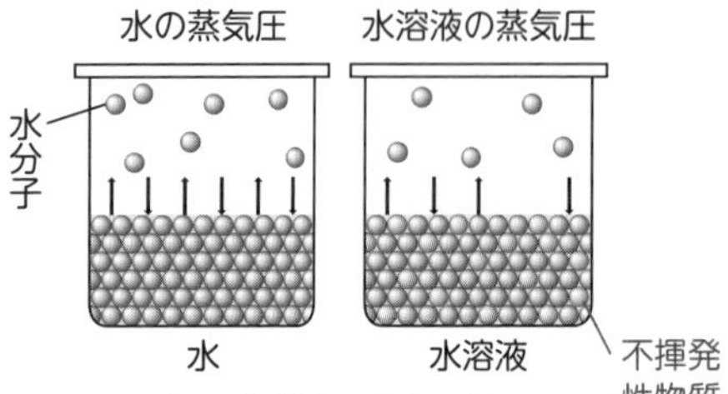

＜図1　水溶液の蒸気圧降下＞

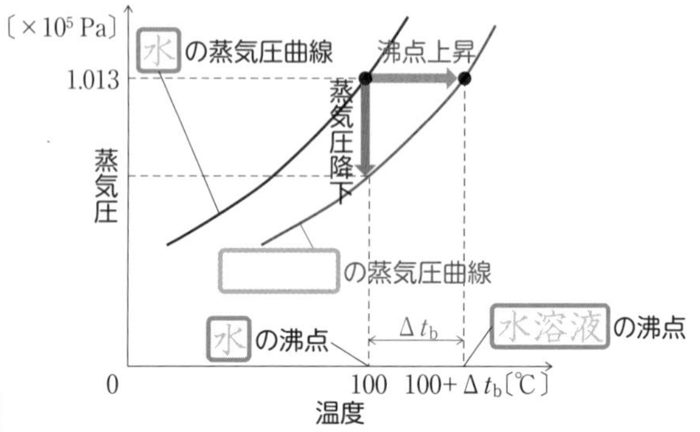

＜図2　蒸気圧降下と沸点上昇＞

水や水溶液の沸点は，それぞれの［　　］が大気圧(外圧)に等しくなる温度である。図2から，大気圧が 1.013×10^5 Pa のときの

水の沸点は［　　］℃，水溶液の沸点は［　　］℃

と読みとることができる。このように，水溶液の沸点は，その［蒸気圧降下］のため，水の沸点よりも［　　］（高く or 低く）なる。この現象を［　　］という。また，沸点の差 Δt_b を［沸点上昇度］（沸点上昇の大きさ でもよい）という。

1　次の(1)〜(6)に答えよ。

(1) 純粋な水でぬれたハンカチと，食塩水でぬれたハンカチは，どちらが乾きやすいか。

［　　］でぬれたハンカチ

(2) 同じ温度の純粋な溶媒の蒸気圧に比べて，不揮発性の物質を溶かした溶液の蒸気圧は低くなる。この現象を何というか。［　　］

(3) 溶媒や溶液の沸点は，それぞれの何が大気圧(外圧)に等しくなったときの温度か。［　　］

(4) 大気圧が 1.013×10^5 Pa のとき，水の沸点とグルコース水溶液の沸点ではどちらが高いか。

［　　］の沸点

(5) 溶液の沸点はその蒸気圧降下のため，溶媒の沸点よりも高くなる。この現象を何というか。［　　］

(6) 溶媒の沸点と溶液の沸点の差を何というか。［　　］

凝固点降下

水は0℃で凝固するが，海水は約-2℃にならないと凝固しはじめない。このように，溶液の凝固点は溶媒の凝固点よりも［　　］なる。この現象を［　　］という。

（→高く or 低く）

水溶液を冷やしていくと，まず［　　］だけが凝固しはじめる。つまり，溶液中の溶媒が凝固しはじめる温度が溶液の［　　］になる。

（→水 or 溶質）（→凝固点降下の大きさ でもよい）

溶媒と溶液の凝固点の差Δt_fを［凝固点降下度］という。

1.013×10^5 Paのとき，水の凝固点は［　　］℃になる。同じ条件では，水溶液の凝固点が-0.30℃になった。このときの凝固点降下度Δt_fは，［　　］Kとわかる。

（↖温度の差は〔℃〕=〔K〕となる）

右図は，水を冷却したときの冷却時間と温度の関係を表した［冷却曲線］である。

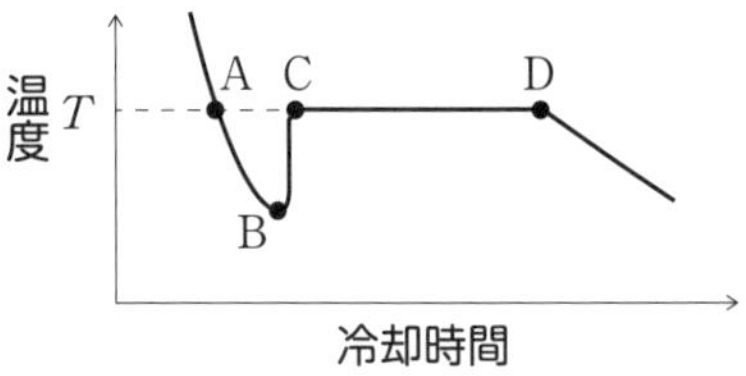

(1) 温度Tは水の［　　］である。

(2) ～A～Bでは，［　　］のみで存在し，点［　　］から［凝固］がはじまる。

（→固体 or 液体）

(3) A～Bの液体の状態のまま温度が凝固点よりも下がっている状態を［　　］の状態にあるという。

(4) B～C～Dでは，［　　］と［　　］が共存している。

（固体，液体 or 気体）

(5) D～では，［　　］のみで存在している。

（→固体 or 液体）

☑ **2** 右図は，溶液を冷却したときの冷却時間と温度の関係を表したもので，冷却曲線とよばれる。

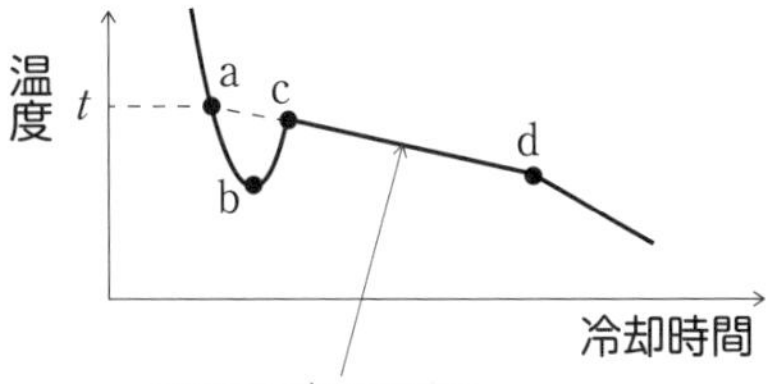

この右下がりの直線を延長して生じた交点(点a, 温度t)が溶液の［　　］になる

(1) 温度tが溶液の［　　］になる。

(2) ～a～bでは，［　　］のみで存在し，点［b］から［　　］がはじまる。

(3) a～bは，凝固点以下でも液体で存在する不安定な状態であり，これを［　　］という。

(4) b～c～dでは，［　　］と［　　］が共存している。

(5) d～では，［　　］のみで存在している。

(6) b～cでは，凝固するときに放出する熱量である［　　］が発生して温度が上昇している。

(7) c～dで温度が下がり続けているのは，冷却によって［　　］のみが凝固することで，残った溶液の濃度が［　　］なり，凝固点降下度が［　　］なるためである。

（→大きく or 小さく）（→大きく or 小さく）

沸点上昇・凝固点降下

溶液の沸点が溶媒の沸点よりも高くなる現象を［　　　　］といい，
溶媒の沸点と溶液の沸点の差 Δt_b〔K〕を［　　　　］という。
また，溶液の凝固点が溶媒の凝固点よりも低くなる現象を［　　　　］といい，
溶媒の凝固点と溶液の凝固点の差 Δt_f〔K〕を［　　　　］という。

不揮発性の溶質を溶かしたうすい溶液の沸点上昇度 Δt_b や凝固点降下度 Δt_f は，溶液の［濃度］に比例する。

溶液の質量モル濃度を m〔mol/kg〕とすると，沸点上昇度 Δt_b〔K〕や凝固点降下度 Δt_f〔K〕は，

$$\Delta t_b = K_b \times m$$
$$\Delta t_f = K_f \times m$$

と表すことができる。比例定数 K_b は［　　　　］，K_f は［　　　　］という。K_b や K_f は，溶質の種類には関係なく，それぞれの［　　］について固有の値を示す。

例　水の $K_b = 0.52$ K・kg/mol，水の $K_f = 1.85$ K・kg/mol
　ベンゼンの $K_b = 2.53$ K・kg/mol，ベンゼンの $K_f = 5.12$ K・kg/mol　（溶媒の種類で決まった値になる）

☑ **3**　0.10 mol/kg スクロース水溶液の沸点上昇度 Δt_b〔K〕と凝固点降下度 Δt_f〔K〕を有効数字 2 桁で求めよ。ただし，水のモル沸点上昇 K_b は 0.52 K・kg/mol，水のモル凝固点降下 K_f は 1.85 K・kg/mol とする。

沸点上昇度 $\Delta t_b =$［　　］K，凝固点降下度 $\Delta t_f =$［　　］K

沸点上昇・凝固点降下の計算

例題　0.10 mol/kg NaCl 水溶液では，NaCl が

$$\underbrace{\text{NaCl}}_{1\ \text{mol}} \longrightarrow \underbrace{\text{Na}^+ + \text{Cl}^-}_{2\ \text{mol}} \quad (\times 2)$$

のように電離するので，その沸点上昇度 Δt_b〔K〕や凝固点降下度 Δt_f〔K〕は，

$$\Delta t_b = K_b \times 0.10 \times 2 \quad , \quad \Delta t_f = K_f \times 0.10 \times 2$$

のように求める。つまり，Δt_b や Δt_f は，電離して存在するすべての溶質粒子（分子，イオン）の質量モル濃度を用いて計算する。

☑ **4**　0.20 mol/kg 塩化カルシウム水溶液の沸点上昇度 Δt_b〔K〕を有効数字 2 桁で求めよ。ただし，水のモル沸点上昇 K_b は 0.52 K・kg/mol とし，塩化カルシウムの電離度は 1 とする。

［　　］K

5 次の水溶液の沸点〔℃〕を小数第3位まで求めよ。ただし，水の沸点は100℃，水のモル沸点上昇は0.52 K･kg/mol とする。また，電解質はすべて電離するものとする。

(1) 0.15 mol/kg の尿素水溶液

℃

(2) 0.15 mol/kg の硝酸カリウム水溶液

℃

6 右図の2つのグラフは，純粋な水，および，ある非電解質7.2 g を水200 g に溶かした水溶液の冷却曲線を表している。

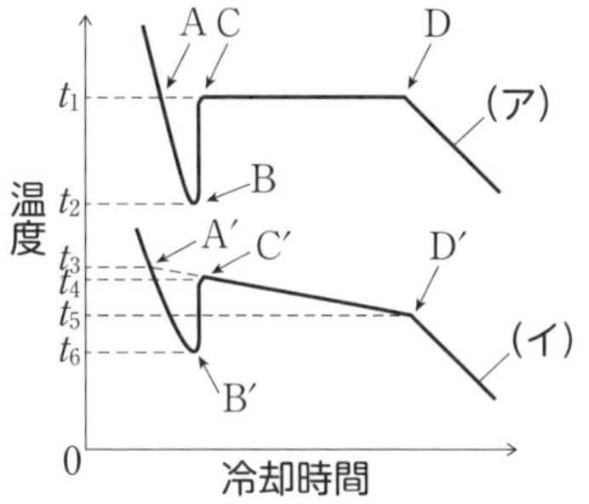

t_3は直線C′D′の延長線とグラフとの交点の温度
t_4はC′点の温度

(1) 純粋な水の冷却曲線は(ア)，(イ)のどちらか。

(2) 純粋な水の凝固点を示しているのは，t_1～t_6 のうちのどれか。

(3) 非電解質水溶液の凝固点を示しているのは，t_1～t_6 のうちのどれか。

(4) 非電解質のモル質量を M〔g/mol〕とするとき，非電解質水溶液の質量モル濃度〔mol/kg〕を M を用いて表せ。

mol/kg

(5) (4)の結果を用いて M を整数値で求めよ。ただし，水のモル凝固点降下 K_f は1.85 K･kg/mol，$t_1 = 0.00$℃，$t_2 = -0.26$℃，$t_3 = -0.37$℃，$t_4 = -0.41$℃，$t_5 = -0.52$℃，$t_6 = -0.71$℃　とする。

45　希薄溶液の性質（浸透圧，ファントホッフの法則）

別冊解答 ▶ p. 40

学習日　月／日

浸透圧

　セロハン膜は，水分子などの小さな分子は通すが，デンプンやタンパク質などの大きな分子は通さない。このように，溶液中のある成分は通すが，他の成分は通さないような膜を［　　　］という。下図のように，水分子が半透膜を通り，デンプン水溶液側に移動するような現象を［　　］という。

例題　U字管の中央に半透膜を固定し，その両側に純水とデンプン水溶液を液面の高さが同じになるように入れ，長時間放置すると，純水とデンプン水溶液のどちらの液面の方が高くなるか。

［　　　　　　］

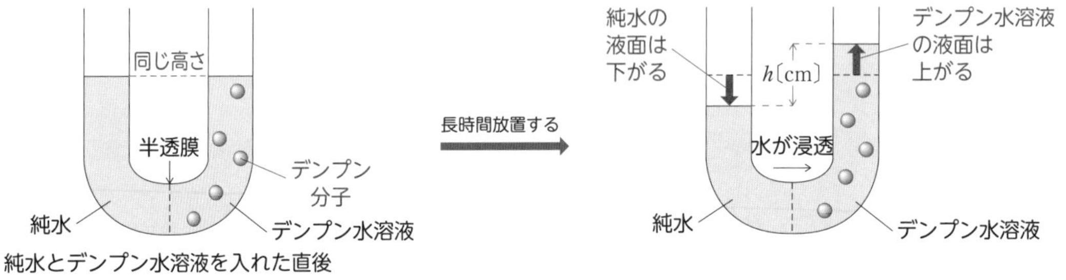

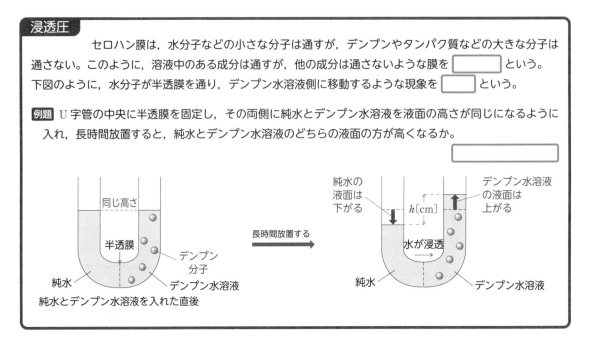

☑ **1**　上図のように純水とデンプン水溶液に液面差 h〔cm〕が生じた。このとき純水の液面ははじめの水位と比べ［　］cm 下がり，デンプン水溶液の液面ははじめの水位と比べ［　］cm 上がっている。

☑ **2**　純水とデンプン水溶液の液面の高さの差をゼロにするためには，［　　　　　］の液面に圧力を加える必要がある。この圧力を［　　　］という。

純水 or デンプン水溶液

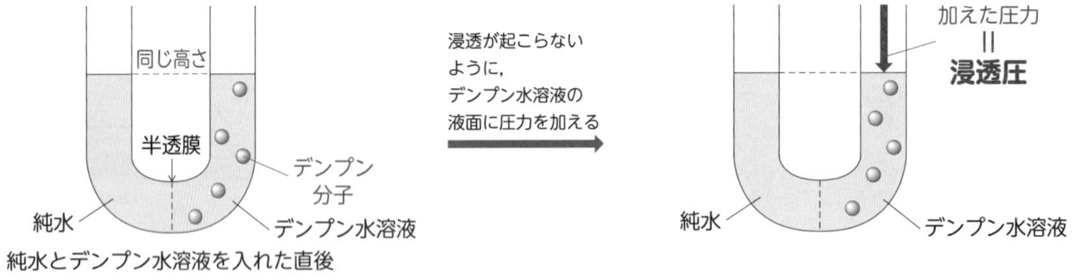

ファントホッフの法則

うすい溶液の浸透圧 Π〔Pa〕は，溶液の体積 V〔L〕，溶液中の溶質の物質量 n〔mol〕，絶対温度 T〔K〕を用いて次式で表される。

［ $\Pi V =$ 　　］　（R〔Pa·L/(mol·K)〕は，気体定数と同じ値）

この式を［　　　　］の法則という。

ただし，溶質が［電解質］の場合，n には電離して存在するすべての溶質粒子（分子，イオン）の物質量〔mol〕を代入する。

☑ **3**　グルコース 0.010 mol を水に溶かして 300 mL としたグルコース水溶液の浸透圧は 27℃で何 Pa になるか。有効数字 2 桁で求めよ。ただし，気体定数は $R = 8.3 \times 10^3$ Pa·L/(mol·K) とする。

［　　　　］Pa

浸透圧の計算

溶液の体積 V〔L〕と溶質の物質量 n〔mol〕を使い，溶液のモル濃度 C〔mol/L〕を表すと，次のようになる。

$$C\text{〔mol/L〕} = \frac{\square}{\square}$$

よって，$\Pi V = nRT$　を C を用いて表すと，

［ $\Pi =$ 　　］

となる。溶質が電解質の場合，溶質の電離に注意すること。

☑ **4**　0.10 mol/L 塩化ナトリウム水溶液の 27℃における浸透圧は何 Pa になるか。有効数字 2 桁で求めよ。ただし，気体定数は $R = 8.3 \times 10^3$ Pa·L/(mol·K)，塩化ナトリウムは完全に電離するものとする。

［　　　　］Pa

☑ **5**　非電解質 6.0 g を溶かして 100 mL とした水溶液の浸透圧は 27℃で 8.3×10^5 Pa であった。この非電解質の分子量を整数値で求めよ。ただし，気体定数は $R = 8.3 \times 10^3$ Pa·L/(mol·K) とする。

［　　］

学習日　月／日

46 コロイド

別冊解答 ▶ p. 41

コロイド粒子

デンプン分子のような直径 [10^{-9} m] から [10^{-7} m] 程度の大きさの粒子を [　　　　] 粒子という。

$1\ \mathrm{nm} = 10^{-9}\ \mathrm{m}$　なので，$10^{-9}\ \mathrm{m} =$ [　　] nm，$10^{-7}\ \mathrm{m} =$ [　　] nm　となる。

コロイド粒子が液体中に [分散] している溶液を [　　　　] という。

	 10^{-9}m より小さい粒子 イオンや分子	 10[　]～10[　]m の粒子 コロイド粒子	 大きな粒子(沈殿など)
半透膜	通過できる	通過[　　　　]	通過[　　　　]
ろ紙	通過できる	通過[　　　　]	通過[　　　　]

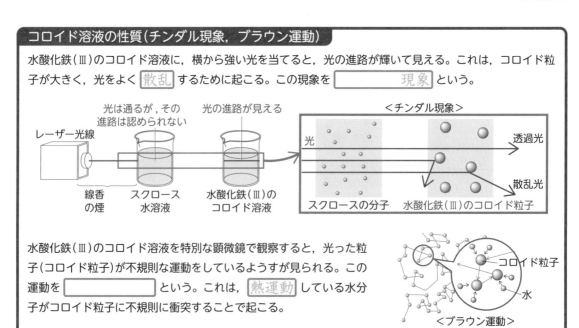

デンプン水溶液のように流動性のあるコロイドを [　　]，豆腐のように流動性のないコロイドを [　　] という。

☑ **1**　塩化鉄(Ⅲ) $FeCl_3$ 水溶液を沸騰した水に加えると，水酸化鉄(Ⅲ)(酸化水酸化鉄(Ⅲ))のコロイド溶液が得られる。
条件により異なる組成になる

(1) このとき起こる反応を生成物を FeO(OH) とみなし，化学反応式で書け。

$FeCl_3 + 2H_2O \longrightarrow$ [$FeO(OH) + 3HCl$]

(2) 水酸化鉄(Ⅲ)のコロイド溶液の色を答えよ。　[　　　]

コロイド溶液の性質(チンダル現象，ブラウン運動)

水酸化鉄(Ⅲ)のコロイド溶液に，横から強い光を当てると，光の進路が輝いて見える。これは，コロイド粒子が大きく，光をよく [散乱] するために起こる。この現象を [　　　　現象] という。

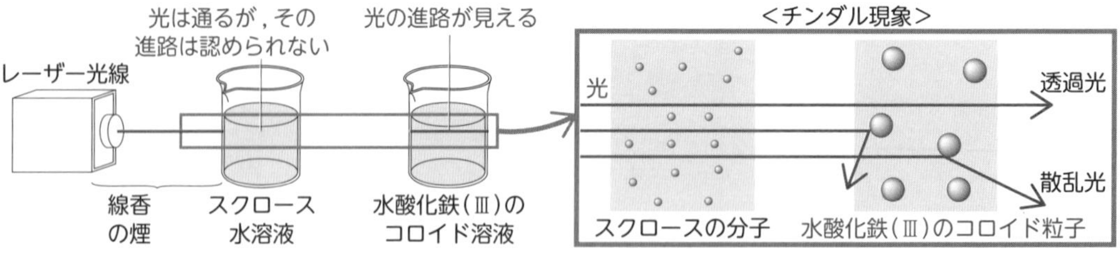

水酸化鉄(Ⅲ)のコロイド溶液を特別な顕微鏡で観察すると，光った粒子(コロイド粒子)が不規則な運動をしているようすが見られる。この運動を [　　　　] という。これは，[熱運動] している水分子がコロイド粒子に不規則に衝突することで起こる。

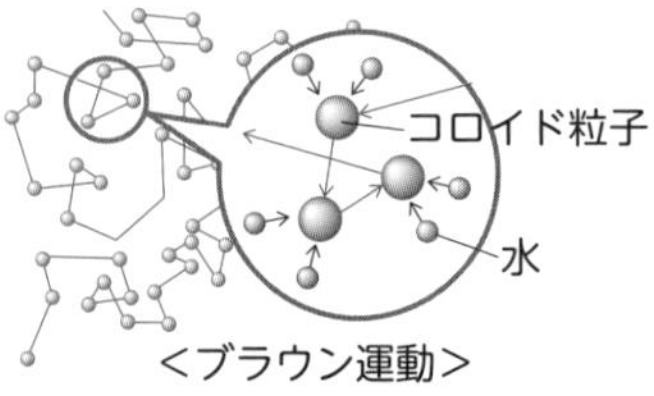

コロイド溶液の性質(透析，電気泳動)

塩化鉄(Ⅲ)水溶液を沸騰水に加えると，次の①式の反応が起こり，[　　]色の水酸化鉄(Ⅲ)の[　　　]溶液が得られる。

[　　　　　　⟶ FeO(OH)　　　　] …①

このコロイド溶液には，HCl が含まれており [H^+] と[　　]に電離している。この不純物を含んだコロイド溶液を[　　　]の袋に入れ，蒸留水中につるしておくと，大きな水酸化鉄(Ⅲ)のコロイド粒子は袋の中に残り，小さな [H^+] や[　　]は袋の外へ出ていく。このような操作を[　　]という。

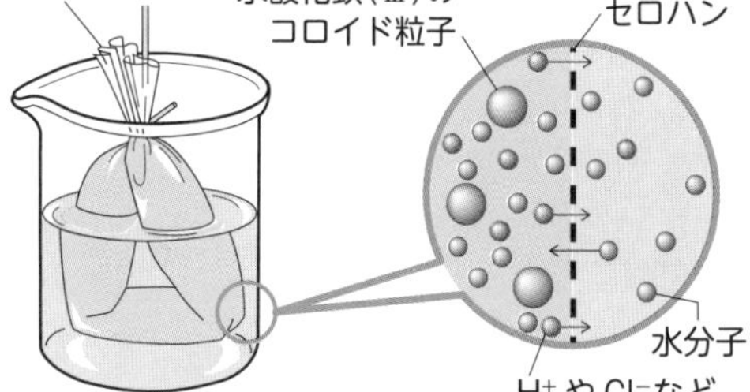

<透析のようす>

袋の外側に H^+ や Cl^- が出ていくことは，次のようにして確認できる。

H^+：BTB 溶液が [黄] 色になることで確認できる。

Cl^-：硝酸銀水溶液で[　]濁する($AgCl$ が生じる)ことで確認できる。

☑ **2**　コロイド粒子の多くは，[正] または [負] に帯電している。コロイド溶液に直流の電圧をかけると，

{ 正に帯電しているコロイド([　　　　])は[　]極のほうに　↗陽 or 陰
{ 負に帯電しているコロイド([　　　　])は[　]極のほうに　↘陽 or 陰

移動する。この現象を[　　　　]という。

☑ **3**　水酸化鉄(Ⅲ)のコロイドは電気泳動させると陰極のほうに移動するので，[　]に帯電している[　　　　]とわかる。

それに対して，粘土のコロイドは電気泳動させると陽極のほうに移動するので，[　]に帯電している[　　　　]とわかる。

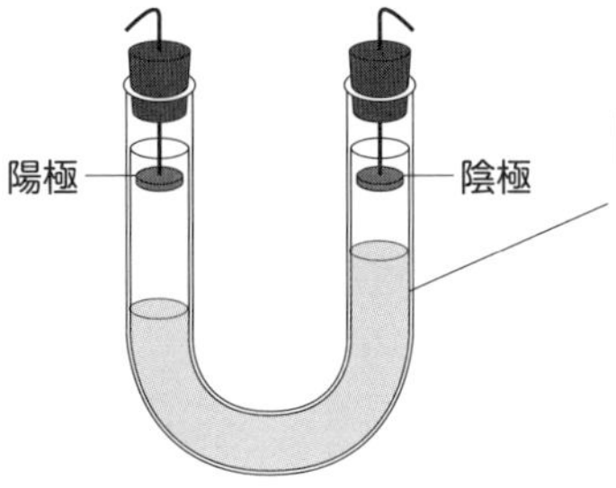

水酸化鉄(Ⅲ)のコロイドは[　]極へ移動する。
これにより，水酸化鉄(Ⅲ)のコロイドは[　]に帯電していることがわかる。

<水酸化鉄(Ⅲ)のコロイド溶液の電気泳動のようす>

☑ **4**　コロイド溶液がコロイド粒子以外のイオンを含んでいるので，[　　]を行って精製をした。次に，コロイド溶液の入ったビーカーに横から光を当てたところ，光の進路が観察された。これは[　　　　　]とよばれる。また，限外顕微鏡を用いて観察すると，光った粒子が [不規則] にふるえているようすが見えた。これを[　　　　　]とよぶ。

コロイド溶液の種類

デンプンやタンパク質，セッケンなどのコロイド粒子は，多くの水分子と水和
分子コロイドともいう　会合コロイドともいう
しており，安定に 分散 している。このようなコロイドを □ という。
水酸化鉄(Ⅲ)や粘土などのコロイド粒子は，水との親和力が弱く，同じ電荷で反発し合いながら 分散 し
分散コロイドともいう
ている。このようなコロイドを □ という。

☑ **5** □ コロイドは，コロイド粒子が水分子と強く結びついており，少量 の □ を加えても沈殿しない。しかし，多量 の □ を加えると，□ している水分子が引き離され沈殿する。この現象を □ という。

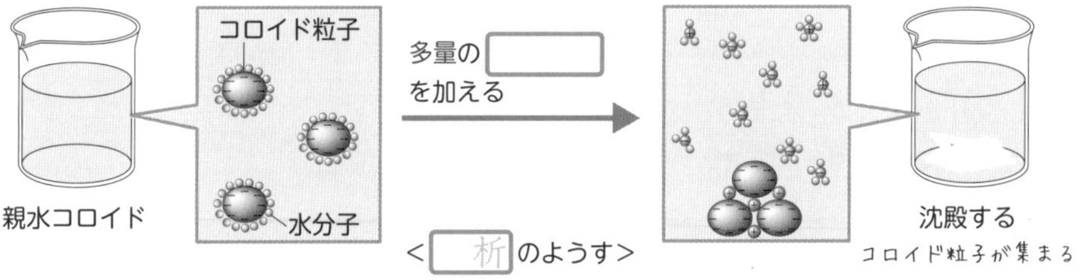

☑ **6** □ コロイドは，水との親和力が弱く，同じ電荷の反発力により水溶液中で分散している。疎水コロイドに，□ 量の電解質を加えると，コロイド粒子が反発力を失って集まり沈殿する。この現象を □ という。

〈疎水コロイドの凝析について〉
疎水コロイドの 凝析 は，コロイド粒子のもつ電荷と 反対 電荷で 価数 の大きなイオンほど有効になる。
水酸化鉄(Ⅲ)のコロイド粒子は 正 に帯電しているので，凝析 させやすい陰イオンの順を不等号で示すと，PO_4^{3-} □ SO_4^{2-} □ Cl^-　の順になる。
粘土のコロイド粒子は 負 に帯電しているので，□ させやすい陽イオンの順を不等号で示すと，Na^+ □ Mg^{2+} □ Al^{3+}　の順になる。

☑ **7** デンプンのように多量の電解質を加えると沈殿するコロイドは何コロイドか。また，この現象を何というか。

コロイド名：　　　　　　現象：

少量の電解質を加えると沈殿するコロイドは何コロイドか。また，この現象を何というか。

コロイド名：　　　　　　現象：

☑ **8** 水酸化鉄(Ⅲ)のコロイド粒子は正に帯電している。最も少ない物質量〔mol〕で凝析させることができるイオンを，Na^+，Mg^{2+}，NO_3^-，SO_4^{2-} から1つ選べ。 □

☑ **9** 少量の塩化鉄(Ⅲ)水溶液を沸騰水に入れると水酸化鉄(Ⅲ)のコロイド溶液が得られた。

(1) 水酸化鉄(Ⅲ)のコロイド溶液の色を答えよ。 ［　　　］

(2) ここで起こっている反応を化学反応式で記せ。ただし，生成物は FeO(OH)とする。

［　　　　　　　　　　　　］

(3) コロイド粒子以外のイオンを多く含んでいるこのコロイド溶液を，セロハンの袋に入れて口をしばり，蒸留水の中につるしておいた。この操作の名称を記せ。 ［　　］

(4) 水酸化鉄(Ⅲ)のコロイド溶液に横から強い光を当てると，光の進路が観察された。このような現象を何というか。 ［　　　　］

(5) 水酸化鉄(Ⅲ)のコロイド溶液を限外顕微鏡で観察すると，コロイド粒子が不規則に動いているのが観察できる。このような運動を何というか。 ［　　　　］

(6) 水酸化鉄(Ⅲ)のコロイド溶液を U 字管に入れて電圧をかけたところ，コロイド粒子は陰極に移動した。このような現象を何というか。また，このことから，水酸化鉄(Ⅲ)のコロイド粒子は正と負のどちらに帯電していると考えられるか。 ［現象：　　　帯電：　］

(7) 水酸化鉄(Ⅲ)のコロイド溶液に少量の電解質が加わると，コロイド粒子が反発力を失って集まり沈殿する。このような現象を何というか。 ［　　］

保護コロイド

［　］水コロイドである水酸化鉄(Ⅲ)のコロイド溶液に，［　］水コロイドであるゼラチン溶液を加えると，少量の電解質を加えても［　　］を起こしにくくなる。このようなはたらきをする親水コロイドは特に［　　］コロイドとよばれる。

☑ **10** 疎水コロイドに親水コロイドを加えると，［　　］コロイドが［　　］コロイドをとり囲み［　　］しにくくなることがある。このようなはたらきをする［　　］コロイドを特に［　　］コロイドという。

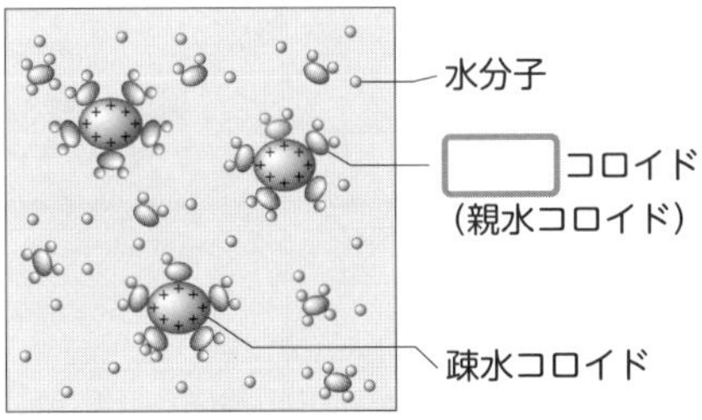

疎水コロイドは，親水コロイドにとり囲まれることで安定な状態になる。

☑ **11** 墨汁《ぼくじゅう》は炭素のコロイド溶液であり，保護コロイドとして［にかわ］を加えている。このことから，炭素のコロイドは［　　］コロイド，にかわは［　　］コロイドであることがわかる。

→疎水 or 親水　　→疎水 or 親水

47 金属結晶

別冊解答 ▶ p. 43

学習日　月／日

結晶と非晶質

固体は，原子，分子，イオンなどの粒子が規則正しく配列した［　　　］と，粒子が不規則に配列した［　　　］に分類することができる。

結晶は一定の融点を［　　　］が，非晶質は一定の融点を［　　　］。

（もつ or もたない）　（もつ or もたない）

☑ **1** ［結晶］をつくっている原子，分子，イオンなどの粒子は規則正しく配列している。［結晶］をつくっている粒子が，どのように配列しているかを示したものを［結晶格子］といい，その最小のくり返し単位を［　　　］という。

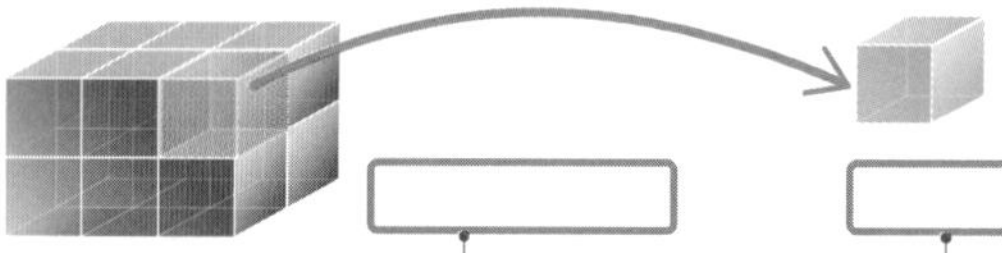

［　　　］（粒子の規則的な配列構造）　［　　　］（最小のくり返し単位）

〈結晶のイメージ〉

結晶は多くの［　　　］（最小のくり返し単位）が上下，左右，前後にくり返されできている。

金属結晶（単位格子中の原子の数）

金属結晶の多くは，次の［　　　］，［　　　］，六方最密構造《ろっぽうさいみつこうぞう》のいずれかの結晶格子をとる。

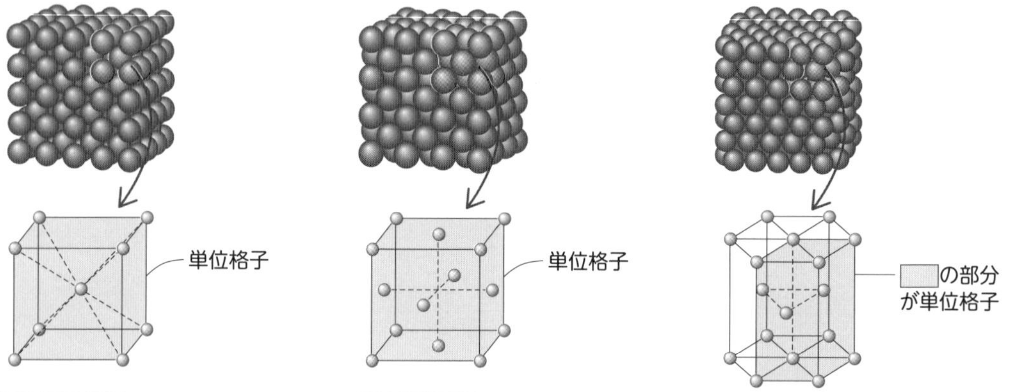

［　　　］格子　［　　　］格子　［　　　］構造

☑ **2** 次の原子の個数を分数で答えよ。

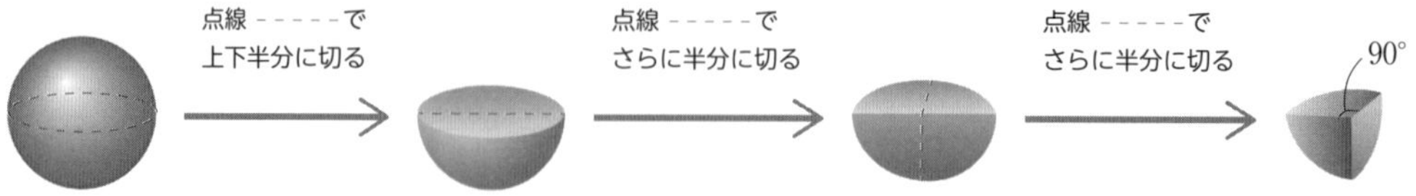

原子１個　原子［　］個　原子［　］個　原子［　］個

☑ **3** ナトリウムの結晶は図 1，銅の結晶は図 2 の単位格子である。

(1) 図 1 の単位格子を □ という。この単位格子に含まれる原子の数は，

□ + $\frac{1}{□}$ × □ = □ 個　となる。

（□：中心，$\frac{1}{□}$ × □：頂点，立方体の頂点は □ か所）

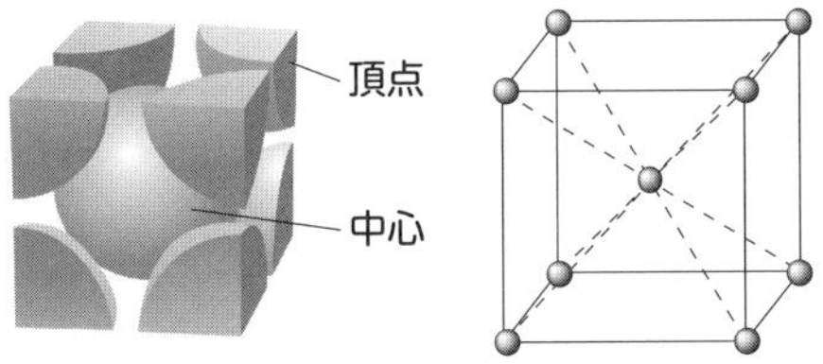

図 1

(2) 図 2 の単位格子を □ という。この単位格子に含まれる原子の数は，

$\frac{1}{□}$ × □ + $\frac{1}{□}$ × □ = □ 個　となる。

（$\frac{1}{□}$ × □：面，立方体は □ 面；$\frac{1}{□}$ × □：頂点，立方体の頂点は □ か所）

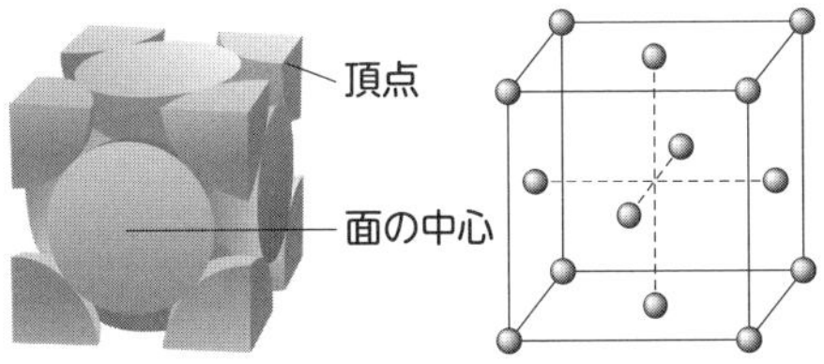

図 2

金属結晶（単位格子の一辺の長さと金属の原子半径の関係）の考え方の基本

例題 立方体の一辺の長さを 1 として，AF，EG，AG の長さを求めよ。ただし，平方根はそのままで用いよ。

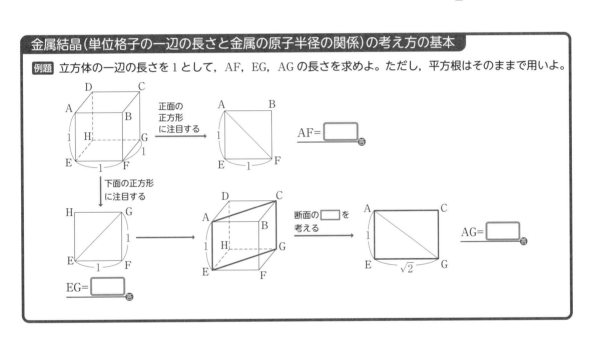

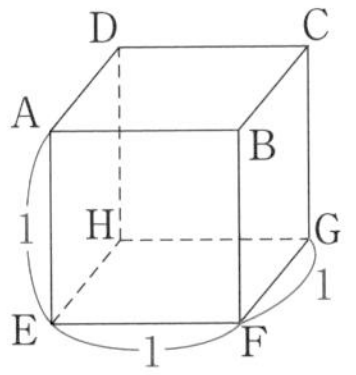

正面の正方形に注目する →

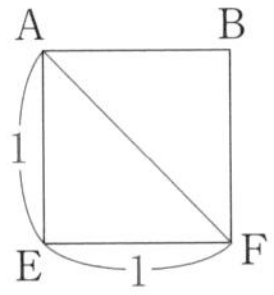

AF= □ 答

↓ 下面の正方形に注目する

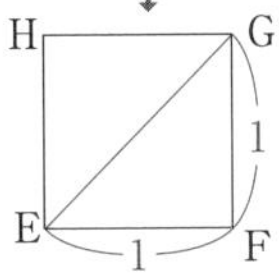

EG= □ 答

→

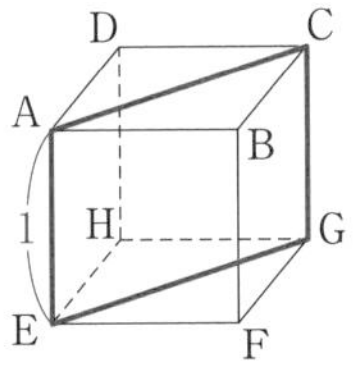

断面の □ を考える →

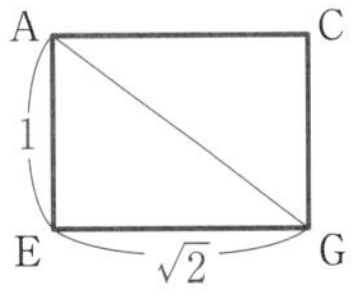

AG= □ 答

☑ **4** 次の単位格子の一辺の長さを a，金属の原子半径を r とし，a と r の関係式を求めよ。

考え方

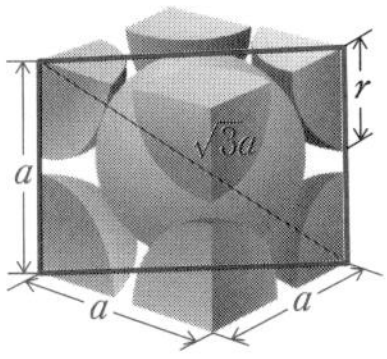

単位格子の断面の □ を考える →

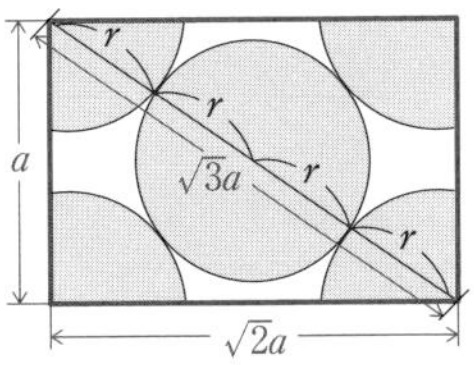

体心立方 格子

↓

$\sqrt{3}a=$ □ r 答

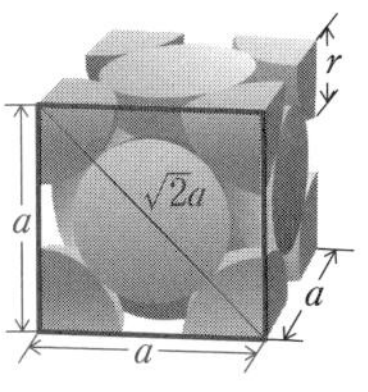

単位格子の面の □ を考える →

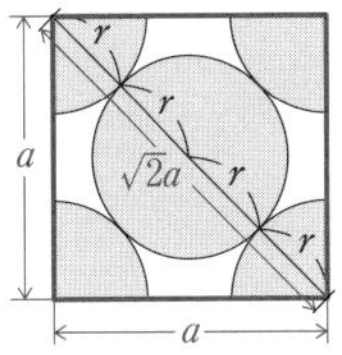

面心立方 格子

↓

$\sqrt{2}a=$ □ r 答

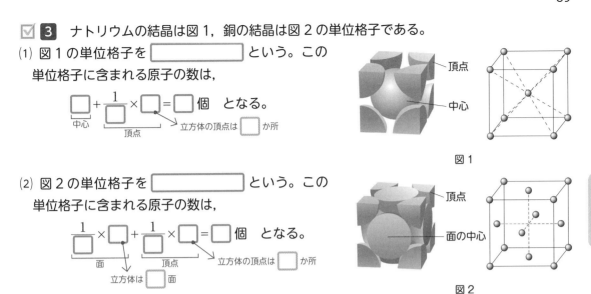

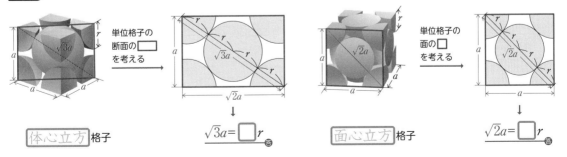

金属結晶（配位数）

ある粒子をとり囲む他の粒子の数を □ という。

体心立方格子では，次の図から，1 個の原子●は □ 個の原子●と接しているので，配位数は □ とわかる。

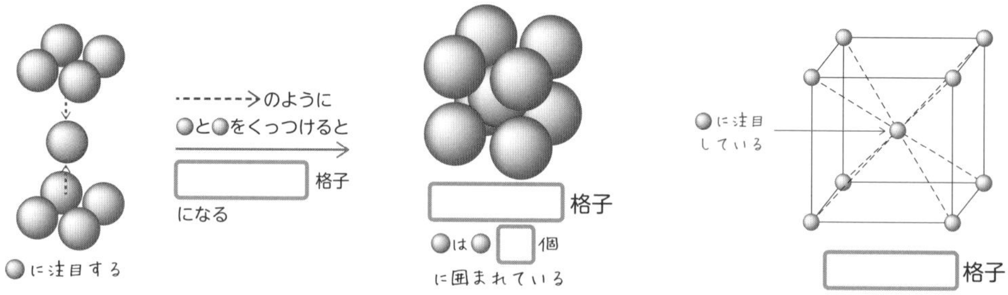

面心立方格子では，次の図から，1 個の原子●は □ 個の原子●と接しているので，配位数は □ とわかる。

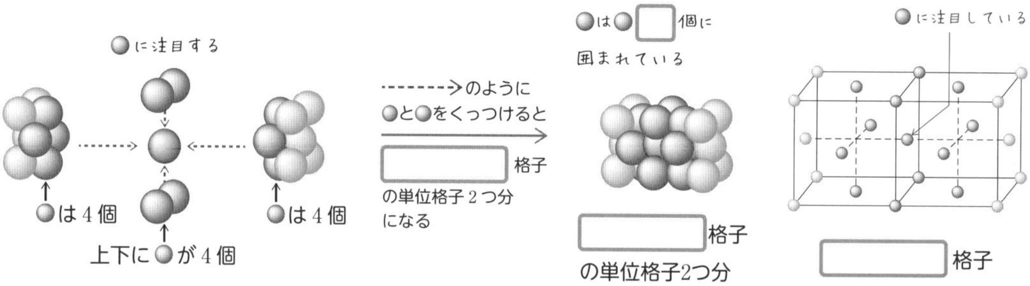

☑ **5**　六方最密構造では，1 個の原子は □ 個の原子と接しているので，配位数は □ となる。
面心立方格子と六方最密構造は，いずれも配位数が □ となり，球を最も密に詰め込んだ構造で，□ 構造ともいう。

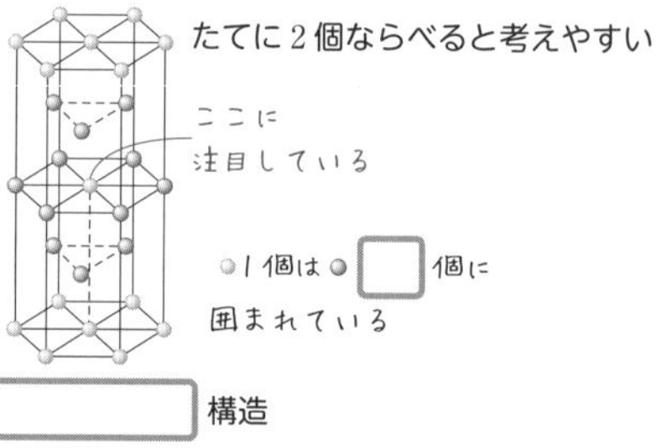

☑ **6**　表の中の空欄に適当な語句や数値を入れよ。ただし，平方根はそのままで用いよ。

単位格子の種類	□ **格子**	□ **格子**	□ **構造**
原子の配列（単位格子の一辺の長さを a，原子半径を r とする）	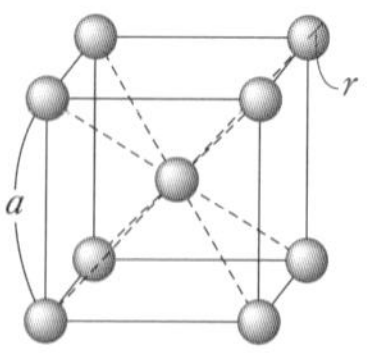	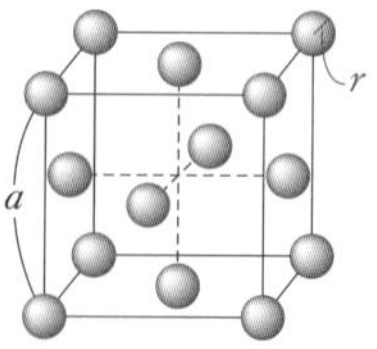	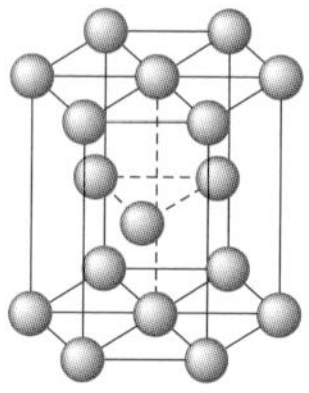
単位格子中の原子の数	□ 個	□ 個	―――
配位数	□	□	□
a と r の関係式	$r=$ □ a	$r=$ □ a	―――

金属結晶(まとめ)

例題 ナトリウムの結晶構造は，単位格子の一辺の長さが 4.4×10^{-8} cm の体心立方格子である(右図)。ただし，$\sqrt{2}=1.41$，$\sqrt{3}=1.73$ とする。

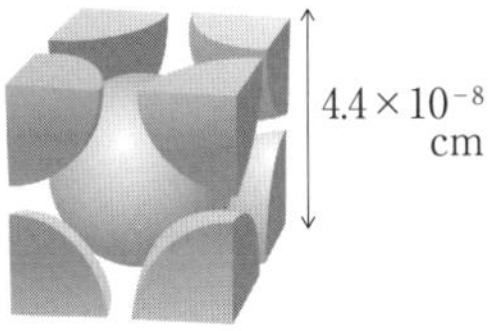

(1) 単位格子中に含まれるナトリウム原子の数は何個か。　□ 個

(2) 1 個の原子に隣接する他の原子は何個か。　□ 個

(3) ナトリウム原子の半径は何 cm か。有効数字 2 桁で答えよ。

□ cm

(4) 単位格子の体積は何 cm^3 か。有効数字 2 桁で答えよ。

□ cm^3

(5) (1)で求めたナトリウム原子 2 個の質量は何 g か。有効数字 2 桁で答えよ。ただし，Na = 23，アボガドロ定数は 6.0×10^{23}/mol とする。

□ g

(6) (5)で求めたナトリウム原子 2 個の質量〔g〕と，(4)で求めた単位格子の体積〔cm^3〕を用いて，ナトリウムの結晶の密度〔g/cm^3〕を有効数字 1 桁で答えよ。

□ g/cm^3

☑ **7** アルミニウムの結晶は，右図のような単位格子をもつ。アルミニウムの単位格子の一辺の長さを a〔cm〕，アルミニウムのモル質量を M〔g/mol〕，アボガドロ定数を N_A〔/mol〕として，密度 d〔g/cm^3〕を，a，M および N_A を用いて表せ。

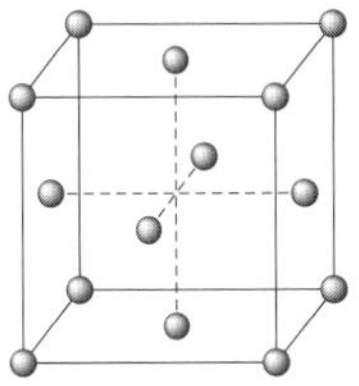

考え方 この単位格子は，□ 格子なので，単位格子中に含まれるアルミニウム原子の数は □ 個となる。
このアルミニウム原子 □ 個分の質量〔g〕を求め，単位格子の体積〔cm^3〕で割ることで，密度〔g/cm^3〕が求められる。

$d=$ □ 〔g/cm^3〕

48 イオン結晶

別冊解答 ▶p. 45

学習日　月／日

イオン結晶

多くの陽イオンと陰イオンが□力(□力)によって□結合をつくり，規則正しく配列してできている結晶を□結晶という。□結晶の単位格子には，次のようなものがある。

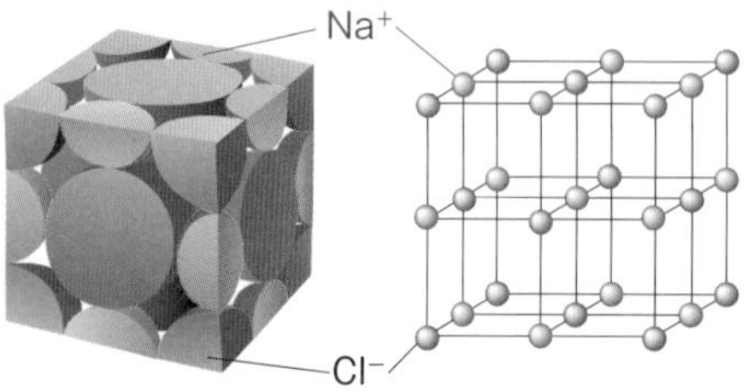

塩化ナトリウム NaCl の単位格子
(□型とよばれる)

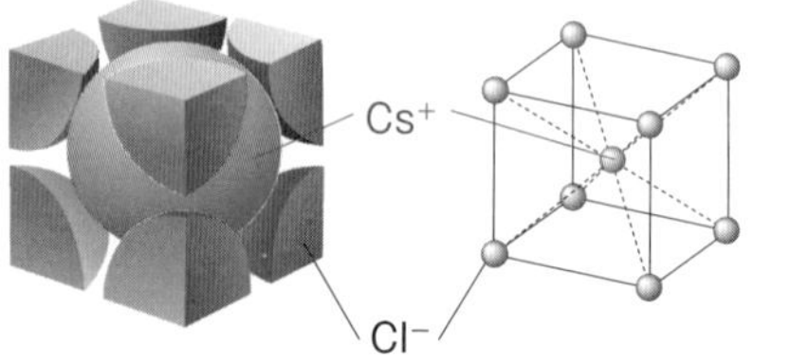

塩化セシウム CsCl の単位格子
(□型とよばれる)

1 右図は，塩化ナトリウムの結晶の単位格子である。単位格子中に含まれる Na^+ と Cl^- の数はそれぞれ何個か。

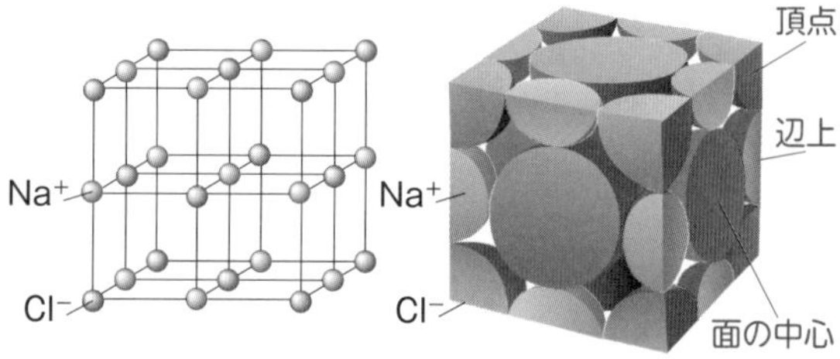

考え方 立方体(単位格子)は，頂点が□か所，面が□面，辺が□辺ある。単位格子中の各イオンの数は次のように求める。

Na^+ ● ⇒ $\frac{1}{\square}\times\square$ (辺) $+\square$ (中心) $=\square$ 個

Cl^- ● ⇒ $\frac{1}{\square}\times\square$ (頂点) $+\frac{1}{\square}\times\square$ (面) $=\square$ 個

塩化ナトリウムの単位格子に含まれる Na^+ は□個，Cl^- は□個(答)である。
よって，Na^+ と Cl^- の個数の比は，

$Na^+:Cl^-=$ 4 個：□個＝ 1 ：□　となり，組成式は□と表される。

2 右図は，塩化セシウムの結晶の単位格子である。単位格子中に含まれる Cs^+ と Cl^- の数はそれぞれ何個か。

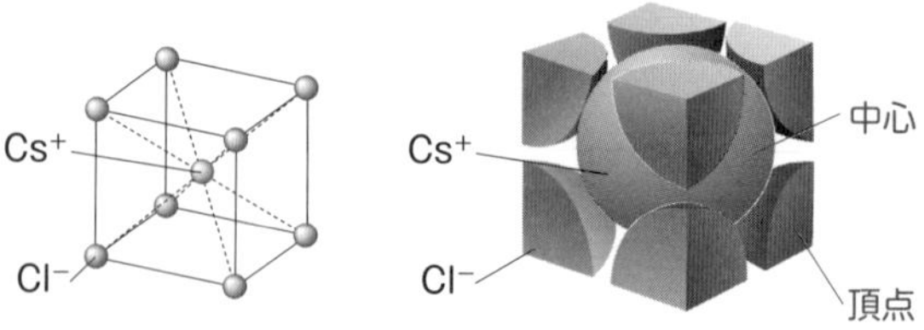

考え方 単位格子中の各イオンの数は，次のように求める。

Cs^+ ● ⇒ □ (中心) 個

Cl^- ● ⇒ $\frac{1}{\square}\times\square$ (頂点) $=\square$ 個

塩化セシウムの単位格子に含まれる Cs^+ は□個，Cl^- は□個(答)である。
よって，Cs^+ と Cl^- の個数の比は，

$Cs^+:Cl^-=$ 1 個：□個＝ 1 ：□　となり，組成式は□と表される。

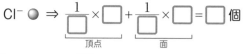

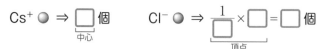

イオン結晶(配位数)

イオン結晶の場合，あるイオンをとり囲む反対符号のイオンの数が □ となる。

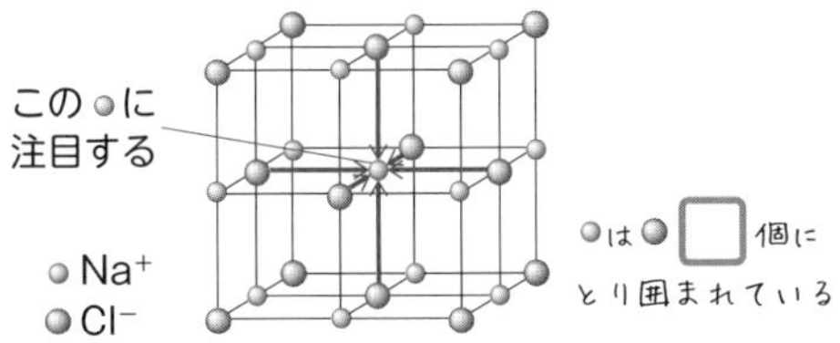

図1

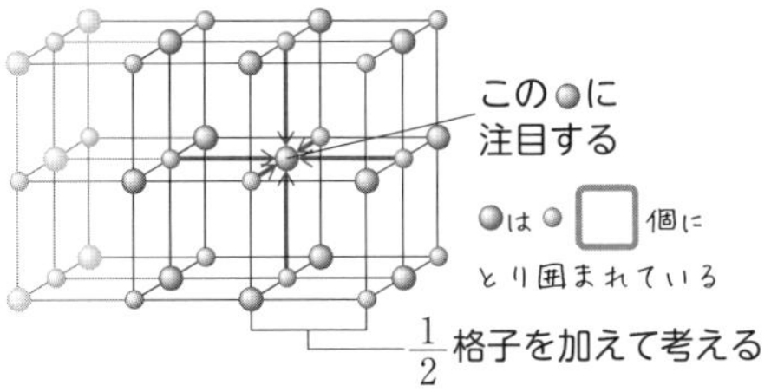

図2

＜塩化ナトリウムの単位格子＞

塩化ナトリウム NaCl の結晶では，上の図1を見ると，Na^+ ● は，その上と下，左と右，前と後ろの合計 □ 個の Cl^- ● にとり囲まれていることがわかる。

また，図2を見ると，Cl^- ● は，その上と下，左と右，前と後ろの合計 □ 個の Na^+ ● にとり囲まれていることがわかる。

よって，配位数は Na^+ ● が □，Cl^- ● が □ となる。

☑ **3** 塩化セシウム CsCl の結晶について，セシウムイオン Cs^+ と塩化物イオン Cl^- の配位数を答えよ。

考え方 右図を見ると，Cs^+ ● は □ 個の Cl^- ●，Cl^- ● は □ 個の Cs^+ ● にとり囲まれていることがわかる。

よって，配位数は Cs^+ ● が □，Cl^- ● が □ 答

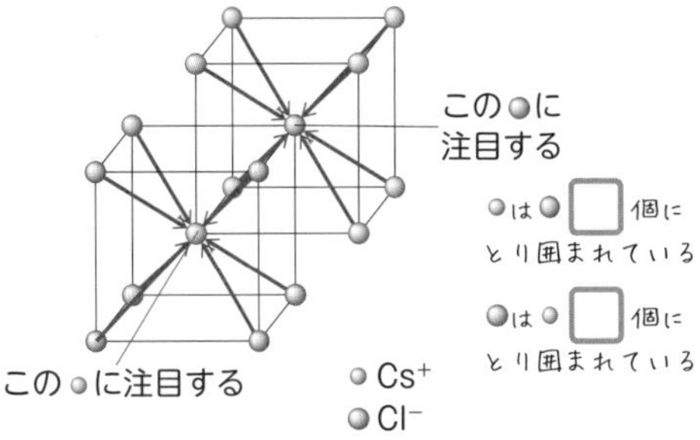

イオン結晶(単位格子の一辺の長さとイオン半径の関係)

例題 NaCl の単位格子の一辺の長さ a と Na^+ の半径 r_{Na^+}，Cl^- の半径 r_{Cl^-} との関係式，CsCl の単位格子の一辺の長さ a と Cs^+ の半径 r_{Cs^+}，Cl^- の半径 r_{Cl^-} との関係式をそれぞれ求めよ。

考え方

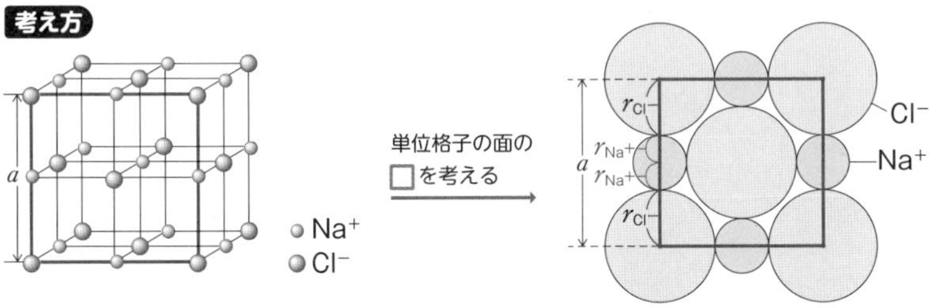

左図から

$a=$ □ 答

となる。

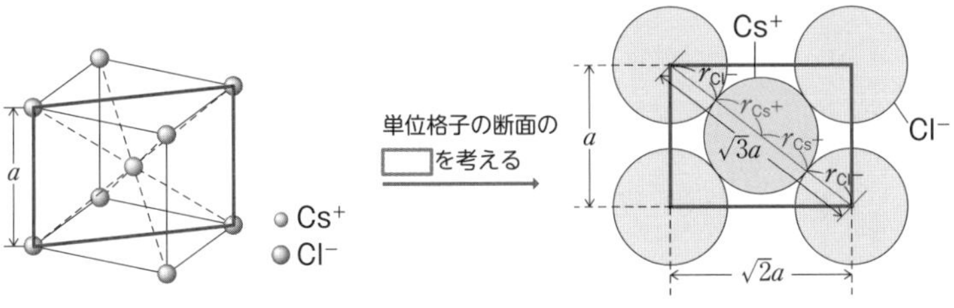

左図から

$\sqrt{3}a=$ □ 答

となる。

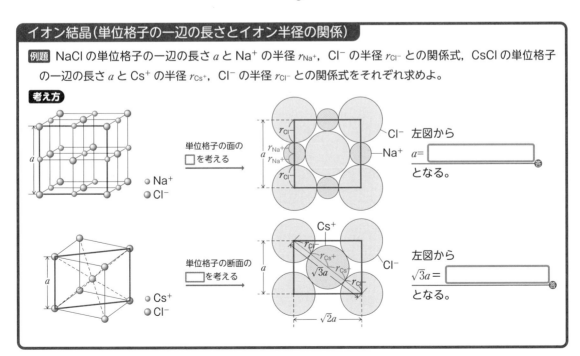

☑ **4**　塩化ナトリウムの結晶の単位格子は，右図のように示される。ただし，NaCl＝58.5，アボガドロ定数 6.0×10^{23}/mol とする。

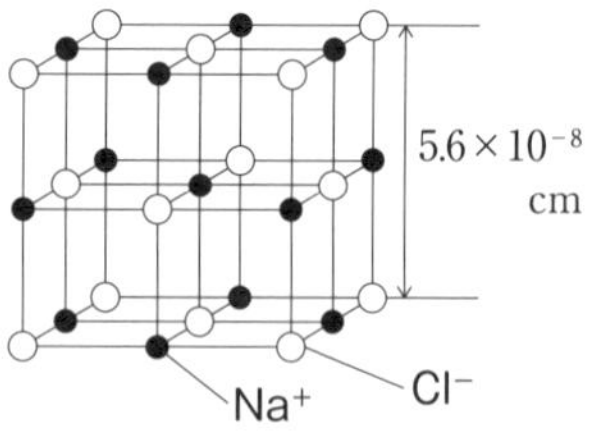

(1) 単位格子中に含まれる Na^+ と Cl^- の数はそれぞれ何個か。

Na^+：□個　Cl^-：□個

(2) 1個の Na^+ に最も近い Cl^- の数を答えよ。　□

(3) 1個の Cl^- に最も近い Na^+ の数を答えよ。　□

(4) Na^+ のイオン半径を 1.0×10^{-8} cm とすると，Cl^- のイオン半径は何 cm になるか。有効数字2桁で答えよ。

□ cm

(5) 図の単位格子の質量は何 g になるか。有効数字2桁で答えよ。

□ g

(6) 塩化ナトリウムの結晶の密度は何 g/cm³ になるか。$5.6^3=176$ とし，有効数字2桁で答えよ。

□ g/cm³

☑ **5**　次の表の中の □ に整数値を入れよ。

イオン結晶	塩化ナトリウム NaCl	塩化セシウム CsCl
イオンの配列 （単位格子の一辺の長さを a，陽イオンの半径を r^+，陰イオンの半径を r^- とする）	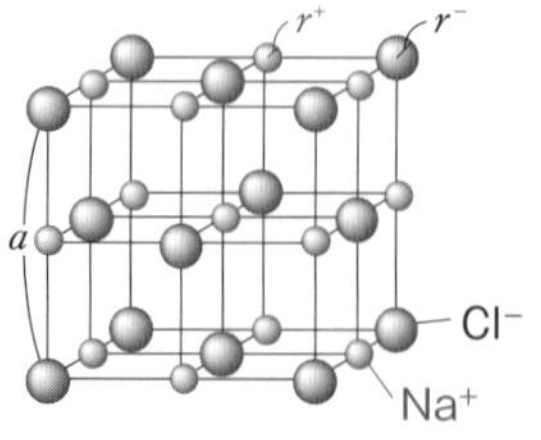 $a=\square(r^{+}+r^{-})$	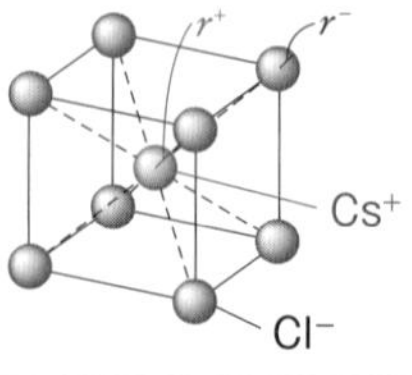 $\sqrt{3}a=\square(r^{+}+r^{-})$
単位格子中のイオンの数	Na^+□個　Cl^-□個	Cs^+□個　Cl^-□個
配位数	ともに□	ともに□

学習日 月／日

49 エンタルピー変化の表し方，反応エンタルピー

別冊解答 ▶ p. 46

エンタルピー変化の表し方

化学反応に伴う熱の出入りは，化学反応式の □（右 or 左）辺に エンタルピー変化 （記号 ΔH）を書き加えて表される。このとき，発熱反応では ΔH □（< or >） 0，吸熱反応では ΔH □（< or >） 0 になる。

黒鉛 C 1mol を完全燃焼させると 394kJ の熱が発生する。これを化学反応式に反応エンタルピーを書き加えた式で表す。

物質の状態が指定されていない場合，25℃，1.013×10^5 Pa における状態を書けばよい。

$$C(黒鉛) + O_2(気) \longrightarrow CO_2(気) \quad \Delta H = \square \text{ kJ}$$

物質の状態を書く。同素体が存在する炭素は，同素体名を書く。

熱を発生する □ 反応なので ΔH は □（正 or 負） になる

1 次の(1)，(2)を化学反応式に反応エンタルピーを書き加えた式で表せ。

(1) 0℃の氷の融解エンタルピーは 6.0 kJ/mol である。

(2) 25℃の水の蒸発エンタルピーは 44 kJ/mol である。

反応エンタルピー（生成エンタルピー）

生成エンタルピー：□ 1 mol がその成分元素の □ から生成するときのエンタルピー変化

（□：NH_3(気)，H_2O(液)，CO_2(気)など）　（□：N_2(気)，H_2(気)，O_2(気)，C(黒鉛)など）

例題 「NH_3(気)の生成エンタルピー − 46 kJ/mol」を表す。

$$\frac{1}{2}N_2(気) + \frac{3}{2}H_2(気) \longrightarrow NH_3(気) \quad \Delta H = -46 \text{ kJ}$$

単体：25℃，1.013×10^5 Pa ではいずれも気体

化合物：化合物の係数を「1」とする　1 は省略

NH_3(気) 1mol あたりのエンタルピー変化を表している。

$\Delta H < 0$（負の値）なので □ 反応とわかる

2 次の(1)〜(3)を化学反応式に反応エンタルピーを書き加えた式で表せ。

(1) 水 H_2O(液)の生成エンタルピーは − 286 kJ/mol である。

(2) メタン CH_4(気)の生成エンタルピーは − 75 kJ/mol である。

(3) 二酸化炭素 CO_2(気)の生成エンタルピーは − 394 kJ/mol である。

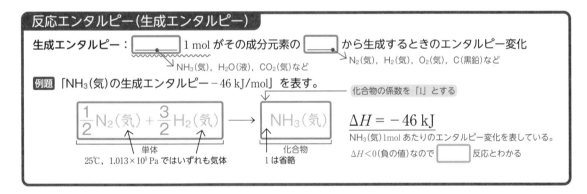

反応エンタルピー(燃焼エンタルピー)

燃焼エンタルピー：物質 1 mol が完全燃焼するときのエンタルピー変化

└→単体，化合物のどちらでもよい

例題 「CH_4(気)の燃焼エンタルピー -891 kJ/mol」を表す。ただし，生成する水は液体とする。

CH_4(気) + $2O_2$(気) ⟶ CO_2(気) + $2H_2O$(液)　$\Delta H = -891$ kJ

完全燃焼させる物質の係数を「1」とする

C と H を含む化合物が完全燃焼すると CO_2 と H_2O が生じる

燃焼エンタルピーはいつも $\Delta H < 0$ の発熱反応

☑ **3** 次の(1)，(2)を化学反応式に反応エンタルピーを書き加えた式で表せ。

(1) 水素 H_2(気)の燃焼エンタルピーは -286 kJ/mol である。ただし，生成する水は液体とする。

(2) 炭素 C(黒鉛)の燃焼エンタルピーは -394 kJ/mol である。

反応エンタルピー(中和エンタルピー，溶解エンタルピー)

【1】中和エンタルピー：酸と塩基が中和反応し，水 1 mol が生じるときのエンタルピー変化

例題 「塩酸と水酸化ナトリウム水溶液の中和エンタルピー -57 kJ/mol」を表す。

HCl aq + NaOH aq ⟶ NaCl aq + H_2O(液)　$\Delta H = -57$ kJ

aq は溶媒の水を表す

HCl 水溶液を表す　NaOH 水溶液を表す

中和により生じる H_2O(液)の係数を「1」とする

中和エンタルピーはいつも $\Delta H < 0$ の発熱反応

【2】溶解エンタルピー：物質 1 mol が多量の水に溶けるときのエンタルピー変化

→aq と書く

例題 「NaOH(固)の水への溶解エンタルピー -45 kJ/mol」を表す。

NaOH(固) + aq ⟶ NaOH aq　$\Delta H = -45$ kJ

多量の水に溶解させる物質の係数を「1」にする

☑ **4** 次の(1)，(2)を化学反応式に反応エンタルピーを書き加えた式で表せ。

(1) 硝酸と水酸化カリウム水溶液の中和エンタルピーは -57 kJ/mol である。

(2) 硫酸 H_2SO_4(液)の水への溶解エンタルピーは -95 kJ/mol である。

☑ **5** 空欄に生成エンタルピー，燃焼エンタルピーのいずれかを入れよ。

H_2(気) + $\frac{1}{2}O_2$(気) ⟶ H_2O(液)　$\Delta H = -286$ kJ

この式は，H_2(気)の［　　　　］や H_2O(液)の［　　　　］を表している。

結合エネルギー(結合エンタルピー)

結合エネルギー：気体分子のもつ［　　］結合 1 mol を切断して［　　］状の［　　］にするために必要なエネルギー

例題「H−H 結合の結合エネルギー 436 kJ/mol」を化学反応式と ΔH を用いて表す。

H−H(気)の［　　］結合 1 mol を 436 kJ でたたいて切断し，H(気)［　］mol にするので,

H−H(気) ＋ (H−H(気)の結合エネルギー) ⟶ H(気)＋H(気)

- H−H(気)：気体状
- (H−H(気)の結合エネルギー)：「左辺」に結合エネルギー(436 kJ)を加えて結合を切断する
- H(気)＋H(気)：バラバラになる／気体状のまま

より，［　　］ ⟶ ［　　］　$\Delta H = 436$ kJ 答

いつも $\Delta H>0$ (吸熱反応)になる

☑ **6**　N−H 結合の結合エネルギーは 391 kJ/mol である。

(1) NH_3(気)1 mol 中の結合をすべて切断して，N 原子 1 mol と H 原子 3 mol にするのに必要なエネルギーを，整数値で求めよ。

［　　］kJ

(2) (1)を化学反応式と ΔH を用いて表せ。

☑ **7**　C−H 結合の結合エネルギーは 416 kJ/mol である。

(1) CH_4(気)1 mol 中の結合をすべて切断して，C 原子 1 mol と H 原子 4 mol にするのに必要なエネルギーを，整数値で求めよ。

［　　］kJ

(2) (1)を化学反応式と ΔH を用いて表せ。

エンタルピー変化を表した図

【1】 $\Delta H<0$ の発熱反応の場合

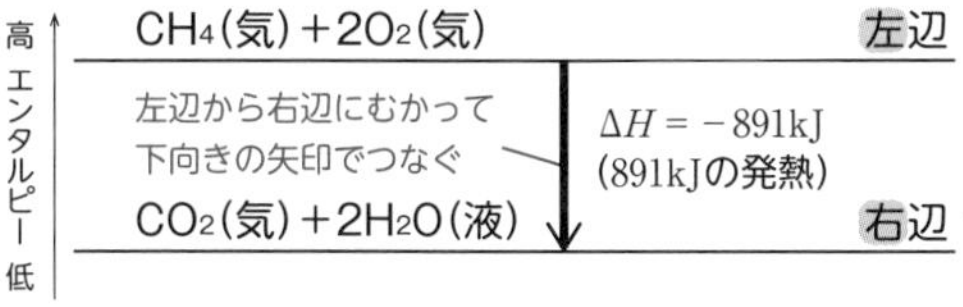

エンタルピーが減少するので，右辺を下に書く

左の図を化学反応式と ΔH を用いて表すと,

CH_4(気)＋$2O_2$(気) ⟶ CO_2(気)＋$2H_2O$(液)　$\Delta H = -891$ kJ　となる。

CH_4(気)の燃焼エンタルピー

【2】 $\Delta H>0$ の吸熱反応の場合

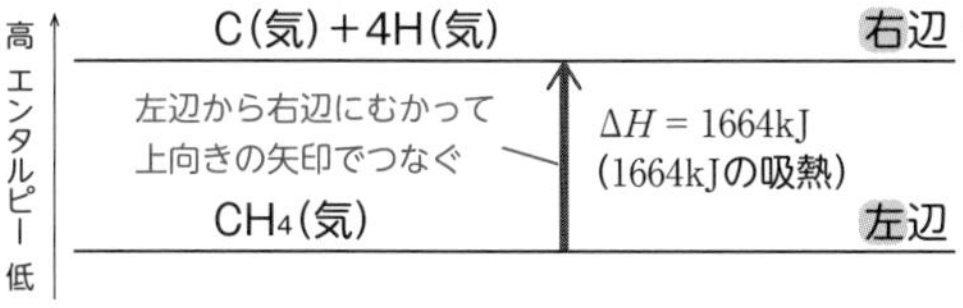

← エンタルピーが増加するので，右辺を上に書く

左の図を化学反応式と ΔH を用いて表すと,

CH_4(気) ⟶ C(気)＋4H(気)　$\Delta H = 1664$ kJ

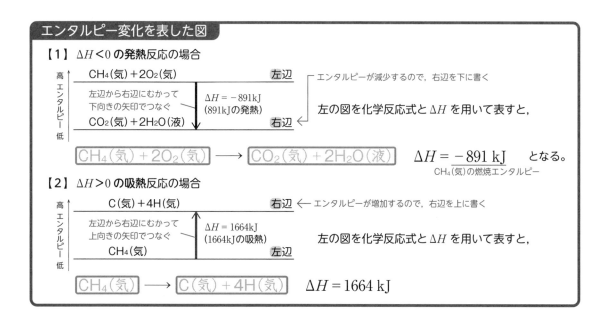

学習日 月 / 日

50 ヘスの法則

別冊解答 ▶ p. 48

ヘスの法則(生成エンタルピーと反応エンタルピー)

例題 H_2(気)$+\frac{1}{2}O_2$(気) ⟶ H_2O(液)　$\Delta H_1 = -286$ kJ　…①
（H_2O(液)の生成エンタルピー）

H_2(気)$+\frac{1}{2}O_2$(気) ⟶ H_2O(気)　$\Delta H_2 = -242$ kJ　…②
（H_2O(気)の生成エンタルピー）

H_2O(気) ⟶ H_2O(液)　$\Delta H_3 = -44$ kJ　…③

の①～③式を利用して，空欄に整数値，語句を入れよ。

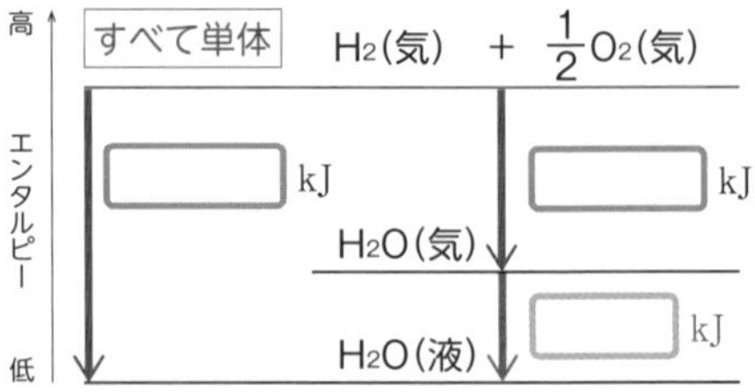

考え方　エネルギー図を見ると，矢印の向きがすべて下向き(↓)にそろっているので(コツ)

□ kJ ＝ □ kJ ＋ (□ kJ)
（①式の反応エンタルピー）（②式と③式の反応エンタルピーの総和）

の関係式が成り立つ(□ **の法則**)。

（コツ）矢印の向きが上向き(↑)または下向き(↓)にすべてそろっていないときは，符号と矢印の向きを逆にして(＋は－，－は＋に直す)，すべての矢印の向きをそろえてから計算する。

1　C(黒鉛)＋O_2(気)⟶CO_2(気)　$\Delta H_1 = -394$ kJ，　CO(気)$+\frac{1}{2}O_2$(気)⟶CO_2(気)　$\Delta H_2 = -283$ kJ

から，C(黒鉛)$+\frac{1}{2}O_2$(気)⟶CO(気)　$\Delta H_3 = Q$〔kJ〕 における Q の値を整数値で求めよ。

考え方

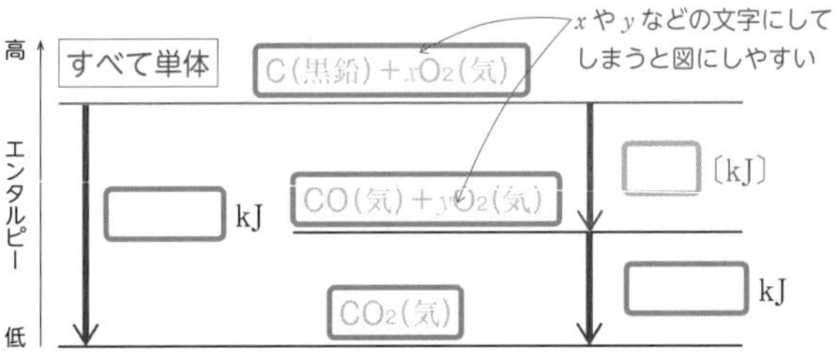

エネルギー図の矢印はすべて下向き(↓)にそろっているので，
□ の法則より，
□ kJ ＝ Q ＋ (□ kJ)
Q ＝ □ kJ 答

2　C(黒鉛)＋$2H_2$(気)⟶CH_4(気)　$\Delta H_1 = -75$ kJ，

C(黒鉛)＋O_2(気)⟶CO_2(気)　$\Delta H_2 = -394$ kJ，H_2(気)$+\frac{1}{2}O_2$(気)⟶H_2O(液)　$\Delta H_3 = -286$ kJ

から，CH_4(気)＋$2O_2$(気)⟶CO_2(気)＋$2H_2O$(液)　$\Delta H_4 = Q$〔kJ〕 における Q の値を整数値で求めよ。

考え方

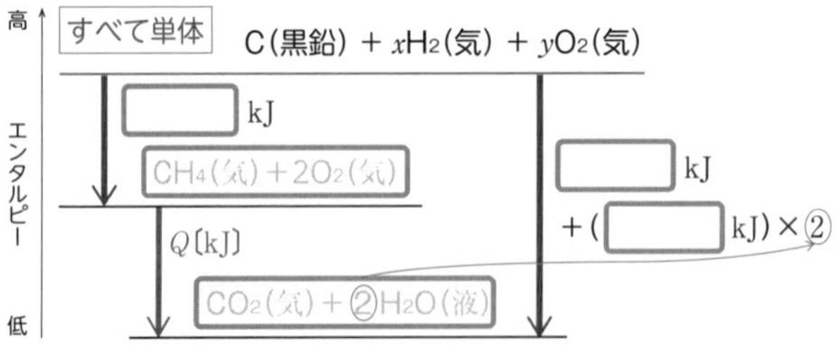

エネルギー図の矢印はすべて下向き(↓)にそろっているので，
□ の法則より，
□ kJ ＋ Q
＝ □ kJ ＋ (□ kJ) × 2
Q ＝ □ kJ 答

ポイント！

「生成エンタルピー」と「反応エンタルピー」の関係が問われたときは，右図をつくる。

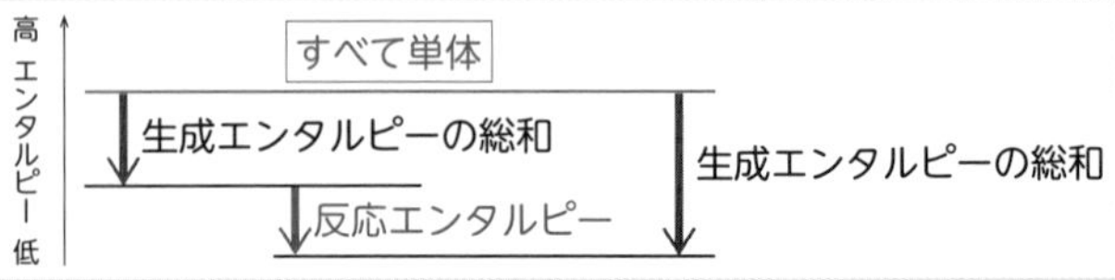

ヘスの法則(結合エネルギーと反応エンタルピー)

例題 H_2(気) ⟶ 2H(気)　$\Delta H_1 = 436$ kJ

Cl_2(気) ⟶ 2Cl(気)　$\Delta H_2 = 243$ kJ

HCl(気) ⟶ H(気) + Cl(気)　$\Delta H_3 = 432$ kJ

$\frac{1}{2}H_2$(気) + $\frac{1}{2}Cl_2$(気) ⟶ HCl(気)　$\Delta H_4 = Q$〔kJ〕

を利用して，空欄に整数値を入れ，Q の値を小数第 1 位まで求めよ。

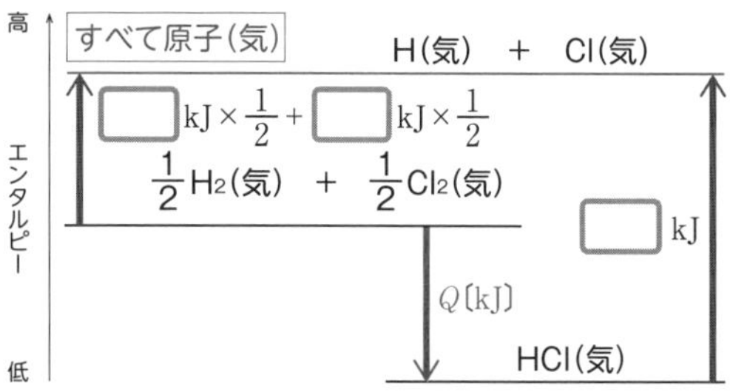

考え方 エネルギー図を見ると，矢印の向きがそろっていない。そこで，すべて上向き(↑)にそろえてみる。

□ kJ × $\frac{1}{2}$ + □ kJ × $\frac{1}{2}$ + ($-Q$) = □ kJ

Q = □ kJ 答　小数第1位まで

下向き(↓)を上向き(↑)に変えたので，符号を逆にする

☑ **3** N_2(気)⟶2N(気)　$\Delta H_1 = 946$ kJ　，　H_2(気)⟶2H(気)　$\Delta H_2 = 436$ kJ

NH_3(気)⟶N(気) + 3H(気)　$\Delta H_3 = 391 \times 3$ kJ

から，$\frac{1}{2}N_2$(気) + $\frac{3}{2}H_2$(気)⟶NH_3(気)　$\Delta H_4 = Q$〔kJ〕　における Q の値を整数値で求めよ。

考え方

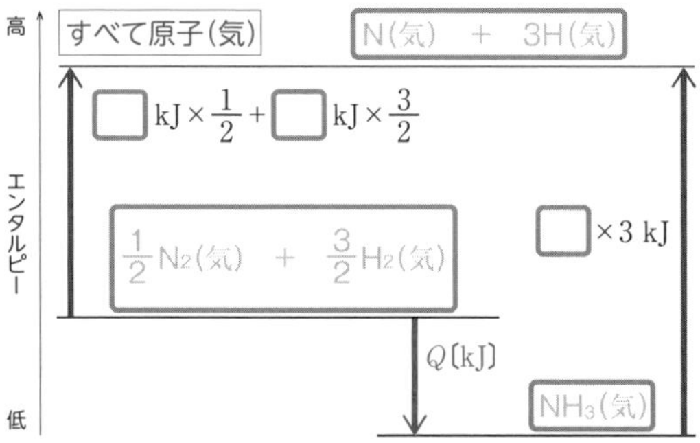

矢印の向きをすべて上向き(↑)にそろえると，

符号を逆にする

□ kJ × $\frac{1}{2}$ + □ kJ × $\frac{3}{2}$ + ($-Q$)

= □ × 3 kJ

Q = □ kJ 答

☑ **4** 下の結合エネルギーの値を用いて，次の反応の Q の値を整数値で求めよ。

H_2(気) + $\frac{1}{2}O_2$(気)⟶H_2O(気)　$\Delta H = Q$〔kJ〕

結合エネルギー〔kJ/mol〕：H−H 436 kJ/mol　，　O=O 498 kJ/mol　，　O−H 463 kJ/mol

Q = □ kJ

ポイント！

「結合エネルギー」と「反応エンタルピー」の関係が問われたときは，右図をつくる。

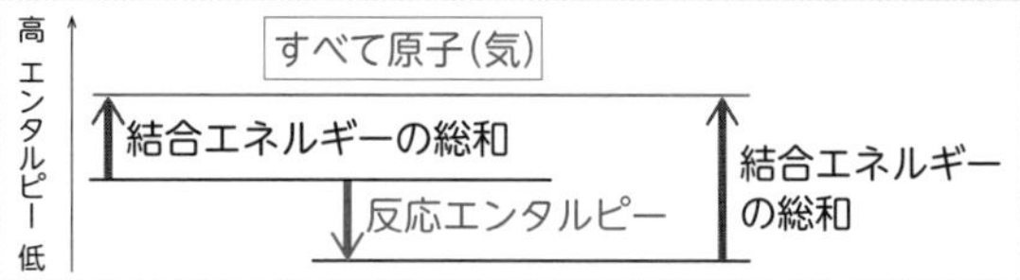

51 比熱，化学反応と光

別冊解答 ▶p. 49

学習日　月／日

比熱

物質1gの温度を1K(1℃)上げるために必要な熱量を□という。J/(g·K)や J/(g·℃)が□の単位になる。

【1】水の比熱が4.2 J/(g·K)とあれば，次のように書き直すとよい。

➡ $\dfrac{4.2\text{ J が必要}}{1\text{ g の 水 を・}1\text{ K 上げるのに}}$ または $\dfrac{4.2\ □\text{ が発生}}{□\text{ g の }□\text{ が・}□\text{ K 上がると}}$

【2】水溶液の比熱が4.2 J/(g·K)とあれば，次のように書き直すとよい。

➡ $\dfrac{□\text{ J が必要}}{□\text{ g の 水溶液 を・}□\text{ K 上げるのに}}$ または $\dfrac{□\text{ J が発生}}{1\text{ g の }□\text{ が・}1\text{ K 上がると}}$

1 空欄に整数値を入れよ。

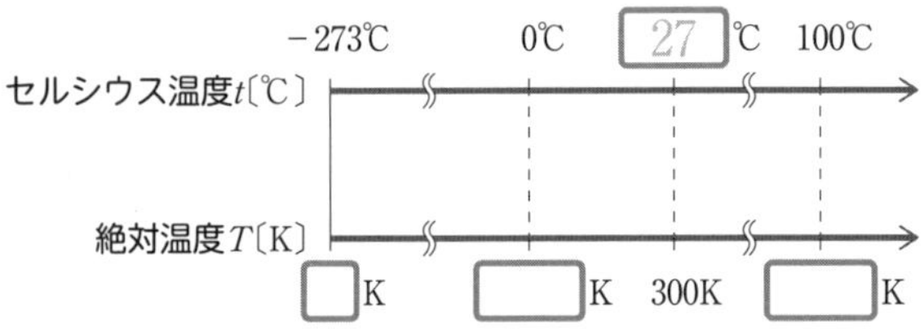

27℃と100℃の温度の差は□℃，300Kと373Kの温度の差は□Kとなる。このように，温度の差は，Δt〔℃〕＝ΔT〔K〕 になる。

2 10℃の水50gを40℃にするには何J必要か。有効数字2桁で求めよ。ただし，水の比熱は4.2 J/(g·K)とする。

考え方 $\dfrac{4.2\text{ J が必要}}{1\text{ g の }□\text{ を・}1\ □\text{ 上げるのに}}$ × □ gの水を × (□ − □) K上げるのに ＝ □ J 必要になる

（↑ 温度の差は℃＝K）

3 NaOHの結晶4.0gを水に溶かすことで発生した熱量は何kJか。有効数字2桁で求めよ。ただし，NaOHの水への溶解エンタルピーは−44 kJ/mol，NaOH＝40とする。

□ kJ

4 NaOHの結晶を水に溶かし，水溶液の温度変化を調べると，次のグラフ1やグラフ2が得られた。瞬間的にNaOHの溶解が終わり，熱の放冷が全くなかったと考えた真の最高温度は，それぞれ何℃になるか。小数第1位まで求めよ。

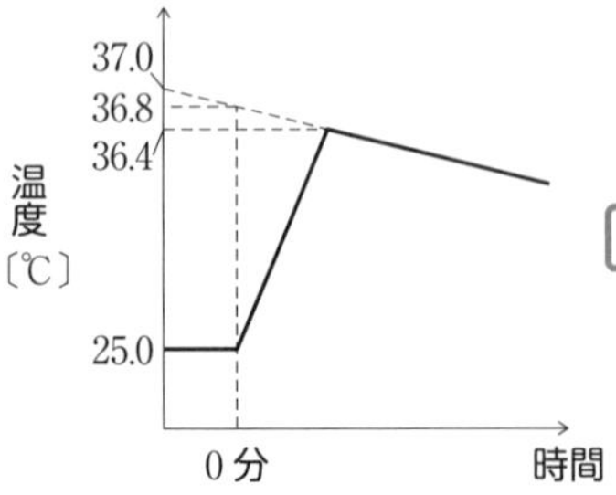

<グラフ1>

□℃

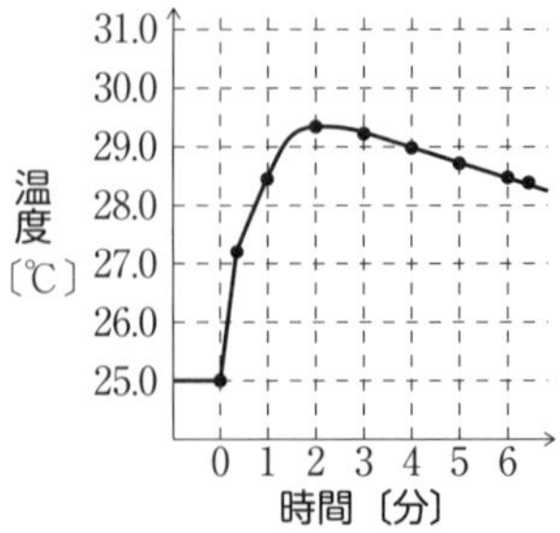

<グラフ2>

□℃

5 水酸化ナトリウムの水への溶解エンタルピーを測定するために，NaOH の結晶 2.0 g を 20.0℃の水 98.0 g に加えて溶かしたところ，右図のような結果が得られた。有効数字 2 桁で答えよ。ただし，水溶液の比熱は 4.2 J/(g·K)，NaOH＝40 とする。

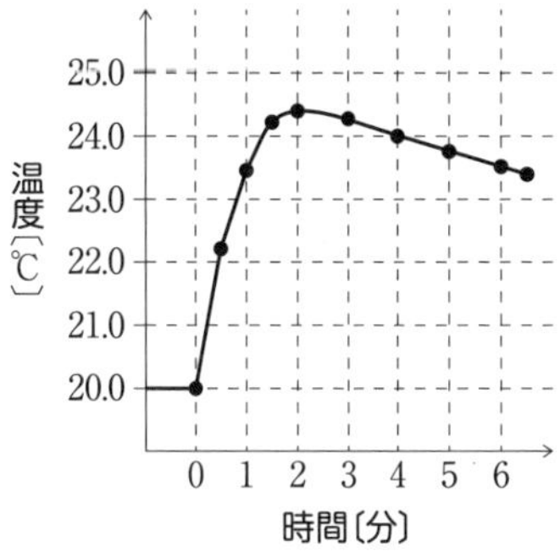

(1) この実験で発生した熱量は何 kJ か。

□ kJ

(2) NaOH の水への溶解エンタルピーを $-Q$〔kJ/mol〕($Q>0$)とすると，NaOH の結晶 2.0 g を水に溶かすことで発生した熱量は何 kJ か。Q を使って表せ。

□〔kJ〕

(3) NaOH の水への溶解エンタルピー〔kJ/mol〕を求めよ。

□ kJ/mol

化学反応と光

反応物と生成物の化学エネルギーの差や，その一部が 光 として放出されることがある。この現象を □ という。
化学発光の例としては，科学捜査における血痕の鑑識法である □ 反応などがある。
光とは電磁波の一種であり，人間の目で感じることができる光を □ 光線といい，その波長範囲は約 380 nm〜780 nm である。光の色は波長によって異なる。

6 赤，紫，赤外，紫外のいずれかを入れよ。

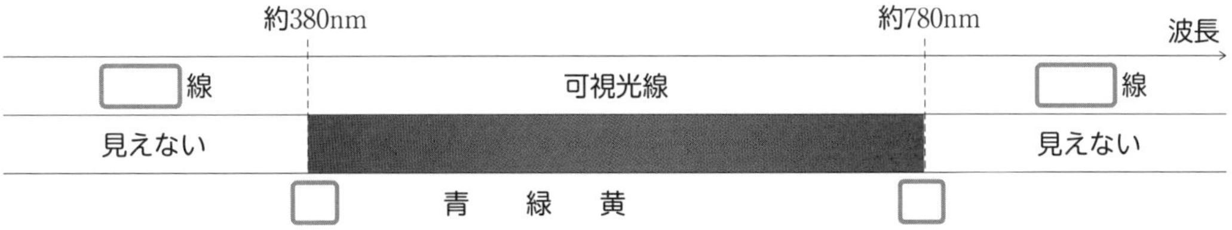

7 緑色植物が光エネルギーを使って，CO_2 と H_2O から糖類などの有機化合物を合成する反応を □ という。

52 電池の原理，ボルタ電池

別冊解答 ▶ p. 50

学習日　月／日

（　　　　）の異なる 2 種類の金属板 A と B を電解質の水溶液に浸して導線でつなぐと［電流］が流れる。このとき，イオン化傾向の順が A>B であれば，
イオン化傾向の大きな金属板Aが（　）極となり，（正 or 負）
イオン化傾向の小さな金属板Bが（　）極になる。（正 or 負）

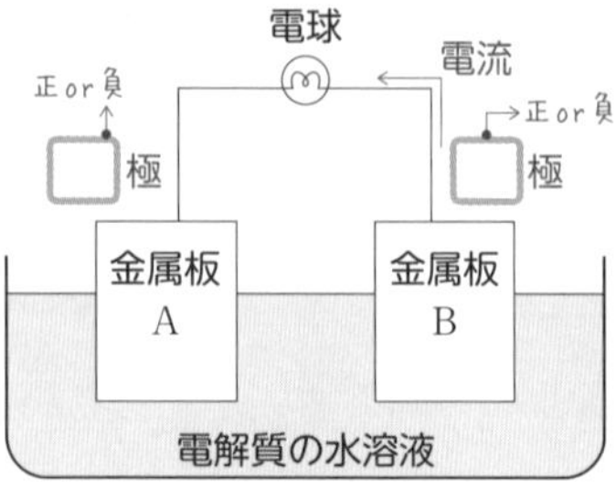

〈電池のしくみ〉
(イオン化傾向A>B)

(1) 電池において，電流は何極から何極へ流れるか。
答（　　）から（　　）

(2) 電池において，電子は何極から何極へ流れるか。
答（　　）から（　　）

(3) 金属板 A と金属板 B の間で発生する電位差(電圧)を電池の何というか。　答（　　　）

(4) 電池から電流を取り出すことを（　　），電池の［起電力］をもとに戻すことを（　　）という。

(5) 放電すると起電力が（　　）し（増加 or 低下），もとに戻らない電池を（　　）電池，起電力を［回復］させることができる電池を（　　）電池または［蓄］電池という。

☑ **1** (1) 亜鉛板と銅板を希硫酸中に浸してつくった電池を何というか。
（　　　　）

(2) Zn と Cu はどちらの方がイオン化傾向が大きいか。元素記号で答えよ。
（　　）

(3) 空欄に元素記号や正・負を入れよ。なお，下図はボルタ電池の模式図である。

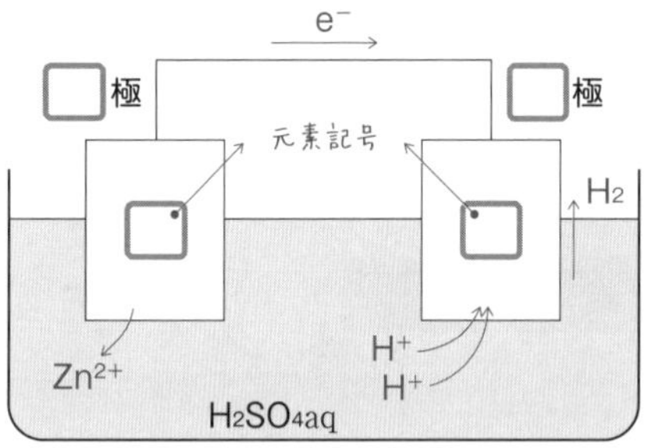

電子 e^- は（　）極から（　）極へ流れる。
[（　）極]［$Zn \longrightarrow Zn^{2+} + 2e^-$］
[（　）極]［$2H^+ + 2e^- \longrightarrow H_2$］

(4) ボルタ電池は，（　　）板と［銅］板を（　　　）に浸してつくる。

(5) ボルタ電池の負極は（　　）板，正極は（　）板になる。

(6) ボルタ電池の放電時の負極と正極で起こる反応を e^- を含んだイオン反応式で書け。
[負極]（　　　　　　　　）　[正極]（　　　　　　　　）

(7) ボルタ電池は，電流を流すと起電力がすぐに（　　）（増加 or 低下）する。これを電池の（　　）という。

53 ダニエル電池

別冊解答 ▶ p. 50

Zn 板を浸した硫酸亜鉛 $ZnSO_4$ 水溶液と Cu 板を浸した硫酸銅(Ⅱ) $CuSO_4$ 水溶液を多孔質の隔膜で隔てた構造をもつ電池を［　　　］電池という。

（→素焼き板のこと）

例題 空欄に化学式・不等号・語句のいずれかを入れよ。なお，右の図はダニエル電池の模式図である。

イオン化傾向は Zn［　］Cu なので，イオン化傾向の大きな［　　］が［　］極になる。

（［　］→ ＜ or ＞　［　　］→ Zn or Cu　［　］→ 正 or 負）

［負極］　Zn ⟶［　　　　　　］（［　　］反応）（酸化 or 還元）

（還元剤は，相手の物質に［　　］を与え，自身は［　　］される）

［正極］［　　　　　　］⟶［　　］（［　　］反応）（酸化 or 還元）

（酸化剤は，相手の物質から［　　］をうばい，自身は［　　］される）

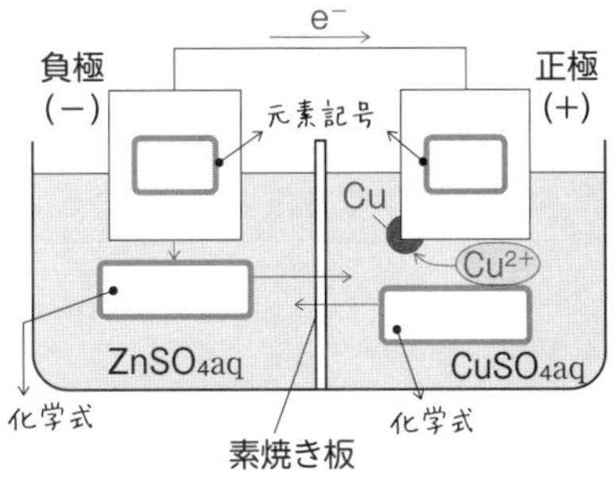

上図で，左から右へ移動するイオンは［　　］，右から左へ移動するイオンは［　　］になる。（化学式）

☑ **1** ボルタ電池の構成は，次のように表される。このような式を電池式という。ダニエル電池を電池式で表せ。

〈ボルタ電池の電池式〉

$(-)Zn \mid H_2SO_4\,aq \mid Cu(+)$

左側に「負極」を示す　中央に「電解液」を示す　右側に「正極」を示す

〈ダニエル電池の電池式〉

［　　　　　　　　　　　　］

☑ **2** ダニエル電池について，次の(1)〜(5)に答えよ。

(1) 亜鉛板と銅板のうち，負極はどちらか答えよ。［　　］板

(2) 空欄に電流・電子のどちらかを入れよ。
亜鉛板から銅板に向かって流れるのが［　　］で，銅板から亜鉛板に向かって流れるのが［　　］になる。

(3) 放電時の負極と正極で起こる反応を e^- を含んだイオン反応式を書け。

［負極］［　　　　　　　］　［正極］［　　　　　　　］

(4) 電子 1.0 mol が流れたときに，負極で溶け出す Zn と正極で析出する Cu はそれぞれ何 mol か。有効数字 2 桁で求めよ。
負極で溶け出す Zn は［　　］mol，正極で析出する Cu は［　　］mol

(5) 放電時に極板の質量が増加するのは［　］極で，減少するのは［　］極になる。

54 鉛蓄電池

別冊解答 ▶ p. 51

学習日　月／日

化学式

(1) 鉛蓄電池は負極に［　　］，正極に［　　］，電解液に［　　］の水溶液を用いる。

(2) 下線を引いた原子の酸化数を求めよ。

$\underline{Pb}$ ， $\underline{Pb}O_2$ ， $\underline{Pb}^{2+}$ ， $\underline{Pb}SO_4$

［　］　［　］　［　］　［　］

(3) Pb が Pb^{2+} に変化するときの e^- を含んだイオン反応式を書け。

［　　　　　　　　］

(4) PbO_2 が Pb^{2+} に変化するときの e^- を含んだイオン反応式を書け。

［　　　　　　　　］

(5) (3)や(4)の e^- を含んだイオン反応式の両辺にそれぞれ $SO_4{}^{2-}$ を加えると，鉛蓄電池の放電時の負極・正極の反応式になる。負極と正極の反応式を書け。

［負極］［　　　　　　　　］

［正極］［　　　　　　　　］

（Pb^{2+} は $SO_4{}^{2-}$ と結びついて $PbSO_4$ になる。）

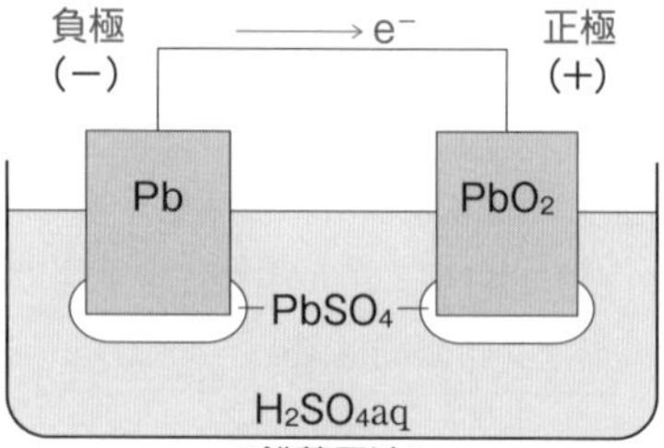

<鉛蓄電池>

1 鉛蓄電池の構成は次のように表される。このような式を［　　］という。

$(-)Pb \mid H_2SO_4\,aq \mid PbO_2(+)$

鉛蓄電池を放電させると，負極の Pb は Pb^{2+} に変化後，希硫酸の $SO_4{}^{2-}$ と水に不溶な $PbSO_4$ を生じる。負極の e^- を含んだイオン反応式を書け。

［負極］［　　　　　　　　］ …①

正極の PbO_2 は放電により Pb^{2+} に変化後，希硫酸の $SO_4{}^{2-}$ と水に不溶な $PbSO_4$ を生じる。正極の e^- を含んだイオン反応式を書け。

［正極］［　　　　　　　　］ …②

2 **1** の負極と正極の反応式を 1 つにまとめた化学反応式を書け。

［全体］［　　　　　　　　］

3 鉛蓄電池を放電し，電子 1.0 mol が流れた。O = 16，S = 32 とし，数値は整数値で答えよ。

1 の①式や②式を見ると，2 mol の電子が流れると，負極は［Pb］が［$PbSO_4$］になるので SO_4（＝［96］）g 増加し，正極は［PbO_2］が［$PbSO_4$］になるので SO_2（＝［64］）g 増加することがわかる。よって，電子 1.0 mol では負極は［　］g 増加し，正極は［　］g 増加する。

学習日　月／日

55 燃料電池，実用電池

別冊解答 ▶ p. 51

燃料《ねんりょう》電池の負極では [　　] が [　　] と電子 e^- に分かれる。放出された電子 e^- は，導線を移動し正極に流れ込む。正極では [　　] が電子 e^- や [　　] と反応して [　　] が生成する。（→化学式）

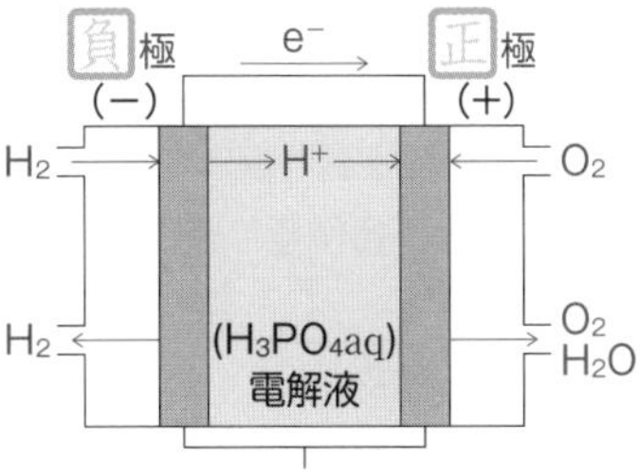

白金触媒をつけた多孔質の電極

[負極]　$H_2 \longrightarrow$ [　] H^+ ＋ [　] e^-

[正極]　O_2 ＋ [　] H^+ ＋ [　] $e^- \longrightarrow$ [　] H_2O

いずれの [　] も整数

1　燃料電池は H_2 と [　　] から [　　] を生成し，電気を外部に取り出す。（→化学式）電解液にリン酸 H_3PO_4 水溶液を使ったリン酸形燃料電池の電池式は [　　　　　　　　] となり，負極と正極の e^- を含んだイオン反応式は次のようになる。

[負極]　[　　　　　　　　]　（[　　] 反応）　…①

[正極]　[　　　　　　　　]　（[　　] 反応）　…②

（酸化 or 還元）

2　電解液に水酸化カリウム KOH 水溶液を使ったアルカリ形燃料電池の負極と正極の e^- を含んだイオン反応式は次のようになる。

$(-)H_2 \mid KOH\ aq \mid O_2(+)$

[負極]　[　　　　　　　　]　→①式の両辺に $2OH^-$ を加えて負極の反応式をつくる

[正極]　[　　　　　　　　]　→②式の両辺に $4OH^-$ を加えて正極の反応式をつくる

3　実用電池

電池の名称	電池式・分類	起電力
[　　] 乾電池	$(-)Zn \mid ZnCl_2\ aq,\ NH_4Cl\ aq \mid MnO_2(+)$　[　] 次電池	1.5 V
[　　] 乾電池	$(-)Zn \mid KOH\ aq \mid MnO_2(+)$　[　] 次電池	1.5 V
[　　] 電池	$(-)Li \mid$ Li 塩 $\mid MnO_2(+)$　[　] 次電池	3.0 V
空気(亜鉛)電池	$(-)Zn \mid KOH\ aq \mid O_2(+)$　一次電池	1.3 V
鉛蓄電池	$(-)Pb \mid H_2SO_4\ aq \mid PbO_2(+)$　[　] 次電池	2.0 V
ニッケル・カドミウム電池	$(-)Cd \mid KOH\ aq \mid NiO(OH)(+)$　[　] 次電池	1.3 V
[　　] 電池	$(-)$水素吸蔵合金 $MH \mid KOH\ aq \mid NiO(OH)(+)$　[　] 次電池	1.35 V
[　　] 電池	$(-)Li_xC_6 \mid$ Li 塩，有機溶媒 $\mid Li_{(1-x)}CoO_2(+)$　[　] 次電池	4.0 V

56 水溶液の電気分解

別冊解答 ▶p. 52

学習日 月／日

【1】電池（電源）の記号は ─┤├─ であり，長い方は □（正 or 負）極，短い方は □（正 or 負）極になる。

【2】電解質の水溶液に電極を浸し，外部の電池（電源）に接続すると，各電極で酸化還元反応を起こすことができる。これを □ という。

【3】電気分解では，
電池（電源）の正極につないだ電極を □（陽 or 陰）極，
電池（電源）の負極につないだ電極を □（陽 or 陰）極という。

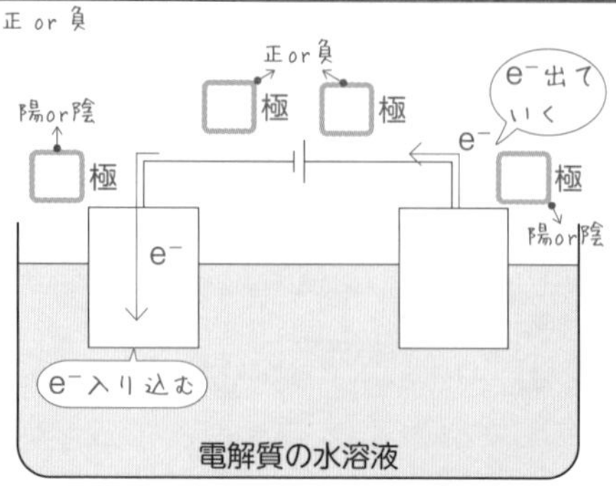

1 次の 例 のように，空欄の中に「陽や陰」，電解質の電離により生じる「陽イオンや陰イオンの化学式」，水の電離により生じる「H^+ や OH^-」を入れよ。また，「電子 e^- の流れ」も矢印とともに書き入れること。

例 $CuCl_2$ 水溶液の電気分解

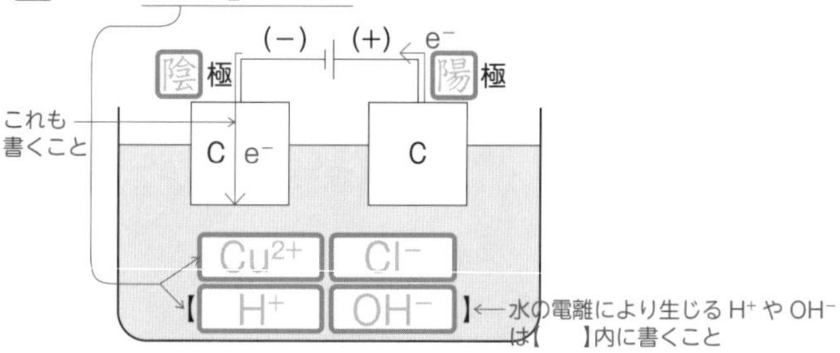

NaCl 水溶液の電気分解

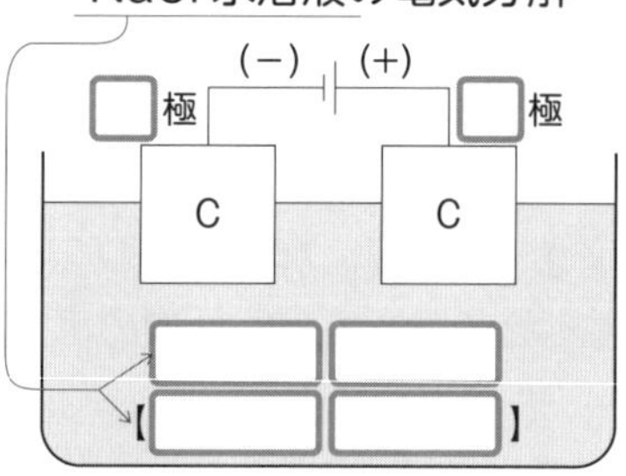

2 **1** と同じように図を完成させ，陰極の e^- を含んだイオン反応式を書け。

$CuSO_4$ 水溶液の電気分解

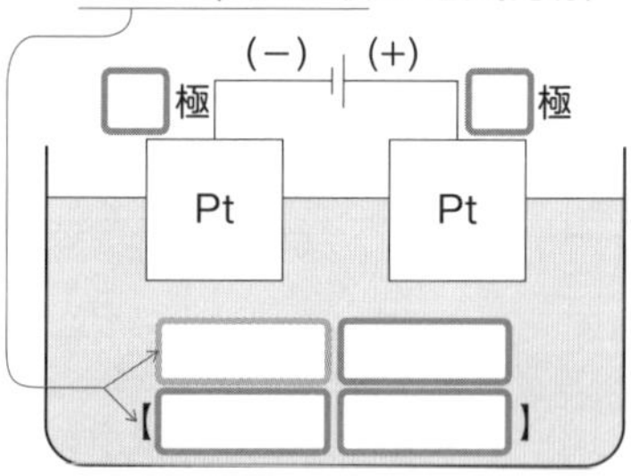

陰極の反応式を書くときは，水溶液中の陽イオン（左の図では，Cu^{2+}，H^+ になる）を探し，イオン化傾向の小さい方の陽イオンを反応させる。

イオン化傾向は H_2 □（< or >） Cu なので，□ が反応する。

［陰極］ □

3 **1** と同じように図を完成させ，陰極の e^- を含んだイオン反応式を書け。

NaCl 水溶液の電気分解

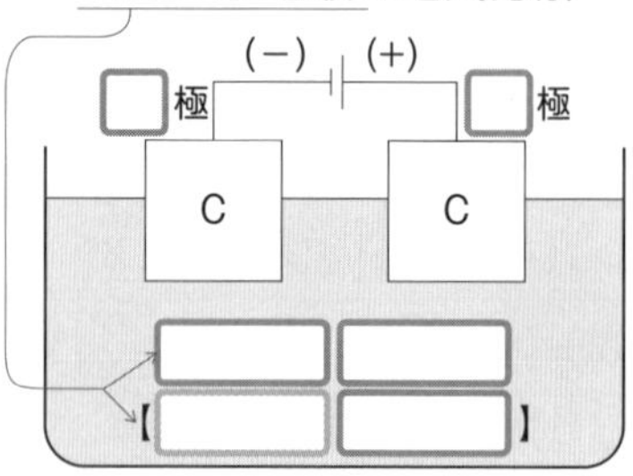

イオン化傾向は Na □（< or >） H_2 なので，□ が反応する。

$2H^+ + 2e^- \longrightarrow H_2$

↓【 】の中の H^+ や OH^- が反応しているときは H_2O に直すこと

［陰極］ □

☑ **4** **1** と同じように図を完成させ，陽極の e^- を含んだイオン反応式を書け。

$CuSO_4$ 水溶液の電気分解

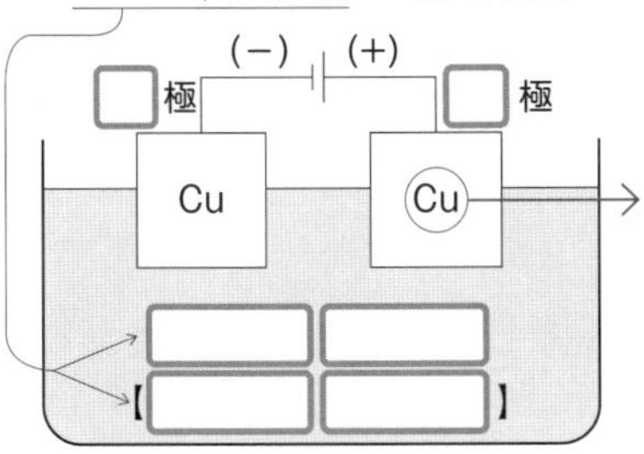

陽極板の種類をチェックする。陽極板は C，Pt，Au 以外のときは極板自身が酸化されて溶ける。

極板は，C，Pt，Au 以外とわかる。

[陽極]

☑ **5** **1** と同じように図を完成させ，陽極の e^- を含んだイオン反応式を書け。

$CuCl_2$ 水溶液の電気分解

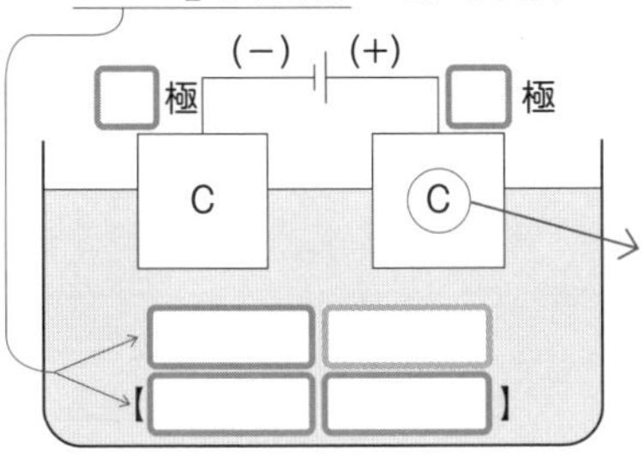

陽極板の種類をチェックする。陽極板が C，Pt，Au のいずれかのときは，水溶液中の陰イオンを探す。Cl^- があれば Cl^- が反応し，Cl^- がなければ OH^- が反応する。

極板は，C なので溶けない。Cl^- があるので，Cl^- が反応する。

[陽極]

☑ **6** **1** と同じように図を完成させ，陽極の e^- を含んだイオン反応式を書け。

$CuSO_4$ 水溶液の電気分解

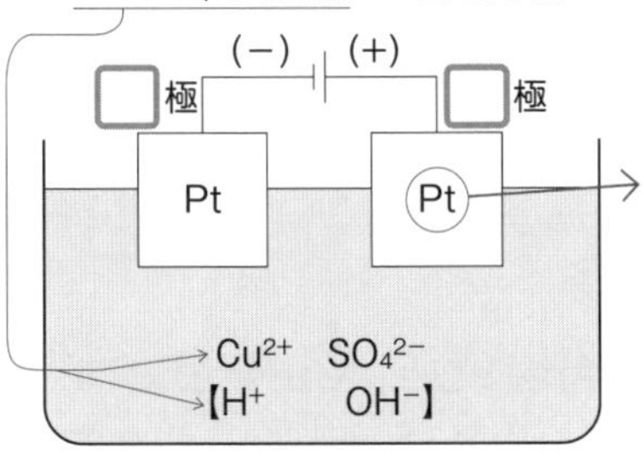

陽極板が C，Pt，Au のいずれかのときは，水溶液中の陰イオンを探す。Cl^- があれば Cl^- が反応し，Cl^- がなければ OH^- が反応する。

極板は，Pt なので溶けない。Cl^- はないので，OH^- が反応する。

[陽極] $4OH^- \longrightarrow O_2 + 2H_2O + 4e^-$

↓【　】の中の H^+ や OH^- が反応しているときは H_2O に直すこと

[陽極]

☑ **7** 次の **例** にならって，水溶液中のイオンと陰極・陽極の e^- を含んだイオン反応式を書け。

電解液	水溶液中のイオン	反応式
例 $CuCl_2$ 水溶液	Cu^{2+} Cl^- 【H^+ OH^-】	陰極（C）$Cu^{2+} + 2e^- \longrightarrow Cu$ ← イオン化傾向の小さな陽イオンが反応する 陽極（C）$2Cl^- \longrightarrow Cl_2 + 2e^-$ ← 極板が C で，Cl^- がある
NaCl 水溶液	【　】	陰極（C） 陽極（C）
$CuSO_4$ 水溶液	【　】	陰極（Cu） 陽極（Cu）
$CuSO_4$ 水溶液	【　】	陰極（Pt） 陽極（Pt）

57 ファラデー定数，電気分解の法則

別冊解答 ▶ p. 53

学習日　月／日

ファラデー定数

電子 1 mol あたりの電気量の大きさは [9.65×10^4] C/mol であり，これを [　　　　] 定数(記号 [　]) という。

電気量の単位は [クーロン] (記号 [　]) で，1 [　] は，1 A の電流が 1 秒(記号 [　]) 間に運ぶ電気量である。

i〔A〕の電流が t〔s〕流れたときの電気量 Q〔C〕は，

$$Q〔\mathrm{C}〕 = \frac{i〔\mathrm{C}〕}{1〔\mathrm{s}〕} \times t〔\mathrm{s}〕$$　(A = C/s となる)

となる。

☑ **1**　1 時間 4 分 20 秒は何 s か，整数値で答えよ。

[　　] s

☑ **2**　4.0 A の電流で 3860 秒間電気分解した。

(1) 流れた電気量は何 C か。整数値で答えよ。

[　　] C

(2) 流れた電子 e^- は何 mol か。有効数字 2 桁で答えよ。ただし，ファラデー定数を 9.65×10^4 C/mol とする。

[　　] mol

☑ **3**　$Cu^{2+} + 2e^- \longrightarrow Cu$　の反応式より，電子 [2] mol が流れると，Cu(原子量 64) が [　] mol 析出することがわかる。電子 0.050 mol が流れたときに析出する Cu は何 g か。有効数字 2 桁で答えよ。

[　　] g

☑ **4**　$2H_2O + 2e^- \longrightarrow H_2 + 2OH^-$　の反応式より，電子 [2] mol が流れると H_2 [　] mol が発生することがわかる。5.0 A の電流を 16 分 5 秒間流したとき発生する H_2 の体積は 0℃，1.013×10^5 Pa で何 L か。有効数字 2 桁で求めよ。ただし，ファラデー定数を 9.65×10^4 C/mol とする。

[　　　　] L

電気分解の法則

白金電極を用いて，硝酸銀水溶液を 2.00 A の電流で 64 分 20 秒間電気分解した。O = 16.0，Ag = 108

(1) この電気分解で流れた電子は何 mol か。有効数字 3 桁で求めよ。ただし，ファラデー定数は 9.65×10^4 C/mol とする。

mol

(2) 陰極で起こる反応式と陽極で起こる反応式をそれぞれ答えよ。

[陰極]

[陽極]

(3) 陰極で析出した銀は何 g か。有効数字 3 桁で求めよ。

g

(4) 陽極で発生した酸素の体積は 0℃，1.013×10^5 Pa で何 L か。有効数字 3 桁で求めよ。

L

☑ **5** 白金電極を用いて，希硫酸を電気分解すると，陰極で H_2 が 0℃，1.013×10^5 Pa で 4.48 L 発生した。流れた電子は何 mol か。有効数字 2 桁で答えよ。

mol

☑ **6** 白金電極を用いて，水酸化ナトリウム水溶液を 0.10 A の電流で 2 時間 40 分 50 秒間電気分解した。陽極で発生する気体は何 mol か。有効数字 2 桁で求めよ。ただし，ファラデー定数は 9.65×10^4 C/mol とする。

mol

58 化学反応の速さ

別冊解答 ▶ p. 54

学習日　月／日

【1】化学反応が起こるためには，反応する粒子が［　　］する必要がある。反応物の［濃度］が大きいと，単位時間あたりの反応する粒子どうしの［　　　］が増加するので，反応速度は［　　　］なる。

衝突 or 分離　　衝突回数 or 分離回数　　大きく or 小さく

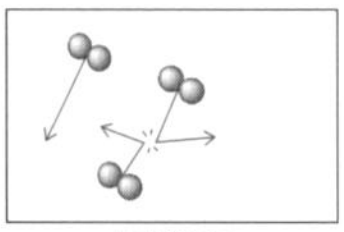

低濃度

衝突回数が［　　　］

多い or 少ない

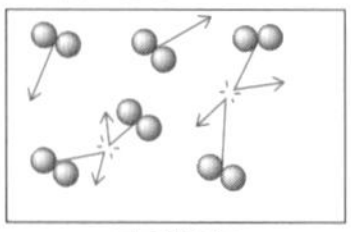

高濃度

衝突回数が［　　　］

多い or 少ない

【2】反応速度は，［　　］が高くなるほど大きくなる。

温度 or 体積

【3】化学反応は，エネルギーの高い状態を経由して進む。このエネルギーの高い状態を［遷移状態］という。［遷移状態］になるときに必要な最小のエネルギーを［　　　　　］という。

活性化状態でも OK

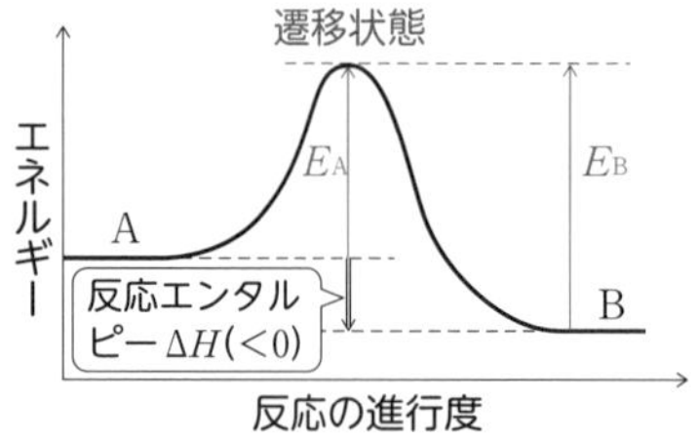

［　　　］を用いると，活性化エネルギーが小さくなる

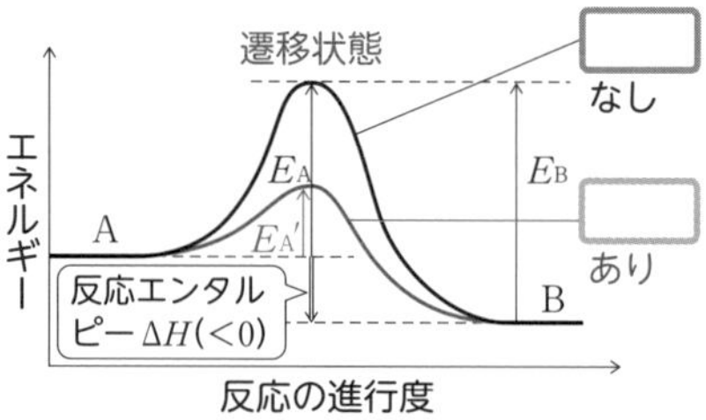

E_A は A → B の［　　エネルギー］

E_B は B → A の［　　エネルギー］

［　　　　　］の大きさは触媒のあり・なしには関係しない。

☑ **1** (1) 化学反応が起こるためには，反応する粒子の何が必要になるか。

［　　］

(2) 単位時間あたりの粒子の衝突回数が多くなると，反応速度はどうなるか。

［　　　］

(3) 衝突した反応物の粒子のすべてが反応するわけではない。反応が起こるためには，それぞれの反応に応じた一定以上のエネルギーを必要とする。このエネルギーを何というか。

［　　　　］

(4) 反応速度を大きくするためには，反応物の濃度や温度はどうすればよいか答えよ。

反応物の濃度：［　　　］　　温度：［　　　］

(5) 触媒を加えると活性化エネルギーや反応エンタルピーの値はどうなるか答えよ。

活性化エネルギー：［　　　］　　反応エンタルピー：［　　　］

(6) 活性化エネルギーの大きい反応は，速い反応・遅い反応のどちらか。

［　　］

学習日 月／日

59 反応速度の表し方

別冊解答 ▶ p. 54

【1】反応の速さは，単位時間あたりの［反応物］のモル濃度の減少量や［生成物］のモル濃度の増加量で表される。これを［反応速度］という。

【2】うすい過酸化水素 H_2O_2 水に少量の酸化マンガン(Ⅳ) MnO_2(触媒)を加えると，H_2O_2 が分解し O_2 が発生する。このときの化学反応式を書け。

［　　　　］

【3】1.00 mol/L の過酸化水素 H_2O_2 水 10 mL に少量の MnO_2 を加えた。このとき，反応開始から 120 秒後に H_2O_2 水の濃度が 0.64 mol/L に減少した。この間の H_2O_2 の平均の分解速度 $\bar{v}$〔mol/(L・s)〕を有効数字 2 桁で求めよ。

考え方 反応物である H_2O_2 は 120 秒間に，［　］−［　］=［　］mol/L　減少したことがわかる。

また，120 秒は 120 s と表すことができる。よって，H_2O_2 の平均の分解速度 $\bar{v}$ は，

$$\bar{v} = \frac{\text{反応物のモル濃度の減少量〔mol/L〕}}{\text{反応時間〔s〕}} = \frac{\square\ \text{mol/L}}{\square\ \text{s}} = \square\ \text{mol/(L・s)}$$

☑ **1** **例題** 時刻 t_1 と t_2 における A のモル濃度をそれぞれ $[A]_1$ と $[A]_2$ とし，反応物 A が生成物 B となる反応 A ⟶ B について考える。

時刻 t_1 から t_2 の間に，反応物 A のモル濃度が $[A]_1$ から $[A]_2$ に減少したときの，反応物のモル濃度の変化を表すグラフは次のようになった。

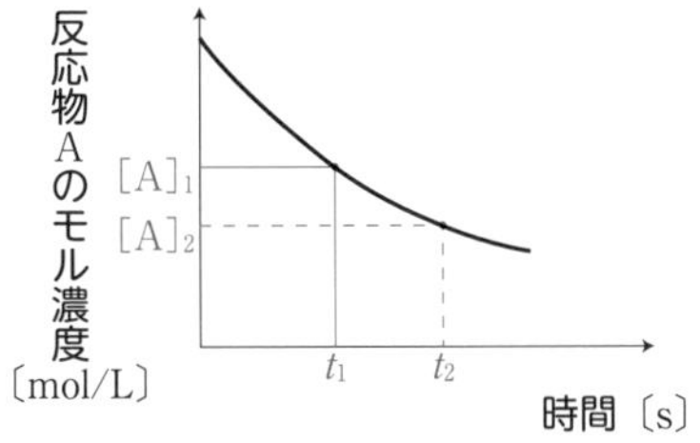

A の平均の反応速度(減少速度) $\bar{v}_A$ は，次のように表される。

$$\bar{v}_A = -\frac{[A]_2 - [A]_1}{t_2 - t_1} = -\frac{\Delta[A]}{\Delta t}$$

$\Delta[A]$ は負の値になるので，$\bar{v}_A$ を正の値にするために「マイナス」をつける

$\bar{v}_A$ の値を正の値にするために，「マイナス」をつける($[A]_2 - [A]_1$ が負の値になる)

(1) 過酸化水素の分解反応のモル濃度の変化(25℃，触媒 MnO_2)のグラフは次のようになった。反応開始後 2 分から 4 分の間の H_2O_2 の平均の分解速度は何 mol/(L・min) か。有効数字 2 桁で求めよ。

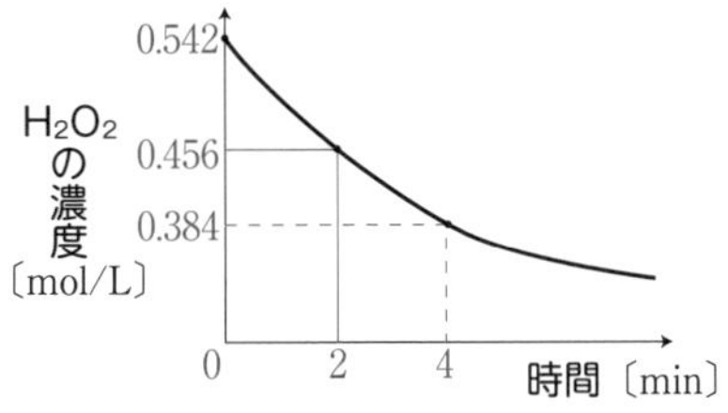

［　　　　］mol/(L・min)

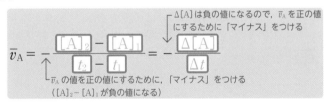

2　25℃で過酸化水素水に触媒としてMnO_2を加え，H_2O_2の分解反応をH_2O_2の減少で観察した。次の表は，各反応時間におけるH_2O_2のモル濃度の値である。

時間 t〔min〕	0	1	2	3	…
濃度$[H_2O_2]$〔mol/L〕	0.95	0.75	0.59	0.47	…

(1) 表の結果を使い，次のグラフを完成させ，このとき起こる反応を化学反応式で示せ。

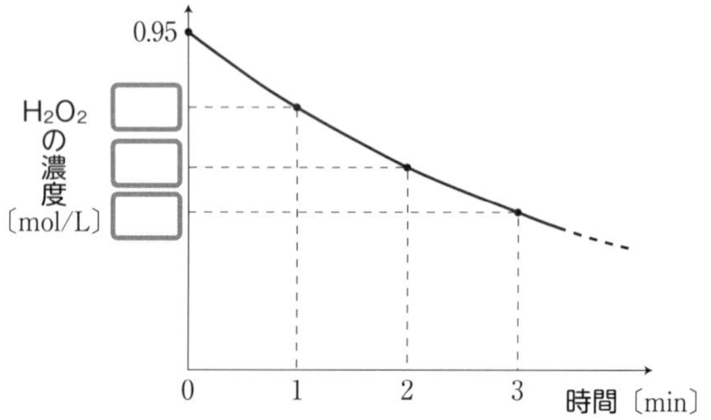

反応式

(2) ①～③のH_2O_2の平均の分解速度$\bar{v}$〔mol/(L・min)〕を有効数字2桁で求めよ。

① 反応開始後0～1分の間の平均の分解速度〔mol/(L・min)〕

mol/(L・min)

② 反応開始後1～2分の間の平均の分解速度〔mol/(L・min)〕

mol/(L・min)

③ 反応開始後2～3分の間の平均の分解速度〔mol/(L・min)〕

mol/(L・min)

(3) ①，②のH_2O_2の平均の濃度$[\overline{H_2O_2}]$〔mol/L〕を有効数字2桁で求めよ。

例題　反応開始後0～1分の間の平均の濃度$[\overline{H_2O_2}]$

0分のモル濃度〔mol/L〕　1分のモル濃度〔mol/L〕

$$[\overline{H_2O_2}] = \frac{0.95 + 0.75\,\text{〔mol/L〕}}{2} = 0.85\ \text{mol/L}$$

平均点を求めるのと考え方は同じ。50点の人と60点の人がいたら平均点は，

$\frac{50+60点}{2人}$

で求める。

① 反応開始後1～2分の間の平均の濃度$[\overline{H_2O_2}]$

mol/L

② 反応開始後2～3分の間の平均の濃度$[\overline{H_2O_2}]$

mol/L

☑ **3**　**2** の(2)，(3)の結果を以下の表にまとめよ。

時間 t〔min〕	0		1		2		3	…
濃度 $[H_2O_2]$〔mol/L〕	0.95		0.75		0.59		0.47	…
(2) の結果を記入せよ 平均の分解速度 $\bar{v}$〔mol/(L・min)〕		(2)①より (ア) □		(2)②より (イ) □		(2)③より (ウ) □		
(3) の結果を記入せよ 平均の濃度 $[\overline{H_2O_2}]$〔mol/L〕		(3) 例題 より (エ) 0.85		(3)①より (オ) □		(3)②より (カ) □		

(1) つくった表のデータを読みとり，平均の濃度 $[\overline{H_2O_2}]$ を横軸，平均の分解速度 $\bar{v}$ をたて軸としたグラフを完成させよ。

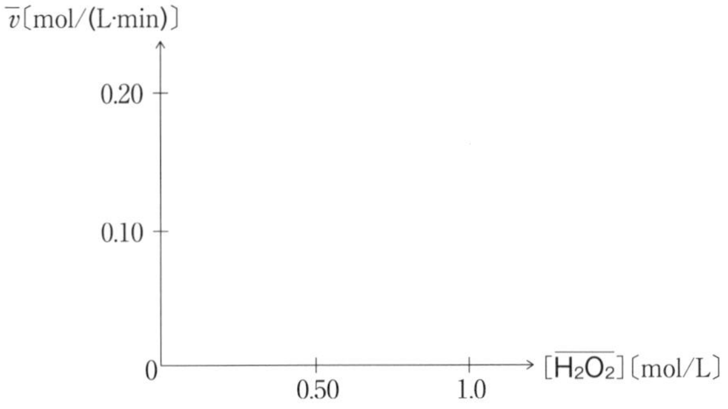

グラフを見ると，$\bar{v}$ は $[\overline{H_2O_2}]$ に □ することがわかる。
比例定数を k とおき，$\bar{v}$ を k と $[\overline{H_2O_2}]$ を用いて表すと，

□ となる。

これを反応速度式または速度式という。また，k を反応速度定数または速度定数という。

(2) 上の表のデータから，$\bar{v} \div [\overline{H_2O_2}]$　の値（k_1，k_2，k_3，$\bar{k}$）を有効数字 2 桁で求めよ。

① (ア)÷(エ)

$$k_1 = \bar{v} \div [\overline{H_2O_2}] = \frac{\bar{v}}{[\overline{H_2O_2}]} = \frac{(ア)}{(エ)} = \frac{\square}{0.85} \fallingdotseq \square$$

② (イ)÷(オ)

$$k_2 = \bar{v} \div [\overline{H_2O_2}] = \frac{\bar{v}}{[\overline{H_2O_2}]} = \frac{(イ)}{(オ)} = \frac{\square}{\square} \fallingdotseq \square$$

③ (ウ)÷(カ)

$$k_3 = \bar{v} \div [\overline{H_2O_2}] = \frac{\bar{v}}{[\overline{H_2O_2}]} = \frac{(ウ)}{(カ)} = \frac{\square}{\square} \fallingdotseq \square$$

④ k_1，k_2，k_3 の平均を $\bar{k}$ として，$\bar{k}$ の値を有効数字 2 桁で求めよ。
（反応）速度定数

①より　②より　③より

$$\bar{k} = \frac{k_1 + k_2 + k_3}{3} = \frac{\square + \square + \square}{3} \fallingdotseq \square$$

3 の(1)，(2)の結果から，この反応の反応速度式は，$v = k[H_2O_2]$ となり，k の値は 0.24 とわかる。

60 反応速度式

別冊解答 ▶ p. 56

学習日　月／日

【1】過酸化水素水に少量の酸化マンガン(Ⅳ) MnO_2 や塩化鉄(Ⅲ) $FeCl_3$ を加え，25℃に保つと酸素が発生した。この反応は，次の化学反応式で表される。

［　　　　　　　　　　］

【2】加えた MnO_2 や $FeCl_3$(Fe^{3+}) は，反応の前後で変化せず，反応速度を［　　　］(→ 大きく or 小さく) する物質で［　　］という。

MnO_2 のように過酸化水素水(反応物)と均一に混じり合わずにはたらく触媒を［　　　触媒］といい，$FeCl_3$ のように反応物と均一に混じり合ってはたらく触媒を［　　　触媒］という。

【3】H_2O_2 の分解速度を v とおくと，v は実験結果から次式で表すことができる。

$v = k[H_2O_2]$

反応速度を反応物の濃度を用いて表した式を［　　　　］，比例定数 k を［　　　　　］という。

1 さまざまな反応について，実験の結果から反応速度式を求めると，次のような結果になった。

① 五酸化二窒素の分解反応

$$2N_2O_5 \longrightarrow 4NO_2 + O_2$$

において，N_2O_5 の分解速度 v は $v = k[N_2O_5]$　となった。

② ヨウ化水素の分解反応

$$2HI \longrightarrow H_2 + I_2$$

において，HI の分解速度 v は $v = k[HI]^2$　となった。

このように，反応速度式は化学反応式の係数からは単純に決めることができず，［実験］によって決める。k は［　　　　　］とよばれ，反応の種類が同じで温度が一定ならば［　　］(→ 一定 or 可変) の値となる。k の値は，［　　］(→ 体積 or 温度) を変えたり，［　　］(→ 圧力 or 触媒) を加えたりすると変化する。

2 触媒が作用することで反応速度は［　　］(→ 大きく or 小さく) なる。これは，触媒によって［　　　　　　］のより小さい経路で反応が進むためである。ただし，触媒を用いても反応エンタルピーは［　　］(→ 一定 or 変化) しない。

また，反応物と均一に混じり合ってはたらく触媒を［　　　　］，反応物とは均一に混じり合わずにはたらく触媒を［　　　　］という。

学習日 月 / 日

61 反応速度と温度

別冊解答 ▶ p. 56

反応速度は，温度が高くなると急激に［　　　］（大きく or 小さく）なる。一般に，温度が 10 K 上がるごとに反応速度はおおよそ［2〜4］倍になることが多い。

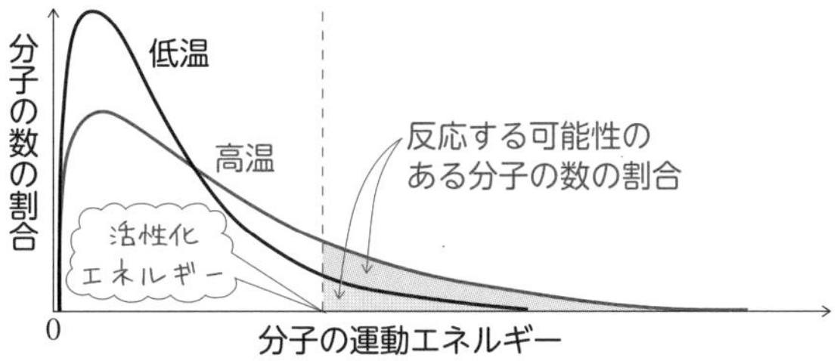

温度が高くなると反応速度が急激に［　　　］（大きく or 小さく）なるが，これは分子の衝突回数が［増加］することだけでは説明できないほどである。これは，温度が高くなると，［　　　］エネルギー以上の大きな運動エネルギーをもった分子の数の割合が急激に増えるためである。

1 次の表を完成させよ。

条件と反応速度のようす	理由
反応物の濃度が［　　　］（大きい or 小さい）ほど，反応速度は大きくなる。 （気体どうしの反応では，分圧と濃度が［　　　］（比例 or 反比例）するので，分圧が［　　　］（大きい or 小さい）ほど反応速度は大きくなる。）	反応する分子どうしの［　　　］が増加するため。
反応温度が［　］いほど，反応速度は大きくなる。	［　　　］エネルギー以上の大きな運動エネルギーをもつ分子の数の割合が［　　　］するため。
［　　　］を用いると反応速度は大きくなる。	触媒によって［　　　］エネルギーのより小さい反応経路で反応が進むため。

2 次の図を完成させよ。

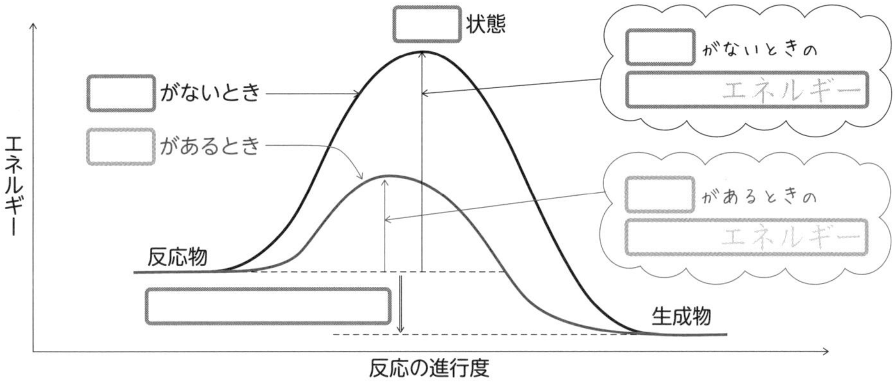

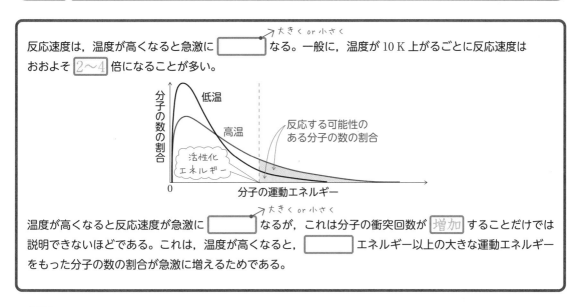

62 可逆反応，化学平衡，平衡定数と化学平衡の法則

別冊解答 ▶ p. 57

学習日　月／日

可逆反応

過酸化水素水に酸化マンガン(Ⅳ)MnO_2 や塩化鉄(Ⅲ)$FeCl_3$ を加えると酸素が発生する。このときの化学反応式を書くと次のようになる。

［　　　　　　　　］（MnO_2 や $FeCl_3$ は［　　］）

この反応のように一方向だけにしか進まない反応を［　　］反応という。

これに対し，密閉容器に水素 H_2 とヨウ素 I_2 を入れて加熱し，高温に保つとヨウ化水素 HI が生成する。この反応は，逆向きにも起こる。このように，どちらの方向にも進む反応を［　　］反応という。このときの反応を $\rightleftarrows$ を用いて表すと次のようになる。

［　　　　　　　　］

［可逆］反応において，左辺から右辺への反応(⟶)を［　　］，右辺から左辺への反応(⟵)を［　　］という。

☑ **1**　1 L の密閉容器の中に H_2 0.50 mol と I_2 0.50 mol を入れて 700 K に保った。そのときの反応時間と H_2，I_2，HI のモル濃度〔mol/L〕は次のようになった。

→ 反応時間 60 分以降は H_2, I_2, HI のモル濃度〔mol/L〕が見かけ上変化しなくなっている

反応時間〔分〕	0	3	7	15	20	30	40	60	80	100
H_2〔mol/L〕	0.50	0.40	0.30	0.20	0.18	0.17	0.16	0.14	0.14	0.14
I_2〔mol/L〕	0.50	0.40	0.30	0.20	0.18	0.17	0.16	0.14	0.14	0.14
HI〔mol/L〕	0	0.20	0.40	0.60	0.64	0.66	0.68	0.72	0.72	0.72

反応時間〔分〕を横軸，モル濃度〔mol/L〕をたて軸としたグラフを完成させよ。

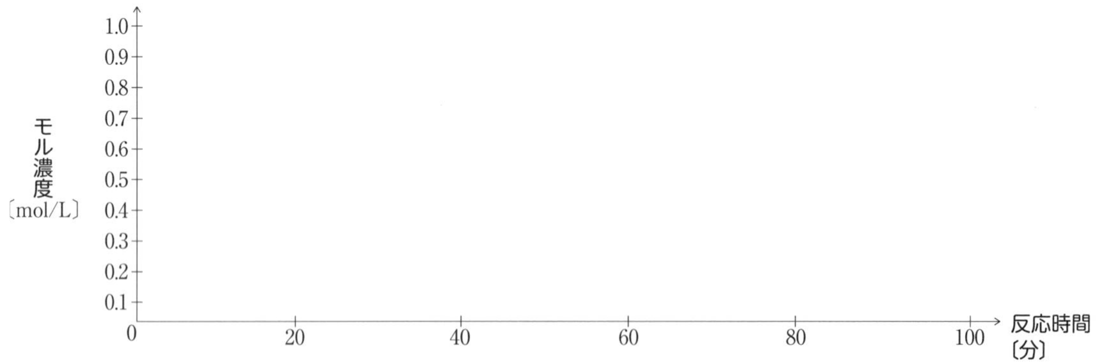

化学平衡

1 で完成させたグラフを見ると，60 分以降では H_2，I_2，HI の濃度が変化せず，反応が止まったように見える状態になる。このような状態を［　　］の状態，または単に［　　］という。

☑ **2** $H_2 + I_2 \rightleftarrows 2HI$

上の可逆反応で，正反応の反応速度を v_1，逆反応の反応速度を v_2 とする。ある時間が経過すると，[$v_1 = v_2$] となり，反応が [止まった] ように見える状態になる。このような状態を [　　　　] の状態という。

平衡定数と化学平衡の法則

H_2 と I_2 を密閉容器に入れて加熱し，高温に保つと，H_2 と I_2 の濃度は減少し，代わりに HI の濃度が増加する。この可逆反応を $\rightleftarrows$ を用いて書け。

[　　　　　　　　] …①

各成分のモル濃度を $[H_2]$，$[I_2]$，$[HI]$ とすると，①式の正反応の反応速度 v_1，および逆反応の反応速度 v_2 は次のように表せる。

$v_1 = k_1[H_2][I_2]$ …②
$v_2 = k_2[HI]^2$ …③
（②③：反応速度式）

（k_1 と k_2 はそれぞれの反応の [　　　　]）

反応のはじめは $[H_2]$，$[I_2]$ が大きく，v_1 は [　　　]。（大きい or 小さい）
反応が進むと $[H_2]$，$[I_2]$ が小さくなり，v_1 は [　　　]（大きく or 小さく）なっていく。
一方，$[HI]$ は大きくなるので v_2 は [　　　]（大きく or 小さく）なっていく。

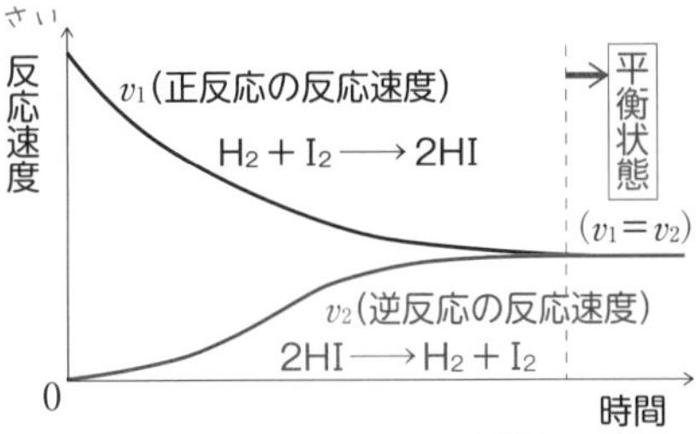

ある時間が経過すると，正反応と逆反応の反応速度が等しくなり，見かけ上，反応が [　　　]（活発化 or 停止）した状態になる。
このような状態を [　　　　] の状態，または単に [　　　　] という。[　　　　] の状態では [$v_1 = v_2$] となるので，②式と③式を [$v_1 = v_2$] に代入すると，次の式が成り立つ。

[$k_1[H_2][I_2]$] = [　　　　]
（②式より）（③式より）

ここで，$\dfrac{[HI]^2}{[H_2][I_2]}$ の形をつくると，$\dfrac{[HI]^2}{[H_2][I_2]} =$ [　　]（k_1 と k_2 を使って表す）となる。この [　　] は定数なので，これを K とおくと，次の式が得られる。

$$K = \frac{[HI]^2}{[H_2][I_2]} = [\quad]$$

K はいつも $\dfrac{右辺}{左辺}$ で書く。

K をこの化学平衡の [　　　　] または [濃度平衡定数] という。
K は温度が変わらなければ，常に [　　]（一定 or 可変）の値になる。これを，[　　　　] の法則または [質量作用] の法則という。

☑ **3** $N_2 + 3H_2 \rightleftarrows 2NH_3$ について，平衡定数 K を表す式を書け。

63 (濃度)平衡定数とその計算

別冊解答 ▶ p. 58

学習日　月／日

(濃度)平衡定数

例題 次の反応が平衡状態にあるとき，平衡定数 K を表す式を書き，単位も記せ。

(1) H_2(気) ＋ I_2(気) $\rightleftarrows$ 2HI(気)

$K=$ 　　　　単位

(2) N_2(気) ＋ $3H_2$(気) $\rightleftarrows$ $2NH_3$(気)

$K=$ 　　　　単位

☑ **1** N_2O_4(気) $\rightleftarrows$ $2NO_2$(気)　の平衡定数 K を表す式とその単位を答えよ。

$K=$ 　　　　単位

(濃度)平衡定数の計算

例題 H_2 ＋ I_2 $\rightleftarrows$ 2HI　の反応について，体積 2.0 L の容器内で，温度を一定に保ってしばらく置くと，平衡状態に達した。このとき，H_2 は 1.0 mol，I_2 は 1.0 mol，HI は 8.0 mol となった。この条件での平衡定数 K の値を有効数字 2 桁で求めよ。また，単位を記せ。

$K=$ 　　　　単位

☑ **2** H_2 ＋ I_2 $\rightleftarrows$ 2HI　の反応について，3.0 L の密閉容器に H_2 1.0 mol と I_2 1.0 mol を入れて加熱し，一定温度に保ったところ，HI が 1.6 mol 生じ平衡状態になった。この条件での平衡定数 K の値を有効数字 2 桁で求めよ。また，単位を記せ。

$K=$ 　　　　単位

化学平衡の計算

例題 $H_2 + I_2 \rightleftarrows 2HI$ の反応について，体積 V〔L〕の容器に H_2 5.0 mol，I_2 5.0 mol を入れ，温度を一定に保ってしばらく置くと，平衡状態に達した。この条件での平衡定数 K の値が 64 とすると，平衡状態における H_2，I_2，HI の物質量〔mol〕を有効数字 2 桁で答えよ。

考え方 平衡状態で生じた HI を $2x$〔mol〕とおくと，反応した H_2 や I_2 は □ mol ずつとなる。よって，その量的関係は次のようになる。

	H_2	+	I_2	$\rightleftarrows$	2HI	
反応前	□ mol		□ mol		□ mol	
変化量	−□ mol		−□ mol		+$2x$ mol	
平衡時	□ mol		□ mol		□ mol	容器 V〔L〕

平衡定数 K の値が 64 なので，

$$K = \frac{[HI]^2}{[H_2][I_2]} = \boxed{\frac{\qquad}{\qquad}} = 64$$ と表せる。

H_2 □ mol　I_2 □ mol　HI □ mol 答

☑ **3** 上の反応で，5.0 L の容器に H_2 1.0 mol，I_2 1.0 mol を入れたら平衡状態に達した。この条件での平衡定数 K の値が 64 とすると，平衡状態における H_2，I_2，HI の物質量〔mol〕を有効数字 2 桁で答えよ。

H_2 □ mol　I_2 □ mol　HI □ mol

64 ルシャトリエの原理

別冊解答 ▶ p. 59

学習日　月／日

ルシャトリエの原理

可逆反応が平衡状態にあるとき，条件（濃度，圧力，温度 など）を変化させると，一時的に平衡状態がくずれるが，すぐに正反応や逆反応が進み（□ が移動し），新しい平衡状態となる。

平衡は □，□，□ などの変化による影響を打ち消す向き（やわらげる向き）に移動する。
これを □ の原理（平衡移動の原理）という。

☑ **1**　化学反応が平衡状態にあるとき，

反応に関係する物質の濃度を増加させると，その物質の濃度が □ する向きに平衡の移動が起こる。（増加 or 減少）

H_2(気) ＋ I_2(気) $\rightleftarrows$ $2HI$(気)

H_2 を加えると，H_2 の濃度を □ させる向き，つまり，「平衡が □（⟶）に移動」し，新しい平衡状態になる。（右 or 左）

(1) N_2(気) ＋ $3H_2$(気) $\rightleftarrows$ $2NH_3$(気)　では，N_2 を加えると，平衡は左右どちら向きに移動するか。

□

(2) H_2(気) ＋ I_2(気) $\rightleftarrows$ $2HI$(気)　では，HI を除くと，平衡は左右どちら向きに移動するか。

□

温度変化と平衡の移動

化学反応が平衡状態にあるとき，

「温度を上げる」と「ΔH □ 0 の □ 反応の向き」（< or >）（発熱 or 吸熱）

「温度を下げる」と「ΔH □ 0 の □ 反応の向き」（< or >）（発熱 or 吸熱）

に平衡が移動する。

例題 N_2O_4(気) $\rightleftarrows$ $2NO_2$(気)　$\Delta H = 57\ \mathrm{kJ}$　で，温度を上げると，平衡は左右どちら向きに移動するか。

□

☑ **2**　N_2(気) ＋ $3H_2$(気) $\rightleftarrows$ $2NH_3$(気)　$\Delta H = -92\ \mathrm{kJ}$　では，温度を下げると，平衡は左右どちら向きに移動するか。

□

圧力変化と平衡の移動

気体反応が平衡状態にあるとき，

反応に関係する混合気体の圧力を増加させると，気体の粒子数を［　　］させる向きに平衡の移動が起こる。
（→ 増加 or 減少）

例題 $2NO_2$(気) ⇄ N_2O_4(気)　で，圧力を高くすると，気体の粒子数を［　　］させる向き（2 → 1），つまり，平衡は［　］に移動する。

（左辺）（右辺）
可逆反応の反応式の係数を読みとる

☑ **3**　N_2(気) ＋ $3H_2$(気) ⇄ $2NH_3$(気)　では，圧力を高くすると，平衡は左右どちら向きに移動するか。

［　］

☑ **4**　気体反応が平衡状態にあるとき，反応に関係する混合気体の圧力を減少させると，気体の粒子数を［　　］させる向きに平衡の移動が起こる。

$2NO_2$(気) ⇄ N_2O_4(気)　では，圧力を低くすると，気体の粒子数を［　　］させる向き（2［　］1），つまり，平衡は［　］に移動する。
（→ ⟶ or ⟵）

☑ **5**　H_2(気) ＋ I_2(気) ⇄ $2HI$(気)　のような，反応前後で気体の粒子数が変化［しない］（左辺：1＋1，右辺：2）反応では，圧力を変化させても平衡は移動［　　］。
（→ する or しない）

触媒と化学平衡

化学反応が平衡状態にあるとき，触媒を加えると，正反応の［　　　　］を小さくし，逆反応の［　　　　］も小さくする。そのため，正反応，逆反応のどちらの反応速度も［　　］なる。したがって，触媒を加えても平衡は移動［　　］。ただし，触媒を加えると，平衡に達するまでの時間は［　　］なる。
（→ 大きく or 小さく）（→ する or しない）（→ 長く or 短く）

☑ **6**　N_2(気) ＋ $3H_2$(気) ⇄ $2NH_3$(気)　では，触媒を加えると，平衡はどちら向きに移動するか。右，左，移動しない　のいずれかで答えよ。

［　　　　］

65 電離平衡と電離定数

別冊解答 ▶ p. 60

学習日　月／日

水溶液の化学平衡

電離によって生じる平衡を □ といい，□ の法則（質量作用 の法則）が成り立つ。このときの平衡定数を □ という。

例題 次の電離平衡について，それぞれの電離定数 K_a，K_b を書け。

酸（acid）の a　塩基（base）の b

(1) $CH_3COOH \rightleftarrows CH_3COO^- + H^+$　　$K_a =$ □

(2) $NH_3 + H_2O \rightleftarrows NH_4^+ + OH^-$　　$K_b =$ □

☑ **1** 酢酸の電離平衡について，酢酸の初濃度を c〔mol/L〕，その電離度を α とし，変化量や平衡時のモル濃度の関係を c と α を用いて表せ。ただし，変化量には＋や－もつけよ。

	CH_3COOH	$\rightleftarrows$	CH_3COO^-	＋	H^+	
電離前	c		0		0	〔mol/L〕
変化量	□		□		$+c\alpha$	〔mol/L〕
平衡時	□		□		□	〔mol/L〕

☑ **2** c〔mol/L〕の弱酸 HA の水溶液について，電離度を α とすると，変化量（＋や－もつけること），平衡時のモル濃度の関係を c と α を用いて表せ。

	HA	$\rightleftarrows$	H^+	＋	A^-	
電離前	c		0		0	〔mol/L〕
変化量	□		□		□	〔mol/L〕
平衡時	□		□		□	〔mol/L〕

弱酸の電離

例題 c〔mol/L〕の酢酸水溶液について，電離度を α とし，電離定数 K_a を α を用いて表せ。

	CH_3COOH	$\rightleftarrows$	CH_3COO^-	＋	H^+	
電離前	c		0		0	〔mol/L〕
平衡時	□		□		□	〔mol/L〕

それぞれのモル濃度は，

$[CH_3COOH] =$ □〔mol/L〕，$[CH_3COO^-] =$ □〔mol/L〕，$[H^+] =$ □〔mol/L〕

となる。これを K_a に代入し，K_a を α を用いて表す。

$K_a =$ □

電離度と電離定数

1 に対して α がきわめて小さいときは，$1-\alpha \fallingdotseq \square$ とみなすことができる。このことを利用すると，

$$K_a = \frac{c\alpha^2}{1-\alpha} \fallingdotseq \frac{c\alpha^2}{\square} = c\alpha^2$$ とすることができる。

電離度 α は，$0<\alpha\leqq 1$ なので，$K_a = c\alpha^2$ を α について解くと，

$$\alpha^2 = \frac{\square}{\square}$$ より，$$\alpha = \sqrt{\frac{\square}{\square}}$$

となる。

☑ **3** 酢酸の初濃度を c〔mol/L〕，電離定数を K_a とする。電離度 α を，c と K_a を使って表せ。ただし，α は 1 に比べてきわめて小さいものとする。

$\alpha = \square$

弱酸の水素イオン濃度

酢酸の初濃度を c〔mol/L〕，電離定数を K_a とする。酢酸の$[H^+]$を，c と K_a を用いて表せ。ただし，α は 1 に比べてきわめて小さいものとする。

	CH_3COOH	$\rightleftarrows$	CH_3COO^-	+	H^+	
電離前	c		0		0	〔mol/L〕
平衡時	□		□		□	〔mol/L〕

$\alpha = \sqrt{\frac{\square}{\square}}$ より，酢酸の水素イオン濃度$[H^+]$は，

$$[H^+] = c\alpha = c\cdot\sqrt{\frac{\square}{\square}} = \square$$ となる。

☑ **4** 0.10 mol/L の酢酸水溶液の電離度 α と$[H^+]$を有効数字 2 桁で求めよ。ただし，酢酸の電離定数 K_a は 2.8×10^{-5} mol/L，$\sqrt{2.8}=1.7$，電離度 α は 1 に比べてきわめて小さいものとする。

$\alpha = \square$

$[H^+] = \square$ mol/L

66 緩衝液

別冊解答 ▶ p. 61

学習日　月 ／ 日

緩衝液

酸や塩基がわずかに加えられても pH の値をほぼ一定に保つはたらきを［　　］作用という。
［　　］作用のある溶液を［　　］といい，［弱酸とその塩］や［弱塩基とその塩］の混合水溶液は［　　］になる。

〈［　　］の例〉

- CH_3COOH と CH_3COONa の混合水溶液
  弱酸　　　弱酸の塩
- NH_3 と NH_4Cl の混合水溶液
  弱塩基　　弱塩基の塩

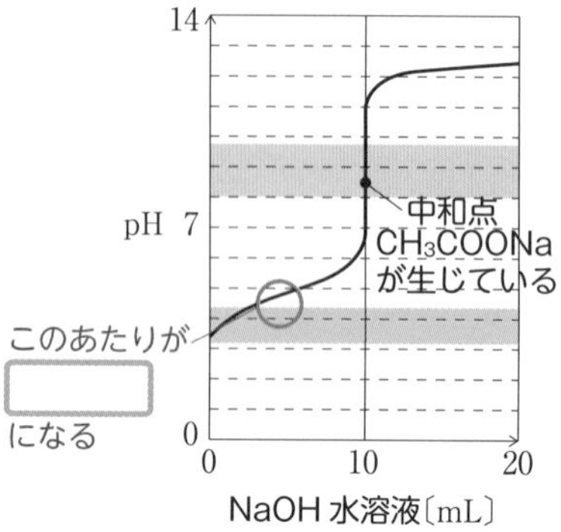

〈0.10mol/L CH_3COOH 水溶液 10mL に 0.10mol/L NaOH 水溶液を滴下したときの滴定曲線〉

☑ **1**　0.10 mol の CH_3COOH と 0.10 mol の CH_3COONa を水に溶かし，1.0 L の混合水溶液を作った。

(1) この混合水溶液に少量の酸や塩基を加えても，溶液の pH の値はほとんど変化しない。このような性質を何というか。また，このような水溶液は何とよばれるか。

性質［　　］　水溶液［　　］

(2) この混合水溶液に少量の酸(H^+ とせよ)や，少量の塩基(OH^- とせよ)を加えたときに起こる反応をイオン反応式で表せ。

少量の酸を加えたとき［　　］

少量の塩基を加えたとき［　　］

緩衝液の $[H^+]$

0.10 mol の CH_3COOH と 0.10 mol の CH_3COONa を水に溶かし，0.50 L の混合水溶液を作った。この混合水溶液を［　　］といい，$[H^+]$ は次のように求める。

手順 1　緩衝液中の CH_3COOH と CH_3COONa（CH_3COOH と CH_3COO^-）の物質量〔mol〕比を求める。

$CH_3COOH : CH_3COONa$ ＝ $CH_3COOH : CH_3COO^-$ ＝ ［0.10］：［　　］＝［1］：［　　］
（物質量〔mol〕比）

↓

手順 2　手順 1 で求めた比を K_a に代入する。

$$K_a = \frac{[CH_3COO^-][H^+]}{[CH_3COOH]} = \frac{1[H^+]}{1} = [H^+]$$　よって，$[H^+]$ ＝［　　］

［　］は mol/L だが，混合水溶液の体積は同じ 0.50 L なので，mol の比＝mol/L の比　となる

☑ **2**　0.10 mol の CH_3COOH と 0.20 mol の CH_3COONa を水に溶かして，0.80 L の混合水溶液を作った。この混合水溶液の $[H^+]$ を有効数字 2 桁で求めよ。ただし，酢酸の電離定数は $K_a = 2.8 \times 10^{-5}$ mol/L とする。

□ mol/L

☑ **3**　0.20 mol/L 酢酸水溶液の電離度 α を有効数字 2 桁で，pH を小数第 1 位まで求めよ。ただし，酢酸の電離定数は $K_a = 2.0 \times 10^{-5}$ mol/L，$\log_{10} 2 = 0.30$ とし，電離度 α は 1 に比べてきわめて小さいものとする。

$\alpha =$ □　　pH = □

☑ **4**　酢酸水溶液 5.0×10^{-2} mol/L と酢酸ナトリウム水溶液 4.0×10^{-2} mol/L をそれぞれ 300 mL ずつ混合して 600 mL の混合水溶液をつくった。この混合水溶液の pH を小数第 1 位まで求めよ。ただし，酢酸の電離定数は $K_a = 2.0 \times 10^{-5}$ mol/L，$\log_{10} 2 = 0.30$ とする。

pH = □

67 溶解平衡

学習日　月／日

別冊解答 ▶ p. 62

溶解平衡

塩化銀 AgCl や硫酸バリウム $BaSO_4$ は，水に溶けにくい塩(［　　　］塩)だが，これらの塩もわずかには水に溶ける。

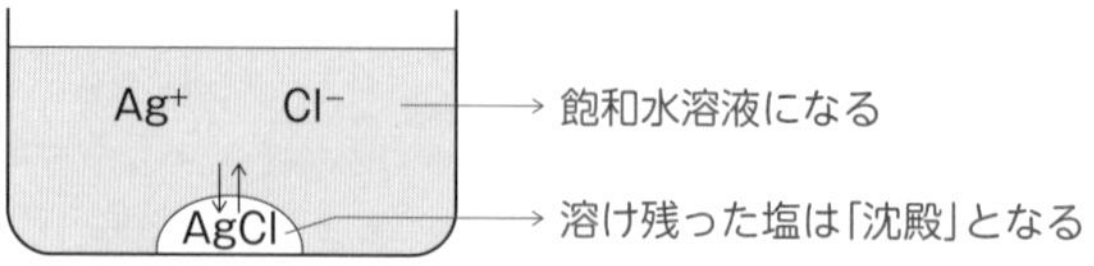

このとき，沈殿と水溶液中のイオンとの間には，次の平衡が成り立つ。

$AgCl(固) \rightleftarrows Ag^+ + Cl^-$　…①

①式に［　　　］の法則(［質量作用］の法則)を適用すると，平衡定数は次の式のように表される。

$K =$ ［　　　］

ここで，[AgCl(固)]は［一定］とみなすことができ，K[AgCl(固)] = K_{sp} とすると，次のようになる。

（K_{sp}：溶解度積(solubility product)を表す）

$K_{sp} = K$[AgCl(固)] = ［　　　］

K_{sp} を［　　　］といい，温度が一定であれば常に［　　　］の値になる。（一定 or 可変）

☑ **1**　次の溶解平衡から溶解度積 K_{sp} を表す式を書け。

(1) $BaSO_4(固) \rightleftarrows Ba^{2+} + SO_4{}^{2-}$　　$K_{sp} =$ ［　　　］

(2) $Ag_2CrO_4(固) \rightleftarrows 2Ag^+ + CrO_4{}^{2-}$　　$K_{sp} =$ ［　　　］

☑ **2**　AgCl の沈殿を含む飽和溶液に NaCl を加えると，飽和溶液中の$[Cl^-]$が［　　　］なり，（大きく or 小さく）［　　　］の原理から$[Cl^-]$の［　　　］（増加 or 減少）する向きに平衡が移動する。この結果，AgCl の溶解度が［　　　］（大きく or 小さく）なり，AgCl(固)の量が［　　　］（増加 or 減少）する。この現象を［　　　］効果という。

沈殿生成の有無の判定

K_{sp} を使うことで，沈殿が生じるか生じないかを判定できる。

〈判定のしかた〉

すべてイオンとして存在している(沈殿を生じていない)と考えたときのモル濃度の積を計算し，K_{sp} と比べて，沈殿が「生じる」か「生じない」かを判定する。

❶ (計算値) > K_{sp}　のとき

沈殿が生じ［　］。（る or ない）水溶液中では K_{sp} が成立している。

❷ (計算値) ≦ K_{sp}　のとき

沈殿は生じ［　　］。（る or ない）

☑ **3**　2.0×10^{-5} mol/L の $AgNO_3$ 水溶液 100 mL に 2.0×10^{-5} mol/L の NaCl 水溶液 100 mL を加えたとき，AgCl の沈殿は生じるか，生じないか。ただし，AgCl の溶解度積は 1.8×10^{-10} $(\mathrm{mol/L})^2$ とする。

AgCl の沈殿は生じ □ 。

☑ **4**　0.10 mol/L の Cu^{2+} と 0.10 mol/L の Zn^{2+} を含む水溶液に H_2S を通じて，水溶液中の S^{2-} のモル濃度を 1.0×10^{-22} mol/L にした。

(1) CuS の溶解度積は $K_{sp(CuS)}=6.5\times10^{-30}(\mathrm{mol/L})^2$

ZnS の溶解度積は $K_{sp(ZnS)}=2.2\times10^{-18}(\mathrm{mol/L})^2$　である。

次の **例題** にならって，ZnS の溶解平衡を表すイオン反応式と溶解度積 K_{sp} を表す式を数値とともに書け。

例題 $CuS \rightleftarrows Cu^{2+} + S^{2-}$　　$K_{sp(CuS)}=[Cu^{2+}][S^{2-}]=6.5\times10^{-30}(\mathrm{mol/L})^2$

□　　$K_{sp(ZnS)}=$ □

(2) CuS や ZnS の沈殿は生じるか，生じないか。

CuS の沈殿は生じ □ 。　ZnS の沈殿は生じ □ 。

基礎からの
ジャンプアップノート

理論化学

計算＆暗記ドリル

改訂版

別冊解答

旺文社

もくじ

1 単体と化合物，純物質と混合物

学習日 月 日

【1】空欄に単体《たんたい》，化合物《かごうぶつ》のどちらかを入れよ。

空気 → 混合物

いずれも「純物質」とよぶ

- 窒素 N_2 → 単体
- 酸素 O_2 → 単体
- アルゴン Ar → 単体 → Ar は，これで元素記号 1 種類
- 二酸化炭素 CO_2 → 化合物
- ⋮

元素記号 1 種類で表せるものが「単体」になる

元素記号 2 種類以上で表せるものが「化合物」になる

純物質が混じりあったものが「混合物」になる

窒素・酸素・アルゴン・二酸化炭素などは，**純物質**ともよばれる。

【2】空欄に純物質《じゅんぶっしつ》，混合物《こんごうぶつ》のどちらかを入れよ。

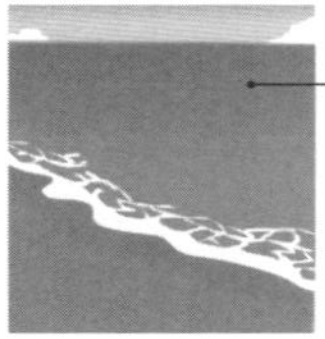

海水 → 混合物

それぞれを **純物質** とよぶ

- 水 H_2O → 化合物
- 塩化ナトリウム NaCl → 化合物
- 塩化マグネシウム $MgCl_2$ → 化合物
- ⋮

海水は，水，塩化ナトリウムなどの **純物質** が混じりあった **混合物** である。

☑ 1 純物質，混合物， 純物質が混じりあったものを「混合物」という

物質
- **混合物** 例 空気，海水
- **純物質**（決まった融点や沸点をもつ）
  - **単体** 例 窒素，酸素，アルゴン（N_2，O_2，Ar）
  - **化合物** 例 二酸化炭素，水，塩化ナトリウム（CO_2，H_2O，NaCl）

☑ 2 単体，化合物，混合物のいずれかを入れよ。

(1) アンモニア	**化合物**	(2) 石油	**混合物**	(3) 水素	**単体**
(4) 塩酸	**混合物**	(5) ドライアイス	**化合物**	(6) ネオン	**単体**

「単体」は元素記号 1 種類で表せ，「化合物」は元素記号 2 種類以上で表せる。「混合物」は純物質が混じりあったもの。
(1)アンモニアを NH_3 と書くことからわかる。純物質でもある。 (2)石油には，灯油，ナフサなどが混ざっている。 (3)水素を H_2 と書くことからわかる。純物質でもある。 (4)塩酸は，塩化水素 HCl の水溶液。 (5)ドライアイスは，二酸化炭素 CO_2 の固体。純物質でもある。 (6)ネオンを Ne と書くことからわかる。純物質でもある。

☑ 3 純物質は，沸点や融点などが決まって **いる**。これに対して，混合物は，沸点や融点などの値が混じっている純物質の割合によって変化 **する**。（する or しない）

水ならば沸点が 100℃，エタノールならば沸点が 78℃と一定(大気圧下)。

水とエタノールの混合物では，沸点が約 80～100℃と混合している割合により変化する。

混合物は

分離《ぶんり》・**精製**《せいせい》 することで，

（分離：目的の純物質をとり出す操作のこと　精製：純度を高める操作のこと）

純物質 に分けることができる。

方法としては，右図のような **ろ過**《か》 などがある。

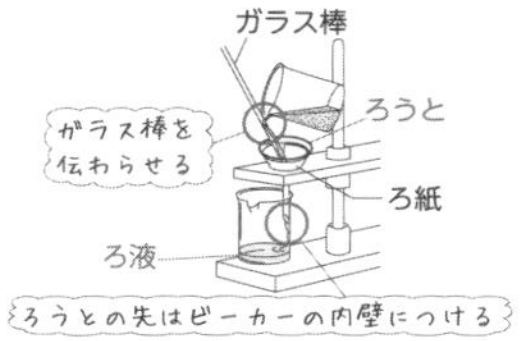

混合物を分離・精製する方法には，ろ過以外にも次の 4，5 のような方法がある。

☑ 4 **蒸留**《じょうりゅう》…液体と他の物質との混合物を加熱し **沸騰**《ふっとう》 させることで生じる **気体**（気体 or 液体） を冷やして，再び **液体** として分離する操作を **蒸留** という。次の❶～❺が実験上の注意点になる。

参考 液体の混合物を蒸留によって分離する操作は，「分留《ぶんりゅう》」という

参考 気体→液体への変化を凝縮という

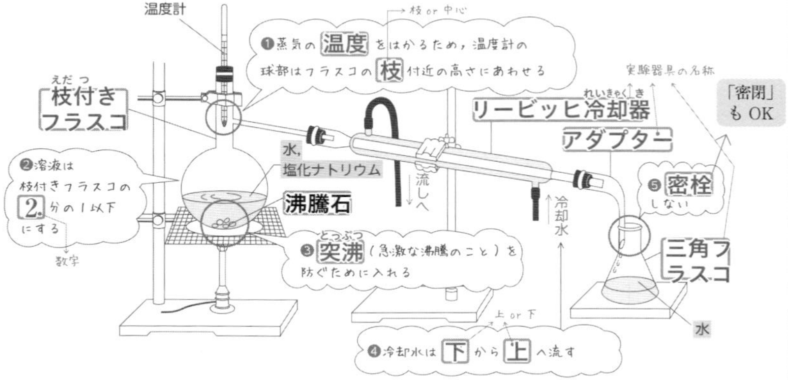

☑ 5 クロマトグラフィー…ろ紙やシリカゲルなどの **吸着剤**《きゅうちゃくざい》 への **吸着**（吸着 or 分離） のされやすさの違いを利用して，混合物を分離・精製する操作を **クロマトグラフィー** という。

ろ紙を使う **ペーパークロマトグラフィー** や，シリカゲルの粉末などをガラス管に詰めたもの（カラムという）を使う **カラムクロマトグラフィー** などがある。

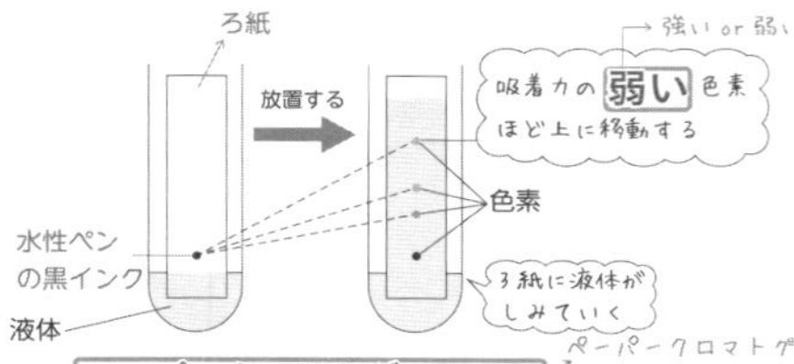

ペーパークロマトグラフィー

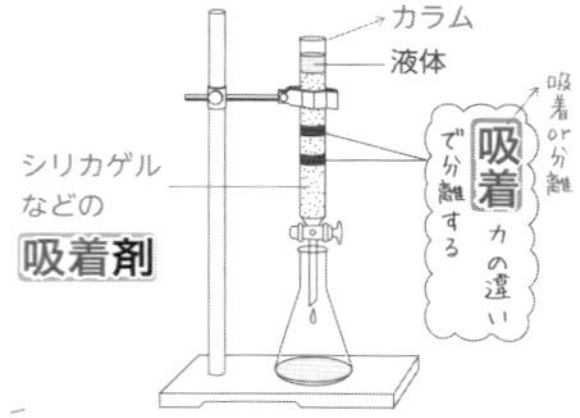

カラムクロマトグラフィー

（ペーパークロマトグラフィー or カラムクロマトグラフィー）

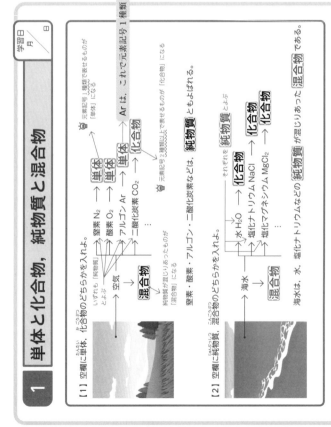

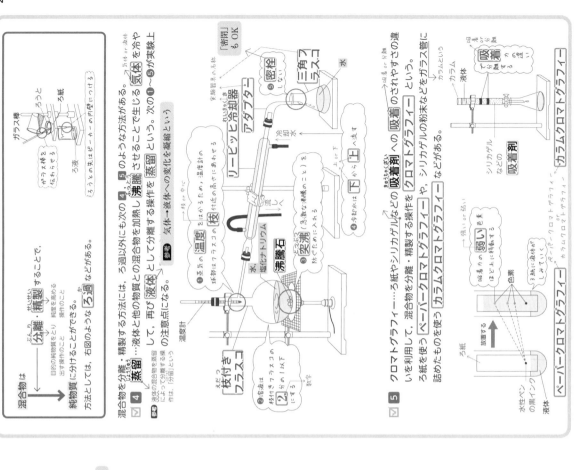

2 単体と元素，同素体

学習日 月 / 日

【1】単体は，1種類の **元素** だけでできている **純物質** である。（→混合物 or 純物質）

【2】元素は，H，He などの **元素記号**《げんそきごう》で表される。（→元素記号 or 原子番号）

H は水素の元素記号，He はヘリウムの元素記号

【3】ダイヤモンドと **黒鉛**《こくえん》（グラファイト）のように，同じ **元素** からなる **単体** で性質が異なるものどうしを，互いに **同素体**《どうそたい》という。（同じ元素の単体）

同素体の存在する元素は，**S**《ス》，**C**《コ》，**O**《ッ》，**P**《プ》 と覚えよう。

元素記号をゴロにあわせて書こう

1 硫黄 S の同素体

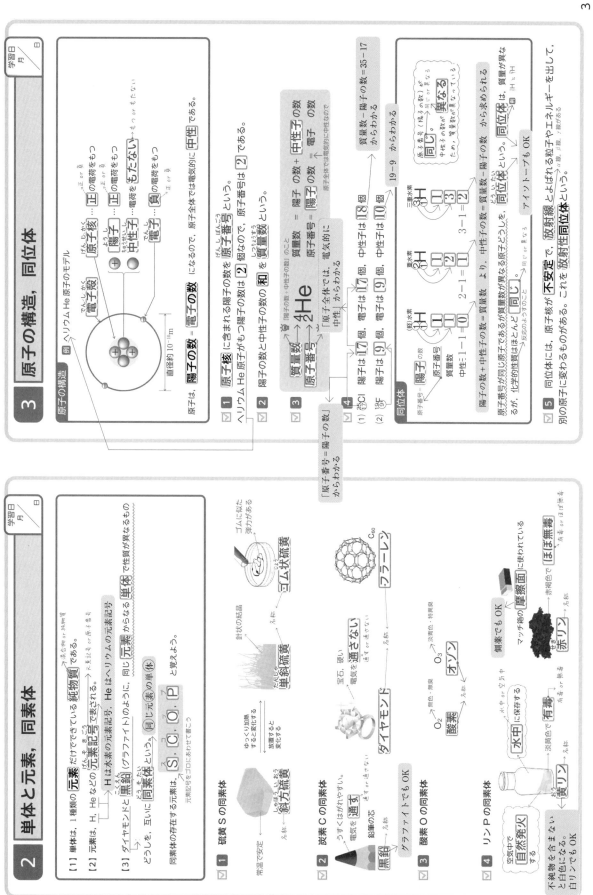

常温で安定

名称 → **斜方硫黄**《しゃほういおう》

ゆっくり加熱すると変化する ⇄ 放置すると変化する

針状の結晶

単斜硫黄《たんしゃ》 ← 名称 →

ゴムに似た弾力がある

ゴム状硫黄《じょう》

2 炭素 C の同素体

うすくはがれやすい。

電気を **通す**（通す or 通さない）

鉛筆の芯

黒鉛 → 名称

グラファイトでも OK

宝石，硬い

電気を **通さない**（通す or 通さない）

ダイヤモンド → 名称 ←

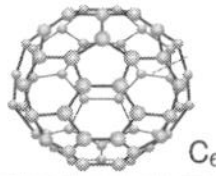

C_{60}

フラーレン

3 酸素 O の同素体

O_2 → 無色・無臭　**酸素**

O_3 → 淡青色・特異臭　**オゾン**

→ 名称 ←

4 リン P の同素体

空気中で **自然発火** する

水中 に保存する（水中 or 空気中）

淡黄色で **有毒**（有毒 or 無毒）

黄リン《おう》 → 名称

不純物を含まないと白色になる。白リンでも OK

側薬でも OK

マッチ箱の **摩擦面** に使われている

赤褐色で **ほぼ無毒**（有毒 or ほぼ無毒）

赤リン《せき》 → 名称

3 原子の構造，同位体

学習日 月 / 日

原子の構造

例 ヘリウム He 原子のモデル

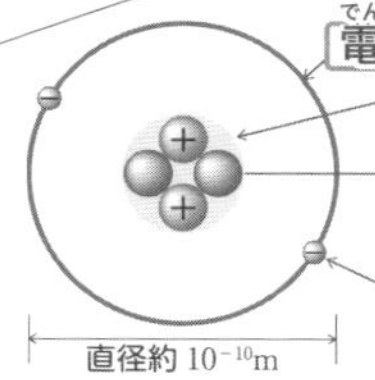

直径約 10^{-10}m

電子殻《でんしかく》

原子核《げんしかく》 … **正** の電荷をもつ（正 or 負）

⊕ **陽子**《ようし》 … **正** の電荷をもつ（正 or 負）

● **中性子**《ちゅうせいし》 … 電荷を **もたない**（もつ or もたない）

電子《でんし》 … **負** の電荷をもつ（正 or 負）

原子は，**陽子の数** = **電子の数** になるので，原子全体では電気的に **中性** である。

1 **原子核** に含まれる陽子の数を **原子番号**《げんしばんごう》という。

ヘリウム He 原子がもつ陽子の数は **2** 個なので，原子番号は **2** である。

2 陽子の数と中性子の数の **和** を **質量数**《しつりょうすう》という。

3

「陽子の数＋中性子の数」のこと

質量数 → $^{4}_{2}He$ ← **原子番号**

質量数 = 陽子 の数 + **中性子** の数

原子番号 = **陽子** の数 = 電子 の数

原子全体では電気的に中性なので

「原子番号＝陽子の数」からわかる

「原子全体では，電気的に中性」からわかる

4

(1) $^{35}_{17}Cl$　陽子は **17** 個，電子は **17** 個，中性子は **18** 個

(2) $^{19}_{9}F$　陽子は **9** 個，電子は **9** 個，中性子は **10** 個

質量数－陽子の数＝35－17 からわかる

19－9 からわかる

同位体

	(軽)水素 $^{1}_{1}H$	重水素 $^{2}_{1}H$	三重水素 $^{3}_{1}H$
原子番号＝**陽子** の数　原子番号	**1**	**1**	**1**
質量数	**1**	**2**	**3**
中性子	1－1＝**0**	2－1＝**1**	3－1＝**2**

原子番号（陽子の数）が **同じ**。（同じ or 異なる）中性子の数が **異なる** ため，質量数が異なっている。

陽子の数＋中性子の数＝質量数　より，中性子の数＝質量数－陽子の数　から求められる

原子番号が同じ原子であるが質量数が異なる原子どうしを，**同位体**《どういたい》という。**同位体** は，質量が異なるが，化学的性質はほとんど **同じ**。（同じ or 異なる）

反応のようすのこと

例 $^{1}_{1}H$ と $^{2}_{1}H$

アイソトープも OK

5 同位体には，原子核が **不安定** で，**放射線** とよばれる粒子やエネルギーを出して，別の原子に変わるものがある。これを **放射性同位体** という。（α 線，β 線，γ 線がある）

4 元素の周期表

学習日 月 / 日

次の表を，元素の周期表《しゅうきひょう》という。最初の周期表は，メンデレーエフによってつくられた(1869年)。
→ 化学者の名前

<覚え方の例>　第4周期までは，ゴロあわせを使って覚えよう。

	1	2	3	4	5	6	7	8	9	10	11	12	13	14	15	16	17	18
1	$_1$H																	$_2$He
2	$_3$Li	$_4$Be											$_5$B	$_6$C	$_7$N	$_8$O	$_9$F	$_{10}$Ne
3	$_{11}$Na	$_{12}$Mg											$_{13}$Al	$_{14}$Si	$_{15}$P	$_{16}$S	$_{17}$Cl	$_{18}$Ar
4	$_{19}$K	$_{20}$Ca	$_{21}$Sc	$_{22}$Ti	$_{23}$V	$_{24}$Cr	$_{25}$Mn	$_{26}$Fe	$_{27}$Co	$_{28}$Ni	$_{29}$Cu	$_{30}$Zn	$_{31}$Ga	$_{32}$Ge	$_{33}$As	$_{34}$Se	$_{35}$Br	$_{36}$Kr

たての列を族《ぞく》（1〜18族まである）
横の行を周期《しゅうき》（第1〜第7周期まである）
という。

臭素

メンデレーエフは，元素を原子量の順に並べた最初の周期表をつくった。しかし，現在の周期表は，元素が原子番号の順に並べられている。

1 (1) 周期表のたての列を族《ぞく》，横の行を周期《しゅうき》という。

(2) 周期表は，1〜18族，第1〜7周期からなる。

(3) 周期表の同じ族に属している元素を同族元素という。

(4) 同族元素は性質が似ていることが多い。特に性質がよく似ている同族元素は，特別な名前でよぶ。
→ 似ている or 異なる

① 水素H以外の1族元素 ⇒ アルカリ金属

② 2族元素 ⇒ アルカリ土類金属

③ 17族元素 ⇒ ハロゲン

④ 18族元素 ⇒ 貴ガス → 希ガスも OK

(5) 周期表の1族，2族，および13〜18族の元素を典型元素といい，3〜12族の元素を遷移元素という。

(6) 元素は金属元素とそれ以外の非金属元素に分けることもできる。
→ 単体が電気や熱をよく通す元素
→ 単体が金属の性質を示さない

(7) 遷移元素はすべて金属元素である。
→ 金属 or 非金属

希ガスも OK

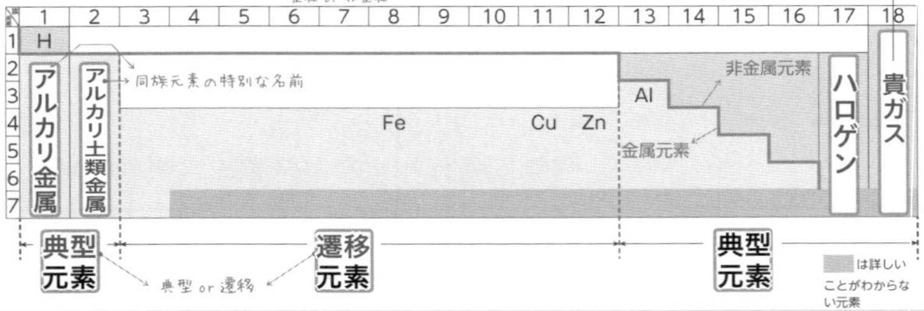

5 電子配置

学習日 月 / 日

電子は，原子核のまわりをいくつかの層に分かれて運動している。
→ e⁻ と表される

この層を電子殻という。

内側から n 番目の電子殻には，最大 $2n^2$ 個の電子が入ることができる

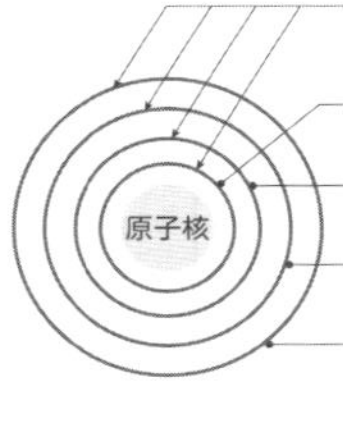

K殻は内側から1番目だから　電子の最大数

K殻 (n=1)　2個　2×1^2 より求めることもできる

L殻 (n=2)　8個　2×2^2 より

M殻 (n=3)　18個　2×3^2 より

N殻 (n=4)　32個　2×4^2 より

アルファベット順　2，8，18，32と覚えてもよい

最大数の電子(K殻なら2個，L殻なら8個)で満たされている電子殻を閉殻《へいかく》という。

1 電子殻への電子の入り方を電子配置《でんしはいち》という。電子は，ふつう原子核に最も近いK殻から順に，L殻，M殻，N殻と入る。
→ K，L，M or N

2 それぞれの電子殻に入ることのできる電子の最大数は決まっていて，K殻，L殻，M殻，N殻，…の順に2，8，18，32，…となる。
つまり，内側から n 番目の電子殻には，最大 $2n^2$ 個の電子が入る。

3 原子番号12のマグネシウム原子 $_{12}$Mg では，まず，K殻に2個，次にL殻に8個，残り2個の電子がM殻に入る。これを，本書では今後，K(2)L(8)M(2)　のように表すことにする。このような，電子殻への電子の入り方を電子配置という。
→ 原子番号＝陽子の数＝電子の数　なので電子の数は12個

4 次の(1)〜(8)の原子の電子配置を答えよ。

(1) $_1$H水素《すいそ》 K(1)
(2) $_2$Heヘリウム K(2)
(3) $_3$Liリチウム K(2)L(1)
(4) $_{11}$Naナトリウム K(2)L(8)M(1)
(5) $_{17}$Cl塩素 K(2)L(8)M(7)
(6) $_{18}$Arアルゴン K(2)L(8)M(8)
(7) $_{19}$Kカリウム K(2)L(8)M(8)N(1)
(8) $_{20}$Caカルシウム K(2)L(8)M(8)N(2)

$_{19}$K と $_{20}$Ca は，M殻に電子がすべて入らず，N

5 最も外側の電子殻にある電子を最外殻電子《さいがいかくでんし》という。最外殻電子は，原子がイオンになったり，原子と原子が結びついたりするときに重要な役割を示す。$_7$N の電子配置はK(2)L(5)　となるので，最外殻電子はL殻にあり，その数は5個とわかる。
価電子も OK

このような最外殻電子を価電子ともいう

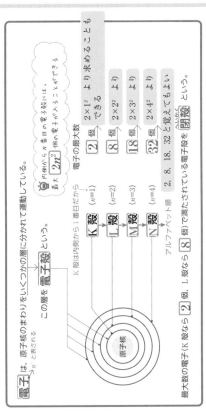

6 イオン

学習日　月　日

単原子イオン

陽子の数＝電子の数　からわかる

原子は電気的に 中性 なので，電子を失ったり受けとったりすると，イオン になる。「＋の電荷をもつイオン」を「陽《よう》 イオン」，「－の電荷をもつイオン」を「陰《いん》 イオン」という。

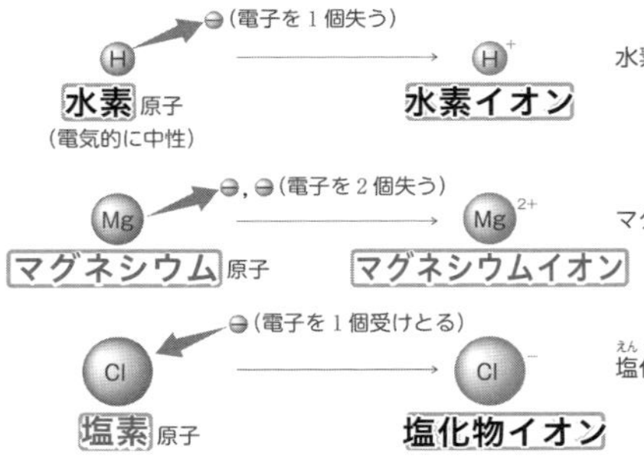

1 価の陽イオンを表している

水素イオンは H^{+} と表す。

2 価の陽イオンを表している

マグネシウムイオンは Mg^{2+} と表す。

1 価の陰イオンを表している

塩化物《えんかぶつ》イオンは Cl^{-} と表す。

1 次の元素記号にイオンの電荷を書け。　周期表とあわせて覚えておこう！

周期＼族	1	2	13	14	15	16	17	18
1	H^{+}							
2	Li^{+}					O^{2-}	F^{-}	
3	Na^{+}	Mg^{2+}	Al^{3+}			S^{2-}	Cl^{-}	
4	K^{+}	Ca^{2+}					Br^{-}	

多原子イオン

多原子イオンの化学式と名称も覚えよう。（2 個以上の原子からなるイオンのこと）

H_3O^{+} → 1 価の 陽 イオン　→ オキソニウムイオン

NH_4^{+} → 1 価の 陽 イオン　→ アンモニウムイオン

OH^{-} → 1 価の 陰 イオン　→ 水酸化物《すいさんかぶつ》イオン

SO_4^{2-} → 2 価の 陰 イオン　→ 硫酸イオン

2 次の多原子イオンの化学式を書け。

(1) オキソニウムイオン → H_3O^{+}

(2) アンモニウムイオン → NH_4^{+}
アンモニアの分子式 NH_3

(3) 水酸化物イオン → OH^{-}

(4) 硝酸《しょうさん》イオン → NO_3^{-}
硝酸の分子式 HNO_3

7 電子配置と単原子イオン

学習日　月　日

【1】例題　窒素原子の電子配置を，モデル図を使って表す。　（周期表で何番目になるか思い出そう）

考え方　窒素原子の元素記号は N となり，原子番号は 7 である。

原子番号＝ 陽子 の数＝ 7 （数字） となり，N の原子核が「＋ 7 」の電荷をもっていることがわかる。

また，電子の数は，陽子と同じ 7 個となり，その電子配置は K(2)L(5)となる。これをモデル図で表すと，次のようになる。

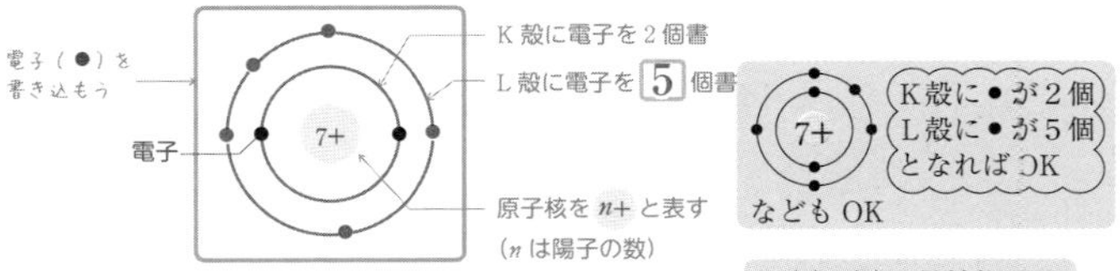

K(2)L(5)　最外殻電子

【2】最も外側の電子殻に入っている電子を 最外殻電子 といい，窒素原子の場合は 5 個になる。最外殻電子のうち，原子がイオンになったり，原子と原子が結びつくときに関わる最外殻電子を 価電子 という。貴ガスの原子は，他の原子と結びつきにくく，単原子分子《たんげんしぶんし》 として存在し，貴ガスの原子の価電子の数はどれも 0 個とする。

参考　原子 1 個がそのまま分子としてふるまうことにより，こうよぶ。

- ・典型元素（貴ガス以外）… 最外殻電子の数＝ 価電子 の数
- ・貴ガス … 最外殻電子の数は 2 個（$_2He$）か 8 個（$_2He$ 以外）になり，価電子の数は 0 個 とする。

1 価電子の数が 1～3 個の原子は 陽性 （陽イオンになりやすいこと）が強く，価電子 1～3 個を失って 1～3 価の 陽 イオンになりやすい。

例　$_{11}Na$　K(2)L(8)M(1)　➡　Na^{+}　K(2)L(8)　（電子 1 個を失う）

（貴ガスである Ne（元素記号）原子と同じ安定な電子配置になる）

価電子の数が 6，7 個の原子は 陰性 （陰イオンになりやすいこと）が強く，電子 2，1 個を受けとって，2 または 1 価の 陰 イオンになりやすい。

例　$_{17}Cl$　K(2)L(8)M(7)　➡　Cl^{-}　K(2)L(8)M(8)　（電子 1 個を受けとる）

（貴ガスである Ar（元素記号）原子と同じ安定な電子配置になる）

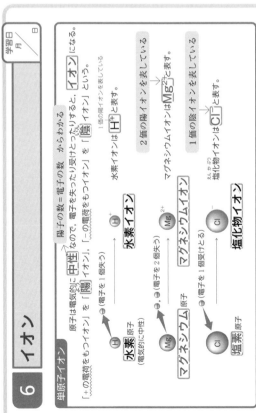

8 イオン化エネルギー，電子親和力

学習日 月 / 日

イオン化エネルギー

原子から 電子 1個を取りさって，1 価の 陽 イオンにするのに必要なエネルギーを イオン化エネルギー という。

（第一イオン化エネルギーも OK）

原子 に イオン化エネルギー を加えると，（エネルギーが原子に吸収される）イオン化 エネルギー 原子

となることで電子が1個放出され，原子 は 1価の陽イオン（＋）になる。これを図にまとめると，

原子 ① イオン化エネルギー を加えることで，② ⊖（電子）1個が飛んでいき，→ ③ 1価の陽イオン（＋）になる

- ・イオン化エネルギーが小さいほど，陽イオンになり やすい（電子が飛んでいきやすいので）
- ・イオン化エネルギーが大きいほど，陽イオンになり にくい（電子が飛んでいきにくいので）

☑ 1　次のイオン化エネルギーのグラフを（•をつないで）完成させよ。

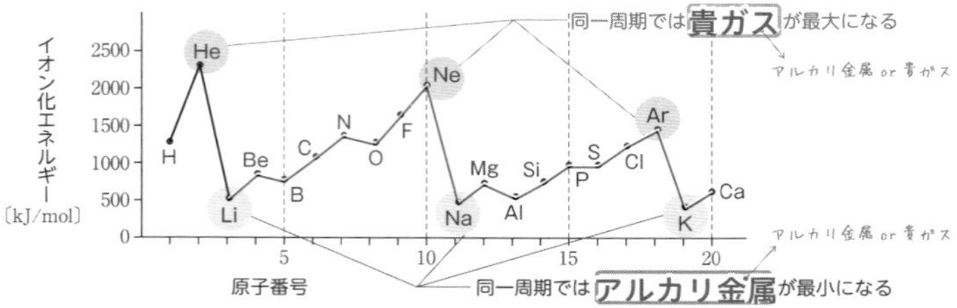

☑ 2　18族の 貴ガス の原子は，電子配置が安定なのでイオン化エネルギーが 大きく（大きく or 小さく），陽イオンになり にくい（やすい or にくい）。

☑ 3　1族の水素原子や アルカリ金属 の原子は，イオン化エネルギーが 小さく（大きく or 小さく），陽イオンになり やすい（やすい or にくい）。

☑ 4　同じ族の原子のイオン化エネルギーを比べてみると，

18族：He ＞ Ne ＞ Ar（不等号（＜，＞））

1族：Li ＞ Na ＞ K

となる。これは，原子番号の大きい原子ほど，原子核から最外殻電子までの距離が 遠く（近く or 遠く）なるために電子が取れ やすく（やすく or にくく）なり，イオン化エネルギーが 小さく（大きく or 小さく）なるためである。

陽性と陰性

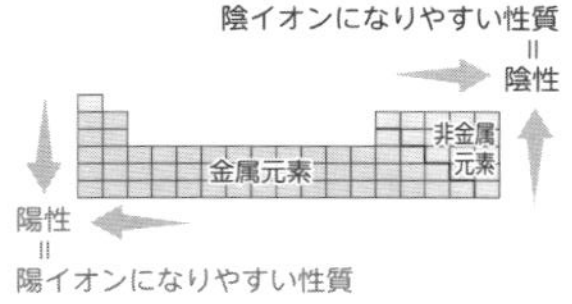

原子が陽イオンになりやすい性質を 陽性 といい，陰イオンになりやすい性質を 陰性 という。

陽性は 金属 性ともいい，周期表で左下にいくほど 強い（強い or 弱い）。

陰性は 非金属 性ともいい，周期表で右上にいくほど 強い（強い or 弱い）（18族の貴ガスは除く）。

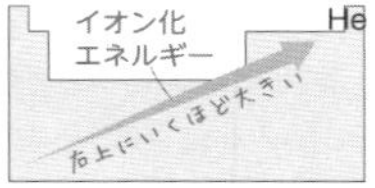

⇒ イオン化エネルギーが最大の原子は，ヘリウム 原子とわかる。（He でも OK）

☑ 5　原子が 電子 1個を受けとり，1 価の 陰 イオンになるときに放出されるエネルギーを 電子親和力《でんししんわりょく》 という。

原子 が電子1個を受けとると，電子⊖ → 原子（エネルギーが放出される）となることでエネルギー（これを 電子親和力 という）が放出され，原子 は 1価の陰イオン（－）になる。これを図にまとめると，

① 電子 を1個受けとり，原子 ② 電子親和力 を放出することで，→ ③ 1価の陰イオン（－）になる

☑ 6

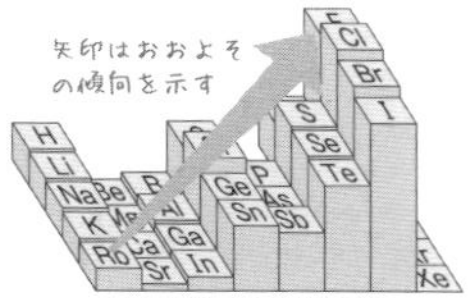

<電子親和力の大きさ>

⇒ Cl や F のように，Cl^- や F^- になりやすい原子の電子親和力は 大きい（大きい or 小さい）。

電子親和力の大きい原子ほど陰イオンになり やすく（やすく or にくく），陰性が 強い（強い or 弱い）。

☑ 7　電子親和力が大きい ⇒ 陰イオンになり やすい（やすい or にくい）。

☑ 8　17族の ハロゲン の原子は電子親和力が 大きく（大きく or 小さく），陰イオンになり やすい（やすい or にくい）。

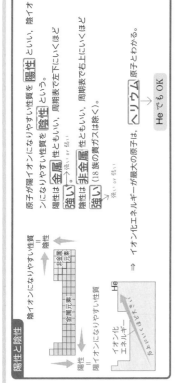

9 指数，有効数字，比

学習日　月／日

指数の表し方

$5000 = 5\times10^{3}$（左へ3回）　　$0.00007 = 7\times10^{-5}$（右へ5回）

注 「10^n」は「10のn乗《じょう》」，「10^{-n}」は「10のマイナスn乗」という。

☑ **1** 次の数を右の例のように表せ。　例 5×10^{3}，7×10^{-5} →「有効数字1桁で表す」という

(1) 40000000000　$\boxed{4\times10^{10}}$ → 左へ10回移動した

(2) 0.0000008　$\boxed{8\times10^{-7}}$ → 右へ7回移動した

☑ **2** 次の数を右の例のように表せ。　例 5.0×10^{3}，7.0×10^{-5} →「有効数字2桁で表す」という

(1) 400000　$\boxed{4.0\times10^{5}}$ → 左へ5回移動した

(2) 0.00000070　$\boxed{7.0\times10^{-7}}$ → 右へ7回移動した

☑ **3** 次の数を右の例のように表せ。　例 5.00×10^{3}，7.00×10^{-5} →「有効数字3桁で表す」という

(1) 96500　$\boxed{9.65\times10^{4}}$ → 左へ4回移動した

(2) 0.00000100　$\boxed{1.00\times10^{-6}}$ → 右へ6回移動した

指数の計算

【1】$10^a\times10^b = 10^{a+b}$　例 $10^3\times10^5=10^{3+5}=10^8$

【2】$10^a\div10^b = \dfrac{10^a}{10^b} = 10^{a-b}$　例 $10^6\div10^3=10^{6-3}=10^3$

【3】$(10^a)^b = 10^{a\times b} = 10^{ab}$　例 $(10^3)^2=10^{3\times2}=10^6$

注 $10^0=10^{a-a}=\dfrac{10^a}{10^a}=1$

☑ **4** 次の計算をして，10^n の形で表せ。

(1) $10^7\times10^3 = 10^{7+3} = \boxed{10^{10}}$

(2) $10^7\times10^{-3} = 10^{7-3} = \boxed{10^{4}}$

(3) $10^6\div10^2 = \dfrac{10^6}{10^2} = 10^{6-2} = \boxed{10^{4}}$

(4) $10^{-5}\div10^{-2} = 10^{-5-(-2)} = \boxed{10^{-3}}$

(5) $(10^2)^4 = 10^{2\times4} = \boxed{10^{8}}$

(6) $(10^{-2})^{-4} = 10^{(-2)\times(-4)} = \boxed{10^{8}}$

有効数字

（例1）～（例4）は，いずれも有効数字2桁で表している。

（例1）2.3　（例2）3.0（← 有効数字に入る）　（例3）0.055（← 有効数字に入らない）

（例4）6.0×10 ← 有効数字をはっきり示す表し方（注）を身につけよう!!

注 60と表すと，末位の0を有効数字とみなすかどうかはっきりしない。有効数字2桁であることをはっきり示すには，6.0×10と表す方がよい。

☑ **5** 次の数の有効数字の桁数を答えよ。

(1) 7（1桁）は有効数字 $\boxed{1}$ 桁

(2) 22.4（3桁）は有効数字 $\boxed{3}$ 桁

(3) 1.01×10^5（3桁）は有効数字 $\boxed{3}$ 桁

(4) 1.013×10^5（4桁）は有効数字 $\boxed{4}$ 桁

(5) 0.080 は有効数字 $\boxed{2}$ 桁（有効数字に入らない　有効数字に入る）

(6) 1.0×10^2 は有効数字 $\boxed{2}$ 桁（有効数字に入る）

指数の計算

$$(A\times10^a)\times(B\times10^b) = (A\times B)\times10^{a+b}$$

（分けて $A\times B$ だけを計算する）

例題 次の計算を有効数字2桁で求める。

$(6.0\times10^5)\times(0.83\times10^{-1}) = (6.0\times0.83)\times10^{5-1} = 4.98\times10^4$（3桁目を四捨五入する）

$\fallingdotseq 5.0\times10^4$（有効数字2桁）　4.98 → 5.0（1桁目　2桁目　3桁目）

☑ **6** 次の計算を有効数字2桁で求めよ。

(1) $(3.0\times10^{-1})\times(2.0\times10^{-2}) = (3.0\times2.0)\times10^{-1-2} = \boxed{6.0\times10^{-3}}$（2桁）

(2) $(4.0\times10^{-3})\div(2.0\times10^{-5}) = (4.0\div2.0)\times10^{-3-(-5)} = \boxed{2.0\times10^{2}}$（2桁）

比の計算

$3:8=15:x$　x にあてはまる数を求める。

【解き方1】 $3:8=15:x$（$\times\frac{8}{3}$，$\times\frac{8}{3}$）

8は3の$\frac{8}{3}$倍なので，xは15の$\frac{8}{3}$倍となる　$x=40$ 答

または

$3:8=15:x$（$\times5$，$\times5$）

15は3の5倍なので，xは8の5倍と求めることもできる　$x=40$ 答

【解き方2】 $3:8=15:x$（外項の積を求める／内項の積を求める）

イコールでむすぶ　$3\times x=8\times15$（外項の積　内項の積）より，$x=40$ 答

☑ **7** 【解き方1】を使って，次の比例式の x にあてはまる数を有効数字2桁で求めよ。

$2.0\times10^{-23}:1.7\times10^{-24}=12:x$　　$x=\boxed{1.0}$

$2.0\times10^{-23}:0.17\times10^{-23}=12:x$（$\times\frac{0.17}{2}$，$\times\frac{0.17}{2}$）

$x=12\times\dfrac{0.17}{2}=1.02\fallingdotseq1.0$（3桁　2桁）

注 10^{-23}にそろえるため，$1.7=0.17\times10$を利用した。

☑ **8** 【解き方2】を使って，次の比例式の N_A を求めよ。

$W:\dfrac{S}{a}=284:N_A$（外項　内項）

$W\times N_A=\dfrac{S}{a}\times284$　より，$\boxed{N_A=\dfrac{284S}{Wa}}$

10 相対質量，原子量

学習日　月　日

相対質量

ボール Ⓐ 1 個の質量が 0.0020 g のとき，　これを「1」とすると，

ボール Ⓑ 1 個の質量が 0.0040 g であれば，これは「**2**」となる。（×2）

0.0020 g や 0.0040 g を「**質量**」といい，「1」や「2」を「**相対質量**」という。

例題　^{12}C 1 個の質量が 2.0×10^{-23} g のとき，これを「12」（国際基準）とすると，

^{24}Mg 1 個の質量は 4.0×10^{-23} g なので，^{24}Mg の相対質量は「**24**」となる。（×2）

考え方　次の比例式で求めるとよい。

2.0×10^{-23} g（^{12}C 1 個の質量）：4.0×10^{-23} g（^{24}Mg 1 個の質量）＝ 12（基準）：x（^{24}Mg の相対質量）　（×2）　よって，x＝**24**

1　^{12}C 1 個の質量を 2.0×10^{-23} g，^{27}Al 1 個の質量を 4.5×10^{-23} g として，^{27}Al の相対質量を有効数字 2 桁で求めよ。

2.0×10^{-23} g ：4.5×10^{-23} g ＝ **12**（基準）：x（^{27}Al の相対質量）　よって，x＝**27**

（^{12}C 1 個の質量）（^{27}Al 1 個の質量）

$$x = \overset{6}{\cancel{12}}\times\frac{4.5\times\cancel{10^{-23}}}{\cancel{2.0}\times\cancel{10^{-23}}}\qquad x=27\ \text{（2 桁）}$$

原子量の考え方

例題　体重 60 kg の人が 3 人と体重 40 kg の人が 2 人いた。体重の平均は，

$$\frac{60\times\boxed{3}+40\times\boxed{2}}{\boxed{3}+\boxed{2}} = 60\times\frac{\boxed{3}}{\boxed{5}}+40\times\frac{\boxed{2}}{\boxed{5}} = \boxed{52}\ \text{kg}$$

となる。

2　相対質量 10.0 の ^{10}B が 20 個と相対質量 11.0 の ^{11}B が 80 個ある。B の相対質量の平均値（「原子量」という）を小数第一位まで求めよ。（B：ホウ素の元素記号）

$$\frac{\boxed{10.0}\times\boxed{20}+\boxed{11.0}\times\boxed{80}}{\boxed{20}+\boxed{80}} = \boxed{10.0}\times\frac{\boxed{20}}{\boxed{100}}+\boxed{11.0}\times\frac{\boxed{80}}{\boxed{100}} = \boxed{10.8}$$

ホウ素 B の原子量（軽い ^{10}B と重い ^{11}B の相対質量の平均値）

分子量，式量

【1】**分子量**：分子式を構成している元素の原子量の合計

例題　C の原子量を 12，O の原子量を 16 とすると，二酸化炭素 CO_2 の分子量は，次のように求める。

CO_2 の **分子量**＝(C の **原子量**)＋(O の **原子量**)×2

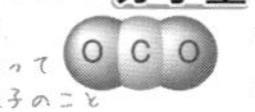

＝**12**＋**16**×2

＝**44**

分子は，原子何個かが集まってできている粒子のこと

【2】**式量**：Na^+ や Cl^- などのイオン，NaCl などのイオンからなる化合物(Na^+，Cl^- からなる)，および Cu などの金属のように，分子を単位としないものに用いる。

例題　Na の原子量を 23，Cl の原子量を 35.5，Cu の原子量を 63.5 とすると，

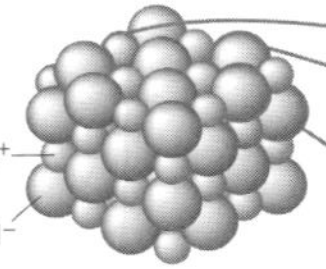

塩化ナトリウム NaCl の結晶（Na^+ と Cl^- が集まってできている）

Na^+ の式量＝(Na の原子量)＝**23**（電子の質量はとても小さいので，Na の原子量がそのまま Na^+ の式量になる）

Cl^- の式量＝(**Cl** の原子量)＝**35.5**（電子の質量はとても小さいので，Cl の原子量がそのまま Cl^- の式量になる）

NaCl（**組成式**という）の式量＝(Na の **原子量**)＋(Cl の **原子量**)

＝ 23 ＋ 35.5

＝ 58.5

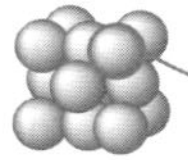

銅 Cu の結晶（Cu が集まってできている）

Cu（**組成式**という）の式量＝(Cu の原子量)＝ 63.5

3　次の物質の分子量を整数値で求めよ。ただし，原子量は H＝1.0，C＝12，O＝16，S＝32 とする。

(1) 水素　H_2　の分子量　＝(H の原子量)×2＝1.0×2＝**2**

(2) 酸素　O_2　の分子量　＝(O の原子量)×2＝16×2＝**32**

(3) 水　H_2O　の分子量　＝(H の原子量)×2＋(O の原子量)＝1.0×2＋16＝**18**

(4) メタン　CH_4　の分子量　＝(C の原子量)＋(H の原子量)×4＝12＋1.0×4＝**16**

(5) 硫酸　H_2SO_4 の分子量　**98**

＝(H の原子量)×2＋(S の原子量)＋(O の原子量)×4＝1.0×2＋32＋16×4＝98

4　次のイオンや物質の式量を整数値で求めよ。ただし，原子量は H＝1.0，N＝14，O＝16，Na＝23，Al＝27 とする。

(1) 水酸化物イオン OH^- の式量　＝(O の原子量)＋(H の原子量)＝16＋1.0＝**17**

(2) アンモニウムイオン NH_4^+ の　＝(N の原子量)＋(H の原子量)×4＝14＋1.0×4＝**18**

(3) ナトリウム Na の式量　＝(Na の原子量)＝**23**

(4) アルミニウムイオン Al^{3+} の式量　＝(Al の原子量)＝**27**

11 単位変換

学習日　月／日

$1\,\mathrm{m} = \boxed{100}\,\mathrm{cm} = \boxed{10^2}\,\mathrm{cm}$　のように「同じ量を2通りの単位で表せる」とき，

$\dfrac{10^2\,\boxed{\mathrm{cm}}}{1\,\boxed{\mathrm{m}}}$　または　$\dfrac{1\,\boxed{\mathrm{m}}}{10^2\,\boxed{\mathrm{cm}}}$　　$1\,\mathrm{kg} = 10^3\,\mathrm{g}$ のときは，$\dfrac{10^3\,\mathrm{g}}{1\,\mathrm{kg}}$　または　$\dfrac{1\,\mathrm{kg}}{10^3\,\mathrm{g}}$　となる

と表し，どちらか必要な方を選び，単位ごと計算すると単位を変換できる。（コツ）

例題 7 m を cm の単位に変換するときには，m から cm への変換なので，$\dfrac{\boxed{10^2}\,\mathrm{cm}}{\boxed{1}\,\mathrm{m}}$　を利用し，

$7\,\cancel{\mathrm{m}} \times \dfrac{10^2\,\mathrm{cm}}{1\,\cancel{\mathrm{m}}} = 7\times10^2\,\mathrm{cm}$　とする。

「m」どうしを消去する

☑ 1　□にあてはまる数を $A\times10^n$ の形で書け（ただし，$1 \leqq A < 10$ とする）。

(1) $3\,\mathrm{m} = \boxed{3\times10^2}\,\mathrm{cm}$
(2) $5\,\mathrm{cm} = \boxed{5\times10^{-2}}\,\mathrm{m}$
(3) $4\,\mathrm{kg} = \boxed{4\times10^3}\,\mathrm{g}$
(4) $8\,\mathrm{g} = \boxed{8\times10^{-3}}\,\mathrm{kg}$
(5) $2\,\mathrm{t} = \boxed{2\times10^6}\,\mathrm{g}$

$1\,\mathrm{m} = 10^2\,\mathrm{cm}$　なので，$\dfrac{10^2\,\mathrm{cm}}{1\,\mathrm{m}}$　または　$\dfrac{1\,\mathrm{m}}{10^2\,\mathrm{cm}}$　と表せる。

(1) $3\,\cancel{\mathrm{m}} \times \dfrac{10^2\,\mathrm{cm}}{1\,\cancel{\mathrm{m}}} = 3\times10^2\,\mathrm{cm}$

(2) $5\,\cancel{\mathrm{cm}} \times \dfrac{1\,\mathrm{m}}{10^2\,\cancel{\mathrm{cm}}} = 5\times\dfrac{1}{10^2}\,\mathrm{m} = 5\times10^{-2}\,\mathrm{m}$

$1\,\mathrm{kg} = 1000\,\mathrm{g} = 10^3\,\mathrm{g}$　つまり，$1\,\mathrm{kg} = 10^3\,\mathrm{g}$ なので，

(3) $4\,\cancel{\mathrm{kg}} \times \dfrac{10^3\,\mathrm{g}}{1\,\cancel{\mathrm{kg}}} = 4\times10^3\,\mathrm{g}$　　(4) $8\,\cancel{\mathrm{g}} \times \dfrac{1\,\mathrm{kg}}{10^3\,\cancel{\mathrm{g}}} = 8\times\dfrac{1}{10^3}\,\mathrm{kg} = 8\times10^{-3}\,\mathrm{kg}$

(5) $1\,\mathrm{t} = 10^3\,\mathrm{kg}$，$1\,\mathrm{kg} = 10^3\,\mathrm{g}$　なので，

$2\,\cancel{\mathrm{t}} \times \dfrac{10^3\,\cancel{\mathrm{kg}}}{1\,\cancel{\mathrm{t}}} \times \dfrac{10^3\,\mathrm{g}}{1\,\cancel{\mathrm{kg}}} = 2\times10^3\times10^3\,\mathrm{g} = 2\times10^6\,\mathrm{g}$

ここで t どうしを消去する　ここで kg どうしを消去する

g/cm³ のような「/（マイ）」がついている単位を見つけたら，次の❶，❷を意識する。
毎《まい》（per《パー》と読んでもよい）

❶ 質量〔g〕÷体積〔cm³〕　という計算で求められる。
❷ 1 cm³ あたりの質量〔g〕を表している。

例題 質量 135 g，体積 50 cm³ の金属の密度〔g/cm³〕を小数第1位まで求めてみる。g/cm³ なので g÷cm³ を計算することで求めることができる。

$\boxed{135}\,\mathrm{g} \div \boxed{50}\,\mathrm{cm^3} = \dfrac{\boxed{135}\,\mathrm{g}}{\boxed{50}\,\mathrm{cm^3}} = \boxed{2.7}\,\mathrm{g/cm^3}$

☑ 2　氷の密度を 0.90 g/cm³ とする。次の
「1」がかくれている

(1) 体積 50 cm³ の氷の質量は $\boxed{45}$ g になる。
(2) 質量 1.8 g の氷の体積は $\boxed{2}$ cm³ になる。

(1) $0.90\,\mathrm{g}/1\,\mathrm{cm^3}$　を　$\dfrac{0.90\,\mathrm{g}}{1\,\mathrm{cm^3}}$　と表し，$50\,\cancel{\mathrm{cm^3}} \times \dfrac{0.90\,\mathrm{g}}{1\,\cancel{\mathrm{cm^3}}} = 45\,\mathrm{g}$

cm³ どうしを消去する

(2) $1.8\,\cancel{\mathrm{g}} \times \dfrac{1\,\mathrm{cm^3}}{0.90\,\cancel{\mathrm{g}}} = 2\,\mathrm{cm^3}$

g どうしを消去する

12 物質量〔mol〕の考え方の基本

学習日　月／日

例題 鉛筆は 12 本をまとめて 1 ダースとして数える。ここで，4800 本の鉛筆が何ダースか求めてみる。

考え方　1 ダース＝12 本　なので，$\dfrac{\boxed{12}\,本}{\boxed{1}\,ダース}$　または　$\dfrac{\boxed{1}\,ダース}{\boxed{12}\,本}$　と表すことができ，「本」から「ダース」への変換なので　$\dfrac{\boxed{1}\,ダース}{\boxed{12}\,本}$　を利用して，

$4800\,\cancel{本} \times \dfrac{1\,ダース}{12\,\cancel{本}} = 400\,ダース$　となる。

「本」どうしを消去する

☑ 1　次の(1)，(2)に整数値で答えよ。

(1) 鉛筆 3 ダースは，鉛筆 $\boxed{36}$ 本になる。
(2) 鉛筆 720 本は，鉛筆 $\boxed{60}$ ダースになる。

(1) 1 ダース＝12 本　であり，$\dfrac{12\,本}{1\,ダース}$　を利用し，$3\,\cancel{ダース} \times \dfrac{12\,本}{1\,\cancel{ダース}} = 36\,本$　となる。

(2) $720\,\cancel{本} \times \dfrac{1\,ダース}{12\,\cancel{本}} = 60\,ダース$　となる。

物質量〔mol〕の考え方

アボガドロ数という　原子は 6.0×10^{23} 個をまとめて 1 mol《モル》として数える。

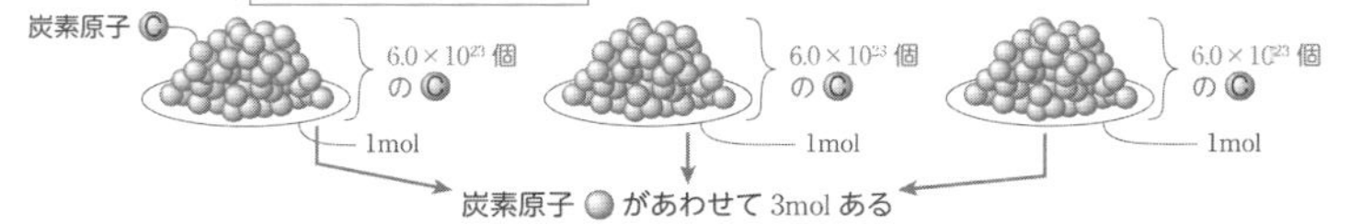

例題 炭素原子 C 3 mol《モル》に含まれる炭素原子の数を求める。

考え方　$6.0\times10^{23}\,個/\mathrm{mol}$（「個」がかくれている／アボガドロ定数という）　なので，$\dfrac{\boxed{6.0\times10^{23}}\,個}{1\,\mathrm{mol}}$　または　$\dfrac{1\,\mathrm{mol}}{\boxed{6.0\times10^{23}}\,個}$　と表すことができ，

「mol」から「個」への変換なので，$\dfrac{\boxed{6.0\times10^{23}}\,個}{1\,\mathrm{mol}}$　を利用して，

$3\,\cancel{\mathrm{mol}} \times \dfrac{6.0\times10^{23}\,個}{1\,\cancel{\mathrm{mol}}} = 18\times10^{23}\,個 = 1.8\times10^{24}\,個$　となる。（18 → 1.8×10）

☑ 2　次の(1)，(2)に有効数字 2 桁で答えよ（アボガドロ定数 6.0×10^{23}/mol）。

(1) ナトリウム原子 Na 3.0×10^{23} 個の集まりは何 mol になるか。　$\boxed{5.0\times10^{-1}}$ mol（0.50 mol も OK）
(2) 銅原子 Cu 2.0 mol に含まれる銅原子 Cu の数は何個になるか。　$\boxed{1.2\times10^{24}}$ 個

アボガドロ定数には，
$6.0\times10^{23}\,個/1\,\mathrm{mol}$ ←個と「1」がかくれている

(1) $\cancel{3.0}\times\cancel{10^{23}}\,\cancel{個} \times \dfrac{1\,\mathrm{mol}}{\underset{2.0}{\cancel{6.0}}\times\cancel{10^{23}}\,\cancel{個}} = \dfrac{1}{2.0}\,\mathrm{mol} = 5.0\times10^{-1}\,\mathrm{mol}$

(2) $2.0\,\cancel{\mathrm{mol}} \times \dfrac{6.0\times10^{23}\,個}{1\,\cancel{\mathrm{mol}}} = 12\times10^{23}\,個 = 1.2\times10^{24}\,個$（12 → 1.2×10）

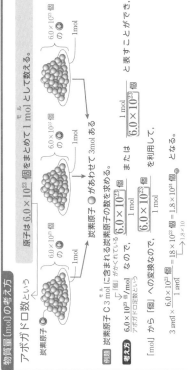

物質量〔mol〕の考え方（分子，イオンなどの場合）

【1】分子は 6.0×10^{23} 個をまとめて 1 mol《モル》 として数える。

【2】イオンも 6.0×10^{23} 個をまとめて 1 mol《モル》 として数える。 → Na^+，Cl^-，OH^-など

【3】NaCl や NaOH なども，NaCl や NaOH という粒子が存在すると考え，NaCl 6.0×10^{23} 個をまとめて 1 mol《モル》，NaOH 6.0×10^{23} 個をまとめて 1 mol《モル》 として数える。

組成式で表す物質

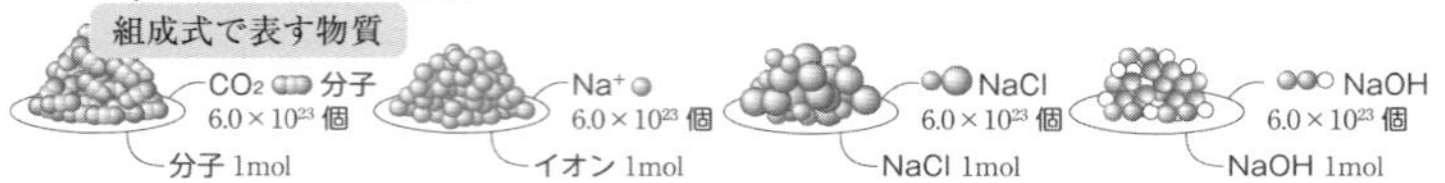

大きさや g は関係なく，個数だけを考えること‼

例題 二酸化炭素 CO_2 1.5 mol《モル》 に含まれる CO_2 分子の数を有効数字 2 桁で求める。

考え方 6.0×10^{23} 個/mol（←「個」がかくれている，←「1」がかくれている） なので， $1.5\,\text{mol}\times\dfrac{6.0\times10^{23}\text{個}}{1\,\text{mol}}=9.0\times10^{23}$ 個

☑ **3** 次の(1)〜(3)に有効数字 2 桁で答えよ。ただし，アボガドロ定数は 6.0×10^{23} 個/mol とする。（←「個」がかくれている ←「1」がかくれている）

(1) 水 0.50 mol に含まれる水分子の数は何個か。

H_2O

$$0.50\,\text{mol}\times\frac{6.0\times10^{23}\text{個}}{1\,\text{mol}}=\boxed{3.0\times10^{23}}\text{個}$$

(2) ナトリウムイオン 1.2×10^{23} 個は何 mol か。

Na^+

$$1.2\times10^{23}\text{個}\times\frac{1\,\text{mol}}{6.0\times10^{23}\text{個}}=\boxed{2.0\times10^{-1}}\,\text{mol}$$

0.20 mol も OK

(3) 塩化ナトリウム 10 mol に含まれる塩化ナトリウムは何個か。

NaCl

$$10\,\text{mol}\times\frac{6.0\times10^{23}\text{個}}{1\,\text{mol}}=\underset{6.0\times10}{60}\times10^{23}\text{個}=\boxed{6.0\times10^{24}}\text{個}$$

1 mol の質量

「1 mol の質量」は，原子量・分子量・式量の数値に単位 g をつけた値になる。

例題 原子量を H＝1.0，O＝16，Na＝23，Al＝27 とし，それぞれ 1 mol の質量を有効数字 2 桁で答える。

アルミニウム Al 1 mol の質量は，Al ＝27 より，27 g になる。 ⇒ 27 g/mol と表せる（モル質量という）

水素分子 H_2 1 mol の質量は，H_2 ＝2.0 より，2.0 g になる。 ⇒ 2.0 g/mol と表せる

水分子 H_2O 1 mol の質量は，H_2O＝18 より，18 g になる。 ⇒ 18 g/mol と表せる

水酸化ナトリウム NaOH 1 mol の質量は，NaOH＝40 より，40 g になる。 ⇒ 40 g/mol と表せる

1.0×2　　1.0×2＋16　　23＋16＋1.0

☑ **4** 次の(1)，(2)に有効数字 2 桁で答えよ。H＝1.0，C＝12，O＝16

(1) メタン CH_4 のモル質量

（CH_4 の分子量）＝（C の原子量）＋（H の原子量）×4＝12＋1.0×4＝16 より，16 g/mol

(2) 二酸化炭素 CO_2 のモル質量

（CO_2 の分子量）＝（C の原子量）＋（O の原子量）×2＝12＋16×2＝44 より，44 g/mol

13 物質量〔mol〕計算

学習日　月　日

物質量〔mol〕計算（原子の場合）

アボガドロ定数を 6.0×10^{23} 個/mol とすると（「個」がかくれている，「1」がかくれている），1 mol のアルミニウム Al は，6.0×10^{23} 個の Al 原子からなる。また，Al＝27 より，Al のモル質量は 27 g/mol となる。よって（「1」がかくれている），

Al 0.027 g の物質量〔mol〕は，

$$0.027\,\text{g}\times\frac{1\,\text{mol}}{27\,\text{g}}=\boxed{0.0010}\,\text{mol}$$（有効数字 2 桁）　1.0×10⁻³ も OK

となり，その粒子数は，（そのまま代入する）

$$\boxed{0.0010}\,\text{mol}\times\frac{6.0\times10^{23}\text{個}}{1\,\text{mol}}=\boxed{6.0\times10^{20}}\text{個}$$（有効数字 2 桁）

1.0×10^{-3} も OK　　$1.0\times10^{-3}\times6.0\times10^{23}=6.0\times10^{20}$ より

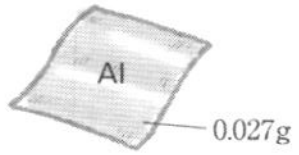

☑ **1** 次の(1)〜(3)に，有効数字 2 桁で答えよ。ただし，Al＝27，Mg＝24，アボガドロ定数 6.0×10^{23} 個/mol とする。

(1) ナトリウム 3.0 mol 中のナトリウム原子の数

Na

$$3.0\,\text{mol}\times\frac{6.0\times10^{23}\text{個}}{1\,\text{mol}}=18\times10^{23}\text{個}=\boxed{1.8\times10^{24}}\text{個}$$（2 桁）

(2) アルミニウム 5.4 g 中のアルミニウム原子の数

Al

$$5.4\,\text{g}\times\frac{1\,\text{mol}}{27\,\text{g}}\times\frac{6.0\times10^{23}\text{個}}{1\,\text{mol}}=0.20\times6.0\times10^{23}\text{個}=\boxed{1.2\times10^{23}}\text{個}$$（2 桁）

(3) マグネシウム 4.8 g の物質量〔mol〕

Mg

$$4.8\,\text{g}\times\frac{1\,\text{mol}}{24\,\text{g}}=\boxed{2.0\times10^{-1}}\,\text{mol}$$（2 桁）　0.20 mol も OK

物質量〔mol〕計算（分子の場合）

H＝1.0，O＝16 より，H_2O の分子量＝18（有効数字 2 桁） なので，水分子 H_2O のモル質量は 18 g/mol となる。また，アボガドロ定数を 6.0×10^{23} 個/mol とすると，1 mol の水分子 H_2O は 6.0×10^{23} 個の H_2O からなる。

よって，コップ 1 杯の水 H_2O（180 g）の物質量〔mol〕は，

$$180\,\text{g}\times\frac{1\,\text{mol}}{18\,\text{g}}=\boxed{1.0\times10}\,\text{mol}$$（有効数字 2 桁）　10 も OK（0 が有効数字であることを明確にするため，できれば 1.0×10 としたい）

となり，その粒子数は，（そのまま代入する）

$$\boxed{1.0\times10}\,\text{mol}\times\frac{6.0\times10^{23}\text{個}}{1\,\text{mol}}=\boxed{6.0\times10^{24}}\text{個}$$（有効数字 2 桁）

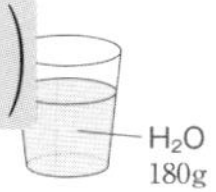

☑ **2** ドライアイス CO_2 4.4 kg について，次の(1)，(2)に有効数字 2 桁で答えよ。C＝12，O＝16，アボガドロ定数 6.0×10^{23} 個/mol

(1) 物質量〔mol〕 CO_2 の分子量＝12＋16×2＝44

より，CO_2 のモル質量 44g/mol

$$4.4\,\text{kg}\times\frac{10^3\,\text{g}}{1\,\text{kg}}\times\frac{1\,\text{mol}}{44\,\text{g}}=\boxed{1.0\times10^2}\,\text{mol}$$（2 桁）

(2) CO_2 分子の数〔個〕

$$1.0\times10^2\,\text{mol}\times\frac{6.0\times10^{23}\text{個}}{1\,\text{mol}}=\boxed{6.0\times10^{25}}\text{個}$$（2 桁）

物質量〔mol〕と気体の体積

0℃，1.013×10^5 Pa《パスカル》(この温度・圧力の状態を**標準状態**ということもある)で気体 1 mol の体積は，すべての気体で [22.4] L になる。これを [22.4] L/mol と書く。

小数第 1 位まで　モル体積という　H_2，CO_2，O_2，…など，どの気体でもいえる

☑ **3**　次の(1)，(2)に有効数字 2 桁で答えよ。

(1) 酸素 O_2 3.0 mol は，0℃，1.013×10^5 Pa で何 L か。　標準状態ということもある。

$$3.0\,\text{mol}\times\frac{22.4\,\text{L}}{1\,\text{mol}}=67.2\,\text{L}\fallingdotseq6.7\times10\,\text{L}$$

2 桁　　[6.7 × 10] L　67 L も OK

(2) 0℃，1.013×10^5 Pa で，5.6 L の O_2 の物質量は何 mol か。

$$5.6\,\text{L}\times\frac{1\,\text{mol}}{22.4\,\text{L}}=2.5\times10^{-1}\,\text{mol}$$

[2.5×10^{-1}] mol　0.25 mol も OK

物質量〔mol〕計算のまとめ

【1】時速

1 時間あたりに進む距離〔km〕を km/時 と書く。　←「1」がかくれている

【2】アボガドロ定数(記号 N_A)

1 mol あたりの粒子の数 6.0×10^{23} 個を**アボガドロ定数**といい，6.0×10^{23} 個/mol と書く。　「個」がかくれている　←「1」がかくれている

【3】モル質量

物質 1 mol あたりの質量を**モル質量**といい，g/mol と書く。　←「1」がかくれている

例　Al = 27 は 27 g/mol，H_2 = 2.0 は 2.0 g/mol，NaCl = 58.5 は 58.5 g/mol となる。

【4】モル体積

物質 1 mol あたりの体積を**モル体積**といい，0℃，1.013×10^5 Pa(**標準状態**ということもある)では，22.4 L/mol と書く。　←「1」がかくれている

【5】気体の密度

気体 1 L あたりの質量を気体の密度といい，g/L と書く。　←「1」がかくれている

☑ **4**　次の(1)～(4)に答えよ。ただし，数値は整数値で答えよ。

(1) アボガドロ定数の記号は [N_A] で表し，その単位は [/mol] になる。

(2) モル質量は，原子量・分子量・式量に単位 [g/mol] をつけて表す。

(3) H = 1.0，O = 16，Na = 23，Cl = 35.5，Ca = 40 とすると，

O_2 のモル質量は [32] g/mol，H_2O のモル質量は [18] g/mol，

Na のモル質量は [23] g/mol，$CaCl_2$ のモル質量は [111] g/mol

になる。　O_2：16 × 2 = 32　H_2O：1.0 × 2 + 16 = 18　Na：23　$CaCl_2$：40 + 35.5 × 2 = 111

(4) 0℃，1.013×10^5 Pa で，ある気体 1.2 L の質量は 2.4 g であった。この気体の 0℃，1.013×10^5 Pa での密度は [2] g/L になる。

$$2.4\,\text{g}\div1.2\,\text{L}=\frac{2.4\,\text{g}}{1.2\,\text{L}}=2\,\text{g/L}$$

☑ **5**　次の(1)～(8)に有効数字 2 桁で答えよ。ただし，アボガドロ定数は 6.0×10^{23}/mol，気体の体積は 0℃，1.013×10^5 Pa での値とする。

(1) 二酸化炭素 CO_2 1.5 mol に含まれる CO_2 分子の数〔個〕

6.0×10^{23} 個/1mol を利用する。(↙個をつける　↖1 をつける)

$$1.5\,\text{mol}\times\frac{6.0\times10^{23}\,個}{1\,\text{mol}}=$$ [9.0×10^{23}] 個　2 桁

(2) 水素 H_2 分子 1.2×10^{22} 個の物質量〔mol〕

$\dfrac{1\,\text{mol}}{6.0\times10^{23}\,個}$ を利用する。

$$1.2\times10^{22}\,個\times\frac{1\,\text{mol}}{6.0\times10^{23}\,個}=\frac{1}{50}\,\text{mol}=$$ [2.0×10^{-2}] mol　2 桁　0.020 mol も OK

(3) カルシウム Ca 0.75 mol の質量〔g〕(ただし，Ca = 40 とする)

40 g/1mol を利用する。(↖1 をつける)

$$0.75\,\text{mol}\times\frac{40\,\text{g}}{1\,\text{mol}}=$$ [3.0×10] g　2 桁

30 g も OK　←できれば 3.0×10 としたい

(4) 塩化ナトリウム NaCl 23.4 g の物質量〔mol〕(ただし，Na = 23，Cl = 35.5 とする)

NaCl = 23 + 35.5 = 58.5　より，58.5 g/mol　と表せ，$\dfrac{1\,\text{mol}}{58.5\,\text{g}}$ を利用する。

$$23.4\,\text{g}\times\frac{1\,\text{mol}}{58.5\,\text{g}}=$$ [4.0×10^{-1}] mol　2 桁　0.40 mol も OK

(5) 水 H_2O 4.5 g に含まれる H_2O 分子の数〔個〕(ただし，H = 1.0，O = 16 とする)

H_2O = 18　より，18 g/1mol　と　6.0×10^{23} 個/1mol　を利用する。(↙個をつける　↖1 をつける　↖1 をつける)

$$4.5\,\text{g}\times\frac{1\,\text{mol}}{18\,\text{g}}\times\frac{6.0\times10^{23}\,個}{1\,\text{mol}}=$$ [1.5×10^{23}] 個　2 桁

(6) アンモニア NH_3 2.5 mol の体積〔L〕　「気体の体積は 0℃，1.013×10^5 Pa での値とする」とある。

0℃，1.013×10^5 Pa なので，22.4 L/1mol を利用する。(↖1 をつける)

$$2.5\,\text{mol}\times\frac{22.4\,\text{L}}{1\,\text{mol}}=$$ [5.6×10] L　2 桁　56 L も OK

(7) 酸素 O_2 112 mL の物質量〔mol〕

1 L = 10^3 mL，22.4 L/1mol を利用する。(↖1 をつける)

$$112\,\text{mL}\times\frac{1\,\text{L}}{10^3\,\text{mL}}\times\frac{1\,\text{mol}}{22.4\,\text{L}}=$$ [5.0×10^{-3}] mol　0.0050 mol も OK

(8) 密度 1.25 g/L の気体の分子量

分子量を M とすると，M〔g/1mol〕と表せ，22.4 L/1mol を利用する。(↖1 をつける　↖1 をつける)

1.25 g/L　より，g ÷ L　を求める。

$$\frac{M\,[\text{g}]}{1\,\text{mol}}\div\frac{22.4\,\text{L}}{1\,\text{mol}}=\frac{M\,[\text{g}]}{1\,\text{mol}}\times\frac{1\,\text{mol}}{22.4\,\text{L}}=1.25\,\text{g/L}$$

M = 28 g/mol　よって，分子量は [2.8×10]　28 も OK

14 イオン結合とイオン結晶

学習日 月 日

【1】ナトリウムイオン Na^+ と塩化物イオン Cl^- は，静電気的な力で引きあって結びつく。

$Na^+ \Rightarrow \Leftarrow Cl^-$ （たがいに引き合う） ➡ Na^+Cl^- ➡（さらに集まる） $Na^+Cl^-Na^+$ / $Cl^-Na^+Cl^-$ / $Na^+Cl^-Na^+$ （イオン結晶という）

この静電気的な力を，**静電気**《せいでんき》力《りょく》または **クーロン** 力という。Na^+ と Cl^- の結びつき方を **イオン** 結合という。

【2】イオンなどの粒子が規則正しく並んでいる固体を **結晶** といい，塩化ナトリウム NaCl は **イオン** 結晶という。

☑ 1 塩化ナトリウムは，Na^+（**ナトリウム** イオン）と Cl^-（**塩化物** イオン）が **イオン** 結合している。

金属元素と非金属元素が結びつくことが多い

☑ 2 塩化ナトリウムは，**イオン** 結合からできている **イオン** 結晶である。

☑ 3 Na^+ と Cl^- を結びつける静電気的な力を **静電気** 力または **クーロン** 力という。

順不同

組成式のつくり方

イオンからなる物質は **組成式** で表す。（分子式 or 組成式）

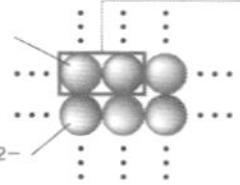

酸化銅(Ⅱ)CuO

「組成式」は，構成しているイオンの数を最も簡単な整数比で表す

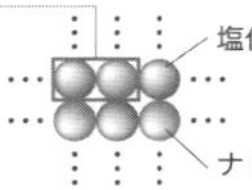

塩化ナトリウム NaCl

●組成式のつくり方

〈Ca^{2+} と Cl^- の場合〉

❶ 価数の比を求める

$Ca^{2+} : Cl^- = 2$価 : 1価 $= 2 : 1$

❷ 価数の比を書き，その比をたすきに書く

価数の比を書く → 2　1　Ca　Cl（価数の比をたすきに書く）

❸ 組成式が完成する

$CaCl_2$

〈Ca^{2+} と SO_4^{2-} の場合〉

❶ 価数の比を求める

$Ca^{2+} : SO_4^{2-} =$ **2** 価 : **2** 価 $= 1 :$ **1**

❷ 価数の比を書き，その比をたすきに書く

価数の比を書く → 1　1　Ca　SO_4（価数の比をたすきに書く）

❸ 組成式が完成する

$CaSO_4$

☑ 4 次のイオンからなる物質の組成式を書け。

(1) Na^+, Cl^- **NaCl**　(2) Ca^{2+}, F^- **CaF_2**　(3) Al^{3+}, Cl^- **$AlCl_3$**

(4) Cu^{2+}, NO_3^- **$Cu(NO_3)_2$**　(5) Al^{3+}, OH^- **$Al(OH)_3$**　(6) Al^{3+}, SO_4^{2-} **$Al_2(SO_4)_3$**

（ ）をつける　（ ）をつける　（ ）をつける

イオンからなる物質の名前のつけ方

例題 1 $CaCl_2$ の名前をつける。

❶ 組成式をつくっている陰イオンと陽イオンの名称をつける。

Cl^- は **塩化物** イオン，Ca^{2+} は **カルシウム** イオンとなる。

❷「〜化物イオン」は「物イオン」をとり，「〜イオン」は「イオン」をとる。

Cl^- は塩化物イオンなので「**塩化**」，Ca^{2+} はカルシウムイオンなので「**カルシウム**」と直す。

❸「陰イオン → 陽イオン」の順に名前をつける。

「$CaCl_2$」は，「塩化 カルシウム」となる。

例題 2 Na_2SO_4 の場合，SO_4^{2-} は **硫酸** イオン，Na^+ は **ナトリウム** イオンなので，硫酸イオンは「硫酸」，ナトリウムイオンは「ナトリウム」と直す。

よって，名前は「**硫酸ナトリウム**」となる。

☑ 5 次の物質の名称を書け。

(1) NaCl **塩化ナトリウム**（Na^+　Cl^-）　(2) NaOH **水酸化ナトリウム**（Na^+　OH^-）

(3) Na_2SO_4 **硫酸ナトリウム**（Na^+　SO_4^{2-}）　(4) $CaSO_4$ **硫酸カルシウム**（Ca^{2+}　SO_4^{2-}）

(5) CaF_2 **フッ化カルシウム**（Ca^{2+}　F^-）　(6) $Al_2(SO_4)_3$ **硫酸アルミニウム**（Al^{3+}　SO_4^{2-}）

Cl^- は塩化物~~イオン~~，OH^- は水酸化物~~イオン~~，SO_4^{2-} は硫酸~~イオン~~，F^- はフッ化物~~イオン~~ とする。
Na^+ はナトリウム~~イオン~~，Ca^{2+} はカルシウム~~イオン~~，Al^{3+} はアルミニウム~~イオン~~ とする。

イオン結晶の性質

【1】**イオン** 結合が強いので，融点が **高く**（高く or 低く），**硬い**（やわらかい or 硬い）ものが多い。

【2】強い力が加えられてイオンの配列がずれると，イオンどうしが **反発** することで結晶は割れ **やすく**（やすく or にくく），**もろい**（丈夫 or もろい）。

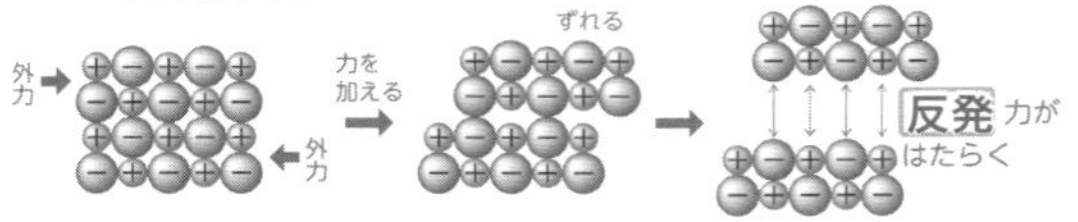

このように特定の面にそって結晶が割れることを **へき開** という。

【3】結晶のままでは電気を **通さない**（通す or 通さない）が，融解して液体にしたり，水に溶かして **水溶液** にしたりすると，イオンが動けるようになるので，電気を **通す**（通す or 通さない）ようになる。

☑ 6 イオン結晶は，次のような共通の性質がある。

① 融点の **高い**（高い or 低い）ものが多い。

② **硬い**（やわらかい or 硬い）が，もろく，割れ **やすい**（やすい or にくい）。

③ 結晶は電気を **通さない**（通す or 通さない）。

④ 融解した液体（**融解液**）や水溶液は電気を **通す**（通す or 通さない）。

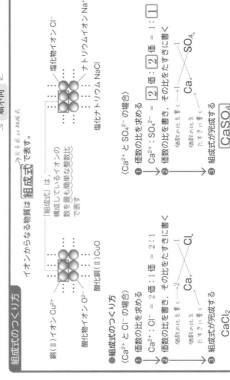

15 分子，共有結合，電子式

学習日　月／日

分子

非金属元素の原子が結びついてできた粒子を［分子］という。
水素分子 H_2 は 2 個の原子からなるので［二原子分子］，水分子 H_2O は［3］個の原子からなるので［三原子分子］という。3 個以上の原子からなる分子を［多原子分子］という。

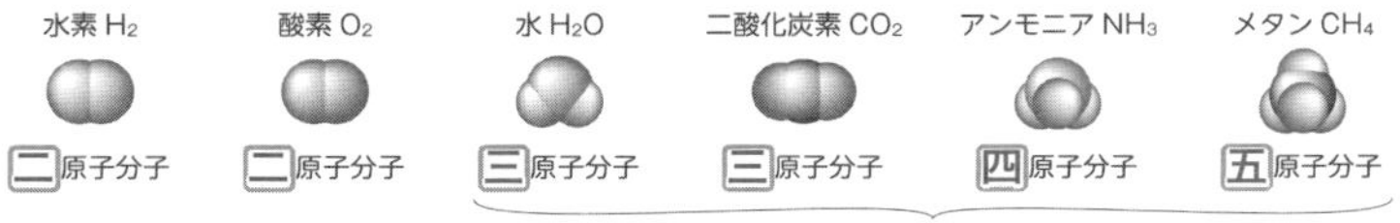

［二］原子分子　［二］原子分子　［三］原子分子　［三］原子分子　［四］原子分子　［五］原子分子

多原子分子

ヘリウム He やネオン Ne などの［貴ガス］は，原子 1 個が分子のふるまいをするので［単原子分子］という。

希ガスも OK

三原子分子以上

☑ **1** 次の分子は，単原子分子，二原子分子，多原子分子のいずれか答えよ。

(1) 水［多原子分子］　H_2O 三原子分子は多原子分子
(2) アンモニア［多原子分子］　NH_3 四原子分子は多原子分子
(3) 水素［二原子分子］　H_2
(4) アルゴン［単原子分子］　Ar
(5) 酸素［二原子分子］　O_2
(6) 窒素［二原子分子］　N_2

共有結合，電子式

【1】共有結合　水素分子 H_2 は 2 個の水素原子 H が価電子を［1］個ずつ出し合い，それを原子間で共有してできている。このように，2 個の原子が価電子を出し合い，それを 2 個の原子で共有してできる結合を［共有《きょうゆう》］結合という。

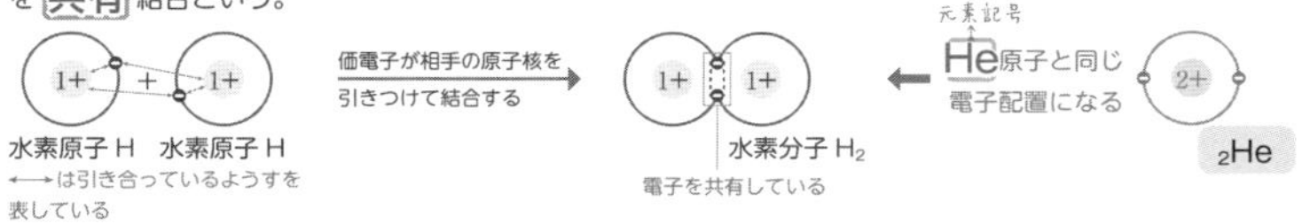

【2】電子式　最外殻電子を点「・」で示した化学式

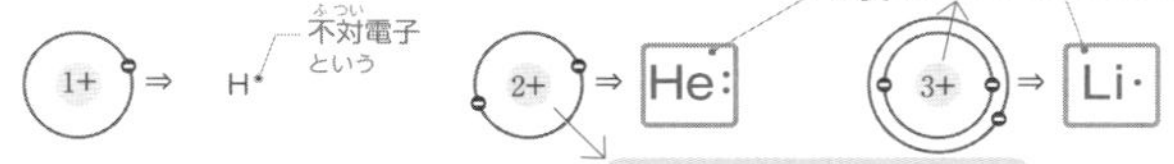

原子番号 3 はリチウム

原子番号 2 はヘリウム　・He・ でなく He: とする。

☑ **2** 次の原子の電子式を書け。

例題 N　**考え方**　原子番号＝［7］であり，その電子配置は K(［2］)L(［5］)となり，最外殻電子は［5］個とわかる。元素記号の上下左右に最外殻電子を 4 個目まではバラバラに書き，5 個目からは電子対(ペア)をつくるように書く。

スペースには 2 個まで OK　電子を書くスペース　上下左右どこから書きはじめてもよい

電子対《つい》という　不対電子　・N̈・（・N:，・N̤・，:N・ でもよい）

---

(1) $_8O$　［・Ö・］　K(2)L(6)
(2) $_{10}Ne$　［:N̈e:］　K(2)L(8)
(3) $_9F$　［:F̈・］　K(2)L(7)
(4) $_4Be$　［・Be・］　K(2)L(2)

☑ **3** (1) ・N̈・ のもつ不対電子の数は［3］個　電子対　不対電子
(2) ・Ċ・ のもつ不対電子の数は［4］個　不対電子

電子式の書き方の練習

原子の電子式を書け。

族	1	2	13	14	15	16	17	18
第 1 周期	H・							He:
第 2 周期	Li・	・Be・	・Ḃ・	・Ċ・	・N̈・	・Ö・	:F̈・	:N̈e:
第 3 周期	Na・	・Mg・	・Ȧl・	・Ṡi・	・P̈・	・S̈・	:C̈l・	:Ä̤r:
不対電子の数	［1］個	［2］個	［3］個	［4］個	［3］個	［2］個	［1］個	［0］個

☑ **4** 次の原子や分子の電子式を書け。

(1) H_2　H・ ＋ ・H　―共有結合→　H:H　共有電子対《きょうゆうでんしつい》という　不対電子
(2) H_2O　H・ ＋ ・Ö・ ＋ ・H　―共有結合→　H:Ö:H　非《ひ》共有電子対という　不対電子　電子対
(3) Cl_2　:C̈l・ ＋ ・C̈l:　―共有結合→　:C̈l:C̈l:
(4) H_2S 硫化水素　H・ ＋ ・S̈・ ＋ ・H　―共有結合→　H:S̈:H
(5) F_2　:F̈・ ＋ ・F̈:　―共有結合→　:F̈:F̈:

☑ **5** 次の分子の電子式を書き，共有電子対を □，非共有電子対を ⬭ で囲め。

(1) H_2O　H:Ö:H
(2) H_2　H:H
(3) F_2　:F̈:F̈:
(4) Cl_2　:C̈l:C̈l:
(5) H_2S　H:S̈:H

H_2 は非共有電子対をもたない

☑ **6** 次の分子の電子式を書け。

(1) HCl　H・ ＋ ・C̈l:　―共有結合→　H:C̈l:　単結合という
(2) CO_2　・Ö・ ＋ ・Ċ・ ＋ ・Ö・　―共有結合→　:Ö::C::Ö:　それぞれ二重結合という
(3) N_2　:N・ ＋ ・N:　―共有結合→　:N:::N:　三重結合という
(4) NH_3　H・ 3 個 と ・N̈・ 1 個が共有結合 ⇒ H:N̈:H（下に H）
(5) CH_4　H・ 4 個 と ・Ċ・ 1 個が共有結合 ⇒ H:C̈:H（上下に H）

16 構造式，分子の形，極性

学習日 月 日

共有結合のようすを線－(価標ということもある)で表した化学式を 構造式《こうぞうしき》 という。H· を H－ と表す。（不対電子を「－」で表す）
原子から出ている線－の本数を 原子価 という。

例題 原子の電子式を書き，構造式の一部を完成させよ。

族	1	14		15		16		17	
電子式	H·	·C·	·Si·	·N·	·P·	·O·	·S·	:F·	:Cl·
構造式の一部	H－	－C－	－Si－	－N－	－P－	－O－	－S－	F－	Cl－
原子価	1 価	4 価		3 価		2 価		1 価	

☑ 1 次の分子の構造式を書け。

例題 H_2 H－ と H－ をつないで，H－H とする。（構造式／単結合）

(1) H_2O H－ H－ と －O－ をつないで，H－O－H とする。（構造式は，結合のようすを表すもので，分子の形を正しく表しているとは限らない）

(2) Cl_2 Cl－ と Cl－ をつないで，Cl－Cl とする。

(3) NH_3 H－ H－ H－ と －N－ をつないで，H－N－H（下にH）とする。

(4) H_2S H－ H－ と －S－ をつないで，H－S－H とする。

(5) CO_2 －O－ －O－ と －C－ をつないで，O＝C＝O とする。（二重結合）

(6) CH_4 H－ H－ H－ H－ と －C－ をつないで，H－C－H（上下にH）とする。

(7) HCl H－ と －Cl をつないで，H－Cl とする。

(8) HF H－ と －F をつないで，H－F とする。

(9) N_2 －N－ と －N－ をつないで，N≡N とする。（三重結合）

分子の形

構造式は，分子の形を正しく表しているとは限らない。実際の分子の立体的な形はさまざまになる。

【1】直線形

⇒ 例 水素 H_2 H－H　塩素 Cl_2 Cl－Cl　塩化水素 HCl H－Cl　窒素 N_2 N≡N
構造式　二原子分子は直線形になる

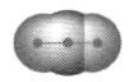

⇒ 例 二酸化炭素 CO_2 O＝C＝O →構造式

【2】折れ線形(V 字形)

⇒ 例 水 H_2O H－O－H（H－O（下にH） や O（下にH H） と書いてもよい）

【3】三角すい形

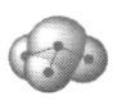

⇒ 例 アンモニア NH_3 H－N－H（下にH） →構造式

【4】正四面体形

⇒ 例 メタン CH_4 H－C－H（上下にH） →構造式

☑ 2 次の分子の形（V 字形も OK）

(1) 水 H_2O 折れ線形　(2) 二酸化炭素 CO_2 直線形　(3) メタン CH_4 正四面体形
(4) フッ素 F_2 直線形　(5) 水素 H_2 直線形　(6) 塩素 Cl_2 直線形
(7) アンモニア NH_3 三角すい形　(8) 塩化水素 HCl 直線形

電気陰性度のイメージ

水素分子 H－H(H:H) の 共有電子 対は，どちらの H 原子にも引き寄せられていない。
ところが，塩化水素分子 H－Cl(H:Cl:) の 共有電子 対は，Cl 原子の方に引き寄せられている。

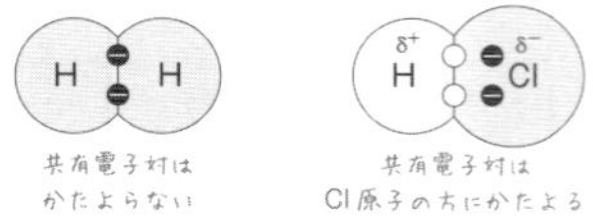

これは原子の共有電子対を引きつける強さに違いがあるためで，この強さを数値で表したものを 電気陰性度《でんきいんせいど》 という。

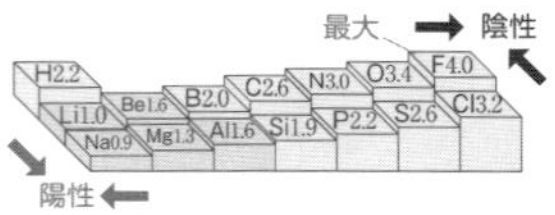

<電気陰性度の値（ポーリングの値）>

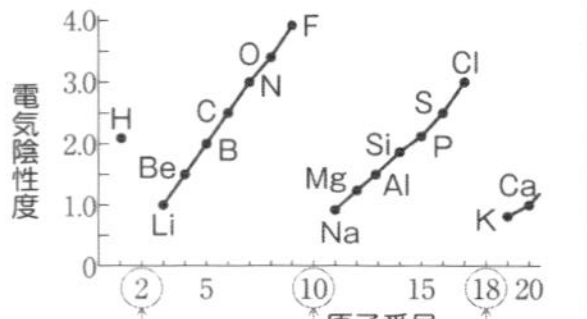

$_2He$，$_{10}Ne$，$_{18}Ar$（ 貴ガス ）の電気陰性度の値は，ふつう省略される（希ガスも OK）

☑ 3 右上の〈電気陰性度の値(ポーリングの値)〉の図から，電気陰性度の大きな原子の順は，
F ＞ O ＞ Cl ＞ N の順とわかる。
電気陰性度の数値 4.0 3.4 3.2 3.0

☑ **4** 不等号を入れよ。　電気陰性度の値 ⇒ C > H

電気陰性度の特徴

共有電子対を引きつける強さを数値で表したものを **電気陰性度** という。電気陰性度は **貴ガス** を除いて周期表上で **右上** にある元素ほど **大きく**（大きく or 小さく），**左下** にある元素ほど **小さい**（大きい or 小さい）。

電気陰性度の大きい元素は，電子を引きつける力が **強く**（強く or 弱く），**陰**（陽 or 陰）性が強い元素といえる。また，電気陰性度の小さい元素は，電子を引きつける力が **弱く**（強く or 弱く），**陽**（陽 or 陰）性が強い元素といえる。

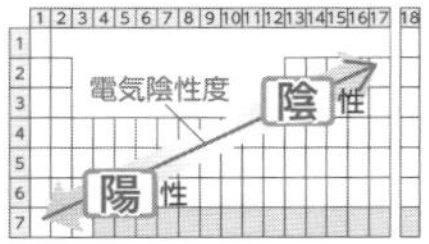

電気陰性度が最も大きい元素の元素記号は **F** である。（フッ素）

二原子分子 XY について，X と Y の電気陰性度の差が小さいほど共有結合性が **強く**（強く or 弱く），差が大きいほどイオン結合性が **強い**（強い or 弱い）といえる。

☑ **5** 塩化水素分子 H−Cl では，電気陰性度の大きな **塩素** 原子の方に共有電子対が引き寄せられる。（Cl も OK）

☑ **6** H−Cl 分子では，共有電子対が **塩素** 原子の方に引き寄せられることで Cl 原子はわずかに **負** の電荷（δ−）を，H 原子はわずかに **正** の電荷（δ+）を帯びる。（マイナスも OK）（プラスも OK）
δ（デルタ）は「わずかに」という意味

☑ **7** $^{\delta+}H \rightarrow Cl^{\delta-}$ のように共有結合に電荷のかたよりが **ある**（ある or ない）ことを，「結合に **極性**《きょくせい》 がある」という。
（→は共有電子対が矢印の方向にかたよっていることを示す）

☑ **8** 次の中で，結合の極性が最も大きいものは **(ウ)** であり，最も小さいものは **(イ)** である。
(ア) H−O　(イ) H−N　(ウ) H−F　(エ) H−Cl

電気陰性度の大きな原子の順　F>O>Cl>N　から判断する。
極性が大きいということは電気陰性度の差が大きいということになる。よって，極性の大きさは，(ウ)>(ア)>(エ)>(イ)　の順になる。

極性

【1】H−H や Cl−Cl は，結合に極性が **ない**（ある or ない）。このような分子を **無極性**《むきょくせい》 分子という。
【2】$\overset{\delta+}{H}-\overset{\delta-}{F}$ や $\overset{\delta+}{H}-\overset{\delta-}{Cl}$ は，結合に極性が **あり**（あり or なく），分子全体として極性をもつ。このような分子を **極性** 分子という。
【3】$\overset{\delta-}{O}=\overset{\delta+}{C}=\overset{\delta-}{O}$ は，$\overset{\delta+}{C}=\overset{\delta-}{O}$ 結合に極性が **ある**（ある or ない）が，分子の形が **直線** 形であり，極性の大きさが **等しく** 逆向きなので，互いに打ち消しあう。このような分子を **無極性** 分子という。
【4】$\overset{\delta+}{H}\overset{\delta-}{O}\overset{\delta+}{H}$ は，$\overset{\delta-}{O}-\overset{\delta+}{H}$ 結合に極性が **あり**（あり or なく），分子の形は **折れ線** 形であるので極性が打ち消されない。このような分子を **極性** 分子という。（V字も OK）

●極性分子と無極性分子の見分け方 極性の方向を矢印（δ+ → δ−）で示し，分子の形を考えて見分ける。

H−H **直線** 形　Cl−Cl **直線** 形　⇒ いずれも電気陰性度の差がなく，矢印で示すことができない。よって，**無極性** 分子

電気陰性度は，F>O>Cl>N>C>H（最大）の順であり，Cl>H，O>C，O>H となる。これを利用すると，

直線 形 → が残るので，**極性** 分子

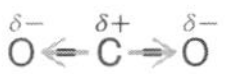
直線 形 → の合力が 0《ゼロ》 に **なる**（なる or ならない）ので，**無極性** 分子

折れ線 形（V字も OK） → の合力が 0《ゼロ》 に **ならない**（なる or ならない）ので，**極性** 分子

と考えることができる。電気陰性度は，N>H，C>H なので，次の分子は，

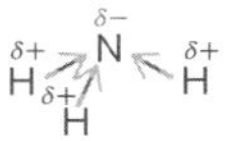
三角すい 形 → の合力が 0《ゼロ》 に **ならない**（なる or ならない）ので，**極性** 分子

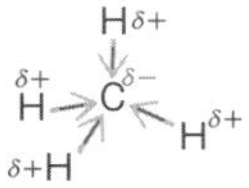
正四面体 形 → の合力が 0《ゼロ》 に **なる**（なる or ならない）ので，**無極性** 分子

☑ **9** 次の分子が極性分子か無極性分子かを答えよ。

(1) H_2O **折れ線** 形（V字も OK） **極性** 分子
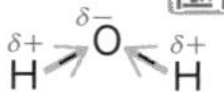

(2) CO_2 **直線** 形 **無極性** 分子
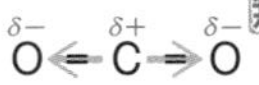

(3) NH_3 **三角すい** 形 **極性** 分子
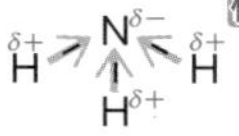

(4) H_2S **折れ線** 形（V字も OK） **極性** 分子

(5) CH_4 **正四面体** 形 **無極性** 分子
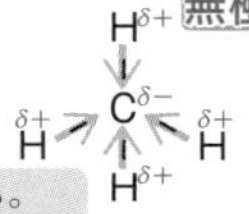

(6) CCl_4 **正四面体** 形 **無極性** 分子
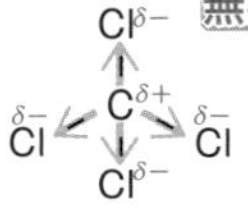

電気陰性度は，S>H となる。
周期表上の位置をイメージしよう。

☑ **10** 極性，無極性のいずれかを入れよ。

メタン CH_4 は **無極性** 分子だが，クロロメタン CH_3Cl は **極性** 分子，ジクロロメタン CH_2Cl_2 は **極性** 分子，トリクロロメタン $CHCl_3$ は **極性** 分子である。ただし，テトラクロロメタン CCl_4 は **無極性** 分子になる。

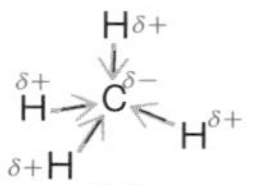
メタン

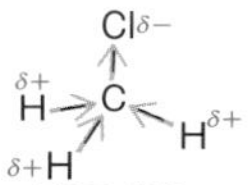
クロロメタン

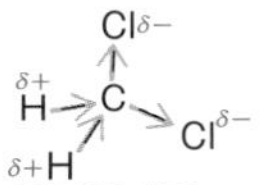
ジクロロメタン

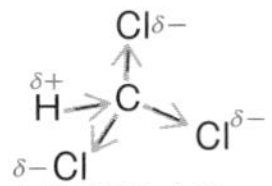
トリクロロメタン

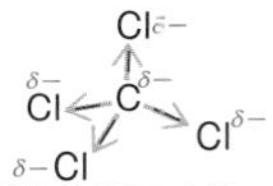
テトラクロロメタン

無極性分子　極性分子（クロロメタン～トリクロロメタン）　無極性分子

17 配位結合

学習日　月　日

水分子(H:Ö:H)は，O原子(·Ö·)とH原子(H·)が不対電子を1個ずつ出し合うことで(:のところ)，**共有電子対**をつくって**共有**結合している。また，共有結合には使われていない電子対(:のところ)を**非共有電子対**という。（不対電子）→孤立電子対もOK

H^+ は水溶液中では H_2O と結合して H_3O^+(**オキソニウムイオン**)になっている。この結合は，H_2O の非共有電子対が H^+ と共有されることで生じる。

H:Ö: (H)　非共有電子対 ＋ H⁺ —一方的に提供される→ [H:Ö:H (H)]⁺　**配位結合**で生じた共有結合

オキソニウムイオン H_3O^+

このように，非共有電子対が提供され，それを互いに共有してできる結合を**配位**《はいい》結合という。オキソニウムイオン H_3O^+ のもつ3つのO−H結合は，できるしくみが異なるだけで，共有結合と配位結合は区別することができ**ない**。→る or ない

オキソニウムイオンの構造式　$[H-O-H]^+$（下にH）　（$[H-O\rightarrow H]^+$（下にH）　配位結合を表したいとき）

☑ **1** アンモニア分子の電子式と構造式をそれぞれ記し，共有電子対と非共有電子対は何組ずつあるか答えよ。

電子式　H:N̈:H（下にH）　構造式　H−N−H（下にH）

共有電子対 **3** 組（右図の□のところ）
非共有電子対 **1** 組（右図の◯のところ）

☑ **2** アンモニウムイオン NH_4^+ は，NH_3 と H^+ が**配位**結合してできている。

共有電子対　**非共有**電子対　H:N:(H, H) ＋ H⁺ → [H:N:H (H, H)]⁺（電子式）　[H−N−H (H, H)]⁺（構造式）

☑ **3** NH_4^+ の **4** 個のN−H結合はすべて同等であり，どれが**共有**結合か**配位**結合かを区別することが**できない**。→できる or できない　（順不同）

☑ **4** 一方の原子から提供された**非共有**電子対が共有されてできる共有結合を**配位**結合という。（孤立もOK）

☑ **5** オキソニウムイオンとアンモニウムイオンの電子式をそれぞれ記し，共有電子対を▯，非共有電子対を⬯で示せ。

オキソニウムイオン　[H:Ö:H (H)]⁺　　アンモニウムイオン　[H:N:H (H, H)]⁺
アンモニウムイオンに非共有電子対はない

18 分子間にはたらく力，分子結晶

学習日　月　日

ドライアイスは二酸化炭素 CO_2 の**固体**（→固体，液体 or 気体）であり，CO_2 分子どうしが分子間にはたらく弱い引力により集まってできている。この分子間にはたらく弱い引力のことを**分子間力**という。
ドライアイスは CO_2 分子が規則正しく配列してできた固体であり，このような固体を**分子結晶**という。
〈分子結晶の例〉

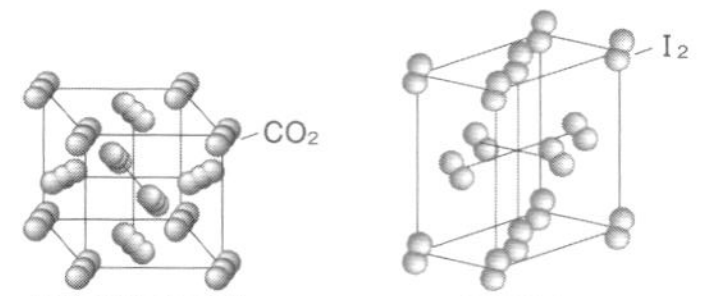

ドライアイス CO_2　　ヨウ素 I_2

分子結晶は，分子間にはたらく引力が弱いため，融点が**低く**（→高く or 低く），やわらかいものが**多い**（→多い or 少ない）。また，ドライアイスやヨウ素のように**昇華**しやすいものが多い。固体は電気を**通さず**（→通し or 通さず），液体になっても電気を**通さない**（→通す or 通さない）。

☑ **1** 分子が規則正しく配列してできている固体を**分子**結晶という。

☑ **2** 分子結晶には，**ドライアイス CO_2**，**ヨウ素 I_2**，**ナフタレン**のように**昇華**しやすいものが多い。

☑ **3** 固体が直接気体に変化することを**昇華**という。

☑ **4** 分子結晶の性質について答えよ。
① 硬さ ⇒ **やわらかい**
② 融点 ⇒ **低**いものが多い
③ 電気 ⇒ 固体・液体とも**通さない**（→通す or 通さない）

☑ **5** 氷は水分子からなる**分子**結晶であり，その体積は氷の方が液体の水より**大きい**（大きい or 小さい）。そのため，氷の密度は液体の水の密度より**小さく**（→大きく or 小さく），氷は水に**浮く**（→浮く or 沈む）。水以外の多くの物質は，固体の密度が液体の密度より**大きく**（→大きく or 小さく），固体は液体に**沈む**（→浮く or 沈む）。

☑ **6** 右図の□に，固体，液体のいずれかを入れよ。

19 共有結合の結晶

学習日　月　日

C や Si などの非金属元素の原子が 共有 結合で次々に結合した結晶を 共有結合 の結晶という。

〈共有結合の結晶の例〉

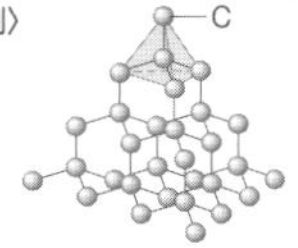

ダイヤモンドの構造

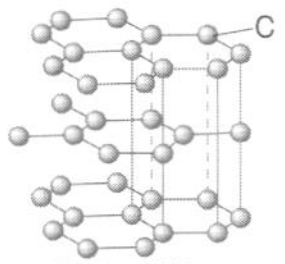

黒鉛の構造

共有結合の結晶は 硬く，融点が 高い ものが多い(ただし，黒鉛は融点は 高い が，やわらかい)。また，電気を 通さない ものが多い(ただし，黒鉛は電気をよく 通す)。

石英の主成分。硬く，融点も高く，電気を通さない

ダイヤモンド，ケイ素 Si，二酸化ケイ素 SiO_2 などの結晶は 共有結合 の結晶であり，硬さは 硬 く，融点が 高 い。ダイヤモンド，二酸化ケイ素 SiO_2 は電気伝導性が ない 。ケイ素 Si は，わずかに電気を 通す ために 半導体《はんどうたい》 とよばれ，太陽電池，LED，集積回路(IC)などに利用される。

黒鉛は 共有結合 の結晶だが，硬さは やわらかく，電気を 通す 。ただし，融点は 高い 。

☑ **1** 共有結合の結晶の性質

① 硬さ → とても 硬い (黒鉛は やわらかい)

② 融点 → 極めて 高い

③ 水への溶けやすさ → 溶けにくい

④ 電気 → 通し にくい (黒鉛は 通す)

·C· より

☑ **2** ダイヤモンドは，炭素原子 C が価電子 4 個すべてを使って，となりあう 4 個の C 原子と 共有 結合している。ダイヤモンドは非常に 硬 く，電気を 通さず，正四面体 形の立体構造をつくっている 共有結合 の結晶である。

ファンデルワールスも OK

☑ **3** 黒鉛(グラファイト)は，C 原子がとなりあう 3 個の C 原子と 共有 結合している。正六角 形を基本単位とする 平面構造 をつくり，この 平面 構造どうしは弱い 分子間 力で積み重なっているので，黒鉛は やわらかく，うすく はがれやすい。また， 4 個の価電子のうちの 3 個を使って共有結合しており，残る 1 個の価電子が平面構造にそって自由に動くために電気をよく 通す。

☑ **4** ダイヤモンドと黒鉛は 同素体 の関係にある。

☑ **5** 純度の高いケイ素は，わずかに電気を通し， 半導体 として集積回路(IC)や太陽電池などの材料に使われる。

20 金属結合と金属結晶

学習日　月　日

鉄 Fe，銅 Cu などの 金属 は，多くの 金属 原子が規則正しく並んで 金属 結晶をつくっている。金属原子は，イオン化エネルギーが 小さく，価電子を放出しやすい。

金属結晶では，価電子が特定の原子の間で共有されず， すべて の原子に共有され結晶中を自由に動きまわっている。このような電子を 自由電子 という。

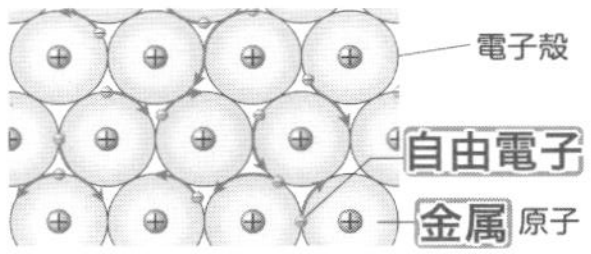

〈 金属 結合のようす〉

金属原子は 陽 性が強く，価電子は原子から離れ やすい

↓

価電子は すべて の原子に共有されている

↓

このような価電子を 自由電子 という

↓

自由電子による結合を 金属 結合という

☑ **1** 金属結晶の性質

① その表面が光をよく反射するので，特有の光沢《こうたく》をもつ。これを 金属光沢 とよぶ。

② 電気を伝える性質(電気伝導性 という)や，熱を伝える性質(熱伝導性 という)が 大きい 。 自由電子 が電気や熱を伝える。

③ 引っ張ると長く伸びる性質(延性《えんせい》 という)やたたくとうすく広がる性質(展性《てんせい》 という)をもつ。

〈金属の延性・展性のようす〉

④ 融点は高いものから低いものまである。一般に，典型元素の金属より遷移元素の金属の方が融点・沸点が 高い 。水銀 Hg は融点が 低く，常温で 液体 である。

☑ **2** 金属結晶の性質

① 金属光沢 を示す ⇒ 特有のつやをもつ

② 電気や熱を 通す 。電気伝導性と熱伝導性が最大の金属単体は 銀 である。

③ 金箔は 展性，銅線は 延性 を利用してつくられる。

④ 遷移元素の金属の融点は 高い 。

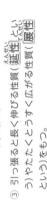

21 溶液，濃度

学習日　月　日

溶液，濃度

【1】溶質・溶媒・溶液・溶解のいずれかを入れよ。

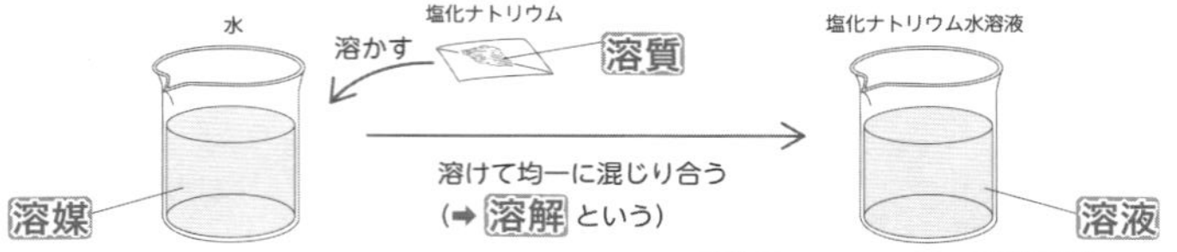

溶媒 が水の場合は，**水溶液** という。

【2】溶質・溶媒・溶液のいずれかを入れよ。

溶液に含まれる溶質の割合を **濃度** といい，次の 2 つを覚える必要がある。

❶ 質量パーセント濃度

$$\text{質量パーセント濃度〔\%〕} = \frac{\text{溶質 の質量〔g〕}}{\text{溶液 の質量〔g〕}} \times 100 = \frac{\text{溶質 の質量〔g〕}}{\text{溶媒 の質量〔g〕} + \text{溶質 の質量〔g〕}} \times 100$$

（%：割合を表す記号であり，単位ではない）

❷ モル濃度〔mol/L〕

$$\text{モル濃度〔mol/L〕} = \text{溶質 の物質量〔mol〕} \div \text{溶液 の体積〔L〕} = \frac{\text{溶質 の物質量〔mol〕}}{\text{溶液 の体積〔L〕}}$$

☑ **1** 次の(1)～(3)に答えよ。

(1) 水 100 g にグルコース $C_6H_{12}O_6$ 25 g を溶かしてできるグルコース水溶液の質量パーセント濃度を整数値で答えよ。

$$\frac{25\,\text{g}}{100\,\text{g}+25\,\text{g}} \times 100 = 20\,\%$$

20 %

(2) 水にグルコース $C_6H_{12}O_6$ 0.20 mol を溶かして，0.50 L の水溶液をつくった。この水溶液のモル濃度〔mol/L〕を有効数字 2 桁で答えよ。

$$\frac{\text{溶質〔mol〕}}{\text{溶液〔L〕}} = \frac{0.20\,\text{mol}}{0.50\,\text{L}} = 0.40\,\text{mol/L}$$

0.40 mol/L

4.0×10^{-1} mol/L も OK

(3) 0.20 mol/$_1$L のグルコース水溶液 100 mL に含まれるグルコースの物質量〔mol〕を有効数字 2 桁で答えよ。

（1 がかくれている）

Lどうしを消去する

$$0.20\,\text{mol}/_1\text{L} \text{ を } \frac{0.20\,\text{mol}}{1\,\text{L}} \text{ と表し，} \frac{0.20\,\text{mol}}{1\,\text{L}} \times \frac{100}{1000}\,\text{L} = 0.020\,\text{mol}$$

0.020 mol

2.0×10^{-2} mol も OK

濃度

例題 6.0% の塩化ナトリウム水溶液を 50 g つくるには，溶質と溶媒は何 g 必要になるか。整数値で答えよ。

ポイント！ 質量パーセント濃度は，溶液 100 g に溶けている溶質の質量〔g〕を表している。例えば，x〔%〕の水溶液のときは，$\frac{x\text{〔g〕の溶質}}{100\text{ g の水溶液}}$ と書き直して計算するとよい。

考え方 溶質は，（塩化ナトリウム）

$$\frac{\textbf{6.0}\text{ g の塩化ナトリウム}}{\textbf{100}\text{ g の水溶液}} \times 50\text{ g の水溶液} = \textbf{3}\text{ g}$$ 必要になる。

溶媒は，**50** g － **3** g ＝ **47** g 必要になる。

（50 g：水溶液の質量，3 g：塩化ナトリウムの質量）

☑ **2** 次の(1)，(2)に有効数字 2 桁で答えよ。

(1) 水酸化ナトリウム 4.0 g を水に溶かして 500 mL の水溶液をつくった。この水溶液のモル濃度〔mol/L〕を求めよ。ただし，H＝1.0，O＝16，Na＝23 とする。

NaOH＝23＋16＋1.0＝40　より，40 g/$_1$mol　と表せ，$\frac{1\,\text{mol}}{40\,\text{g}}$　を利用する。（1 をつける）

$$\frac{\text{溶質〔mol〕}}{\text{溶液〔L〕}} = \frac{4.0\,\text{g} \times \frac{1\,\text{mol}}{40\,\text{g}}}{500\,\text{mL} \times \frac{1\,\text{L}}{10^3\,\text{mL}}} = \frac{0.10\,\text{mol}}{0.50\,\text{L}} = 2.0 \times 10^{-1}\,\text{mol/L}$$

2.0×10^{-1} mol/L

0.20 mol/L も OK

(2) 質量パーセント濃度 28% のアンモニア水（密度 0.90 g/mL）がある。ただし，H＝1.0，N＝14 とする。

① このアンモニア水 50 g に含まれるアンモニアの物質量〔mol〕を求めよ。

NH_3＝14＋1.0×3＝17　より，17 g/$_1$mol　と表せることを利用する。

$$\frac{28\,\text{g の } NH_3}{100\,\text{g の水溶液}} \times 50\,\text{g} \times \frac{1\,\text{mol}}{17\,\text{g}} \fallingdotseq 8.2 \times 10^{-1}\,\text{mol}$$

8.2×10^{-1} mol

0.82 mol も OK

② このアンモニア水のモル濃度〔mol/L〕を求めよ。

$\frac{28\,\text{g の } NH_3}{100\,\text{g の水溶液}}$，17 g/$_1$mol，0.90 g/$_1$mL より　$\frac{1\,\text{mL}}{0.90\,\text{g}}$　を利用する。

NH_3 の g どうしを消去する

$$\frac{\text{溶質〔mol〕}}{\text{溶液〔L〕}} = \frac{28\,\text{g} \times \frac{1\,\text{mol}}{17\,\text{g}}}{100\,\text{g} \times \frac{1\,\text{mL}}{0.90\,\text{g}} \times \frac{1\,\text{L}}{10^3\,\text{mL}}} = \frac{\frac{28}{17}}{\frac{1}{9}} = \frac{28}{17} \div \frac{1}{9} = \frac{28}{17} \times \frac{9}{1} \fallingdotseq 1.5 \times 10\,\text{mol/L}$$

水溶液の g どうしを消去する

mL どうしを消去して L に直す

1.5×10 mol/L

15 mol/L も OK

22 化学反応式と物質量

学習日　月／日

化学反応式

【1】空欄に反応物・生成物のいずれかを入れよ。

物質が別の物質になる変化を化学変化(化学反応)という。

$2H_2 + O_2 \longrightarrow 2H_2O$ (化学反応式)

係数《けいすう》という　**反応物**　**生成物**

【2】化学反応式のつくり方

手順1　反応物を左辺，生成物を右辺に書き，矢印「⟶」で結ぶ。

$H_2 + O_2 \longrightarrow H_2O$

手順2　どこか1つの化学式の係数を①とする。

$1H_2 + O_2 \longrightarrow H_2O$

手順3　両辺で各原子の数が等しくなるように係数をつける。

③ 右辺にOは1×1＝1個あるので，係数$\frac{1}{2}$をつける

$1H_2 + \frac{1}{2}O_2 \longrightarrow 1H_2O$

① 左辺にHは2×1＝2個ある　② Hの数をそろえるために係数1をつける

手順4　係数を簡単な整数比にする。

全体を2倍(分母倍)する

$2H_2 + O_2 \longrightarrow 2H_2O$ ⟵ 完成！

☑ **1**　次の化学反応式に係数をつけて，化学反応式を完成させよ。

(1) $1C + \frac{1}{2}O_2 \longrightarrow 1CO$

①ここを「1」とする　②　③

全体を2倍して

$2C + O_2 \longrightarrow 2CO$

(2) $1CH_4 + 2O_2 \longrightarrow 1CO_2 + 2H_2O$

①ここを「1」とする　②　③

$CH_4 + 2O_2 \longrightarrow CO_2 + 2H_2O$

(3) $1NH_3 + \frac{5}{4}O_2 \longrightarrow 1NO + \frac{3}{2}H_2O$

①ここを「1」とする　②　③

全体を4倍して

$4NH_3 + 5O_2 \longrightarrow 4NO + 6H_2O$

(4) $1CO_2 + 2NaOH \longrightarrow 1Na_2CO_3 + 1H_2O$

①原子の種類が多そうなものを「1」とするとよい　②　③　④

$CO_2 + 2NaOH \longrightarrow Na_2CO_3 + H_2O$

完全燃焼の反応式

完全燃焼《ねんしょう》とは，酸素 O_2 が十分な条件で燃焼させることをいい，反応物中のすべてのCやHが CO_2，H_2O に変化する。化学反応式は，次のようにつくる。

手順1　「完全燃焼させる物質」と O_2 を左辺，「完全燃焼後の物質」を右辺に書く。

C_2H_6《エタン》 $+ O_2 \longrightarrow CO_2 + H_2O$

手順2　完全燃焼させる物質の係数を1とする。

$1C_2H_6 + O_2 \longrightarrow CO_2 + H_2O$

手順3　C原子やH原子などに注目しながら，生成物の係数をつける。

$1C_2H_6 + O_2 \longrightarrow 2CO_2 + 3H_2O$

手順4　O_2 で係数をそろえる。

$1C_2H_6 + \frac{7}{2}O_2 \longrightarrow 2CO_2 + 3H_2O$

手順5　係数を簡単な整数比にする。

全体を2倍(分母倍)する

$2C_2H_6 + 7O_2 \longrightarrow 4CO_2 + 6H_2O$

☑ **2**　次の化学反応式に係数をつけて，化学反応式を完成させよ。

(1) $1C_3H_8 + 5O_2 \longrightarrow 3CO_2 + 4H_2O$

①ここを「1」とする　②　③　④

$C_3H_8 + 5O_2 \longrightarrow 3CO_2 + 4H_2O$

(2) $1C_2H_6O + 3O_2 \longrightarrow 2CO_2 + 3H_2O$

①ここを「1」とする　②　③　④　④

$C_2H_6O + 3O_2 \longrightarrow 2CO_2 + 3H_2O$

化学反応式の読みとり方

$1CH_4 + 2O_2 \longrightarrow 1CO_2 + 2H_2O$

この反応式からは，CH_4 1 mol と O_2 [2] mol から，CO_2 [1] mol と H_2O [2] mol ができることがわかる。

☑ **3**　C_3H_8《プロパン》 $+ 5O_2 \longrightarrow 3CO_2 + 4H_2O$

この反応式からは，C_3H_8 1 mol と O_2 [5] mol から，CO_2 [3] mol と H_2O [4] mol ができることがわかるので，C_3H_8 2 mol なら O_2 [10] mol が反応して，CO_2 [6] mol と H_2O [8] mol ができる。

2×5　2×3　2×4

23 化学反応式の量的関係

学習日 月 / 日

係数の読みとり方

$$2H_2 + O_2 \longrightarrow 2H_2O$$

例題 1 H_2 5.0 mol と反応する O_2 は何 mol か(有効数字 2 桁)。

手順 1　反応式の係数関係を読みとる。

$2H_2 + 1O_2 \longrightarrow 2H_2O$　(1は強調のために書いてあります)

$\times\frac{1}{2}$　「O_2〔mol〕は，H_2〔mol〕の $\frac{1}{2}$ 倍必要」と読みとる

手順 2　読みとった係数関係を使って求める。

O_2 は，$5.0 \times \frac{1}{2} =$ **2.5** mol 反応する。

例題 2

H_2〔mol〕　O_2〔mol〕

$2H_2 + 1O_2 \longrightarrow 2H_2O$　$\times\frac{1}{2}$

より，「O_2〔mol〕は，H_2O〔mol〕の $\boxed{\frac{1}{2}}$ 倍必要」となり，

O_2 は，$\boxed{6.0}$ (H_2O〔mol〕) $\times \boxed{\frac{1}{2}} = \boxed{3.0}$ mol (O_2〔mol〕)　反応したとわかる。

1 次の化学反応式について，(1)〜(4)に有効数字 2 桁で答えよ。

$$2CO + O_2 \longrightarrow 2CO_2$$

(1) 7.0 mol の CO と反応する O_2 は何 mol か。

$2CO + 1O_2 \longrightarrow 2CO_2$ ($\times\frac{1}{2}$)　より，O_2 は，$7.0 \times \frac{1}{2} = 3.5$ mol 反応する (2 桁)

CO〔mol〕 O_2〔mol〕

3.5 mol

(2) 8.0 mol の CO_2 が生じたとき，反応した O_2 は何 mol か。

$2CO + 1O_2 \longrightarrow 2CO_2$ ($\times\frac{1}{2}$)　より，O_2 は，$8.0 \times \frac{1}{2} = 4.0$ mol 反応した (2 桁)

CO_2〔mol〕 O_2〔mol〕

4.0 mol

(3) 2.8 g の CO と反応する O_2 は何 mol か。ただし，C = 12，O = 16 とする。

CO の分子量 = 12 + 16 = 28　CO 2.8 g は，$2.8\,g \times \frac{1\,mol}{28\,g} = 0.10$ mol

$2CO + 1O_2 \longrightarrow 2CO_2$ ($\times\frac{1}{2}$)　より，反応する O_2 は，$0.10 \times \frac{1}{2} = 5.0 \times 10^{-2}$ mol (2 桁)

CO〔mol〕 O_2〔mol〕　$\boxed{5.0 \times 10^{-2}}$ mol

0.050 mol も OK

(4) 4.0 mol の CO から生成する CO_2 は何 g か。ただし，C = 12，O = 16 とする。

$2CO + O_2 \longrightarrow 2CO_2$ ($\times 1$)　より，CO_2 は，$4.0 \times 1 = 4.0$ mol 生成する。

CO〔mol〕 CO_2〔mol〕

CO_2 の分子量 = 12 + 16 × 2 = 44　より，CO_2 4.0 mol は，

$4.0\,mol \times \frac{44\,g}{1\,mol} = 1.76 \times 10^2\,g \fallingdotseq 1.8 \times 10^2\,g$　$\boxed{1.8 \times 10^2}$ g

化学反応式の量的関係

例題　メタン CH_4 3.2 g の完全燃焼について，次の(1)，(2)に答えよ。ただし，H = 1.0，C = 12，O = 16 とする。

(1) この反応の化学反応式に係数をつけて完成させよ。

$1CH_4 + 2O_2 \longrightarrow 1CO_2 + 2H_2O$

①ここを「1」とする　②　③　④

$$CH_4 + 2O_2 \longrightarrow CO_2 + 2H_2O$$

(2) 生成する CO_2 と H_2O の質量は，それぞれ何 g か(有効数字 2 桁)。

3.2 g の CH_4 の物質量は，$\boxed{3.2}\,g \times \frac{1\,mol}{\boxed{16}\,g} = \boxed{0.20}$ mol

分子量 16

$1CH_4 + 2O_2 \longrightarrow 1CO_2 + 2H_2O$　より，($\times 1$，$\times 2$)

生成する CO_2 は，CO_2 = 44 なので，$\boxed{0.20} \times \boxed{1} \times \boxed{44} = \boxed{8.8}$ g

CH_4〔mol〕 CO_2〔mol〕 CO_2〔g〕

生成する H_2O は，H_2O = 18 なので，$\boxed{0.20} \times \boxed{2} \times \boxed{18} = \boxed{7.2}$ g

CH_4〔mol〕 H_2O〔mol〕 H_2O〔g〕

2 プロパン C_3H_8 4.4 g の完全燃焼について，次の(1)〜(3)に答えよ。ただし，H = 1.0，C = 12，O = 16 とする。

(1) この化学反応を化学反応式で表せ。

完全燃焼では，C は CO_2，H は H_2O に変化する

$1C_3H_8 + 5O_2 \longrightarrow 3CO_2 + 4H_2O$

ここを「1」とする

$$C_3H_8 + 5O_2 \longrightarrow 3CO_2 + 4H_2O$$

(2) 生成する CO_2 と H_2O の質量は，それぞれ何 g か(有効数字 2 桁)。

C_3H_8 の物質量は，$4.4\,g \times \frac{1\,mol}{44\,g} = 0.10$ mol

分子量 44

$1C_3H_8 + 5O_2 \longrightarrow 3CO_2 + 4H_2O$　より，($\times 3$，$\times 4$)

生成する CO_2 は，$0.10 \times 3 \times 44 = 13.2\,g \fallingdotseq 1.3 \times 10\,g$

分子量 44　C_3H_8〔mol〕 CO_2〔mol〕 CO_2〔g〕

生成する H_2O は，$0.10 \times 4 \times 18 = 7.2\,g$

分子量 18　C_3H_8〔mol〕 H_2O〔mol〕 H_2O〔g〕

CO_2：$\boxed{1.3 \times 10}$ g (2 桁)　H_2O：$\boxed{7.2}$ g

13 g も OK

(3) 完全燃焼に必要な O_2 は，0℃，1.013×10^5 Pa で何 L か(有効数字 2 桁)。

$1C_3H_8 + 5O_2 \longrightarrow \cdots$ ($\times 5$)　より，$0.10 \times 5 \times 22.4 = 11.2\,L \fallingdotseq 1.1 \times 10\,L$

C_3H_8〔mol〕 O_2〔mol〕 O_2〔L〕

11 L も OK　$\boxed{1.1 \times 10}$ L (2 桁)

24 酸と塩基

学習日　月　日

酸と塩基の定義

空欄にアレニウス，ブレンステッド・ローリーのいずれかを入れよ。

酸とは「水に溶けて水素イオン H^+ を生じる物質」
塩基とは「水に溶けて水酸化物イオン OH^- を生じる物質」 ⇒ アレニウス の定義

酸とは「H^+ を与える分子やイオン」
塩基とは「H^+ を受けとる分子やイオン」 ⇒ ブレンステッド・ローリー の定義

1 H^+，OH^- のいずれかを入れよ。

●アレニウスの定義

酸 ➡ 水溶液中で電離し，H^+ を生じる物質

塩基 ➡ 水溶液中で電離し，OH^- を生じる物質

●ブレンステッド・ローリーの定義

酸 ➡ 相手に H^+ を与える物質　　塩基 ➡ 相手から H^+ を受けとる物質

2 H^+，OH^- のいずれかを入れよ。

酸 $\xrightarrow{電離}$ H^+ ＋ 陰イオン　　塩基 $\xrightarrow{電離}$ 陽イオン ＋ OH^-

水素イオン　　水酸化物イオン

酸や塩基の電離

次の酸や塩基の電離を示すイオン反応式を書け。

酸

$HCl \longrightarrow H^+ + Cl^-$
塩化水素

$CH_3COOH \rightleftarrows CH_3COO^- + H^+$
酢酸

$H_2SO_4 \longrightarrow H^+ + HSO_4^-$
硫酸

$HSO_4^- \rightleftarrows H^+ + SO_4^{2-}$
硫酸水素イオン

塩基

$NaOH \longrightarrow Na^+ + OH^-$
水酸化ナトリウム

$Ca(OH)_2 \longrightarrow Ca^{2+} + 2OH^-$
水酸化カルシウム

$NH_3 + H_2O \rightleftarrows NH_4^+ + OH^-$
アンモニア

注 酸から生じる H^+ は，水溶液中では H_2O と 配位 結合してオキソニウムイオン H_3O^+ として存在している。

3 次の(1)〜(6)の酸や塩基の水溶液中での電離を，イオン反応式で表せ。

(1) 塩酸　$HCl \longrightarrow H^+ + Cl^-$

塩化水素 HCl の水溶液のこと

(2) 酢酸　$CH_3COOH \rightleftarrows CH_3COO^- + H^+$

弱酸なので，⇄で書こう！

(3) 硝酸　$HNO_3 \longrightarrow H^+ + NO_3^-$

強酸なので，⟶で書こう！

(4) 水酸化カリウム　$KOH \longrightarrow K^+ + OH^-$

強塩基なので，⟶で書こう！

(5) 水酸化バリウム　$Ba(OH)_2 \longrightarrow Ba^{2+} + 2OH^-$

強塩基なので，⟶で書こう！

(6) アンモニア　$NH_3 + H_2O \rightleftarrows NH_4^+ + OH^-$

弱塩基なので，⇄で書こう！

酸・塩基の価数

電離を示すイオン反応式を完成させ，価数を入れよ。

$HCl \longrightarrow H^+ + Cl^-$ （→イオン反応式）

$HNO_3 \longrightarrow H^+ + NO_3^-$ （⟶ or ⇄）

$CH_3COOH \rightleftarrows CH_3COO^- + H^+$

1 価の酸（←数字）

$H_2SO_4 \longrightarrow 2H^+ + SO_4^{2-}$
このようにまとめて表すこともある

$H_2S \rightleftarrows 2H^+ + S^{2-}$
硫化水素

2 価の酸

$NaOH \longrightarrow Na^+ + OH^-$

$KOH \longrightarrow K^+ + OH^-$

$NH_3 + H_2O \rightleftarrows NH_4^+ + OH^-$

1 価の塩基

$Ca(OH)_2 \longrightarrow Ca^{2+} + 2OH^-$

$Ba(OH)_2 \longrightarrow Ba^{2+} + 2OH^-$

2 価の塩基

4 次の酸や塩基の化学式と価数を書け。

(1) 塩化水素　HCl，1価　　(2) アンモニア　NH_3，1価

(3) 硝酸　HNO_3，1価　　(4) 硫酸　H_2SO_4，2価

(5) 水酸化ナトリウム　$NaOH$，1価　　(6) 酢酸　CH_3COOH，1価

(7) 水酸化カルシウム　$Ca(OH)_2$，2価　　(8) リン酸　H_3PO_4，3価

(9) 硫化水素　H_2S，2価

酸・塩基の強弱

電離度（記号 α）

$$\alpha = \frac{電離している酸（塩基）の物質量〔mol〕}{溶けている酸（塩基）の物質量〔mol〕}$$

物質量〔mol〕のところは，モル濃度〔mol/L〕でも OK

【1】空欄に，強酸・強塩基・弱酸・弱塩基のいずれかを入れよ。

水溶液中でほぼすべてが電離している酸を 強酸 ，ほぼすべてが電離している塩基を 強塩基 という。
また，水溶液中でごくわずか電離している酸を 弱酸 ，ごくわずか電離している塩基を 弱塩基 という。

【2】空欄に数字や語句を入れよ。

強酸・強塩基 ⇒ 電離度が 1 に近い酸・塩基（→数字）

弱酸・弱塩基 ⇒ 電離度が 小さい 酸・塩基（→大きい or 小さい）

【3】電離度を百分率（整数値）で表すと，

$\alpha=1$ は $\alpha=$ 100 ％ になり，$\alpha=0.50$ は $\alpha=$ 50 ％，$\alpha=0.050$ は $\alpha=$ 5 ％ となる。

5 次の酸や塩基の化学式と強酸・強塩基・弱酸・弱塩基のいずれかを答えよ。

(1) 酢酸　CH_3COOH 弱酸　　(2) アンモニア　NH_3 弱塩基

(3) 硝酸　HNO_3 強酸　　(4) 硫酸　H_2SO_4 強酸

(5) 硫化水素　H_2S 弱酸　　(6) 水酸化ナトリウム　$NaOH$ 強塩基

(7) リン酸　H_3PO_4 弱酸　　(8) 二酸化炭素　CO_2 弱酸

(9) 水酸化カルシウム　$Ca(OH)_2$ 強塩基

弱酸の中では，比較的強い酸で，中程度の強さの酸ともいわれる

水に溶けた CO_2 の一部は炭酸 H_2CO_3 になる

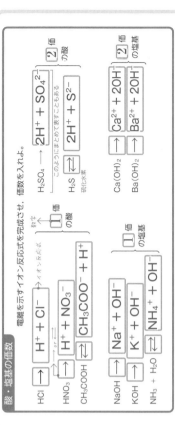

25 水素イオン濃度と pH

学習日 月 / 日

pH の定義

空欄に語句や数値(有効数字 2 桁)を入れよ。

【1】純粋な水(純水)は，ごくわずかであるが，**電離** している。
25℃の純水では，水素イオン H^+ のモル濃度(**水素イオン濃度** ともいう)と水酸化物イオン OH^- のモル濃度(**水酸化物イオン濃度** ともいう)は等しくなる。

$$H_2O \rightleftarrows H^+ + OH^-$$

$[H^+] = [OH^-] =$ **1.0×10^{-7}** mol/L(25℃)

[ ]はモル濃度を表す記号

【2】水素イオン指数 pH

$[H^+] = 10^{-n}$〔mol/L〕 のとき，pH $= n$ となる。

☑ **1** 空欄に適当な数値(整数)や語句を入れよ。

$10^0 = 1$

$[H^+]$〔mol/L〕	10^0	10^{-1}	10^{-3}	10^{-5}	10^{-6}	10^{-7}	10^{-8}	10^{-9}	10^{-11}	10^{-13}	10^{-14}
pH	0	1	3	5	6	7	8	9	11	13	14
水溶液の性質	酸 性					中 性	塩基 性				

アルカリも OK

☑ **2** 次の(1)〜(5)の pH を整数で求めよ。

(1) $[H^+] = 0.1$ mol/L　　$[H^+] = 0.1 = 10^{-1}$ mol/L　なので，pH = **1**

(2) $[H^+] = 0.00001$ mol/L　　$[H^+] = 10^{-5}$ mol/L　なので，pH = **5**
右へ 5 回移動した

(3) $[H^+] = 10^{-9}$ mol/L　　pH = **9**

(4) $[H^+] = 1$ mol/L　　$[H^+] = 1 = 10^0$ mol/L　なので，pH = **0**

(5) $[H^+] = 0.00000000001$ mol/L　　$[H^+] = 10^{-11}$ mol/L　なので，pH = **11**
右へ 11 回移動した

☑ **3** 空欄に適当な数値(整数)や語句，記号(<，>，=のいずれか)を入れよ。

(1) 中性は pH = **7** となり，酸性が **強く** なるほど pH は 7 より小さく，塩基性が **強く** なるほど pH は 7 より大きくなる。
(強く or 弱く)

(2) 酸性：pH **<** 7　　中性：pH **=** 7　　塩基性：pH **>** 7
(<，>or =)

(3) 酸性が強いほど pH は **小さく** なり，塩基性が強いほど pH は **大きく** なる。
(大きく or 小さく)

(4) 酸性は，$[H^+]$ **>** 10^{-7} mol/L　であり，pH **<** 7　となる。
中性は，$[H^+]$ **=** 10^{-7} mol/L　であり，pH **=** 7　となる。
塩基性は，$[H^+]$ **<** 10^{-7} mol/L　であり，pH **>** 7　となる。

強酸の pH

例題 0.1 mol/L の塩酸 HCl の pH の求め方

HCl は **強酸** であり，電離度 $\alpha = 1.0$ つまり 100% が電離している。

	HCl	⟶	①H^+	+	①Cl^-
(電離前)	0.1 mol/L				
(電離後)	0		0.1 × ① mol/L		0.1 × ① mol/L

強酸なので，すべて電離し，なくなる

よって，$[H^+] = 0.1 \times 1 = 0.1 = 10^{-1}$ mol/L　となり，pH = **1** (整数値)

☑ **4** 次の(1)，(2)の pH を整数値で求めよ。

(1) 0.010 mol/L の塩酸(電離度 1.0)　　$[H^+] = 0.010 \times 1 = 10^{-2}$ mol/L　となり，pH = **2**
右に 2 回移動した　HCl　α

(2) 0.0010 mol/L の塩酸(電離度 1.0)　　$[H^+] = 0.0010 \times 1 = 10^{-3}$ mol/L　となり，pH = **3**
右に 3 回移動した　HCl　α

弱酸の pH

例題 0.1 mol/L の酢酸 CH_3COOH 水溶液(電離度 $\alpha = 0.01$)の pH の求め方

CH_3COOH は **弱酸** であり，0.1 mol/L の CH_3COOH のうち電離度が $\alpha = 0.01$ なので，0.1×0.01 mol/L の CH_3COOH が電離している。

$$CH_3COOH \longrightarrow CH_3COO^- + H^+$$

より，CH_3COOH 1 mol が電離すると，CH_3COO^- **1** mol，H^+ **1** mol が生じることがわかるので，次のようになる。

	CH_3COOH	⇄	CH_3COO^-	+	H^+
(電離前)	0.1 mol/L				
(電離後)	$0.1 - 0.1 \times 0.01$ mol/L		0.1×0.01 mol/L		0.1×0.01 mol/L

$[H^+] = 0.1 \times 0.01 = 10^{-3}$ mol/L　となり，pH = **3** (整数値)

☑ **5** 次の(1)，(2)の pH を整数値で求めよ。

(1) 0.040 mol/L の酢酸水溶液(電離度 0.025)
CH_3COOH　α
$[H^+] = 0.040 \times 0.025 = 10^{-3}$ mol/L　となり，pH = **3**

(2) 0.050 mol/L の酢酸水溶液(電離度 0.020)
CH_3COOH　α
$[H^+] = 0.050 \times 0.020 = 10^{-3}$ mol/L　となり，pH = **3**

強酸や弱酸の $[H^+]$

$[H^+]$ = (価数) × (モル濃度) × (電離度)

☑ **6** 次の(1)，(2)の pH を整数値で求めよ。

(1) 0.10 mol/L の塩酸(電離度 1.0)
1 価の強酸　HCl　α
$[H^+] = 1 \times 0.10 \times 1.0 = 10^{-1}$ mol/L　となり，pH = **1**
(価数)(モル濃度)(電離度)

(2) 0.10 mol/L の酢酸水溶液(電離度 0.010)
1 価の弱酸　CH_3COOH　α
$[H^+] = 1 \times 0.10 \times 0.010 = 10^{-3}$ mol/L となり，pH = **3**
(価数)(モル濃度)(電離度)

学習日　月　日

26 中和反応

空欄に H^+，OH^-，H_2O のいずれかを入れよ。

例題 塩酸 HCl と水酸化ナトリウム NaOH 水溶液の中和反応

（2つの反応式を加えてまとめる）

$$HCl \longrightarrow H^+ + Cl^-$$
$$+)\ NaOH \longrightarrow Na^+ + OH^-$$
$$HCl\ (酸) + NaOH\ (塩基) \longrightarrow NaCl\ (塩) + H_2O\ (水)$$

まとめる

Na^+ と Cl^- をまとめて，NaCl と書く
H^+ と OH^- をまとめて，H_2O と書く

中和反応《ちゅうわ》 ➡ 酸の H^+ と塩基の OH^- とが結びついて，H_2O ができる反応

$$H^+ + OH^- \longrightarrow H_2O \quad (中和反応)$$

☑ **1** 次の酸と塩基が完全に中和するときの化学反応式を書け。

(1) CH_3COOH と NaOH　　$CH_3COOH + NaOH \longrightarrow CH_3COONa + H_2O$

(2) H_2SO_4 と NaOH

（加える）

$$H_2SO_4 \longrightarrow 2H^+ + SO_4^{2-}$$
$$+)\ (NaOH \longrightarrow Na^+ + OH^-) \times 2$$
$$H_2SO_4 + 2NaOH \longrightarrow 2H^+ + SO_4^{2-} + 2Na^+ + 2OH^-$$

（H^+ の数と OH^- の数をそろえるために2倍する）

$H_2SO_4 + 2NaOH \longrightarrow Na_2SO_4 + 2H_2O$

(3) HCl と NH_3

$$HCl \longrightarrow H^+ + Cl^-$$
$$+)\ NH_3 + H_2O \rightleftarrows NH_4^+ + OH^-$$
$$HCl + NH_3 + H_2O \longrightarrow H^+ + Cl^- + NH_4^+ + OH^-$$
$$HCl + NH_3 + H_2O \longrightarrow NH_4Cl + H_2O$$

（中和反応によっては，塩だけ生じて，水が生じないこともある）

$HCl + NH_3 \longrightarrow NH_4Cl$

例題 硫酸 H_2SO_4 と水酸化カリウム KOH 水溶液の中和反応

②価　①価

$$1H_2SO_4 + 2KOH \longrightarrow 2H^+ + SO_4^{2-} + 2K^+ + 2OH^-$$

（反応相手の価数を書く）（反応相手の価数を書く）

まとめる → K_2SO_4　　まとめる → $2H_2O$

$$H_2SO_4 + 2KOH \longrightarrow K_2SO_4 + 2H_2O$$ ← 完成！

☑ **2** 次の酸と塩基が完全に中和するときの化学反応式を書け。

①価　②価
(1) HCl と $Ca(OH)_2$　　$2HCl + Ca(OH)_2 \longrightarrow CaCl_2 + 2H_2O$

①価　②価
(2) HNO_3 と $Ba(OH)_2$　　$2HNO_3 + Ba(OH)_2 \longrightarrow Ba(NO_3)_2 + 2H_2O$

②価　①価
(3) H_2SO_4 と NH_3　　$H_2SO_4 + 2NH_3 \longrightarrow (NH_4)_2SO_4$

塩の種類

$HCl + NaOH \longrightarrow$ NaCl $+ H_2O$
$H_2SO_4 + 2NaOH \longrightarrow$ Na_2SO_4 $+ 2H_2O$
→「塩《えん》」という。（酸の陰イオンと塩基の陽イオンから生じる化合物）

- NaCl，Na_2SO_4，CH_3COONa のように酸の H や塩基の OH が残っていない塩 ⇒ 正塩《せいえん》
- $NaHSO_4$，$NaHCO_3$ のように酸の H が残っている塩 ⇒ 酸性塩
- MgCl(OH)，CuCl(OH) のように塩基の OH が残っている塩 ⇒ 塩基性塩

☑ **3** 次の塩は，正塩，酸性塩，塩基性塩のいずれか答えよ。

(1) KNO_3 正塩　(2) NH_4Cl 正塩　(3) NaCl 正塩
(4) MgCl(OH) 塩基性塩　(5) CH_3COONa 正塩　(6) $NaHSO_4$ 酸性塩

OH が残っている　　H が残っている

塩の水溶液の性質

【1】正塩 ➡ 強いものが勝つ!! と覚える

例題 CH_3COONa ⇒ CH_3COONa を生じる中和反応をイメージする

⬇ 水溶液が塩基性を示す

$$CH_3COOH\ (弱酸) + NaOH\ (強塩基) \longrightarrow CH_3COONa + H_2O$$

⬇

「弱酸」対「強塩基」の戦い!!　強い塩基が勝利して塩基性を示す

【2】酸性塩 ➡
- $NaHSO_4$ の水溶液は酸性を示す
- $NaHCO_3$ の水溶液は塩基性を示す

☑ **4** 次の正塩の水溶液は，酸性・中性・塩基性のいずれを示すか。

(1) NaCl　中性
(2) $CaCl_2$　中性
(3) NH_4Cl　酸性
(4) Na_2CO_3　塩基性
(5) Na_2SO_4　中性

(1) HCl + NaOH をイメージ ⇒「強酸」対「強塩基」⇒「引き分け」で中性を示す
(2) HCl + $Ca(OH)_2$ をイメージ ⇒「強酸」対「強塩基」⇒「引き分け」で中性を示す
(3) HCl + NH_3 をイメージ ⇒「強酸」対「弱塩基」⇒「強酸の勝利」で酸性を示す
(4) H_2CO_3（炭酸）+ NaOH をイメージ ⇒「弱酸」対「強塩基」⇒「強塩基の勝利」で塩基性を示す
(5) H_2SO_4 + NaOH をイメージ ⇒「強酸」対「強塩基」⇒「引き分け」で中性を示す

☑ **5** 次の酸性塩の水溶液は，酸性・中性・塩基性のいずれを示すか。

(1) $NaHSO_4$ 酸性　(2) $NaHCO_3$ 塩基性　(3) $KHSO_4$ 酸性　(4) $KHCO_3$ 塩基性

HSO_4^- が含まれていれば酸性，HCO_3^- が含まれていれば塩基性を示す

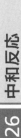

27 中和反応の量的関係

学習日　月　日

化学反応式の係数と量的関係

酸や塩基をちょうど中和するのに必要な物質量〔mol〕は，中和の化学反応式の係数関係から求めることができる。

例題1　①HCl ＋ ①NaOH ⟶ NaCl ＋ H_2O

①mol には，①mol が必要になる

HCl 1 mol をちょうど中和するのに NaOH は 1 mol 必要

例題2　①CH_3COOH ＋ ①NaOH ⟶ CH_3COONa ＋ H_2O

①mol には，①mol が必要になる

CH_3COOH 1 mol をちょうど中和するのに NaOH は 1 mol 必要

酸や塩基の強弱には関係なく「係数だけ」で決まる！

1　次の(1)，(2)に有効数字 2 桁で答えよ。

(1) 硫酸 1.0 mol とちょうど中和する水酸化ナトリウムの物質量〔mol〕

H_2SO_4 ＋ 2NaOH ⟶ Na_2SO_4 ＋ $2H_2O$

1.0 mol　2.0 mol

2.0 mol

(2) 酢酸 0.10 mol とちょうど中和する水酸化ナトリウムの物質量〔mol〕

CH_3COOH ＋ NaOH ⟶ CH_3COONa ＋ H_2O

0.10 mol　0.10 mol

CH_3COOH 1 mol には NaOH 1 mol が必要なので，

CH_3COOH 0.10 mol には NaOH 0.10 mol が必要になる。

1.0×10^{-1} mol

0.10 mol も OK

酸や塩基の価数と量的関係

酸や塩基をちょうど中和するのに必要な物質量〔mol〕は，酸や塩基の価数を考えることで求めることができる。

例題　H_2SO_4 0.20 mol とちょうど中和する NaOH の物質量〔mol〕

必要な NaOH を x〔mol〕とすると，次の式が成り立つ。

$0.20 \times ② = x \times ①$

H_2SO_4〔mol〕(②価)　H^+〔mol〕　NaOH〔mol〕(①価)　OH^-〔mol〕

H_2SO_4 から生じた H^+〔mol〕　NaOH から生じた OH^-〔mol〕

x = 0.40 mol

つまり，（物質量〔mol〕）×（価数）＝（物質量〔mol〕）×（価数）

（酸について立てる式）（塩基について立てる式）

2　次の(1)，(2)に有効数字 2 桁で答えよ。

(1) HCl 0.50 mol とちょうど中和する $Ca(OH)_2$ は何 mol か。

x〔mol〕とする

$0.50 \times 1 = x \times 2$

HCl〔mol〕(1 価)　H^+〔mol〕　$Ca(OH)_2$〔mol〕(2 価)　OH^-〔mol〕

x = **2.5×10^{-1}** mol

0.25 mol でも OK

(2) CH_3COOH 0.20 mol とちょうど中和する $Ba(OH)_2$ は何 mol か。

x〔mol〕とする

$0.20 \times 1 = x \times 2$

CH_3COOH〔mol〕(1 価)　H^+〔mol〕　$Ba(OH)_2$〔mol〕(2 価)　OH^-〔mol〕

x = **1.0×10^{-1}** mol

0.10 mol でも OK

中和反応の量的関係

例題　濃度のわからない塩酸 20 mL を，0.10 mol/L の水酸化ナトリウム水溶液でちょうど中和するために 12 mL 必要であった。この塩酸の濃度は何 mol/L か。

手順1　塩酸（HCl 水溶液）を x〔mol/L〕とする。　「1」がかくれている

手順2　HCl と NaOH の物質量〔mol〕を求める。

HCl〔mol〕➡ $\frac{x\,〔mol〕}{1\,L}\times\frac{20}{1000}\,L$　　NaOH〔mol〕➡ $\frac{0.10\,mol}{1\,L}\times\frac{12}{1000}\,L$

手順3　酸と塩基の価数を調べ，（物質量〔mol〕）×（価数）＝（物質量〔mol〕）×（価数）の式を立てる。

（酸について立てる）（塩基について立てる）

$x\times\frac{20}{1000}\times 1 = 0.10\times\frac{12}{1000}\times 1$

HCl(①価)〔mol〕　H^+〔mol〕　NaOH(①価)〔mol〕　OH^-〔mol〕

x = **6.0×10^{-2}** mol/L

0.060 でも OK

3　次の(1)，(2)のモル濃度を有効数字 2 桁で求めよ。

(1) 濃度不明の硫酸 10 mL をちょうど中和するのに，0.10 mol/L の水酸化ナトリウム水溶液が 20 mL 必要であった。この硫酸のモル濃度〔mol/L〕を求めよ。

x〔mol/L〕の H_2SO_4 とする

$x\times\frac{10}{1000}\times 2 = 0.10\times\frac{20}{1000}\times 1$

H_2SO_4〔mol〕(2 価)　H^+〔mol〕　NaOH〔mol〕(1 価)　OH^-〔mol〕

x = **1.0×10^{-1}** mol/L

0.10 mol/L でも OK

(2) 濃度不明の酢酸水溶液 20 mL をちょうど中和するのに，0.10 mol/L の水酸化ナトリウム水溶液が 10 mL 必要であった。この酢酸水溶液のモル濃度〔mol/L〕を求めよ。

x〔mol/L〕の CH_3COOH とする

$x\times\frac{20}{1000}\times 1 = 0.10\times\frac{10}{1000}\times 1$

CH_3COOH〔mol〕(1 価)　H^+〔mol〕　NaOH〔mol〕(1 価)　OH^-〔mol〕

x = **5.0×10^{-2}** mol/L

0.050 mol/L でも OK

4　次の(1)，(2)に有効数字 2 桁で答えよ。

(1) 0.10 mol/L の塩酸 10 mL をちょうど中和するのに，0.050 mol/L の水酸化ナトリウム水溶液が何 mL 必要か。

v〔mL〕とする

$0.10\times\frac{10}{1000}\times 1 = 0.050\times\frac{v}{1000}\times 1$

HCl〔mol〕　H^+〔mol〕　NaOH〔mol〕　OH^-〔mol〕

v = **2.0×10** mL

20 mL でも OK。できれば 2.0×10 としたい。

(2) 0.10 mol/L の硫酸 10 mL をちょうど中和するのに，0.050 mol/L の水酸化ナトリウム水溶液が何 mL 必要か。

v〔mL〕とする

$0.10\times\frac{10}{1000}\times 2 = 0.050\times\frac{v}{1000}\times 1$

H_2SO_4〔mol〕　H^+〔mol〕　NaOH〔mol〕　OH^-〔mol〕

v = **4.0×10** mL

40 mL でも OK。できれば 4.0×10 としたい。

28 中和滴定の器具

学習日　月　日

中和滴定の器具

次の中和滴定に用いるガラス器具の名前を答えよ。

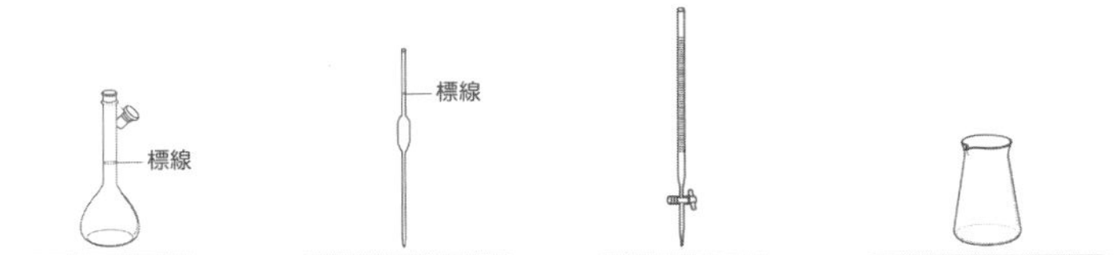

標線
標線

メスフラスコ　ホールピペット　ビュレット　コニカルビーカー

☑ **1** シュウ酸水溶液(標準溶液)の調製

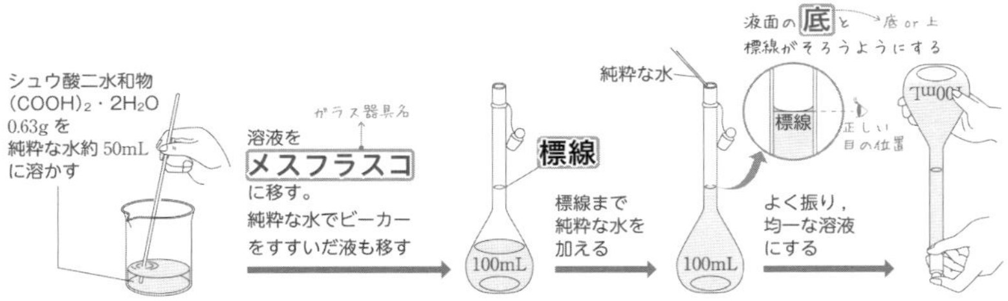

シュウ酸二水和物
(COOH)₂・2H₂O
0.63g を
純粋な水約 50mL
に溶かす
ガラス器具名

☑ **2** 中和滴定の操作

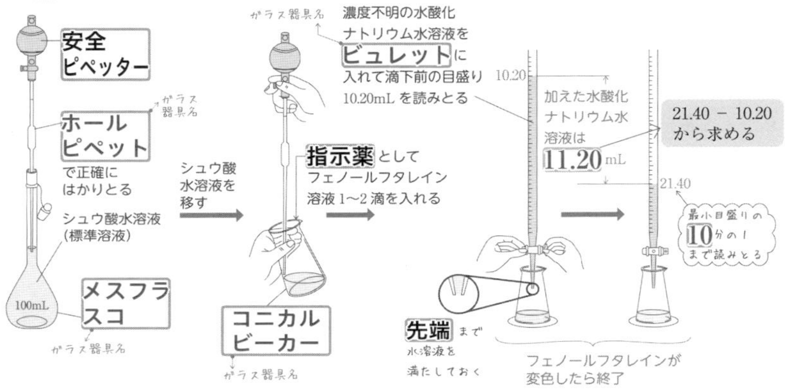

安全
ピペッター

ガラス器具名
10.20
加えた水酸化
ナトリウム水
溶液は
11.20 mL
21.40 − 10.20
から求める
21.40
最小目盛りの
10 分の 1
まで読みとる
先端 まで
水溶液を
満たしておく
フェノールフタレインが
変色したら終了

3 〜 **5** の空欄に，メスフラスコ，ホールピペット，ビュレット，コニカルビーカーのいずれかを入れよ。

☑ **3** ガラス器具の使用目的

(1) 正確な濃度の溶液をつくるのに使われる器具は **メスフラスコ** である。

(2) 溶液を滴下し，その溶液の体積を正確にはかるのに使われる器具は **ビュレット** である。

(3) 一定体積の溶液を正確にはかりとる器具は **ホールピペット** である。

(4) 中和反応を行う器具は **コニカルビーカー** である。(**三角フラスコ** でも代用できる。)

☑ **4** ガラス器具の洗浄方法

純粋な水を加えてうすめるから

水でうすまっても含まれる酸や塩基の物質量〔mol〕は変わらない

(1) 純粋な水で洗い，そのまま使用できる器具は **メスフラスコ** と **コニカルビーカー** である。 順不同

(2) 純粋な水で洗い，使用する溶液で 2〜3 回洗って(共洗《ともあら》い)から使用できる器具は **ホールピペット** と **ビュレット** である。 順不同

純粋な水でぬれたまま用いると，溶液の濃度が変化してしまう。

☑ **5**

加熱乾燥してはいけない器具は **メスフラスコ**，**ホールピペット**，**ビュレット** で，加熱乾燥してよい器具は **コニカルビーカー** である。 順不同

加熱によって，ガラスが変形して正確な体積がはかれなくなる可能性あり

💡 体積を正確にはかる器具を加熱乾燥してはいけない。

指示薬

水溶液の pH により色が大きく変化する物質は pH の測定に使われ，**pH 指示薬《しじやく》** という。指示薬の色が変わる pH の範囲は **変色域** とよばれる。

指示薬＼pH	1 2 3 4 5 6 7 8 9 10
メチルオレンジ	赤 3.1 ― 4.4 黄
メチルレッド	赤 4.2 ― 6.2 黄
リトマス	赤 5.0 ― 8.0 青
フェノールフタレイン	無 8.0 ― 9.8 赤

〈指示薬と変色域〉

メチルオレンジ or フェノールフタレイン

に移す。
純粋な水でビーカー
をすすいだ液も移す
100mL
標線
標線まで

加える
100mL

液面の 底 と 底 or 上
標線がそろうようにする
標線
正しい
目の位置
100mL
よく振り,
均一な溶液
にする

器具名
で正確に

100mL

ガラス器具名

水溶液を
移す
ガラス器具名
濃度不明の水酸化
ナトリウム水溶液を
ビュレット に
入れて滴下前の目盛り
10.20mL を読みとる
指示薬 として

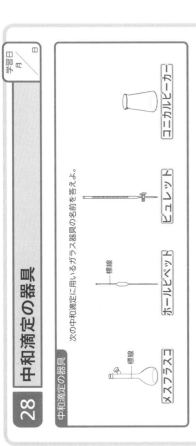

溶液 1〜2 滴を入れる

29 中和滴定曲線

学習日 月 / 日

次の滴定曲線について，下の【1】～【3】に答えよ。

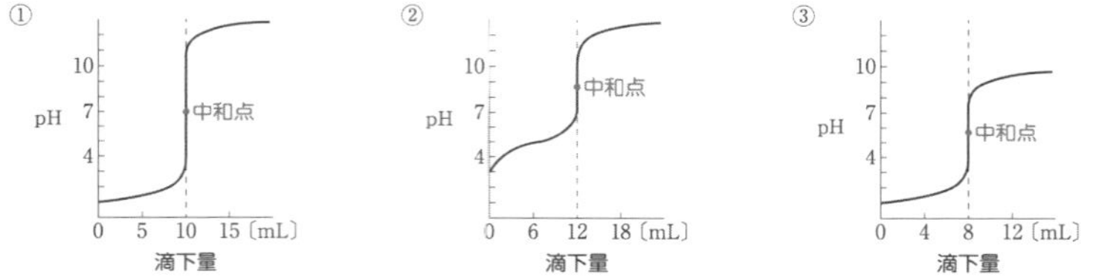

【1】空欄に①～③のいずれかの番号を入れよ。

(1) 0.1 mol/L の塩酸 10 mL を 0.1 mol/L の水酸化ナトリウム水溶液で滴定したときの滴定曲線は [1] になる。

HCl ＋ NaOH ⟶ NaCl ＋ H_2O が起こる

(2) 0.1 mol/L の酢酸水溶液 12 mL を 0.1 mol/L の水酸化ナトリウム水溶液で滴定したときの滴定曲線は [2] になる。

CH_3COOH ＋ NaOH ⟶ CH_3COONa ＋ H_2O が起こる

(3) 0.1 mol/L の塩酸 8 mL を 0.1 mol/L のアンモニア水で滴定したときの滴定曲線は [3] になる。

HCl ＋ NH_3 ⟶ NH_4Cl が起こる

【2】空欄に整数値で答えよ。

①～③の滴定曲線から中和点までの滴定量を読みとれ。

(1) ①は [10] mL　(2) ②は [12] mL　(3) ③は [8] mL

【3】空欄に酸性・中性・塩基性のいずれかを入れよ。

(1) ①の中和点は [中性]　(2) ②の中和点は [塩基性]　(3) ③の中和点は [酸性]

グラフを見ると pH は 7　グラフを見ると pH は約 9　グラフを見ると pH は約 6

グラフから読みとる。中和のときに生じる塩の水溶液が酸性・中性・塩基性のどれを示すかで中和点の液性が決まる。
中和点はいつも中性になるわけではない。

☑ **1** 次の反応式を完成させよ。また，中和で生じる塩の化学式を答え，その水溶液が酸性・中性・塩基性のいずれを示すか答えよ。

(1) HCl ＋ NaOH ⟶ [NaCl ＋ H_2O]

中和で生じる塩は [NaCl] なので，その水溶液は [中性] を示す。

(2) CH_3COOH ＋ NaOH ⟶ [CH_3COONa ＋ H_2O]

中和で生じる塩は [CH_3COONa] なので，その水溶液は [塩基性] を示す。

(3) HCl ＋ NH_3 ⟶ [NH_4Cl]

中和で生じる塩は [NH_4Cl] なので，その水溶液は [酸性] を示す。

この性質から中和点が何性になるかがわかる

☑ **2** 0.1 mol/L 塩酸 10 mL を 0.1 mol/L 水酸化ナトリウム水溶液で滴定すると，図のような滴定曲線が得られた。混合水溶液の色について答えよ。

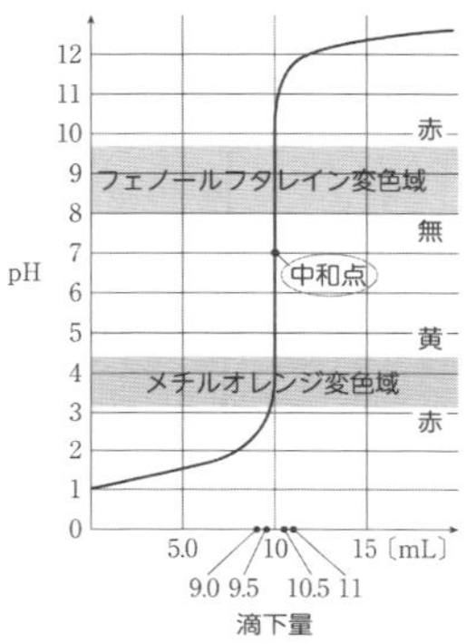

滴下量	指示薬としてメチルオレンジを用いたときの水溶液の色	指示薬としてフェノールフタレインを用いたときの水溶液の色
0 mL	赤色	無色
5.0 mL	[赤] 色	[無] 色
9.0 mL	[赤] 色	[無] 色
9.5 mL	[赤] 色 ┐変色	[無] 色
10 mL（中和点）	[黄] 色 ←する	[無] 色 ┐変色
10.5 mL	[黄] 色	[赤] 色 ←する
11 mL	[黄] 色	[赤] 色
15 mL	[黄] 色	[赤] 色

メチルオレンジ・フェノールフタレインのどちらを用いても，色の変化で中和点を知ることができる

☑ **3** 0.1 mol/L 酢酸水溶液 10 mL を 0.1 mol/L 水酸化ナトリウム水溶液で滴定すると，図のような滴定曲線が得られた。混合水溶液の色について答えよ。

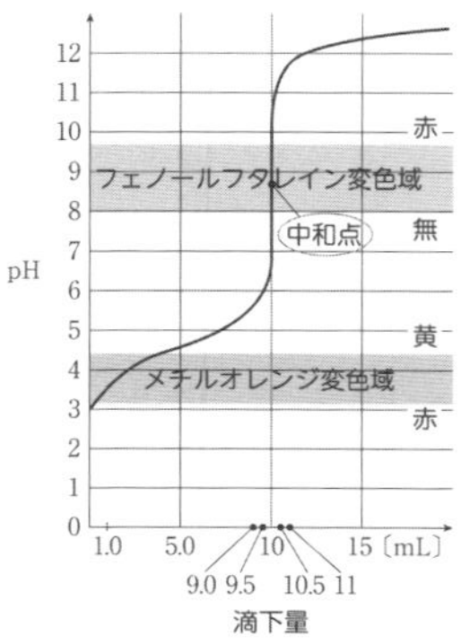

滴下量	指示薬としてメチルオレンジを用いたときの水溶液の色	指示薬としてフェノールフタレインを用いたときの水溶液の色
0 mL	赤色	無色
1.0 mL	[赤] 色 ┐変色	[無] 色
5.0 mL	[黄] 色 ←する	[無] 色
9.0 mL	[黄] 色	[無] 色
9.5 mL	[黄] 色	[無] 色
10 mL（中和点）	[黄] 色	ほぼ [無] 色 ┐変色
10.5 mL	[黄] 色	[赤] 色 ←する
11 mL	[黄] 色	[赤] 色
15 mL	[黄] 色	[赤] 色

メチルオレンジは中和点より前に変色してしまうので指示薬として使うことができない

フェノールフタレインを用いると，変色により中和点を知ることができる

☑ **4** 0.1 mol/L の酸 10 mL に 0.1 mol/L の塩基を加えたとき，指示薬として適当なものを，①メチルオレンジのみ，②フェノールフタレインのみ，③メチルオレンジとフェノールフタレインいずれでもよい　から選び，①～③の番号で答えよ。

(1) HCl－NaOH [3]

(2) CH_3COOH－NaOH [2]

(3) HCl－NH_3 [1]

強酸＋強塩基 ⇒ メチルオレンジとフェノールフタレイン
弱酸＋強塩基 ⇒ フェノールフタレイン
強酸＋弱塩基 ⇒ メチルオレンジ
と覚えておくとよい

30 酸化と還元

学習日　月　日

物質が酸素 O と結びつく反応を **酸化**《さんか》といい，物質が酸素 O を失う反応を **還元**《かんげん》という。

Cu は O と結びつく＝Cu は **酸化** された

$2Cu + O_2 \longrightarrow 2CuO$

H_2 は O と結びつく＝H_2 は **酸化** された

$CuO + H_2 \longrightarrow Cu + H_2O$

CuO は O を失う＝CuO は **還元** された

物質が水素 H を失う反応を **酸化** といい，物質が水素 H と結びつく反応を **還元** という。

H_2S は H を失う＝H_2S は **酸化** された

$H_2S + I_2 \longrightarrow S + 2HI$

I_2 は H と結びつく＝I_2 は **還元** された

☑ **1**　$Fe_2O_3 + 2Al \longrightarrow 2Fe + Al_2O_3$　の反応で，Fe_2O_3 は O を失っているので **還元** されたことがわかり，Al は O と結びついているので **酸化** されたことがわかる。

☑ **2**　$CH_4 + 2O_2 \longrightarrow CO_2 + 2H_2O$　の反応で，CH_4 は H を失っているので **酸化** されたことがわかり，O_2 は H と結びついているので **還元** されたことがわかる。

物質が電子 e^- を失ったとき，その物質は **酸化** されたという。また，物質が電子 e^- を受けとったとき，その物質は **還元** されたという。

Cu は e^- を失った＝Cu は **酸化** された

$2Cu \longrightarrow 2Cu^{2+} + 4e^-$　…①

$O_2 + 4e^- \longrightarrow 2O^{2-}$　…②

①＋②より　$2Cu + O_2 \longrightarrow 2CuO$

O_2 は e^- を受けとった＝O_2 は **還元** された

☑ **3**　$Zn \longrightarrow Zn^{2+} + 2e^-$　から，Zn は **酸化** されたことがわかる。
$Cu^{2+} + 2e^- \longrightarrow Cu$　から，Cu^{2+} は **還元** されたことがわかる。

☑ **4**　空欄に，O，H，e^- のいずれかを入れよ。

酸化される	O と結びつく	H を失う	e^- を失う
還元される	O を失う	H と結びつく	e^- を得る

☑ **5**　O と結びつく　⇒　**酸化** される。　O を失う　⇒　**還元** される。
H と結びつく　⇒　**還元** される。　H を失う　⇒　**酸化** される。
e^- を得る　⇒　**還元** される。　e^- を失う　⇒　**酸化** される。

31 酸化数

学習日　月　日

酸化数のルール

【1】単体中の原子の酸化数は 0 とする。

例　H_2 ，Cu ，I_2 ，S
　　0　　0　　0　　0
（酸化数）

符号を省略しないこと

【2】化合物中の H の酸化数は +1，O の酸化数は −2 とする。

例　H_2O（+1 −2），CuO（−2），H_2S（+1），HI（+1）

注　【2】には例外がある。NaH の H は −1，H_2O_2 の O は −1 になる。
（NaH：水素化ナトリウム，H_2O_2：過酸化水素）

【3】化合物をつくっている原子の酸化数の合計は 0 になる。

例　H_2O（+1 −2）　$(+1)\times2+(-2)=0$
（+1：H の酸化数，−2：O の酸化数）

【4】1 つの原子からできている単原子イオンの酸化数は，イオンの電荷と同じになる。

例　Al^{3+}（+3），H^+（+1），O^{2-}（−2），Cl^-（−1）

【5】2 つ以上の原子からできている多原子イオンの酸化数の合計は，イオンの電荷と同じになる。

例　NH_4^+（−3 +1）　$(-3)+(+1)\times4=+1$
（−3：N の酸化数，+1：H の酸化数）

イオンの電荷が +1 なので，酸化数の合計も +1

【6】化合物中のアルカリ金属の酸化数は +1，アルカリ土類金属の酸化数は +2 になる。
（アルカリ金属：Li，Na，K，…　アルカリ土類金属：Be，Mg，Ca，Sr，Ba，…）

例　NaH（+1 −1），CaO（+2 −2），$BaSO_4$（+2）

☑ **1**　$KMnO_4$ の Mn の酸化数を x とすると，次の式が成り立つ。

$(+1)+x+(-2)\times4=0$　よって，$x=+7$

（+1：K，アルカリ金属の酸化数／x：Mn／−2：O，O の酸化数／0：化合物の酸化数の合計）

＋を省略しないこと

別解　$KMnO_4$ をイオンに分けて，K^+ と MnO_4^- とし，Mn の酸化数を x とすると，次の式が成り立つ。

$x+(-2)\times4=-1$　よって，$x=+7$

（x：Mn／−2：O，O の酸化数／−1：イオンの電荷）

酸化数を求める練習

【1】NH_3 中の N の酸化数を x とおくと，次の式が成り立つ。

$\underset{N}{x}+(\underset{H}{\boxed{+1}})\times3=\boxed{0}$　よって，$x=\boxed{-3}$

（H の酸化数 → $+1$，化合物の酸化数の合計 → 0）

【2】NO_3^- 中の N の酸化数を x とおくと，次の式が成り立つ。

$\underset{N}{x}+(\underset{O}{\boxed{-2}})\times3=\boxed{-1}$　よって，$x=\boxed{+5}$

（O の酸化数 → -2，イオンの電荷 → -1）

☑ **2**　下線を引いた原子の酸化数を求めよ。

(1) $\underline{O}_2$　$\boxed{0}$　(2) $H_2\underline{O}_2$　$\boxed{-1}$　(3) $H_2\underline{S}O_4$　$\boxed{+6}$

(4) $\underline{Cr}_2O_7^{2-}$　$\boxed{+6}$　(5) $Na\underline{H}$　$\boxed{-1}$　(6) $\underline{Mn}O_2$　$\boxed{+4}$

(1)　単体中の原子の酸化数は 0
(2)，(5)　例外として，覚えておこう。
(3)　$H_2\underline{S}O_4$　$(\underset{H}{+1})\times2+\underset{S}{x}+(\underset{O}{-2})\times4=0$　$x=+6$
酸化数…x とする　（化合物の酸化数の合計は 0）
(4)　$\underline{Cr}_2O_7^{2-}$　$2\underset{Cr}{x}+(\underset{O}{-2})\times7=-2$　$x=+6$
x とする　（イオンの電荷）
(6)　$\underline{Mn}O_2$　$\underset{Mn}{x}+(\underset{O}{-2})\times2=0$　$x=+4$
x とする

酸化数の増減と酸化・還元

原子の酸化数が増加したとき，その原子は $\boxed{酸化}$ されたという。また，（酸化 or 還元）
原子の酸化数が減少したとき，その原子は $\boxed{還元}$ されたという。

$\underline{Cu} \longrightarrow \underline{Cu}^{2+} + 2e^-$　Cu の酸化数は $\boxed{増加}$ しており，Cu は $\boxed{酸化}$ されたとわかる。（増加 or 減少）（酸化 or 還元）
酸化数　0 ―増加→ +2

$\underline{O}_2 + 4e^- \longrightarrow 2\underline{O}^{2-}$　O の酸化数は $\boxed{減少}$ しており，O は $\boxed{還元}$ されたとわかる。
酸化数　0 ―減少→ −2

☑ **3**　下線を引いた原子の酸化数を求め，酸化された物質，還元された物質の化学式を答えよ。

(1) $2\underline{Na} + 2\underline{H}_2O \longrightarrow 2\underline{Na}OH + \underline{H}_2$
$\boxed{0}$　$\boxed{+1}$　$\boxed{+1}$　$\boxed{0}$　（Na：増加，H：減少）
よって，酸化された物質は $\boxed{Na}$，還元された物質は $\boxed{H_2O}$ となる。

反応式のどこかに単体がある反応は，酸化還元反応になる。

(2) $\underline{N}_2 + 3\underline{H}_2 \longrightarrow 2\underline{N}\underline{H}_3$
$\boxed{0}$　$\boxed{0}$　$\boxed{-3}$　$\boxed{+1}$　（N：減少，H：増加）
よって，酸化された物質は $\boxed{H_2}$，還元された物質は $\boxed{N_2}$ となる。

(3) $\underline{Cu} + 4H\underline{N}O_3 \longrightarrow \underline{Cu}(NO_3)_2 + 2H_2O + 2\underline{N}O_2$
$\boxed{0}$　$\boxed{+5}$　$\boxed{+2}$　$\boxed{+4}$　（Cu：増加，N：減少）
よって，酸化された物質は $\boxed{Cu}$，還元された物質は $\boxed{HNO_3}$ となる。

学習日　月　日

32 酸化剤と還元剤

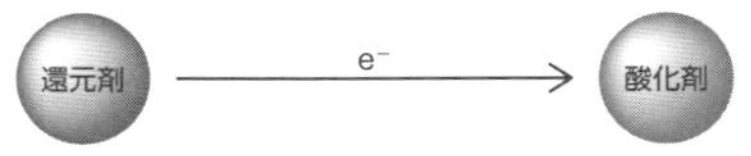

電子 e^- を与える物質を $\boxed{還元剤}$，電子 e^- をうばう物質を $\boxed{酸化剤}$ という。

{ 還元剤は，相手を $\boxed{還元}$ する物質で，自身は $\boxed{酸化}$ される。
{ 酸化剤は，相手を $\boxed{酸化}$ する物質で，自身は $\boxed{還元}$ される。

☑ **1**　過マンガン酸イオン MnO_4^- は次のように反応し，相手の物質から電子 e^- をうばう $\boxed{酸化剤}$ である。

$MnO_4^- + 8H^+ + 5e^- \longrightarrow Mn^{2+} + 4H_2O$　（$5e^-$：還元剤からうばった電子 e^-）

この電子 e^- を含むイオン反応式は，次の手順にしたがってつくる。

手順 1　酸化剤，還元剤とその変化後を書く。
$MnO_4^- \longrightarrow \boxed{Mn^{2+}}$　（変化後は覚える必要がある）

手順 2　両辺の O の数が等しくなるように H_2O を加える。
$MnO_4^- \longrightarrow Mn^{2+} + \boxed{4}H_2O$
左辺に O は $\boxed{4}$ 個あるので，右辺は H_2O $\boxed{4}$ 個でそろえる

手順 3　両辺の H の数が等しくなるように H^+ を加える。
$MnO_4^- + \boxed{8}H^+ \longrightarrow Mn^{2+} + 4H_2O$
①右辺に H が 4×2＝$\boxed{8}$ 個ある　②左辺は H^+ $\boxed{8}$ 個でそろえる

手順 4　両辺の電荷が等しくなるように電子 e^- を加える。
$MnO_4^- + 8H^+ + \boxed{5}e^- \longrightarrow Mn^{2+} + 4H_2O$
左辺の電荷の合計は，$(\boxed{-1})+8\times(\boxed{+1})=\boxed{+7}$
右辺の電荷の合計は，$(\boxed{+2})+4\times\boxed{0}=\boxed{+2}$
左辺の電荷 $\boxed{+7}$ と右辺の電荷 $\boxed{+2}$ をそろえるために必要な $\boxed{-5}$ を表す。（e^- で -1 を表す）

☑ 2 次の二クロム酸イオン $Cr_2O_7^{2-}$ やシュウ酸 $(COOH)_2$ の電子 e^- を含むイオン反応式を完成させよ。 ②右辺に H は 14 個あることから決める ①左辺に O は 7 個あることから決める

$Cr_2O_7^{2-}$ + [14] H^+ + [6] e^- ⟶ [$2Cr^{3+}$] + [7] H_2O

(1)左辺に H は 2 個あることから決める

$(COOH)_2$ ⟶ [$2CO_2$] + [2] H^+ + [2] e^-

③{左辺の電荷の合計は $(-2)+(+1)\times14=+12$ / 右辺の電荷の合計は $(+3)\times2+0\times7=+6$} になることから決める

(2){左辺の電荷の合計は 0 / 右辺の電荷の合計は $(+1)\times2=+2$} になることから決める

$Cr_2O_7^{2-}$ は相手の物質から電子 e^- をうばう [酸化剤] であり，$(COOH)_2$ は相手の物質に電子 e^- を与える [還元剤] であることがわかる。

☑ 3 次の①式と②式を完成させてから，電子 e^- を消去して「イオン反応式」をつくれ。

[酸化]剤：MnO_4^- + [8] H^+ + [5] e^- ⟶ [Mn^{2+}] + [4] [H_2O] …①

[還元]剤：H_2O_2 ⟶ [O_2] + [2] H^+ + [2] e^- …②

MnO_4^- がうばう電子の数と H_2O_2 が与える電子の数が等しくなるように，$5e^-$ と $2e^-$ の最小公倍数 $10e^-$ でそろえる。つまり，①式を [2] 倍，②式を [5] 倍して両辺を加え，電子 e^- を消去する。

①式×2 ➡ $2MnO_4^-$ + ~~$16H^+$~~ (6H⁺) + ~~$10e^-$~~ ⟶ $2Mn^{2+}$ + $8H_2O$

②式×5 ➡ $5H_2O_2$ ⟶ $5O_2$ + ~~$10H^+$~~ + ~~$10e^-$~~ (+

たすことで $10e^-$ を消去する

[$2MnO_4^-$ + $5H_2O_2$ + $6H^+$] ⟶ [$2Mn^{2+}$ + $5O_2$ + $8H_2O$] ➡「イオン反応式」という

☑ 4 希硫酸で酸性にした $KMnO_4$ と H_2O_2 との「化学反応式」を，次のイオン反応式からつくれ。

$2MnO_4^-$ + $5H_2O_2$ + $6H^+$ ⟶ $2Mn^{2+}$ + $5O_2$ + $8H_2O$ …イオン反応式

つくり方 MnO_4^- に K^+ を加えて $KMnO_4$，$2H^+$ に SO_4^{2-} を加えて H_2SO_4 にする。

$2MnO_4^-$ + $5H_2O_2$ + $6H^+$ ⟶ $2Mn^{2+}$ + $5O_2$ + $8H_2O$

$2KMnO_4$ にするために $2K^+$ を加える　$3H_2SO_4$ にするために $3SO_4^{2-}$ を加える　左辺に加えた $2K^+$ と $3SO_4^{2-}$ を右辺にも加えてまとめる

[$2KMnO_4$ + $5H_2O_2$ + $3H_2SO_4$] ⟶ [$2MnSO_4$ + K_2SO_4 + $5O_2$ + $8H_2O$]

☑ 5 二酸化硫黄 SO_2 水溶液に硫化水素 H_2S 水を加えると，硫黄 S が生じる。この酸化還元反応を化学反応式で書け。

つくり方 [酸化]剤：SO_2 + [4] H^+ + [4] e^- ⟶ [S] + [2] [H_2O] …①

[還元]剤：H_2S ⟶ [S] + [2] H^+ + [2] e^- …②

最小公倍数 $4e^-$ でそろえるため，②式を [2] 倍して両辺を加え，電子 e^- を消去する。

①式 ➡ SO_2 + ~~$4H^+$~~ + ~~$4e^-$~~ ⟶ S + $2H_2O$

②式×2 ➡ $2H_2S$ ⟶ 2S + ~~$4H^+$~~ + ~~$4e^-$~~ (+

たすことで $4e^-$ を消去する

[SO_2 + $2H_2S$] ⟶ [3S + $2H_2O$]

33 酸化還元滴定

学習日　月　日

濃度のわからない還元剤や酸化剤の濃度を，酸化還元反応を利用し求める方法を**酸化還元滴定**という。

例題1 0.50 mol/L 過酸化水素 H_2O_2 水 10 mL を希硫酸で酸性にして，x〔mol/L〕過マンガン酸カリウム $KMnO_4$ 水溶液で滴定したところ，20 mL 加えたところで水溶液の赤紫色が消えなくなった。$KMnO_4$ 水溶液のモル濃度を次の化学反応式を利用して，有効数字 2 桁で求めよ。（滴定が終わったサイン）

$2KMnO_4$ + $3H_2SO_4$ + $5H_2O_2$ ⟶ K_2SO_4 + $2MnSO_4$ + $5O_2$ + $8H_2O$

考え方 反応式の係数から，$KMnO_4$ [2] mol と H_2O_2 [5] mol が過不足なく反応することがわかる。

$$\underset{KMnO_4}{2\ \text{mol}} : \underset{H_2O_2}{5\ \text{mol}} = \underset{KMnO_4}{\frac{x\text{〔mol〕}}{1\ \text{L}} \times \frac{20}{1000}\ \text{L}} : \underset{H_2O_2}{0.50 \times \frac{10}{1000}\ \text{mol}}$$

x = [1.0×10^{-1}] mol/L

0.10 でも OK

☑ 1 例題1 の滴定で，H_2O_2 3 mol と過不足なく反応する $KMnO_4$ は何 mol か。有効数字 2 桁で求めよ。（x〔mol〕とする）

考え方 $\underset{KMnO_4}{2\ \text{mol}} : \underset{H_2O_2}{5\ \text{mol}} = \underset{KMnO_4}{x\ \text{mol}} : \underset{H_2O_2}{3\ \text{mol}}$　x = [1.2] mol

例題2 0.060 mol/L のシュウ酸 $(COOH)_2$ 水溶液 10 mL を希硫酸で酸性にして，x〔mol/L〕過マンガン酸カリウム $KMnO_4$ 水溶液で滴定したところ，反応の終点までに 12 mL が必要だった。$KMnO_4$ 水溶液のモル濃度を有効数字 2 桁で求めよ。ただし，$(COOH)_2$ と MnO_4^- は次のようにはたらく。

$(COOH)_2$ ⟶ $2CO_2$ + $2H^+$ + $2e^-$

MnO_4^- + $8H^+$ + $5e^-$ ⟶ Mn^{2+} + $4H_2O$

考え方

還元剤 $(COOH)_2$ が終点までに放出した e^-〔mol〕= 酸化剤 $(KMnO_4)$ が終点までにうばった e^-〔mol〕

より，$1(COOH)_2$ ⟶ … + $2e^-$ (×2)，$1MnO_4^-$ + $8H^+$ + $5e^-$ ⟶ … (×5)

$$0.060\times\frac{10}{1000}\times2 = x\times\frac{12}{1000}\times5$$

還元剤である $(COOH)_2$ が終点までに放出した e^-〔mol〕　酸化剤である $KMnO_4$ が終点までにうばった e^-〔mol〕

x = [2.0×10^{-2}] mol/L

0.020 でも OK

☑ 2 例題2 の滴定で，x〔mol/L〕$(COOH)_2$ 水溶液 10 mL と過不足なく反応する 0.010 mol/L $KMnO_4$ 水溶液は 20 mL だった。$(COOH)_2$ 水溶液のモル濃度を有効数字 2 桁で求めよ。

$$x\times\frac{10}{1000}\times2 = 0.010\times\frac{20}{1000}\times5$$

$(COOH)_2$ が終点までに放出した e^-〔mol〕　$KMnO_4$ が終点までにうばった e^-〔mol〕

x = [5.0×10^{-2}] mol/L

0.050 mol/L でも OK

34 金属のイオン化傾向

学習日 月 / 日

金属のイオン化傾向

水溶液中で，金属が 陽 イオンになろうとする性質を金属の イオン化傾向 といい，金属を イオン化傾向 の大きい順に並べたものを イオン化列 という。

（大）← イオン化傾向（陽イオンへのなりやすさ）（小）

リ カ バ カ ナ マ ア ア テ ニ ス ナ ヒ ド ス ギる 借 金

Li K Ba Ca Na Mg Al Zn Fe Ni Sn Pb (H_2) Cu Hg Ag Pt Au

→元素記号をゴロにあわせて書いてみよう

イオン化傾向　A＞B　のとき，次の反応が起こる。

A ＋ Bのイオン ⟶ Aのイオン ＋ B

1 次の(1)，(2)の反応が起こるか，起こらないかを判定せよ。

(1) $Cu + 2Ag^+ \longrightarrow Cu^{2+} + 2Ag$　（イオン化傾向 大 / 小）　イオン化傾向は Cu＞Ag なので　反応は 起こる

(2) $Zn^{2+} + Cu \not\longrightarrow Zn + Cu^{2+}$　（イオン化傾向 小 / 大）　イオン化傾向は Zn＞Cu なので　反応は 起こらない

2 次の金属とイオンの組み合わせで，反応が起こるものを①〜③から1つ選び，そのイオン反応式とともに答えよ。

① Zn^{2+} と Ag　イオン化傾向 Zn＞Ag なので反応は起こらない

② Cu と Fe^{2+}　イオン化傾向 Fe＞Cu なので反応は起こらない

③ Cu と Ag^+　イオン化傾向 Cu＞Ag なので反応が起こる

③の反応が起こる

$$Cu \longrightarrow Cu^{2+} + 2e^-$$
$$2Ag^+ + 2e^- \longrightarrow 2Ag \quad (+$$
$$Cu + 2Ag^+ \longrightarrow Cu^{2+} + 2Ag$$

（たすことで $2e^-$ を消去する）

$Ag^+ + e^- \longrightarrow Ag$ を2倍したもの

③，$Cu + 2Ag^+ \longrightarrow Cu^{2+} + 2Ag$

水との反応

（大）反応性大きい ← イオン化傾向 → 反応性小さい（小）

リ カ バ カ ナ マ ア ア テ ニ ス ナ ヒ ド ス ギる 借 金

Li K Ba Ca Na Mg Al Zn Fe Ni Sn Pb (H_2) Cu Hg Ag Pt Au

- 常温の水と反応して，H_2 を発生する（Li〜Na）
- 熱水と反応して，H_2 を発生する（〜Mg）
- 高温の水蒸気と反応して，H_2 を発生する（〜Fe）

3 イオン化傾向の大きいLi，K，Ba，Ca，Naなどは 常温 の水と反応して H_2 を発生しながら溶ける。Mgは 熱水 と反応して H_2 を発生する。Al，Zn，Feは熱水とは反応せず，高温の水蒸気 と反応して H_2 を発生する。

酸との反応

（大）反応性大きい ← イオン化傾向 → 反応性小さい（小）

リ カ バ カ ナ マ ア ア テ ニ ス ナ ヒ ド ス ギる 借 金

Li K Ba Ca Na Mg Al Zn Fe Ni Sn Pb (H_2) Cu Hg Ag Pt Au

- 塩酸，希硫酸と反応して，H_2 を発生する（4，6 参照）
- 熱濃硫酸，濃硝酸，希硝酸と反応して，SO_2，NO_2，NO を発生する（5 参照）
- 王水《おうすい》とのみ反応（7 参照）

4 ZnやFeは水素よりも イオン化傾向 が大きいので，希硫酸の H^+ と反応して H_2（化学式）を発生する。例えば，Feと希硫酸の化学反応式は次のようになる。

$$Fe \longrightarrow Fe^{2+} + 2e^-$$
$$2H^+ + 2e^- \longrightarrow H_2$$

まとめると

イオン反応式　$Fe + 2H^+ \longrightarrow Fe^{2+} + H_2$

H_2SO_4 にするために SO_4^{2-} を加えてまとめる／左辺に加えた SO_4^{2-} を右辺にも加えてまとめる

化学反応式　$Fe + H_2SO_4 \longrightarrow FeSO_4 + H_2$

5 イオン化傾向 が水素よりも小さいCuやAgなどは，塩酸や希硫酸とは反応 しない（する or しない）が，熱濃硫酸（加熱した濃硫酸）と反応して SO_2（化学式）を発生して溶ける。さらに，CuやAgは，濃硝酸と反応して NO_2 を発生して溶け，希硝酸と反応して NO を発生して溶ける。例えばCuと熱濃硫酸とは次のように反応する。

$$Cu \longrightarrow Cu^{2+} + 2e^-$$
$$H_2SO_4 + 2H^+ + 2e^- \longrightarrow SO_2 + 2H_2O$$

まとめると

イオン反応式　$Cu + H_2SO_4 + 2H^+ \longrightarrow Cu^{2+} + SO_2 + 2H_2O$

SO_4^{2-} を両辺に加えてまとめる

化学反応式　$Cu + 2H_2SO_4 \longrightarrow CuSO_4 + SO_2 + 2H_2O$

Fe，Ni，Alは，濃硝酸にはその表面にち密な **酸化被膜** ができてほとんど溶けない。このような状態を 不動態《ふどうたい》 という。

ゴロ　元素記号　手 ニ アル　Fe Ni Al は，濃硝酸と不動態になる

6 Pbは，塩酸HClや希硫酸 H_2SO_4 と反応して生じる $PbCl_2$ や $PbSO_4$（化学式）が水に溶け にくく（やすく or にくく），塩酸や希硫酸とはほとんど反応 しない（する or しない）。

7 PtやAuは，熱濃硫酸・濃硝酸・希硝酸に溶けないが，濃硝酸と濃塩酸の体積が 1：3 の混合物である 王水《おうすい》 には溶ける。

35 物質の三態

学習日　月　日

順不同

物質の 固体 ・ 液体 ・ 気体 の 3 つの状態を物質の 三態《さんたい》 という。温度 や 圧力 を変化させると物質の三態は変化する。この変化を 状態変化 という。

物理変化でも OK

●物質の三態と状態変化

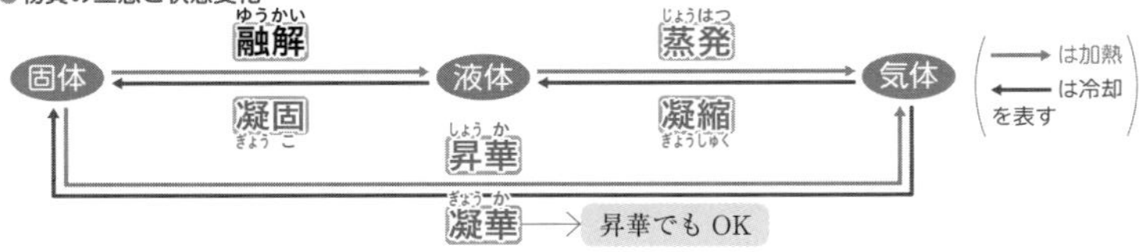

凝華 → 昇華でも OK

☑ **1** 固体を加熱すると，とけて液体になる。この現象を 融解 ，このときの温度を 融点《ゆうてん》 という。液体から気体になる現象を 蒸発 ，液体が 沸騰 する温度を 沸点《ふってん》 という。

☑ **2** たて軸に圧力，よこ軸に温度をとり，固体・液体・気体のどの状態をとるかを表した図を 状態図 という。

相図《そうず》でも OK

超臨界状態とは，液体と気体の区別がつかない状態のこと

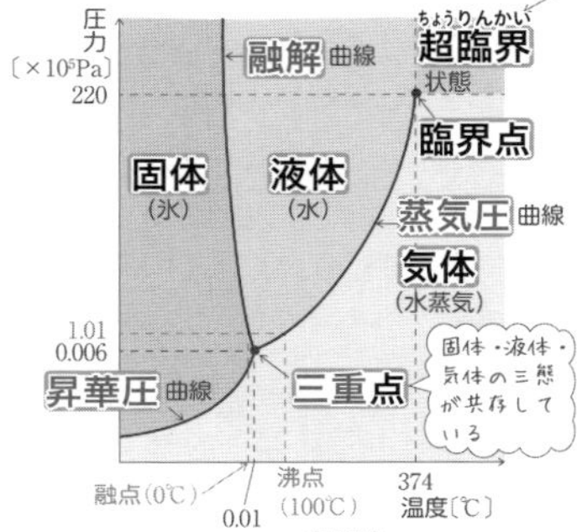

〈水H_2Oの 状態 図〉

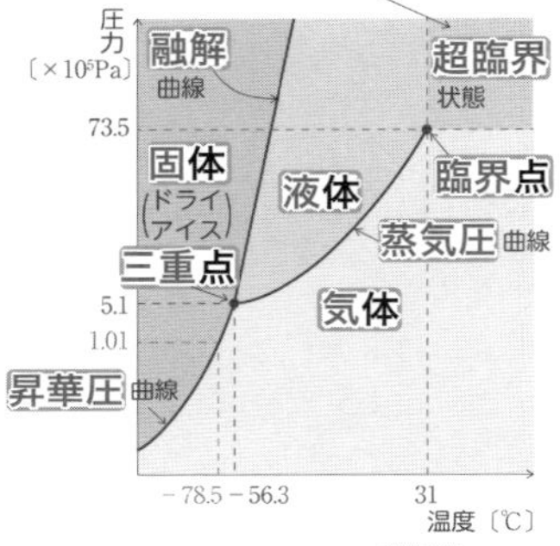

〈二酸化炭素 CO_2の 状態 図〉

臨界点よりも高温・高圧の状態(超臨界状態)にある物質を 超臨界流体 という。

36 ファンデルワールス力と水素結合

学習日　月　日

水素 H_2 ，二酸化炭素 CO_2 のような 無極性 分子や，塩化水素 HCl のような 極性 分子の間にはたらく引力をまとめて， ファンデルワールス力 という。

(極性 or 無極性)

ハロゲン単体の沸点は，F_2 < Cl_2 < Br_2 < I_2 の順になる。これは， 分子量 が大きくなるほど， ファンデルワールス力 が強くなるためである。

(< or >)

フッ化水素 HF は，17 族の水素化合物（ ハロゲン化水素 ）の中で分子量が最も 小さ いが，沸点は最も 高 い。これは HF と HF との間に，F−H…F のような強い引力が生じるためであり，この H 原子を仲立ちとして生じる結合を 水素 結合という。

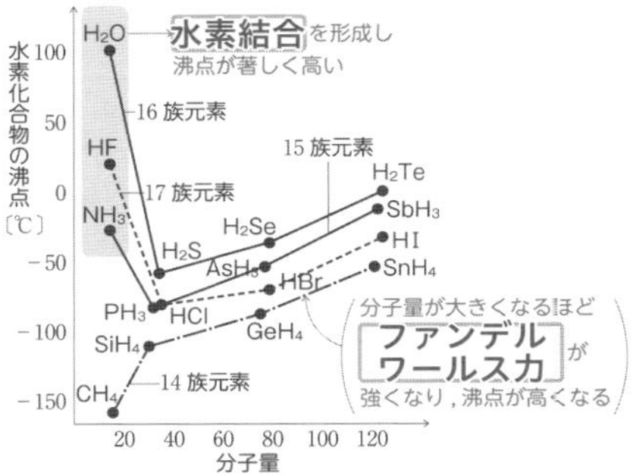

＜水素化合物の沸点＞

図を見ると， H_2O ， HF ， NH_3 は分子量が 小さ いにもかかわらず沸点が高い。これは分子間で 水素結合 を生じているためである。

☑ **1** 次の(1)〜(3)の構造式に δ− と δ+ を書き入れ，さらに，水素結合を…で書き入れよ。

(1) 水

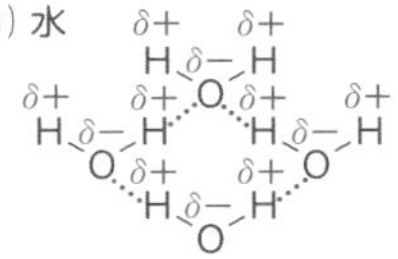

(2) フッ化水素

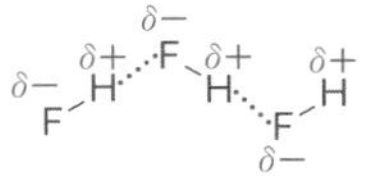

(3) アンモニア

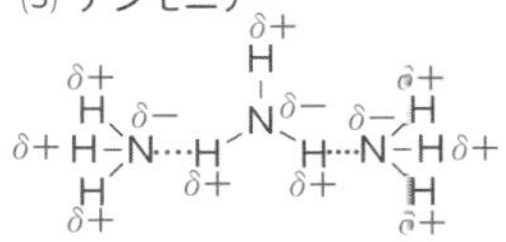

☑ **2** 右図を見るとわかるように，氷(固体の水)では，1 分子の水が他の 4 分子の水と 水素 結合し固定されることで， すきまの大きい結晶構造 になっている。このため，氷は液体の水よりも密度が 小さく ，氷は水に 浮く 。

(大きく or 小さく)　(浮く or 沈む)

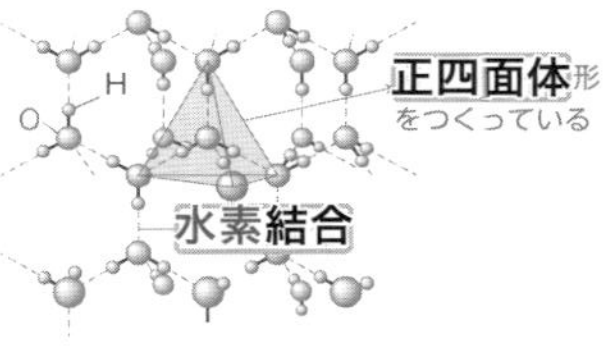

＜氷(H_2O)の構造＞

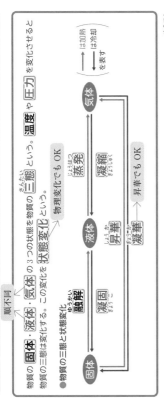

37 気体の圧力，気液平衡と蒸気圧，絶対温度

学習日 月 日

気体の圧力

【1】**熱運動** している気体分子が容器の壁に衝突し，単位面積あたりに加えている力が気体の **圧力** になる。

【2】国際単位系(SI)による圧力の単位には，パスカル(記号 **Pa**)が用いられる。
1 Pa は面積 1 **m^2** に 1 ニュートン(記号 **N**)の力がはたらいたときの **圧力** である。つまり，
1 **Pa** = 1 N/m^2 となる。（1 m^2 の面積を表している）

【3】大気による圧力を **大気圧** といい，右図のような実験により測定する。通常の大気圧 1.013×10^5 Pa では，
h = **760** mm になる。
「1.013×10^5 Pa」は，「 **760** ミリメートル水銀柱(記号 **mmHg**)」や「1 気圧(記号 **atm**)」と表す。

1.013×10^5〔Pa〕 = 760〔 **mmHg** 〕
= 1〔 **atm** 〕

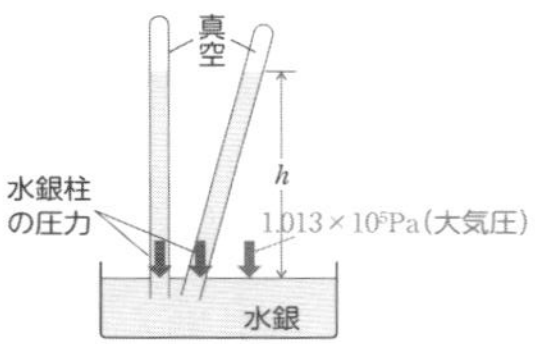

【4】h《ヘクト》は 10^2 倍を意味するので，
1.013×10^5〔Pa〕= **1013** 〔hPa〕 となる。（1.013×10^3 でも OK）

$1.013 \times 10^5 \text{Pa} \times \dfrac{1\,\text{hPa}}{10^2\,\text{Pa}} = 1.013 \times 10^3\,\text{hPa}$

☑ **1** 次の圧力を〔 〕内の単位で表せ(有効数字 4 桁)。

(1) 1013 hPa〔Pa〕

$$1013\,\text{hPa} \times \frac{10^2\,\text{Pa}}{1\,\text{hPa}} = 1013 \times 10^2\,\text{Pa} = \boxed{1.013 \times 10^5}\,\text{Pa}$$

(2) 1.013×10^5 Pa〔kPa〕

k は 10^3 倍を意味する

101.3kPa でも OK

$$1.013 \times 10^5\,\text{Pa} \times \frac{1\,\text{kPa}}{10^3\,\text{Pa}} = \boxed{1.013 \times 10^2}\,\text{kPa}$$

☑ **2** 次の圧力を〔 〕内の単位で表せ(有効数字 2 桁)。ただし，1.0×10^5 Pa = 760 mmHg とする。

(1) 5.0×10^3 Pa〔mmHg〕

$$5.0 \times 10^3\,\text{Pa} \times \frac{760\,\text{mmHg}}{1.0 \times 10^5\,\text{Pa}} = \boxed{38}\,\text{mmHg}$$

(2) 380 mmHg〔Pa〕

$$380\,\text{mmHg} \times \frac{1.0 \times 10^5\,\text{Pa}}{760\,\text{mmHg}} = \boxed{5.0 \times 10^4}\,\text{Pa}$$

気液平衡と蒸気圧

右図のような真空の密閉容器に液体を入れて常温で放置すると，容器内の圧力は一定の値に保たれ，見かけ上，**蒸発** も **凝縮** も起こっていないような状態となる。この状態を **気液平衡** という。
このとき，水銀柱の液面の高さの差 h は，常温におけるこの液体の **蒸気圧** を示す。（飽和蒸気圧でも OK）

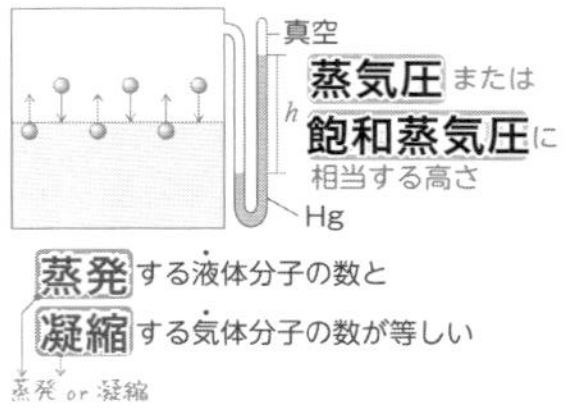

蒸気圧曲線

蒸気圧と温度との関係を示すグラフを **蒸気圧曲線** という。
液体を加熱していき，**蒸気圧 ＝ 大気圧** となると，液体の表面だけでなく，内部からも **蒸発** が起こるようになる。この現象を **沸騰** といい，**沸騰** の起こる温度を **沸点** という。

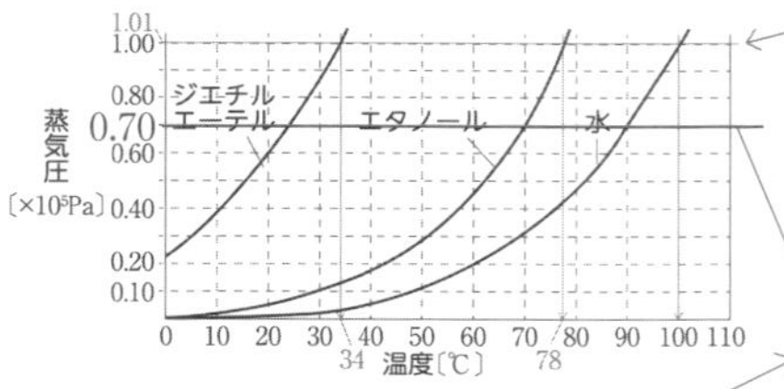
1.01×10^5 Pa との交点が 1.01×10^5 Pa での沸点になる

左の図から，1.01×10^5 Pa における沸点は，
ジエチルエーテルは **34** ℃
エタノールは **78** ℃
水は **100** ℃
になるとわかる。

0.70×10^5Pa との交点が
0.70×10^5Pa での沸点になる

☑ **3** 大気圧が 0.70×10^5 Pa におけるエタノールと水の沸点は何℃か。上の図を利用して整数値で答えよ。

エタノールは **70** ℃ ， 水は **90** ℃ になる。

絶対温度

−273℃ を基準とした温度を **絶対温度**《ぜったいおんど》といい，単位には **ケルビン** (記号 **K**)を用いる。
絶対温度 T〔K〕とセルシウス温度 t〔℃〕の間には，

T〔K〕= **t〔℃〕+ 273**

の関係が成り立つ。

☑ **4** 次の(1)をセルシウス温度，(2)を絶対温度に変換し，整数値で答えよ。

(1) 400 K　　$400 = t + 273$ より，$t = \boxed{127}$ ℃

(2) 27℃　　$T = 27 + 273 = \boxed{300}$ K

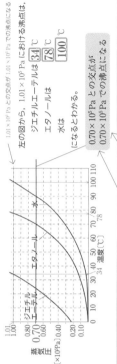

38 気体の法則

学習日 月 日

気体の状態方程式

絶対温度 T[K]，圧力 P[Pa]において，n[mol]の気体の体積を V[L]とすると，

$PV=nRT$

という式が成り立つ。この式を気体の **状態方程式**，R を **気体定数** という。

例題 0℃，1.013×10^5 Pa(**標準** 状態)において，1 mol の気体の体積 V は **22.4** L である。この値を使って，気体定数 R の値を有効数字 2 桁で求めよ。また，単位も記せ。

考え方 $PV=nRT$ より，$R=\dfrac{PV}{nT}=\dfrac{1.013\times10^5\,\text{Pa}\times22.4\,\text{L}}{1\,\text{mol}\times(273+0)\,\text{K}}$

$\fallingdotseq$ **8.3×10^3** **Pa･L/(mol･K)**
（2 桁，数値，単位）

☑ **1** 27℃，8.3×10^5 Pa で 3.0 L を占める気体の物質量[mol]を有効数字 2 桁で求めよ。ただし，$R=8.3\times10^3$ Pa･L/(mol･K)とする。

$PV=nRT$ より，$n=\dfrac{PV}{RT}$ となる。 $n=\dfrac{8.3\times10^5\times3.0}{8.3\times10^3\times(273+27)}=$ **1.0** mol（2 桁）

☑ **2** 127℃，8.0×10^5 Pa で 8.3 L を占める気体の物質量は何 mol か。有効数字 2 桁で求めよ。ただし，$R=8.3\times10^3$ Pa･L/(mol･K)とする。

$PV=nRT$ より，$n=\dfrac{PV}{RT}$ となる。 $n=\dfrac{8.0\times10^5\times8.3}{8.3\times10^3\times(273+127)}=$ **2.0** mol（2 桁）

重要！ (P, V, T)の条件（3 つのデータ）がすべてわかると，n が決まることを知っておこう！

ボイルの法則

例題 27℃，4.0×10^5 Pa で 6.0 L を占めている気体がある。この気体を 27℃，8.0×10^5 Pa とすると，体積は何 L になるか。有効数字 2 桁で求めよ。

考え方 問題文の操作を簡単な図で表し，変化していない値(一定の値)を探して $PV=nRT$ に□をつける。そして，□をまとめて得られる式を使えばよい。

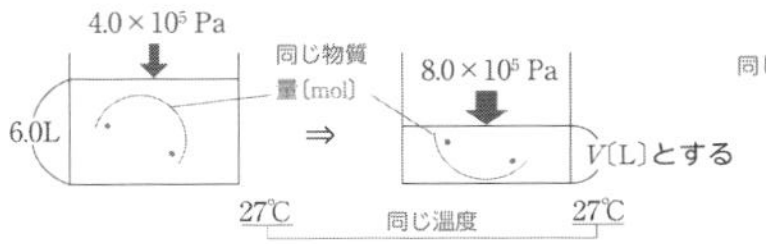

$PV=\boxed{n}\boxed{R}\boxed{T}$ から，（同じ物質量[mol]，同じ値(例 8.3×10^3)になる，同じ温度）

$PV=$(一定) ➡ **ボイル** の法則が成り立つ。

$PV=4.0\times10^5\times6.0=$ **8.0×10^5** $\times$ $\boxed{V}$

これを解くと，$V=$ **3.0** L

☑ **3** 27℃，1.0×10^5 Pa で 3.0 L の気体を，6.0 L の容器に入れ 27℃に保った。容器内の気体の圧力は何 Pa になるか。有効数字 2 桁で求めよ。

同じ物質量[mol]，同じ温度であり，R も同じ値なので，$PV=\boxed{n}\boxed{R}\boxed{T}$ となる。

$PV=1.0\times10^5\times3.0=P\times6.0$ これを解くと，$P=$ **5.0×10^4** Pa

シャルルの法則とボイル・シャルルの法則

例題 1 圧力一定で，27℃で 6.0 L の気体を 127℃にすると，体積は何 L になるか。有効数字 2 桁で求めよ。

考え方

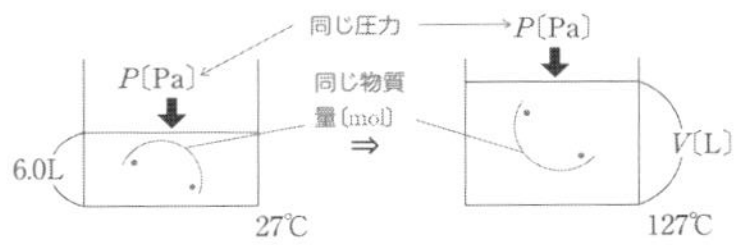

$\boxed{P}V=\boxed{n}\boxed{R}T$ から，（同じ圧力，同じ物質量[mol]，同じ値）

$\dfrac{V}{T}=\boxed{\dfrac{nR}{P}}=$(一定)

➡ **シャルル** の法則が成り立つ。

$\dfrac{V}{T}=\dfrac{6.0}{273+27}=\dfrac{\boxed{V}}{\boxed{273+127}}$ これを解くと，$V=$ **8.0** L

例題 2 27℃，2.0×10^5 Pa で 6.0 L の気体を，67℃，1.0×10^6 Pa とすると，体積は何 L になるか。有効数字 2 桁で求めよ。

考え方

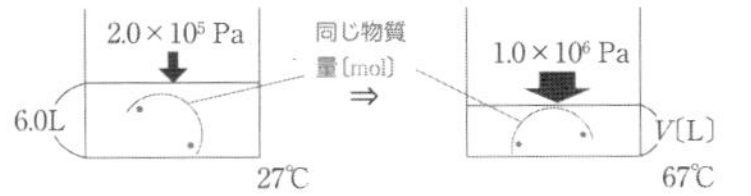

$PV=\boxed{n}\boxed{R}T$ から，（同じ物質量[mol]，同じ値）

$\dfrac{PV}{T}=\boxed{nR}=$(一定)

➡ **ボイル･シャルル** の法則が成り立つ。

$\dfrac{PV}{T}=\dfrac{2.0\times10^5\times6.0}{273+27}=\dfrac{\boxed{1.0\times10^6}\times\boxed{V}}{\boxed{273+67}}$ これを解くと，$V\fallingdotseq$ **1.4** L

☑ **4** 27℃，4.5×10^5 Pa で 6.0 L の気体を，3.0 L の容器に入れ 127℃に保つと圧力は何 Pa になるか。有効数字 2 桁で求めよ。

$PV=\boxed{n}\boxed{R}T$ より，$\dfrac{PV}{T}=\dfrac{4.5\times10^5\times6.0}{273+27}=\dfrac{P\times3.0}{273+127}$ $P=$ **1.2×10^6** Pa

（同じ物質量[mol]，同じ値）

気体の分子量

気体の質量を w[g]，モル質量を M[g/mol]とする。すると，気体の物質量 n[mol]を w と M で表すと $n=\dfrac{w}{M}$ になる。これを気体の状態方程式 $PV=nRT$ に代入すると，

（分子量 M に単位 g/mol がついたもの）

$PV=\dfrac{w}{M}RT$ となるので，$M=\dfrac{wRT}{PV}$ とできる。

☑ **5** ある揮発性の物質 1.0 g を 830 mL の容器中で完全に蒸発させたところ，97℃で 1.0×10^5 Pa となった。この物質の分子量を有効数字 2 桁で求めよ。ただし，$R=8.3\times10^3$ Pa･L/(mol･K)とする。

分子量を M とすると，分子量に単位 g/mol をつけたものがモル質量になり，M[g/mol]と表すことができる。

$1.0\times10^5\times\dfrac{830}{1000}=\dfrac{1.0}{M}\times8.3\times10^3\times(273+97)$ となり，$M=37$ g/mol

このモル質量 M[g/mol]から[g/mol]を除いた M が分子量となる。よって，分子量は **37**

3.7×10 でも OK

39 混合気体

学習日 月 日

例題 右図のように，4.0 L の容器 A には 1.0×10^5 Pa のヘリウム He が，1.0 L の容器 B には 5.0×10^5 Pa のアルゴン Ar が入っている。温度一定でコックを開いてしばらく放置した。

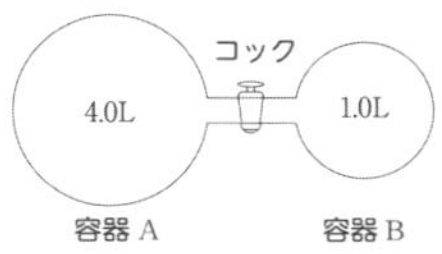

(1) ヘリウムとアルゴンの分圧はそれぞれ何 Pa か。有効数字 2 桁で求めよ。

考え方 ヘリウム He の分圧を P_{He}〔Pa〕とおき，コックを開く前と後の He だけに注目する。

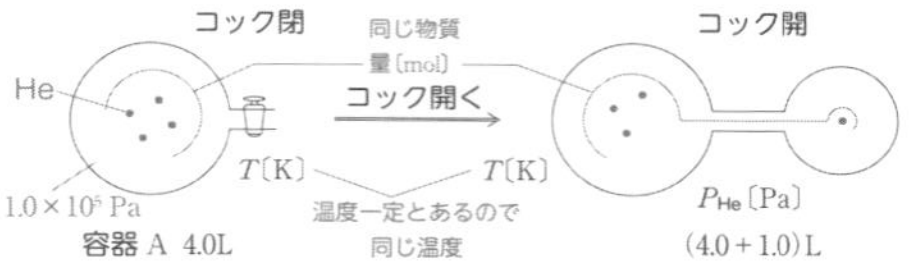

$PV=$ n R T から，$PV=$ (一定) となる。

$PV=1.0\times10^5\times4.0=P_{He}\times$ 5.0　　$P_{He}=$ 8.0×10^4 Pa

アルゴン Ar の分圧を P_{Ar}〔Pa〕とおき，コックを開く前と後の Ar だけに注目する。

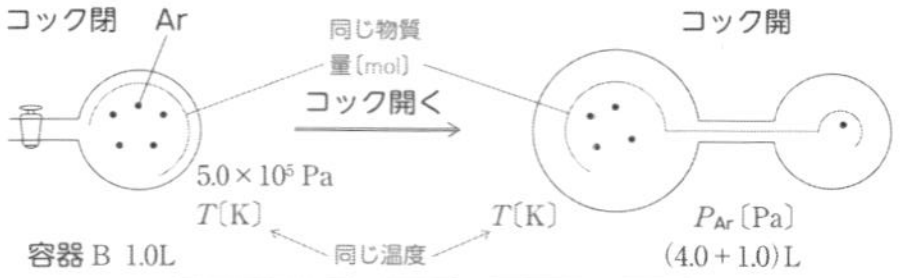

$PV=$ n R T から，$PV=$ (一定) となる。

$PV=$ 5.0×10^5 $\times$ 1.0 $=$ P_{Ar} $\times$ 5.0　　$P_{Ar}=$ 1.0×10^5 Pa

(2) 混合気体の全圧は何 Pa か。有効数字 2 桁で求めよ。

考え方 混合気体の全圧は，その成分気体の分圧の 和 に等しくなるので，

$P_{全}$（全圧）$=$ 8.0×10^4（He の分圧）$+$ 1.0×10^5（Ar の分圧）$=$ 1.8×10^5 Pa

☑ 1 温度一定の下で 1.0×10^5 Pa の水素 H_2 1.0 L と 6.0×10^5 Pa の窒素 N_2 3.0 L を混合して，体積を 5.0 L とした。このときの全圧は何 Pa か。有効数字 2 桁で求めよ。

混合後 5.0L としたことに注意しよう！

水素 H_2 の分圧を P_{H_2}〔Pa〕とおく。混合する前と後で，同じ物質量〔mol〕，同じ温度，R も同じ値なので，$PV=$ n R T となる。

$PV=1.0\times10^5\times1.0=P_{H_2}\times$ 5.0　　これを解くと，$P_{H_2}=0.20\times10^5$ Pa

窒素 N_2 の分圧を P_{N_2}〔Pa〕とおく。混合する前と後で，同じ物質量〔mol〕，同じ温度，R も同じ値なので，$PV=$ n R T となる。

$PV=6.0\times10^5\times3.0=P_{N_2}\times5.0$　　これを解くと，$P_{N_2}=3.6\times10^5$ Pa

混合気体の全圧は，その成分気体の分圧の和に等しくなるので，

$P_{全}$（全圧）$=0.20\times10^5$（H_2 の分圧）$+3.6\times10^5$（N_2 の分圧）$=3.8\times10^5$ Pa

3.8×10^5 Pa

40 理想気体と実在気体

学習日 月 日

気体の状態方程式 $PV=nRT$ が厳密にあてはまる気体を 理想気体 という。

	理想気体	実在気体
分子自身の体積（大きさ）	なし（→あり or なし←）	あり
ファンデルワールス力や水素結合などの分子間力	はたらかない（→はたらく or はたらかない←）	はたらく

☑ 1 実在気体では，分子間力が はたらき（はたらき or はたらかず），分子自身の体積（大きさ）が ある（ある or ない）。
一方，理想気体では，分子間力が はたらかず（はたらき or はたらかず），分子自身の体積が ない（ある or ない）。

☑ 2 理想気体については，$PV=nRT$ つまり $\frac{PV}{nRT}=$ 1 が常に成り立つ。
一方，実在気体では分子自身の体積（大きさ）や分子間力が存在 する（する or しない）ため，
圧力が 高い（高い or 低い）ときや温度が 低い ときは $\frac{PV}{nRT}$ の値が 1 から大きくずれる。

大きさでも OK

分子自身の体積 のため，理想気体より体積が大きくなり，$\frac{PV}{nRT}$ が 1 より大きくなる

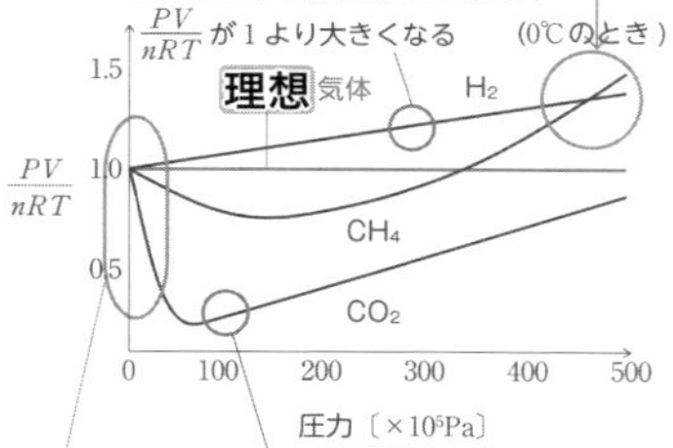

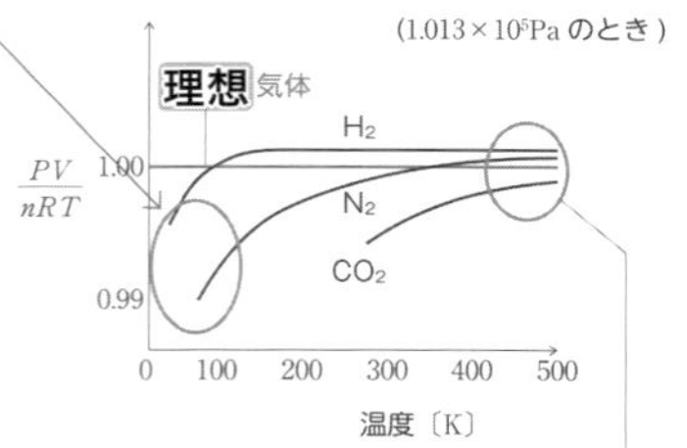

分子間力 のため，理想気体より体積が小さくなり，$\frac{PV}{nRT}$ が 1 より小さくなる

低圧 ほど，実在気体と理想気体のずれは 小さい（大きい or 小さい）。

高温 ほど，実在気体と理想気体のずれは 小さい（大きい or 小さい）。

☑ 3 実在気体が理想気体に近いふるまいをする条件は，高 温・低 圧になる。
高 温では，分子の 熱運動 が活発になり，分子間力の影響が無視できる。
低 圧では，一定体積中の分子数が少ないので，分子自身の体積の影響が無視 できる（できる or できない）。

41 溶解，濃度

学習日　月／日

溶解

塩化ナトリウム NaCl は，水に溶けて無色透明の **水溶液** になる。

溶媒が水である場合の溶液を特に **水溶液** といい，液体に他の物質が溶けて均一になる現象を **溶解** という。

イオンに分かれることを **電離** といい，NaCl のように水に溶けて Na^+ や Cl^- に **電離** する物質を **電解質** という。また，スクロースのように水に溶けても電離しない物質は **非電解質** という。

☑ **1** 図の空欄に，Na^+，Cl^- のいずれかを入れよ。

溶質が溶媒にとり囲まれることを「溶媒和」といい，溶媒が水のときは特に「水和」という。

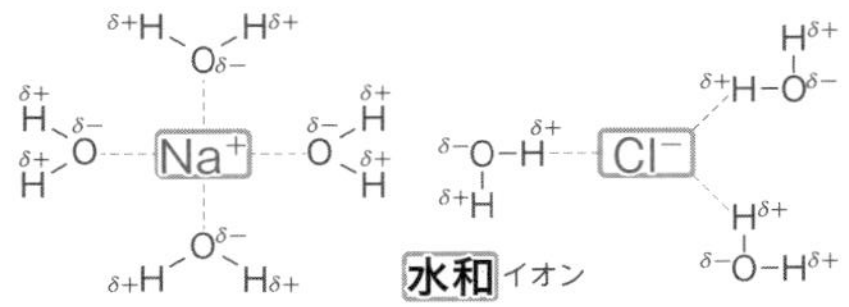

溶液の濃度

溶液の濃度には，質量パーセント濃度〔%〕，モル濃度〔mol/L〕以外に質量モル濃度〔mol/kg〕がある。

質量モル濃度〔mol/kg〕《モル毎キログラム》 = **溶質** の物質量〔mol〕÷ **溶媒** の質量〔kg〕

$= \dfrac{\textbf{溶質}\text{ の物質量〔mol〕}}{\textbf{溶媒}\text{ の質量〔kg〕}}$

☑ **2** 次の濃度を求めよ。

(1) 水 1.0 kg にグルコース $C_6H_{12}O_6$ 0.20 mol を溶かしてできるグルコース水溶液の質量モル濃度〔mol/kg〕を有効数字 2 桁で答えよ。

2.0×10^{-1} mol/kg でも OK

$$\frac{\text{溶質〔mol〕}}{\text{溶媒〔kg〕}} = \frac{0.20\,\text{mol}}{1.0\,\text{kg}} = \boxed{0.20}\ \text{mol/kg}$$

(2) 水 100 g に NaOH 2.0 g を溶かしてできる水酸化ナトリウム水溶液の質量モル濃度〔mol/kg〕を有効数字 2 桁で答えよ。ただし，NaOH のモル質量は 40 g/mol とする。

$$\frac{\text{溶質〔mol〕}}{\text{溶媒〔kg〕}} = \frac{2.0\,\text{g}\times\dfrac{1\,\text{mol}}{40\,\text{g}}}{100\,\text{g}\times\dfrac{1\,\text{kg}}{10^3\,\text{g}}} = \boxed{0.50}\ \text{mol/kg}$$

5.0×10^{-1} mol/kg でも OK

42 固体の溶解度

学習日　月／日

固体の溶解度

一定温度で，一定量の溶媒に溶ける溶質の量には限度がある。この溶解の限度の量を **溶解度** といい，限度まで溶質が溶けた溶液を **飽和溶液** という。

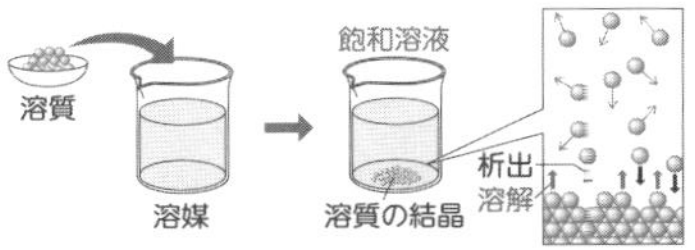

「固体の溶解度」はふつう，「 **溶媒** 100 g あたりに溶ける **溶質** の最大の質量〔g〕」で表される。溶媒が水のときは，S〔g/水 100 g〕のように表す。

☑ **1** 右図のような溶解度と温度の関係を示すグラフを **溶解度曲線** という。

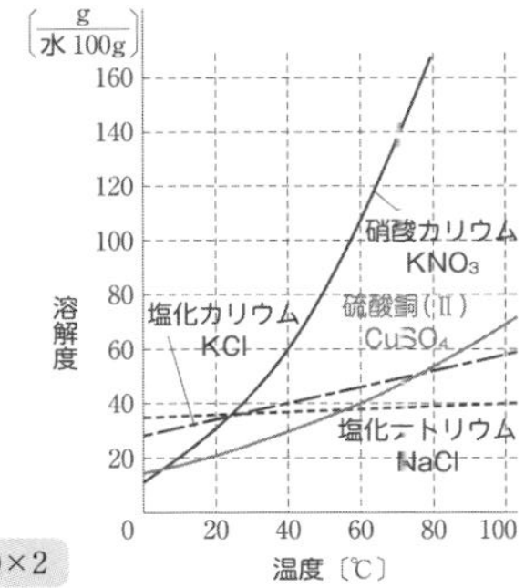

(1) 右の溶解度曲線を見て，空欄に整数値を入れよ。

40℃における KNO_3 の溶解度は **60** g/水 100 g

100℃における NaCl の溶解度は **40** g/水 100 g

(2) 右の溶解度曲線から，KCl と $CuSO_4$ の水に対する溶解度を，整数値で求めよ。

KCl の溶解度は，40℃ で **40** g/水 100 g，$CuSO_4$ の溶解度は，60℃ で **40** g/水 100 g

(3) 40℃ の水 200 g に KCl 70 g を溶かした。この水溶液から水を 100 g 蒸発させると，KCl は何 g 析出するか。(2)の結果を利用して整数値で求めよ。

考え方 (2)より，40℃ で水 200g には KCl は **80** g まで溶けることがわかる。つまり，KCl 70 g は 40℃ では水 200 g にすべて溶けている。（40×2）

また，(2)より 40℃ で水 100 g には KCl は **40** g まで溶けることがわかる。

よって，KCl は **70** g − **40** g = **30** g　析出する。

（40℃で水 200 g に溶かした KCl〔g〕）（40℃で水 100 g に溶けている KCl〔g〕）

(4) 60℃の $CuSO_4$ の飽和水溶液 280 g に溶けている $CuSO_4$ は何 g か。(2)の結果を利用して整数値で求めよ。（x〔g〕とせよ）

考え方 60℃　$\dfrac{\text{溶質〔g〕}}{\text{飽和水溶液〔g〕}} = \dfrac{x\text{〔g〕}}{\boxed{280}\ \text{g}} = \dfrac{\boxed{40}\ \text{g}}{100\ \text{g} + \boxed{40}\ \text{g}}$　$x = \boxed{80}$ g

（40 g：60℃の溶解度）

固体の溶解度の計算

例題 60℃における硝酸カリウム KNO_3 の飽和水溶液 420 g を 20℃に冷却すると，何 g の硝酸カリウムが析出するか。整数値で求めよ。ただし，60℃と 20℃における硝酸カリウムの溶解度は，それぞれ 110，32 である。

解き方

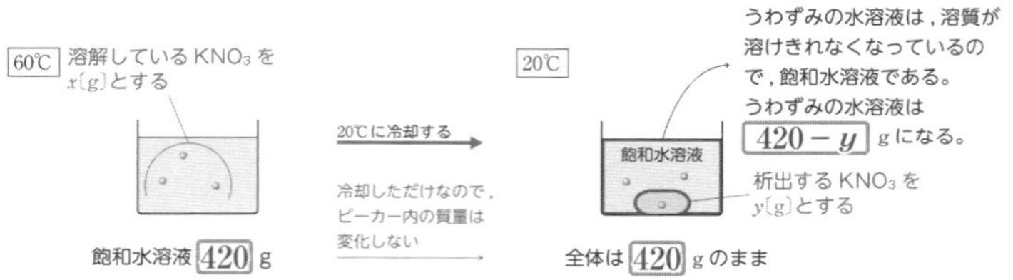

60℃ $\dfrac{溶質〔g〕}{飽和水溶液〔g〕}=\dfrac{\boxed{x}\ g}{\boxed{420}\ g}=\dfrac{\boxed{110}\ g}{100\ g+\boxed{110}\ g}$ $x=\boxed{220}$ g

60℃の溶解度 $\boxed{110\ g}$/水 100 g を代入する

20℃ で，うわずみの水溶液（飽和水溶液）$\boxed{420-y}$ g に溶けている KNO_3 は $\boxed{x-y}$ g になる。（220 − y でも OK）

20℃ $\dfrac{溶質〔g〕}{飽和水溶液〔g〕}=\dfrac{\boxed{x-y}\ g}{\boxed{420-y}\ g}=\dfrac{\boxed{32}\ g}{100\ g+\boxed{32}\ g}$

220 − y でも OK

20℃の溶解度 $\boxed{32\ g}$/水 100 g を代入する

$x=220$ を代入すると，$y=\boxed{156}$ g

☑ **2** 80℃における硝酸ナトリウムの飽和水溶液 500 g を 20℃に冷却すると，何 g の硝酸ナトリウムが析出するか。整数値で求めよ。ただし，80℃と 20℃における硝酸ナトリウムの溶解度はそれぞれ 150，88 である。

80℃で，硝酸ナトリウムの飽和水溶液 500 g に溶解している $NaNO_3$ を x〔g〕とする。

80℃ $\dfrac{溶質〔g〕}{飽和水溶液〔g〕}=\dfrac{x〔g〕}{500\ g}=\dfrac{150\ g}{100\ g+150\ g}$ $x=300$ g

80℃の溶解度 150 g/水 100 g

20℃に冷却して析出する $NaNO_3$ を y〔g〕とすると，20℃でうわずみの水溶液（飽和水溶液）$500-y$〔g〕に溶けている $NaNO_3$ は $x-y$〔g〕になる。

20℃ $\dfrac{溶質〔g〕}{飽和水溶液〔g〕}=\dfrac{x-y〔g〕}{500-y〔g〕}=\dfrac{88\ g}{100\ g+88\ g}$

20℃の溶解度 88 g/水 100 g

$x=300$ を代入すると，$y=124$ g

$\boxed{124}$ g

固体の溶解度の計算（水和物）

例題 硫酸銅（Ⅱ）五水和物 $CuSO_4\cdot 5H_2O$（式量 250）は，60℃の水 50 g に何 g 溶けるか。整数値で答えよ。ただし，$CuSO_4$ の式量は 160，H_2O の分子量は 18 とする。また，$CuSO_4$ の水に対する溶解度は，60℃で 40 である。

解き方 水和水をもつ $CuSO_4\cdot 5H_2O$ を無水物 $CuSO_4$ と水 H_2O に分ける。

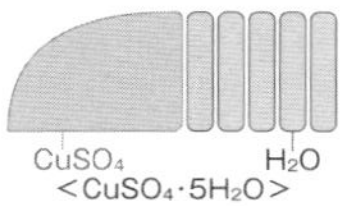

$CuSO_4\cdot 5H_2O$ 1 個は $CuSO_4$ $\boxed{1}$ 個に H_2O $\boxed{5}$ 個が結合している。溶けた $CuSO_4\cdot 5H_2O$ を x〔g〕とおくと，その中に含まれる（$CuSO_4$ 160，$5H_2O$ 90，計 250）

$CuSO_4$ は $\dfrac{\boxed{160}}{\boxed{250}}x$〔g〕，$H_2O$ は $\dfrac{\boxed{90}}{\boxed{250}}x$〔g〕 となる。

60℃ $\dfrac{溶質〔g〕}{飽和水溶液〔g〕}=\dfrac{\dfrac{\boxed{160}}{\boxed{250}}x\ g}{50\ g+\boxed{x}\ g}=\dfrac{\boxed{40}\ g}{100\ g+\boxed{40}\ g}$ $x≒\boxed{40}$ g

溶けている $CuSO_4$

水 50 g に x〔g〕の $CuSO_4\cdot 5H_2O$ すべてが溶ける

60℃の溶解度 $\boxed{40\ g}$/$\boxed{水\ 100\ g}$ を代入する

☑ **3** 今，20℃で，硫酸銅（Ⅱ）の飽和水溶液 240 g をつくりたい。次の(1)，(2)に整数値で答えよ。ただし，$CuSO_4=160$，$H_2O=18$ とする。また，$CuSO_4$ の水に対する溶解度は 20℃で 20 である。

(1) 無水硫酸銅（Ⅱ）は何 g 必要か。

必要な $CuSO_4$ を x〔g〕とする。

20℃ $\dfrac{溶質〔g〕}{飽和水溶液〔g〕}=\dfrac{x〔g〕}{240\ g}=\dfrac{20\ g}{100\ g+20\ g}$ $x=\boxed{40}$ g

飽和水溶液 240 g をつくる　20℃の溶解度 $\boxed{20\ g}$/水 100 g を代入する。

(2) 硫酸銅（Ⅱ）五水和物を用いる場合には何 g 必要か。

必要な $CuSO_4\cdot 5H_2O$（160，90，計 250）を y〔g〕とすると，$CuSO_4$ $\dfrac{160}{250}y$〔g〕，H_2O $\dfrac{90}{250}y$〔g〕となる。

20℃ $\dfrac{溶質〔g〕}{飽和水溶液〔g〕}=\dfrac{\dfrac{160}{250}y〔g〕}{240\ g}=\dfrac{20\ g}{100\ g+20\ g}$ $y≒\boxed{63}$ g

飽和水溶液 240 g をつくる　20℃の溶解度 $\boxed{20\ g}$/水 100 g を代入する。

43 気体の溶解度，ヘンリーの法則

学習日 月 日

気体の溶解度

【1】炭酸水は，気体である CO_2（化学式）が溶媒である水に溶けたものである。

【2】気体の水への溶けやすさ（気体の溶解度）は，温度が **高い**（高い or 低い）ほど小さくなり，温度が低いほど **大きく** なる。また，

水に接している気体の圧力が高いほど（大きく or 小さく），その気体の水への溶解度は **大きく**（大きく or 小さく）なる。

【3】「20℃で 1.013×10^5 Pa の窒素 N_2 は，水 1 L に 6.79×10^{-4} mol 溶ける」というように，気体の溶解度は，圧力が 1.013×10^5 Pa のとき，溶媒（水）に溶ける気体の **物質量〔mol〕** などを使って表す。

20℃

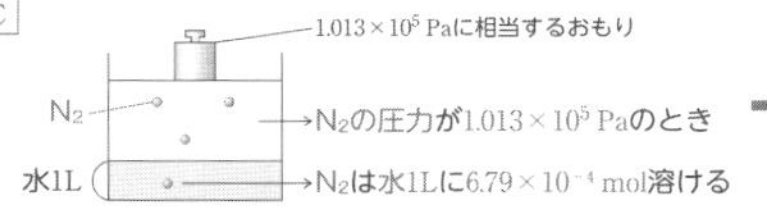

もし，N_2 の圧力が 2 倍になれば，水 1L に溶ける N_2 の物質量〔mol〕も **2** 倍になる。

☑ **1** 気体の圧力と溶解度には，次の関係が成り立つ。

温度一定のとき，一定量の溶媒に溶ける気体の物質量〔mol〕は，その気体の圧力に **比例**（比例 or 反比例）する。

これを **ヘンリー** の法則という。

☑ **2** 20℃で，10^5 Pa の N_2 は，水 1 L に a〔mol〕溶ける。

考え方 まず，与えられた条件を分数で表す。 N_2 は，$\dfrac{a\text{〔mol〕溶ける}}{10^5\,\text{Pa・水 1 L の下で}}$ に

(1) 20℃，2×10^5 Pa の N_2 が水 1 L に接している。この水に N_2 は何 mol 溶けるか。

$$\frac{a\text{〔mol〕}}{10^5\,\text{Pa・水}\,1\,\text{L}}\times2\times10^5\,\text{Pa}\times\text{水}\,1\,\text{L}=a\times\frac{2\times10^5}{10^5}\times\frac{1}{1}=\boxed{2a}\text{〔mol〕}$$

与えられた条件を書く　Pa どうしを消去する　L どうしを消去する

(2) 20℃，4×10^5 Pa の N_2 が水 3 L に接している。この水に N_2 は何 mol 溶けるか。

$$\frac{\boxed{a}\text{〔mol〕}}{\boxed{10^5}\,\text{Pa・水}\,1\,\text{L}}\times\boxed{4\times10^5}\,\text{Pa}\times\text{水}\,\boxed{3}\,\text{L}=\boxed{a}\times\frac{\boxed{4\times10^5}}{\boxed{10^5}}\times\frac{\boxed{3}}{\boxed{1}}$$

与えられた条件を書く

$$=\boxed{12a}\text{〔mol〕}$$

(3) 20℃，8×10^5 Pa の N_2 が水 2 L に接している。この水に N_2 は何 mol 溶けるか。

$$\frac{\boxed{a}\text{〔mol〕}}{\boxed{10^5}\,\text{Pa・水}\,1\,\text{L}}\times\boxed{8\times10^5}\,\text{Pa}\times\text{水}\,\boxed{2}\,\text{L}=\boxed{a}\times\frac{\boxed{8\times10^5}}{\boxed{10^5}}\times\frac{\boxed{2}}{\boxed{1}}$$

与えられた条件を書く

$$=\boxed{16a}\text{〔mol〕}$$

ヘンリーの法則

ヘンリー の法則は，N_2 や O_2 などの溶解度の **小さい**（大きい or 小さい）気体で成り立つ。HCl や NH_3 などは，溶媒の水と反応し電離するので，溶解度が **大きく**（大きく or 小さく），**ヘンリー** の法則が成り立たない。

混合気体では，各成分気体の溶解度は，それぞれの **分圧** に **比例**（比例 or 反比例）する。つまり，窒素と酸素の混合気体では，水に溶ける窒素の物質量〔mol〕は **窒素の分圧** に比例し，水に溶ける酸素の物質量〔mol〕は **酸素の分圧** に比例する。

☑ **3** 酸素は，20℃，1.0×10^5 Pa において，水 1 L に 1.4×10^{-3} mol 溶ける。今，20℃，1.0×10^5 Pa の空気が 5.0 L の水に接している。ただし，空気は，窒素と酸素が体積比 4：1 の混合気体とし，$O_2=32$ とする。

(1) 酸素の分圧は何 Pa か。有効数字 2 桁で答えよ。

圧力一定，温度一定では，体積の比＝物質量〔mol〕の比　となる。

$$\text{酸素の分圧は，}P_{O_2}=1.0\times10^5\times\frac{1}{4+1}=0.20\times10^5=\boxed{2.0\times10^4}\,\text{Pa}$$

（酸素の分圧）（空気の圧力）（モルの割合）

(2) この水に溶けている酸素は何 mol か。有効数字 2 桁で答えよ。

$$\frac{1.4\times10^{-3}\,\text{mol}}{10^5\,\text{Pa・水}\,1\,\text{L}}\times0.20\times10^5\,\text{Pa}\times\text{水}\,5.0\,\text{L}=\boxed{1.4\times10^{-3}}\,\text{mol}$$

(3) この水に溶けている酸素は何 g か。有効数字 2 桁で答えよ。

$$1.4\times10^{-3}\,\text{mol}\times\frac{32\,\text{g}}{1\,\text{mol}}\fallingdotseq\boxed{4.5\times10^{-2}}\,\text{g}$$

0.045 g でも OK

(4) この水に溶けている酸素の体積は，0℃，1.013×10^5 Pa で何 L か。有効数字 2 桁で答えよ。

0℃，1.013×10^5 Pa での気体 1 mol の体積は 22.4 L なので，

$$1.4\times10^{-3}\,\text{mol}\times\frac{22.4\,\text{L}}{1\,\text{mol}}\fallingdotseq\boxed{3.1\times10^{-2}}\,\text{L}$$

0.031 L でも OK

ヘンリーの法則のまとめ

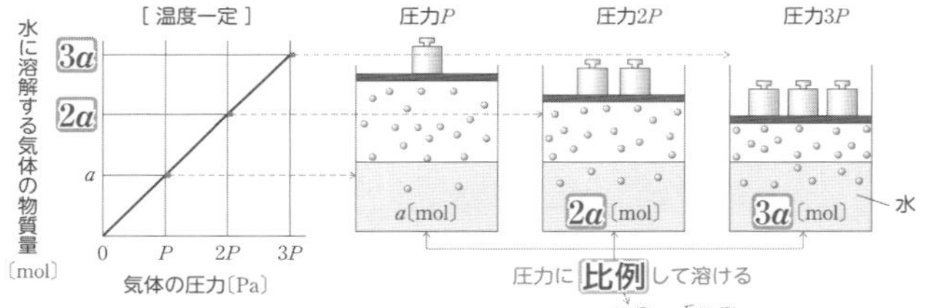

圧力に **比例**（比例 or 反比例）して溶ける

44 希薄溶液の性質(蒸気圧降下，沸点上昇，凝固点降下)

学習日　月／日

蒸気圧降下と沸点上昇

海水でぬれた水着は，純粋な水でぬれた水着よりも乾き **にくい**（やすい or にくい）。塩化ナトリウム NaCl のようなほとんど蒸発しない物質(**不揮発性物質** という)を溶かした水溶液の蒸気圧は，同じ温度の水の蒸気圧より **低く**（高く or 低く）なる。この現象を **蒸気圧降下** という。

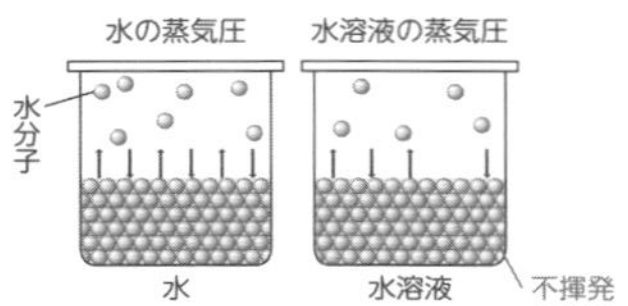

＜図1　水溶液の蒸気圧降下＞

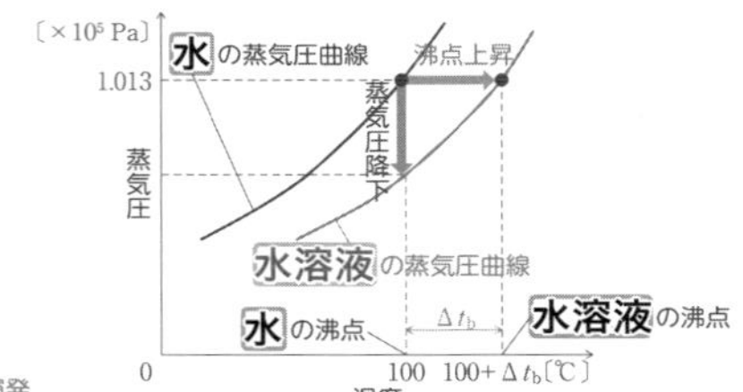

＜図2　蒸気圧降下と沸点上昇＞

水や水溶液の沸点は，それぞれの **蒸気圧** が大気圧(外圧)に等しくなる温度である。図 2 から，大気圧が 1.013×10^5 Pa のときの

水の沸点は **100** ℃，水溶液の沸点は **$100 + \Delta t_b$** ℃

と読みとることができる。このように，水溶液の沸点は，その **蒸気圧降下** のため，水の沸点よりも **高く**（高く or 低く）なる。この現象を **沸点上昇** という。また，沸点の差 Δt_b を **沸点上昇度**（沸点上昇の大きさ でもよい）という。

☑ **1**　次の(1)～(6)に答えよ。

(1) 純粋な水でぬれたハンカチと，食塩水でぬれたハンカチは，どちらが乾きやすいか。
純粋な水 でぬれたハンカチ

(2) 同じ温度の純粋な溶媒の蒸気圧に比べて，不揮発性の物質を溶かした溶液の蒸気圧は低くなる。この現象を何というか。
蒸気圧降下

(3) 溶媒や溶液の沸点は，それぞれの何が大気圧(外圧)に等しくなったときの温度か。
蒸気圧

(4) 大気圧が 1.013×10^5 Pa のとき，水の沸点とグルコース水溶液の沸点ではどちらが高いか。
グルコース水溶液 の沸点

(5) 溶液の沸点はその蒸気圧降下のため，溶媒の沸点よりも高くなる。この現象を何というか。
沸点上昇

(6) 溶媒の沸点と溶液の沸点の差を何というか。
沸点上昇度

沸点上昇の大きさも OK

凝固点降下

水は 0℃ で凝固するが，海水は約 −2℃ にならないと凝固しはじめない。このように，溶液の凝固点は溶媒の凝固点よりも **低く**（高く or 低く）なる。この現象を **凝固点降下** という。

水溶液を冷やしていくと，まず **水**（水 or 溶質）だけが凝固しはじめる。つまり，溶液中の溶媒が凝固しはじめる温度が溶液の **凝固点** になる。
溶媒と溶液の凝固点の差 Δt_f を **凝固点降下度**（凝固点降下の大きさ でもよい）という。

1.013×10^5 Pa のとき，水の凝固点は **0** ℃になる。同じ条件では，水溶液の凝固点が −0.30℃ になった。このときの凝固点降下度 Δt_f は，**0.30** K とわかる。（温度の差は〔℃〕＝〔K〕となる）

右図は，水を冷却したときの冷却時間と温度の関係を表した **冷却曲線** である。

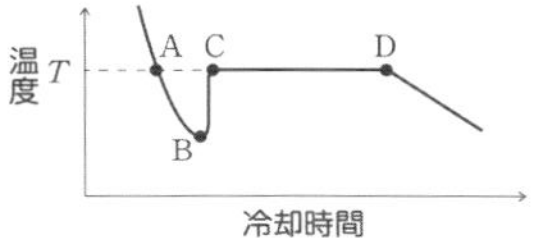

(1) 温度 T は水の **凝固点** である。

(2) ～A～B では，**液体**（固体 or 液体）のみで存在し，点 **B** から **凝固** がはじまる。

(3) A～B の液体の状態のまま温度が凝固点よりも下がっている状態を **過冷却《かれいきゃく》** の状態にあるという。

(4) B～C～D では，**液体** と **固体** が共存している。（順不同）

(5) D～では，**固体**（固体 or 液体）のみで存在している。

☑ **2**　右図は，溶液を冷却したときの冷却時間と温度の関係を表したもので，冷却曲線とよばれる。

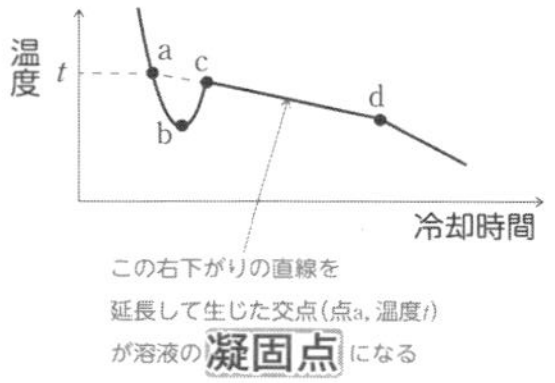

(1) 温度 t が溶液の **凝固点** になる。

(2) ～a～b では，**液体** のみで存在し，点 **b** から **凝固** がはじまる。

(3) a～b は，凝固点以下でも液体で存在する不安定な状態であり，これを **過冷却** という。

(4) b～c～d では，**液体** と **固体** が共存している。（順不同）

(5) d～では，**固体** のみで存在している。

(6) b～c では，凝固するときに放出する熱量である **凝固熱** が発生して温度が上昇している。

(7) c～d で温度が下がり続けているのは，冷却によって **溶媒** のみが凝固することで，残った溶液の濃度が **大きく**（大きく or 小さく）なり，凝固点降下度が **大きく**（大きく or 小さく）なるためである。

沸点上昇・凝固点降下

溶液の沸点が溶媒の沸点よりも高くなる現象を **沸点上昇** といい，
溶媒の沸点と溶液の沸点の差 Δt_b〔K〕を **沸点上昇度** という。→ 沸点上昇の大きさも OK
また，溶液の凝固点が溶媒の凝固点よりも低くなる現象を **凝固点降下** といい，
溶媒の凝固点と溶液の凝固点の差 Δt_f〔K〕を **凝固点降下度** という。→ 凝固点降下の大きさも OK

不揮発性の溶質を溶かしたうすい溶液の沸点上昇度 Δt_b や凝固点降下度 Δt_f は，溶液の **質量モル濃度** に比例する。

溶液の質量モル濃度を m〔mol/kg〕とすると，沸点上昇度 Δt_b〔K〕や凝固点降下度 Δt_f〔K〕は，

$$\Delta t_b = K_b \times m$$
$$\Delta t_f = K_f \times m$$

と表すことができる。比例定数 K_b は **モル沸点上昇**，K_f は **モル凝固点降下** という。K_b や K_f は，溶質の種類には関係なく，それぞれの **溶媒** について固有の値を示す。

例 水の $K_b = 0.52$ K・kg/mol，水の $K_f = 1.85$ K・kg/mol
ベンゼンの $K_b = 2.53$ K・kg/mol，ベンゼンの $K_f = 5.12$ K・kg/mol （溶媒の種類で決まった値になる）

☑ **3** 0.10 mol/kg スクロース水溶液の沸点上昇度 Δt_b〔K〕と凝固点降下度 Δt_f〔K〕を有効数字 2 桁で求めよ。ただし，水のモル沸点上昇 K_b は 0.52 K・kg/mol，水のモル凝固点降下 K_f は 1.85 K・kg/mol とする。

$\Delta t_b = \underbrace{0.52}_{K_b} \times \underbrace{0.10}_{m} = 0.052$ K

$\Delta t_f = \underbrace{1.85}_{K_f} \times \underbrace{0.10}_{m} \fallingdotseq 0.19$ K

沸点上昇度 Δt_b = **0.052** K，凝固点降下度 Δt_f = **0.19** K

（5.2×10^{-2} K でも OK）（1.9×10^{-1} K でも OK）

沸点上昇・凝固点降下の計算

例題 0.10 mol/kg NaCl 水溶液では，NaCl が

$\underset{1\,mol}{NaCl} \longrightarrow \underset{2\,mol}{Na^+ + Cl^-}$ （×2）

のように電離するので，その沸点上昇度 Δt_b〔K〕や凝固点降下度 Δt_f〔K〕は，

$\Delta t_b = K_b \times 0.10 \times 2$ ， $\Delta t_f = K_f \times 0.10 \times 2$

のように求める。つまり，Δt_b や Δt_f は，電離して存在するすべての溶質粒子(分子，イオン)の質量モル濃度を用いて計算する。

☑ **4** 0.20 mol/kg 塩化カルシウム水溶液の沸点上昇度 Δt_b〔K〕を有効数字 2 桁で求めよ。ただし，水のモル沸点上昇 K_b は 0.52 K・kg/mol とし，塩化カルシウムの電離度は 1 とする。

塩化カルシウム $CaCl_2$ は，$\underset{1\,mol}{CaCl_2} \longrightarrow \underset{3\,mol}{Ca^{2+} + 2Cl^-}$ （×3） のようにすべて電離する。

よって，$\Delta t_b = \underbrace{0.52}_{K_b} \times 0.20 \times 3 \fallingdotseq 0.31$ K

0.31 K（3.1×10^{-1} K でも OK）

☑ **5** 次の水溶液の沸点〔℃〕を小数第 3 位まで求めよ。ただし，水の沸点は 100℃，水のモル沸点上昇は 0.52 K・kg/mol とする。また，電解質はすべて電離するものとする。

(1) 0.15 mol/kg の尿素水溶液

尿素は非電解質なので電離しない。　温度差は，〔K〕=〔℃〕になる。

$\Delta t_b = \underbrace{0.52}_{K_b} \times 0.15 = 0.078$ K

よって，尿素水溶液の沸点は，$\underbrace{100}_{水の沸点} + \underbrace{0.078}_{\Delta t_b〔℃〕} =$ **100.078** ℃

(2) 0.15 mol/kg の硝酸カリウム水溶液

KNO_3 は電解質で，$\underset{1\,mol}{KNO_3} \longrightarrow \underset{2\,mol}{K^+ + NO_3^-}$ （×2） のように電離する。

$\Delta t_b = 0.52 \times 0.15 \times 2 = 0.156$ K　　沸点は，$100 + 0.156 =$ **100.156** ℃

☑ **6** 右図の 2 つのグラフは，純粋な水，および，ある非電解質 7.2 g を水 200 g に溶かした水溶液の冷却曲線を表している。

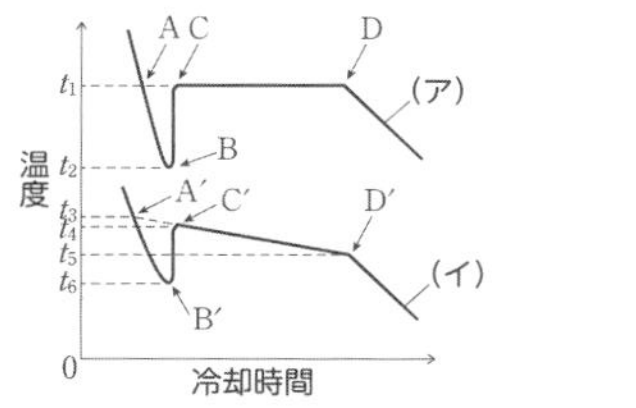

t_3は直線C′D′の延長線とグラフとの交点の温度
t_4はC′点の温度

(1) 純粋な水の冷却曲線は(ア)，(イ)のどちらか。　**(ア)**

(2) 純粋な水の凝固点を示しているのは，t_1～t_6 のうちのどれか。　**t_1**

(3) 非電解質水溶液の凝固点を示しているのは，t_1～t_6 のうちのどれか。　**t_3**

(4) 非電解質のモル質量を M〔g/mol〕とするとき，非電解質水溶液の質量モル濃度〔mol/kg〕を M を用いて表せ。

$$\frac{溶質〔mol〕}{溶媒〔kg〕} = \frac{7.2\,g \times \frac{1\,mol}{M\,〔g〕}}{200\,g \times \frac{1\,kg}{10^3\,g}} = \boxed{\frac{36}{M}}\ mol/kg$$

(5) (4)の結果を用いて M を整数値で求めよ。ただし，水のモル凝固点降下 K_f は 1.85 K・kg/mol，$t_1 = 0.00$℃，$t_2 = -0.26$℃，$t_3 = -0.37$℃，$t_4 = -0.41$℃，$t_5 = -0.52$℃，$t_6 = -0.71$℃ とする。

水の凝固点 $t_1 = 0.00$℃，水溶液の凝固点 $t_3 = -0.37$℃ なので，
$\Delta t_f = 0.00 - (-0.37) = 0.37$ K となる。よって，

$\underbrace{0.37}_{\Delta t_f} = \underbrace{1.85}_{K_f} \times \underbrace{\frac{36}{M}}_{mol/kg}$ より，$M =$ **180**

非電解質なので(4)の結果をそのまま代入する

45 希薄溶液の性質(浸透圧，ファントホッフの法則)

学習日　月　日

浸透圧

セロハン膜は，水分子などの小さな分子は通すが，デンプンやタンパク質などの大きな分子は通さない。このように，溶液中のある成分は通すが，他の成分は通さないような膜を **半透膜**《はんとうまく》 という。下図のように，水分子が半透膜を通り，デンプン水溶液側に移動するような現象を **浸透**《しんとう》 という。

例題 U 字管の中央に半透膜を固定し，その両側に純水とデンプン水溶液を液面の高さが同じになるように入れ，長時間放置すると，純水とデンプン水溶液のどちらの液面の方が高くなるか。

デンプン水溶液

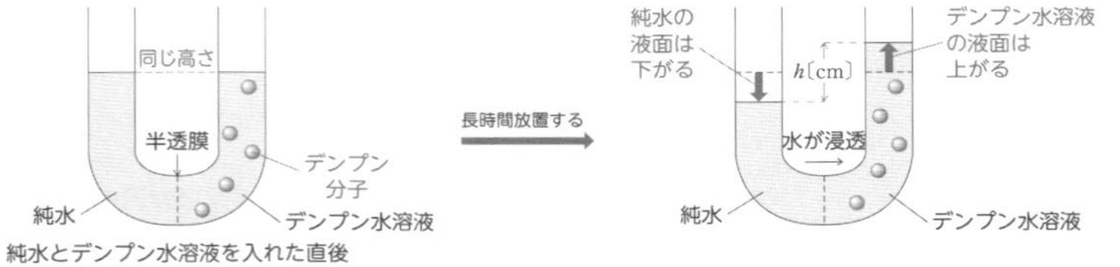

☑ **1** 上図のように純水とデンプン水溶液に液面差 h[cm] が生じた。このとき純水の液面ははじめの水位と比べ $\boxed{\frac{h}{2}}$ cm 下がり，デンプン水溶液の液面ははじめの水位と比べ $\boxed{\frac{h}{2}}$ cm 上がっている。

☑ **2** 純水とデンプン水溶液の液面の高さの差をゼロにするためには，**デンプン水溶液** の液面に圧力を加える必要がある。この圧力を **浸透圧** という。

純水 or デンプン水溶液

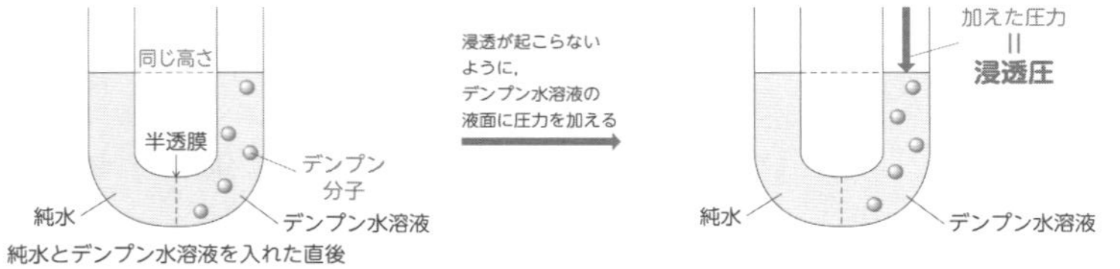

ファントホッフの法則

うすい溶液の浸透圧 Π[Pa] は，溶液の体積 V[L]，溶液中の溶質の物質量 n[mol]，絶対温度 T[K] を用いて次式で表される。

$\boxed{\Pi V = nRT}$　(R[Pa·L/(mol·K)] は，気体定数と同じ値)

この式を **ファントホッフ** の法則という。

ただし，溶質が **電解質** の場合，n には電離して存在するすべての溶質粒子(分子，イオン)の物質量[mol]を代入する。

☑ **3** グルコース 0.010 mol を水に溶かして 300 mL としたグルコース水溶液の浸透圧は 27℃ で何 Pa になるか。有効数字 2 桁で求めよ。ただし，気体定数は $R = 8.3\times10^3$ Pa·L/(mol·K) とする。

グルコースは非電解質なので電離しない。

$\Pi V = nRT$ に代入する。

$$\Pi \times \frac{300}{1000} = 0.010\times8.3\times10^3\times(273+27) \qquad \Pi = \boxed{8.3\times10^4}\ \text{Pa}$$

浸透圧の計算

溶液の体積 V[L] と溶質の物質量 n[mol] を使い，溶液のモル濃度 C[mol/L] を表すと，次のようになる。

$$C\,[\text{mol/L}] = \frac{n}{V} \rightarrow \text{モル濃度[mol/L]} = \frac{\text{溶質の物質量[mol]}}{\text{溶液の体積[L]}}$$

よって，$\Pi V = nRT$ を C を用いて表すと，

$$\boxed{\Pi = CRT} \rightarrow \Pi = \frac{n}{V}RT = CRT$$

となる。溶質が電解質の場合，溶質の電離に注意すること。

☑ **4** 0.10 mol/L 塩化ナトリウム水溶液の 27℃ における浸透圧は何 Pa になるか。有効数字 2 桁で求めよ。ただし，気体定数は $R = 8.3\times10^3$ Pa·L/(mol·K)，塩化ナトリウムは完全に電離するものとする。

NaCl は，$NaCl \longrightarrow Na^+ + Cl^-$ のように電離する。
(1 mol ─×2→ 2 mol)

$\Pi = CRT$ に代入すると，$\Pi = 0.10\times2\times8.3\times10^3\times(273+27)$

$$\Pi \fallingdotseq \boxed{5.0\times10^5}\ \text{Pa}$$

☑ **5** 非電解質 6.0 g を溶かして 100 mL とした水溶液の浸透圧は 27℃ で 8.3×10^5 Pa であった。この非電解質の分子量を整数値で求めよ。ただし，気体定数は $R = 8.3\times10^3$ Pa·L/(mol·K) とする。

分子量を M として，$\Pi V = nRT$ に代入する。

$$8.3\times10^5\times\frac{100}{1000} = \frac{6.0}{M}\times8.3\times10^3\times(273+27) \qquad M = \boxed{180}$$

非電解質なのでこのままでよい

46 コロイド

学習日　月　日

コロイド粒子

デンプン分子のような直径 **10^{-9} m** から **10^{-7} m** 程度の大きさの粒子を **コロイド** 粒子という。

1 nm = 10^{-9} m　なので，10^{-9} m = **1** nm，10^{-7} m = **10^2** nm　となる。（100 でも OK）

$10^{-9}\,\text{m} \times \dfrac{1\,\text{nm}}{10^{-9}\,\text{m}} = 1\,\text{nm}$，$10^{-7}\,\text{m} \times \dfrac{1\,\text{nm}}{10^{-9}\,\text{m}} = 10^2\,\text{nm}$　となる。

コロイド粒子が液体中に **分散** している溶液を **コロイド溶液** という。（ゾルでも OK）

	イオンや分子（10^{-9} m より小さい粒子）	コロイド粒子（10^{-9}～10^{-7} m の粒子）	大きな粒子（沈殿など）
半透膜	通過できる	通過 **できない**	通過 **できない**
ろ紙	通過できる	通過 **できる**	通過 **できない**

デンプン水溶液のように流動性のあるコロイドを **ゾル**，豆腐のように流動性のないコロイドを **ゲル** という。

☑ **1**　塩化鉄(Ⅲ)$FeCl_3$ 水溶液を沸騰した水に加えると，水酸化鉄(Ⅲ)(酸化水酸化鉄(Ⅲ))のコロイド溶液が得られる。

（条件により異なる組成になる）

(1) このとき起こる反応を生成物を FeO(OH) とみなし，化学反応式で表せ。

$FeCl_3 + 2H_2O \longrightarrow$ **$FeO(OH) + 3HCl$**

$$O^{2-} + 2H^+ \longrightarrow H_2O$$
$$+)\quad OH^- + H^+ \longrightarrow H_2O$$
$$O^{2-} + OH^- + 3H^+ \longrightarrow 2H_2O$$

の逆反応になる。

(2) 水酸化鉄(Ⅲ)のコロイド溶液の色を答えよ。

赤褐色

コロイド溶液の性質(チンダル現象，ブラウン運動)

水酸化鉄(Ⅲ)のコロイド溶液に，横から強い光を当てると，光の進路が輝いて見える。これは，コロイド粒子が大きく，光をよく **散乱** するために起こる。この現象を **チンダル現象** という。

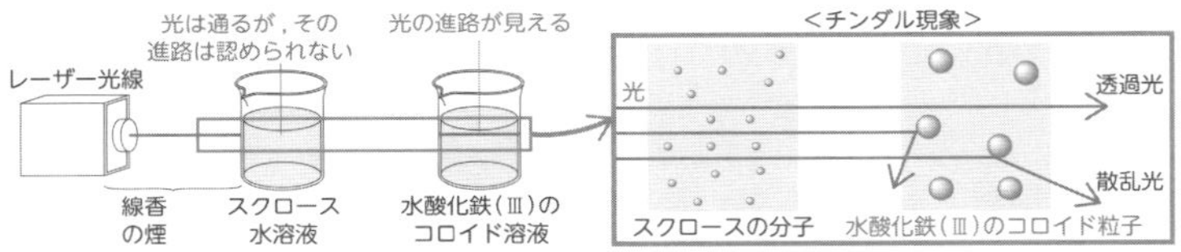

水酸化鉄(Ⅲ)のコロイド溶液を特別な顕微鏡で観察すると，光った粒子(コロイド粒子)が不規則な運動をしているようすが見られる。この運動を **ブラウン運動** という。これは，**熱運動** している水分子がコロイド粒子に不規則に衝突することで起こる。

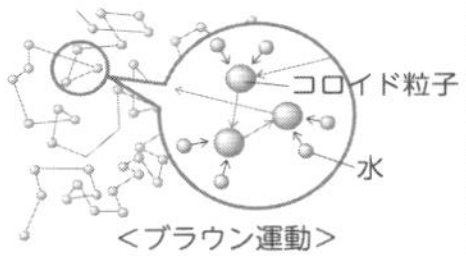

<ブラウン運動>

コロイド溶液の性質(透析，電気泳動)

塩化鉄(Ⅲ)水溶液を沸騰水に加えると，次の①式の反応が起こり，**赤褐** 色の水酸化鉄(Ⅲ)の **コロイド** 溶液が得られる。

$FeCl_3 + 2H_2O \longrightarrow FeO(OH) + 3HCl$　…①

このコロイド溶液には，HCl が含まれており **H^+** と **Cl^-** に電離している。この不純物を含んだコロイド溶液を **半透膜** の袋に入れ，蒸留水中につるしておくと，大きな水酸化鉄(Ⅲ)のコロイド粒子は袋の中に残り，小さな **H^+** や **Cl^-** は袋の外へ出ていく。このような操作を **透析**《とうせき》 という。

（透析膜，セロハンでも OK）

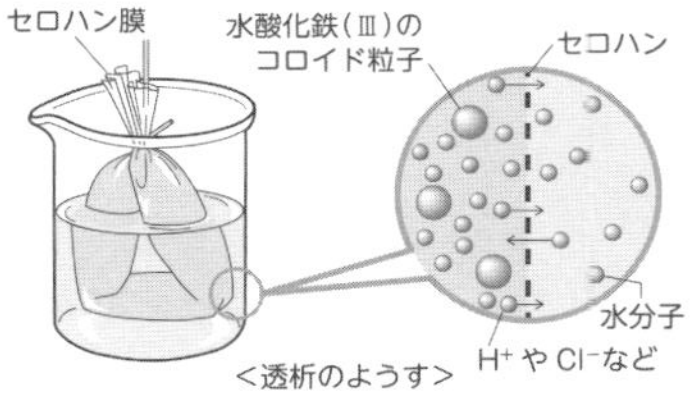

<透析のようす>

袋の外側に H^+ や Cl^- が出ていくことは，次のようにして確認できる。

H^+：BTB 溶液が **黄** 色になることで確認できる。

Cl^-：硝酸銀水溶液で **白** 濁する(AgCl が生じる)ことで確認できる。

☑ **2**　コロイド粒子の多くは，**正** または **負** に帯電している。コロイド溶液に直流の電圧をかけると，

｛正に帯電しているコロイド(**正**《せい》**コロイド**)は **陰** 極のほうに（陽 or 陰）
　負に帯電しているコロイド(**負**《ふ》**コロイド**)は **陽** 極のほうに（陽 or 陰）

移動する。この現象を **電気泳動**《でんきえいどう》 という。

☑ **3**　水酸化鉄(Ⅲ)のコロイドは電気泳動させると陰極のほうに移動するので，**正** に帯電している **正コロイド** とわかる。

それに対して，粘土のコロイドは電気泳動させると陽極のほうに移動するので，**負** に帯電している **負コロイド** とわかる。

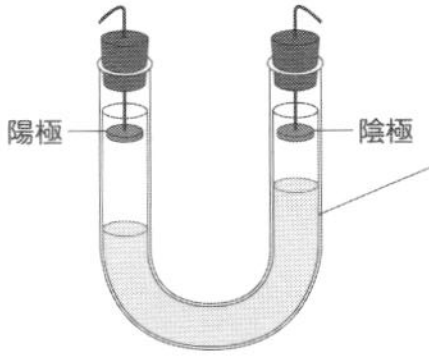

水酸化鉄(Ⅲ)のコロイドは **陰** 極へ移動する。これにより，水酸化鉄(Ⅲ)のコロイドは **正** に帯電していることがわかる。

<水酸化鉄(Ⅲ)のコロイド溶液の電気泳動のようす>

☑ **4**　コロイド溶液がコロイド粒子以外のイオンを含んでいるので，**透析** を行って精製をした。次に，コロイド溶液の入ったビーカーに横から光を当てたところ，光の進路が観察された。これは **チンダル現象** とよばれる。また，限外顕微鏡を用いて観察すると，光った粒子が **不規則** にふるえているようすが見えた。これを **ブラウン運動** とよぶ。

コロイド溶液の種類

デンプンやタンパク質（分子コロイドともいう），セッケン（会合コロイドともいう）などのコロイド粒子は，多くの水分子と水和しており，安定に **分散** している。このようなコロイドを **親水《しんすい》コロイド** という。

水酸化鉄(Ⅲ)や粘土（分散コロイドともいう）などのコロイド粒子は，水との親和力が弱く，同じ電荷で反発し合いながら **分散** している。このようなコロイドを **疎水《そすい》コロイド** という。

☑ **5** **親水** コロイドは，コロイド粒子が水分子と強く結びついており，**少量** の **電解質** を加えても沈殿しない。しかし，**多量** の **電解質** を加えると，**水和** している水分子が引き離され沈殿する。この現象を **塩析《えんせき》** という。

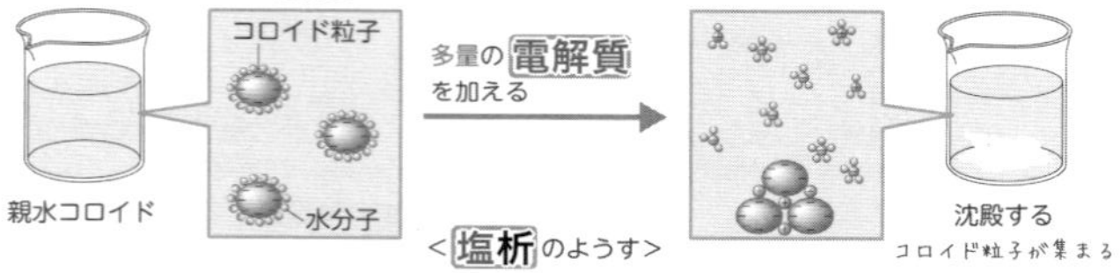

<**塩析**のようす>

☑ **6** **疎水** コロイドは，水との親和力が弱く，同じ電荷の反発力により水溶液中で分散している。疎水コロイドに，**少** 量の電解質を加えると，コロイド粒子が反発力を失って集まり沈殿する。この現象を **凝析《ぎょうせき》** という。 凝結でも OK

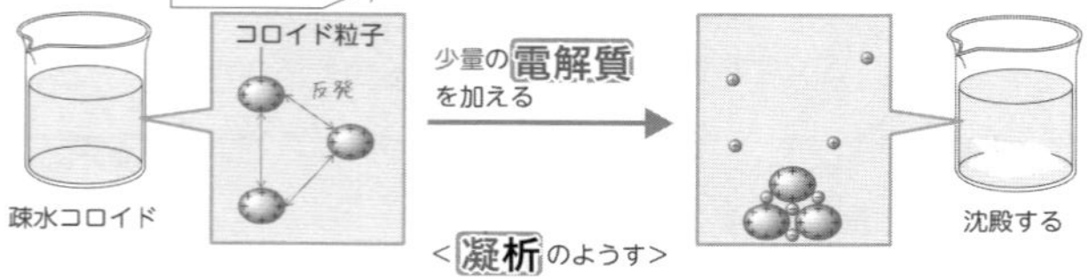

<**凝析**のようす>

〈疎水コロイドの凝析について〉

疎水コロイドの **凝析** は，コロイド粒子のもつ電荷と **反対** 電荷で **価数** の大きなイオンほど有効になる。

水酸化鉄(Ⅲ)のコロイド粒子は **正** に帯電しているので，**凝析** させやすい陰イオンの順を不等号で示すと，PO_4^{3-} **>** SO_4^{2-} **>** Cl^- の順になる。

粘土のコロイド粒子は **負** に帯電しているので，**凝析** させやすい陽イオンの順を不等号で示すと，Na^+ **<** Mg^{2+} **<** Al^{3+} の順になる。

☑ **7** デンプンのように多量の電解質を加えると沈殿するコロイドは何コロイドか。また，この現象を何というか。 （分子コロイドでも OK）

コロイド名：親水コロイド現象：塩析

少量の電解質を加えると沈殿するコロイドは何コロイドか。また，この現象を何というか。

コロイド名：疎水コロイド現象：凝析

☑ **8** 水酸化鉄(Ⅲ)のコロイド粒子は正に帯電している。最も少ない物質量〔mol〕で凝析させることができるイオンを，Na^+，Mg^{2+}，NO_3^-，SO_4^{2-} から 1 つ選べ。

SO_4^{2-}

☑ **9** 少量の塩化鉄(Ⅲ)水溶液を沸騰水に入れると水酸化鉄(Ⅲ)のコロイド溶液が得られた。

(1) 水酸化鉄(Ⅲ)のコロイド溶液の色を答えよ。

赤褐色

(2) ここで起こっている反応を化学反応式で記せ。ただし，生成物は FeO(OH) とする。

$$FeCl_3 + 2H_2O \longrightarrow FeO(OH) + 3HCl$$

(3) コロイド粒子以外のイオンを多く含んでいるこのコロイド溶液を，セロハンの袋に入れて口をしばり，蒸留水の中につるしておいた。この操作の名称を記せ。

透析

(4) 水酸化鉄(Ⅲ)のコロイド溶液に横から強い光を当てると，光の進路が観察された。このような現象を何というか。

チンダル現象

(5) 水酸化鉄(Ⅲ)のコロイド溶液を限外顕微鏡で観察すると，コロイド粒子が不規則に動いているのが観察できる。このような運動を何というか。

ブラウン運動

(6) 水酸化鉄(Ⅲ)のコロイド溶液を U 字管に入れて電圧をかけたところ，コロイド粒子は陰極に移動した。このような現象を何というか。また，このことから，水酸化鉄(Ⅲ)のコロイド粒子は正と負のどちらに帯電していると考えられるか。

現象：電気泳動帯電：正

(7) 水酸化鉄(Ⅲ)のコロイド溶液に少量の電解質が加わると，コロイド粒子が反発力を失って集まり沈殿する。このような現象を何というか。

凝析　凝結でも OK

保護コロイド

疎 水コロイドである水酸化鉄(Ⅲ)のコロイド溶液に，**親** 水コロイドであるゼラチン溶液を加えると，少量の電解質を加えても **凝析** を起こしにくくなる。このようなはたらきをする親水コロイドは特に **保護** コロイドとよばれる。

☑ **10** 疎水コロイドに親水コロイドを加えると，**親水** コロイドが **疎水** コロイドをとり囲み **凝析** しにくくなることがある。このようなはたらきをする **親水** コロイドを特に **保護** コロイドという。

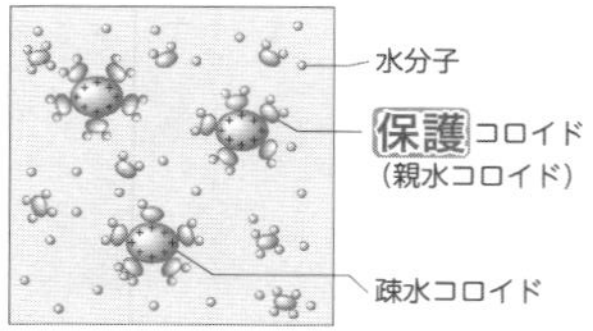

疎水コロイドは，親水コロイドにとり囲まれることで安定な状態になる。

☑ **11** 墨汁《ぼくじゅう》は炭素のコロイド溶液であり，保護コロイドとして **にかわ** を加えている。このことから，炭素のコロイドは **疎水** コロイド，にかわは **親水** コロイドであることがわかる。 （疎水 or 親水）（疎水 or 親水）

47 金属結晶

学習日 月 / 日

アモルファス，
無定形でも OK

固体は，原子，分子，イオンなどの粒子が規則正しく配列した 結晶《けっしょう》 と，粒子が不規則に配列した 非晶質《ひしょうしつ》 に分類することができる。

結晶は一定の融点を もつ が，非晶質は一定の融点を もたない。

もっ or もたない　もっ or もたない

☑ **1** 結晶 をつくっている原子，分子，イオンなどの粒子は規則正しく配列している。結晶 をつくっている粒子が，どのように配列しているかを示したものを 結晶格子《こうし》 といい，その最小のくり返し単位を 単位《たんい》格子 という。

〈結晶のイメージ〉 粒子の規則的な配列構造　最小のくり返し単位

最小のくり返し単位

結晶は多くの 単位格子 が上下，左右，前後にくり返されできている。

金属結晶（単位格子中の原子の数）

金属結晶の多くは，次の 体心立方格子《たいしんりっぽうこうし》，面心《めんしん》立方格子，六方最密構造《ろっぽうさいみつこうぞう》のいずれかの結晶格子をとる。

順不同

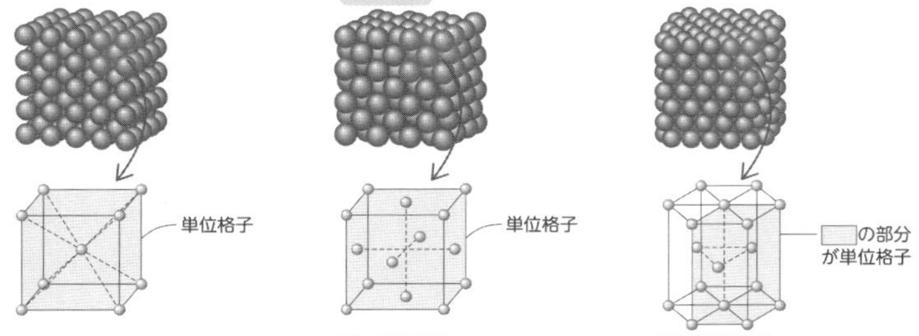

の部分が単位格子

体心立方 格子　面心立方 格子　六方最密 構造

☑ **2** 次の原子の個数を分数で答えよ。

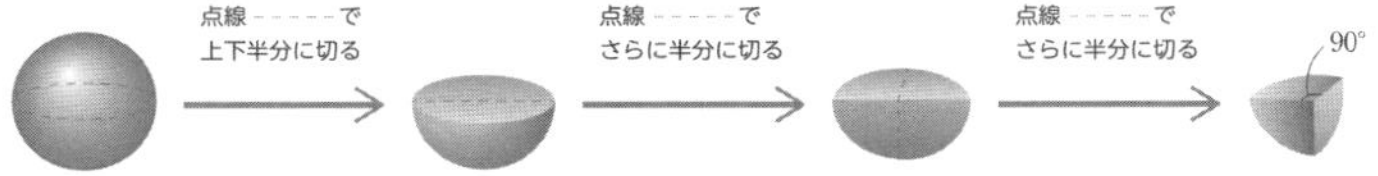

点線------で上下半分に切る
点線------でさらに半分に切る
点線------でさらに半分に切る
90°

原子 1 個　原子 $\frac{1}{2}$ 個　原子 $\frac{1}{4}$ 個　原子 $\frac{1}{8}$ 個

☑ **3** ナトリウムの結晶は図 1，銅の結晶は図 2 の単位格子である。

(1) 図 1 の単位格子を 体心立方格子 という。この単位格子に含まれる原子の数は，

$1 + \frac{1}{8} \times 8 = 2$ 個　となる。

中心　頂点　立方体の頂点は 8 か所

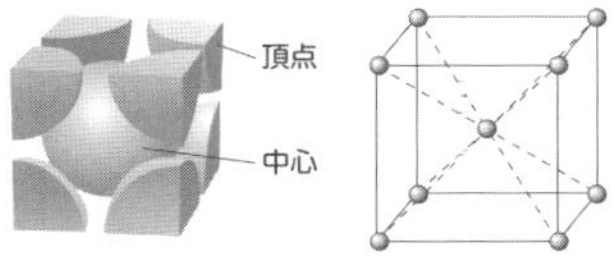

図 1

(2) 図 2 の単位格子を 面心立方格子 という。この単位格子に含まれる原子の数は，

$\frac{1}{2} \times 6 + \frac{1}{8} \times 8 = 4$ 個　となる。

面　立方体は 6 面　頂点　立方体の頂点は 8 か所

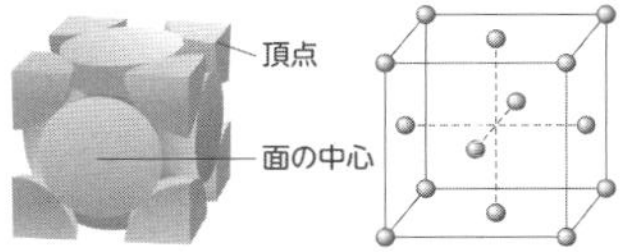

面の中心

図 2

金属結晶（単位格子の一辺…の関係）の考え方の基本

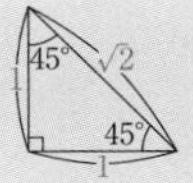

45°

を思い出すとよい

例題 立方体の一辺の長さを 1 …さを求めよ。ただし，平方根はそのままで用いよ。

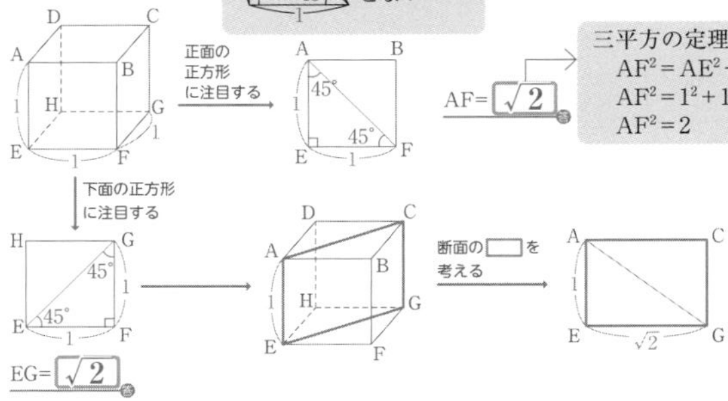

A B C D E F G H
正面の正方形に注目する
下面の正方形に注目する
断面の□を考える
45°

AF= $\sqrt{2}$

三平方の定理より次式が成り立つ。
$AF^2 = AE^2 + EF^2$
$AF^2 = 1^2 + 1^2$
$AF^2 = 2$

EG= $\sqrt{2}$

AG= $\sqrt{3}$

三平方の定理より，次式が成り立つ。
$AG^2 = AE^2 + EG^2$
$AG^2 = 1^2 + (\sqrt{2})^2$
$AG^2 = 3$

☑ **4** 次の単位格子の一辺の長さを a，金属の原子半径を r とし，a と r の関係式を求めよ。

考え方

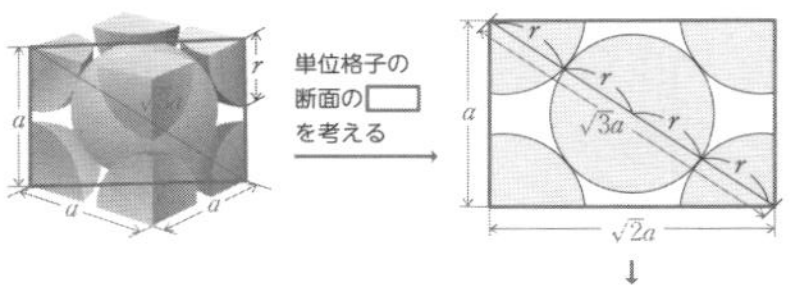

単位格子の断面の□を考える

体心立方格子

$\sqrt{3}a = 4r$

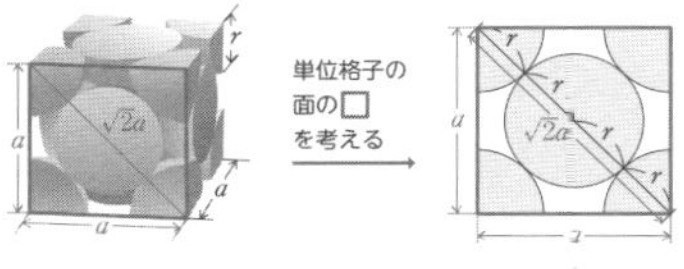

単位格子の面の□を考える

面心立方格子

$\sqrt{2}a = 4r$

45°

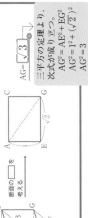

金属結晶(配位数)

ある粒子をとり囲む他の粒子の数を **配位数** という。

体心立方格子では，次の図から，1 個の原子●は 8 個の原子●と接しているので，配位数は 8 とわかる。

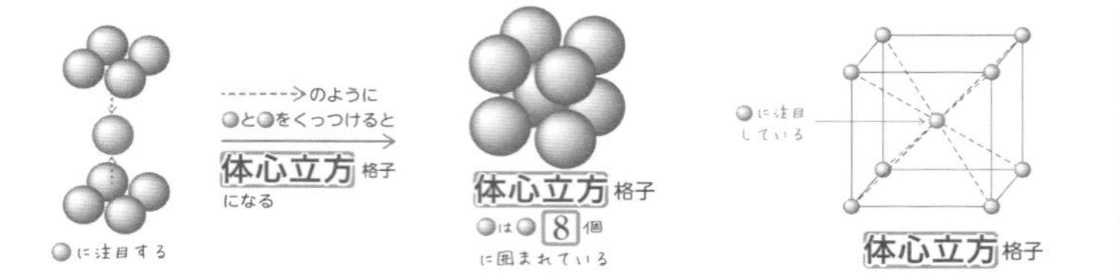

面心立方格子では，次の図から，1 個の原子●は 12 個の原子●と接しているので，配位数は 12 とわかる。

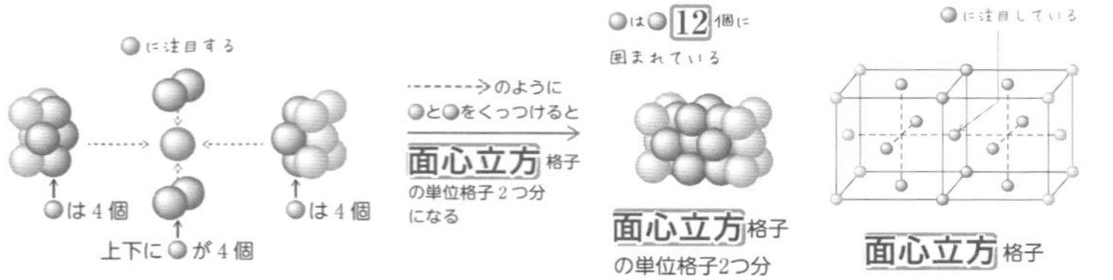

☑ **5** 六方最密構造では，1 個の原子は 12 個の原子と接しているので，配位数は 12 となる。
面心立方格子と六方最密構造は，いずれも配位数が 12 となり，球を最も密に詰め込んだ構造で，**最密** 構造ともいう。

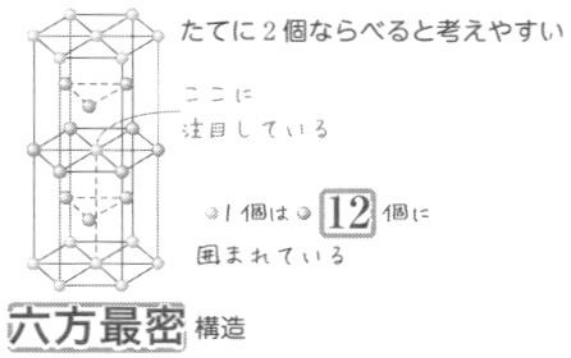

☑ **6** 表の中の空欄に適当な語句や数値を入れよ。ただし，平方根はそのままで用いよ。

単位格子の種類	**体心立方**格子	**面心立方**格子	**六方最密**構造
原子の配列（単位格子の一辺の長さを a，原子半径を r とする）	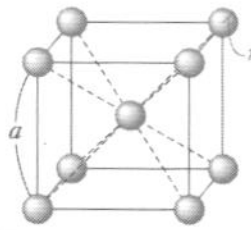	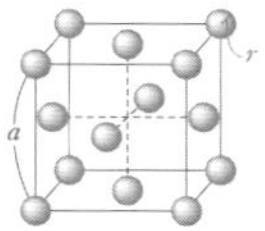	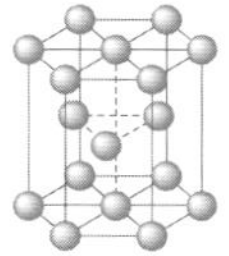
単位格子の原子	$\frac{1}{8}\times 8+1=2$（頂点，中心） 2 個	$\frac{1}{8}\times 8+\frac{1}{2}\times 6=4$（頂点，面） 4 個	―
配位数	8	12	12
a と r の関係式	$r=\frac{\sqrt{3}}{4}a$（$\sqrt{3}a=4r$ より）	$r=\frac{\sqrt{2}}{4}a$（$\sqrt{2}a=4r$ より）	―

金属結晶(まとめ)

例題 ナトリウムの結晶構造は，単位格子の一辺の長さが 4.4×10^{-8} cm の体心立方格子である(右図)。ただし，$\sqrt{2}=1.41$，$\sqrt{3}=1.73$ とする。

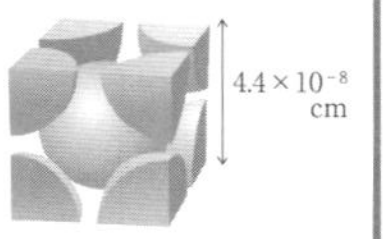

(1) 単位格子中に含まれるナトリウム原子の数は何個か。

$\frac{1}{8}\times 8+1=2$ → 2 個

(2) 1 個の原子に隣接する他の原子は何個か。

配位数を答える → 8 個

(3) ナトリウム原子の半径は何 cm か。有効数字 2 桁で答えよ。

単位格子の一辺の長さを a〔cm〕，ナトリウムの原子半径を r〔cm〕とすると，

$\sqrt{3}a=4r \Rightarrow r=\frac{\sqrt{3}}{4}a$　よって，$r=\frac{\sqrt{3}}{4}\times 4.4\times 10^{-8} \fallingdotseq$ 1.9×10^{-8} cm

(4) 単位格子の体積は何 cm³ か。有効数字 2 桁で答えよ。

$(4.4\times 10^{-8})^3=(4.4)^3\times 10^{-24}\fallingdotseq$ 8.5×10^{-23} cm³

(5) (1)で求めたナトリウム原子 2 個の質量は何 g か。有効数字 2 桁で答えよ。ただし，Na＝23，アボガドロ定数は 6.0×10^{23}/mol とする。（個，1，補う）

$2\text{ 個}\times\frac{1\text{ mol}}{6.0\times 10^{23}\text{ 個}}\times\frac{23\text{ g}}{1\text{ mol}}\fallingdotseq$ 7.7×10^{-23} g

(6) (5)で求めたナトリウム原子 2 個の質量〔g〕と，(4)で求めた単位格子の体積〔cm³〕を用いて，ナトリウムの結晶の密度〔g/cm³〕を有効数字 1 桁で答えよ。

密度〔g/cm³〕 ⇒ $\frac{7.7\times 10^{-23}\text{ g}}{8.5\times 10^{-23}\text{ cm}^3}\fallingdotseq$ 9×10^{-1} g/cm³　（0.9 でも OK）

☑ **7** アルミニウムの結晶は，右図のような単位格子をもつ。アルミニウムの単位格子の一辺の長さを a〔cm〕，アルミニウムのモル質量を M〔g/mol〕，アボガドロ定数を N_A〔/mol〕として，密度 d〔g/cm³〕を，a，M および N_A を用いて表せ。（個，1，補う）

原子量に g/mol をつけたもの

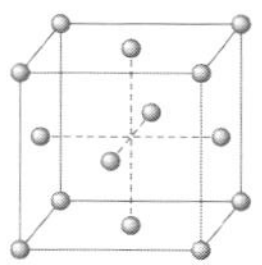

考え方 この単位格子は，**面心立方** 格子なので，単位格子中に含まれるアルミニウム原子の数は 4 個となる。
このアルミニウム原子 4 個分の質量〔g〕を求め，単位格子の体積〔cm³〕で割ることで，密度〔g/cm³〕が求められる。

$\frac{1}{8}\times 8+\frac{1}{2}\times 6=4$

Al 原子 4 個分の質量〔g〕は，→単位格子の質量〔g〕になる

$4\text{ 個}\times\frac{1\text{ mol}}{N_A\text{ 個}}\times\frac{M\text{〔g〕}}{1\text{ mol}}=\frac{4M}{N_A}$〔g〕

結晶の密度 ⇒ d〔g/cm³〕$=\frac{\frac{4M}{N_A}\text{〔g〕}}{a^3\text{〔cm}^3\text{〕}}=\frac{4M}{a^3N_A}$　（単位格子の質量〔g〕，単位格子の体積〔cm³〕）

$d=\frac{4M}{a^3N_A}$〔g/cm³〕

48 イオン結晶

学習日 月 / 日

イオン結晶

多くの陽イオンと陰イオンが **静電気** 力(**クーロン** 力)によって **イオン** 結合をつくり，規則正しく配列してできている結晶を **イオン** 結晶という。**イオン** 結晶の単位格子には，次のようなものがある。

（順不同）

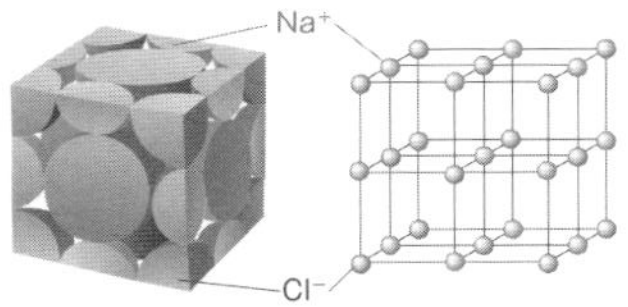

塩化ナトリウム NaCl の単位格子
（**NaCl** 型とよばれる）
→ 塩化ナトリウムでも OK

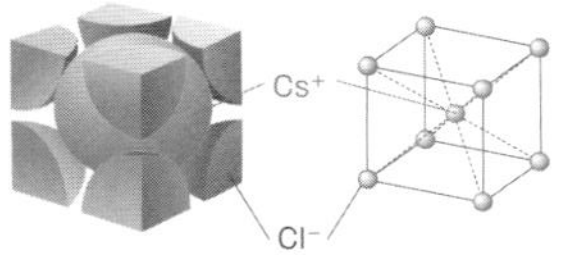

塩化セシウム CsCl の単位格子
（**CsCl** 型とよばれる）
→ 塩化セシウムでも OK

☑ **1** 右図は，塩化ナトリウムの結晶の単位格子である。単位格子中に含まれる Na^+ と Cl^- の数はそれぞれ何個か。

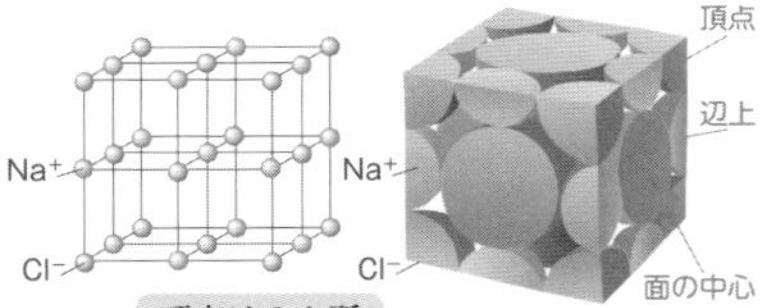

考え方 立方体(単位格子)は，頂点が **8** か所，面が **6** 面，辺が **12** 辺ある。単位格子中の各イオンの数は次のように求める。

Na^+ ● ⇒ $\frac{1}{4}$ × **12**（辺）＋ **1**（中心）＝ **4** 個

（辺は 12 辺ある／辺上のイオンの数／格子内のイオンの数）

Cl^- ● ⇒ $\frac{1}{8}$ × **8**（頂点）＋ $\frac{1}{2}$ × **6** ＝ **4** 個

（頂点は 8 か所／頂点のイオンの数／面は 6 面／面上のイオンの数）

塩化ナトリウムの単位格子に含まれる Na^+ は **4** 個，Cl^- は **4** 個 である。

よって，Na^+ と Cl^- の個数の比は，

Na^+ : Cl^- ＝ **4** 個 : **4** 個 ＝ **1** : **1** となり，組成式は **NaCl** と表される。

☑ **2** 右図は，塩化セシウムの結晶の単位格子である。単位格子中に含まれる Cs^+ と Cl^- の数はそれぞれ何個か。

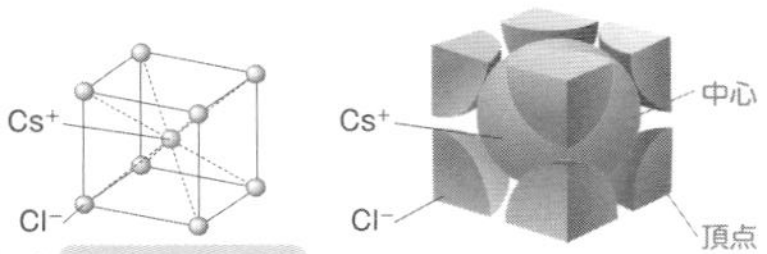

考え方 単位格子中の各イオンの数は，次のように求める。

Cs^+ ● ⇒ **1** 個（中心）

（格子内のイオンの数）

Cl^- ● ⇒ $\frac{1}{8}$ × **8**（頂点）＝ **1** 個

（頂点のイオンの数／頂点は 8 か所）

塩化セシウムの単位格子に含まれる Cs^+ は **1** 個，Cl^- は **1** 個 である。

よって，Cs^+ と Cl^- の個数の比は，

Cs^+ : Cl^- ＝ **1** 個 : **1** 個 ＝ **1** : **1** となり，組成式は **CsCl** と表される。

イオン結晶(配位数)

イオン結晶の場合，あるイオンをとり囲む反対符号のイオンの数が **配位数** となる。

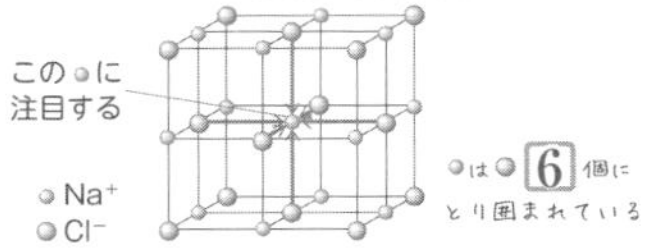

図 1

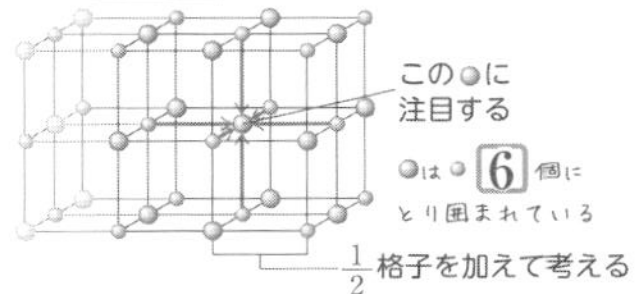

図 2

<塩化ナトリウムの単位格子>

塩化ナトリウム NaCl の結晶では，上の図 1 を見ると，Na^+ ● は，その上と下，左と右，前と後ろの合計 **6** 個の Cl^- ● にとり囲まれていることがわかる。

また，図 2 を見ると，Cl^- ● は，その上と下，左と右，前と後ろの合計 **6** 個の Na^+ ● にとり囲まれていることがわかる。

よって，配位数は Na^+ ● が **6**，Cl^- ● が **6** となる。

☑ **3** 塩化セシウム CsCl の結晶について，セシウムイオン Cs^+ と塩化物イオン Cl^- の配位数を答えよ。

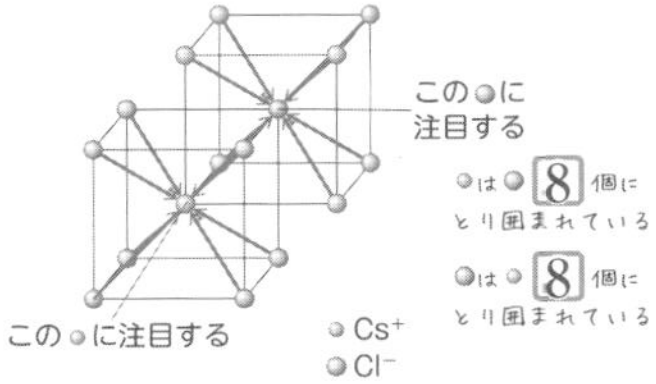

考え方 右図を見ると，Cs^+ ● は **8** 個の Cl^- ●，Cl^- ● は **8** 個の Cs^+ ● にとり囲まれていることがわかる。

よって，配位数は Cs^+ ● が **8**，Cl^- ● が **8**

イオン結晶(単位格子の一辺の長さとイオン半径の関係)

例題 NaCl の単位格子の一辺の長さ a と Na^+ の半径 r_{Na^+}，Cl^- の半径 r_{Cl^-} との関係式，CsCl の単位格子の一辺の長さ a と Cs^+ の半径 r_{Cs^+}，Cl^- の半径 r_{Cl^-} との関係式をそれぞれ求めよ。

考え方

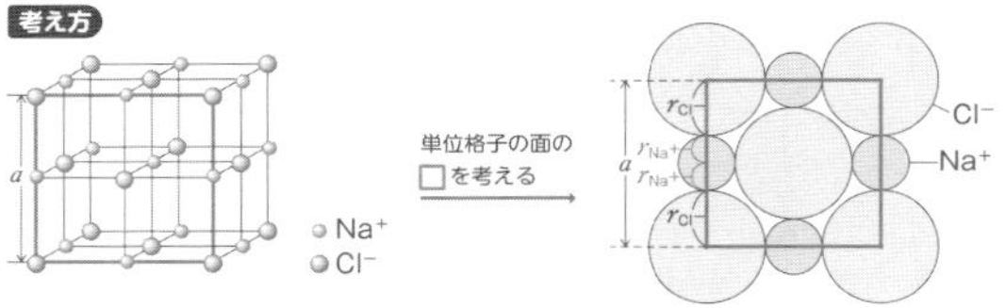

左図から a ＝ **$2(r_{Na^+}+r_{Cl^-})$** となる。

（$2r_{Na^+}+2r_{Cl^-}$ でも OK）

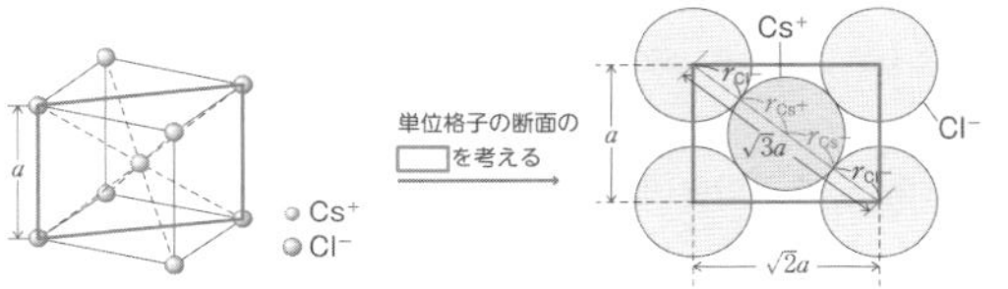

左図から $\sqrt{3}a$ ＝ **$2(r_{Cs^+}+r_{Cl^-})$** となる。

（$2r_{Cs^+}+2r_{Cl^-}$ でも OK）

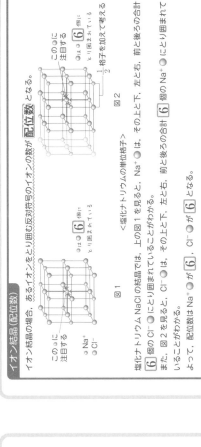

4 塩化ナトリウムの結晶の単位格子は，右図のように示される。ただし，NaCl = 58.5，アボガドロ定数 6.0×10^{23} /mol とする。（個/1mol　補って考える）

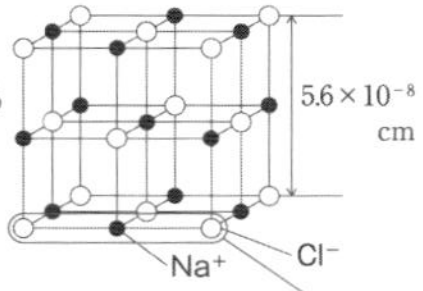

(1) 単位格子中に含まれる Na^+ と Cl^- の数はそれぞれ何個か。

Na^+ ●　⇒　$\frac{1}{4} \times 12 + 1 = 4$ 個（辺・中心）　　Cl^- ○　⇒　$\frac{1}{8} \times 8 + \frac{1}{2} \times 6 = 4$ 個（頂点・面）

Na^+：**4** 個　Cl^-：**4** 個

(2) 1 個の Na^+ に最も近い Cl^- の数を答えよ。　Na^+ ● の配位数を答える ← **6**

(3) 1 個の Cl^- に最も近い Na^+ の数を答えよ。　Cl^- ○ の配位数を答える ← **6**

(4) Na^+ のイオン半径を 1.0×10^{-8} cm とすると，Cl^- のイオン半径は何 cm になるか。有効数字 2 桁で答えよ。（r_{Cl^-}〔cm〕とおく）

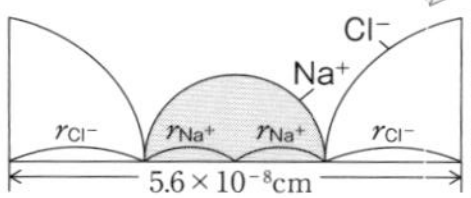

$5.6 \times 10^{-8} = 2(\underbrace{1.0 \times 10^{-8}}_{r_{Na^+}} + r_{Cl^-})$

$2.8 \times 10^{-8} = 1.0 \times 10^{-8} + r_{Cl^-}$　より，$r_{Cl^-} =$ **1.8×10^{-8}** cm

(5) 図の単位格子の質量は何 g になるか。有効数字 2 桁で答えよ。

(1)より，単位格子中には，Na^+ が 4 個，Cl^- も 4 個含まれている。
つまり，単位格子中には NaCl が 4 個含まれていて，この NaCl 4 個分の質量〔g〕が，単位格子の質量〔g〕になる。

(Na^+Cl^-) (Na^+Cl^-) (Na^+Cl^-) (Na^+Cl^-)　← Na^+ 1 個と Cl^- 1 個で NaCl 1 個　NaCl 4 個分になる

よって，$4\,個 \times \frac{1\,mol}{6.0 \times 10^{23}\,個} \times \frac{58.5\,g}{1\,mol} =$ **3.9×10^{-22}** g

(6) 塩化ナトリウムの結晶の密度は何 g/cm^3 になるか。$5.6^3 = 176$ とし，有効数字 2 桁で答えよ。

$g \div cm^3$ を計算する。

(5)より → 単位格子の質量〔g〕
単位格子の体積〔cm^3〕→

$\frac{3.9 \times 10^{-22}\,g}{(5.6 \times 10^{-8})^3\,cm^3} = \frac{3.9 \times 10^{-22}\,g}{176 \times 10^{-24}\,cm^3} \fallingdotseq$ **2.2** g/cm^3

5 次の表の中の □ に整数値を入れよ。

イオン結晶	塩化ナトリウム NaCl	塩化セシウム CsCl
イオンの配列（単位格子の一辺の長さを a，陽イオンの半径を r^+，陰イオンの半径を r^- とする）	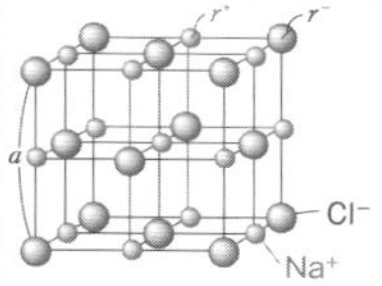 $a =$ **2** $(r^+ + r^-)$	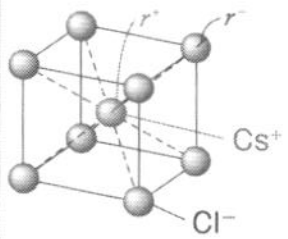 $\sqrt{3}a =$ **2** $(r^+ + r^-)$
単位格子中のイオンの数	Na^+ **4** 個　Cl^- **4** 個	Cs^+ **1** 個　Cl^- **1** 個
配位数	ともに **6**	ともに **8**

$\frac{1}{4} \times 12 + 1$（辺・中心）　$\frac{1}{8} \times 8 + \frac{1}{2} \times 6$（頂点・面）　$\frac{1}{8} \times 8$（頂点）

49 エンタルピー変化の表し方，反応エンタルピー

学習日　月　日

エンタルピー変化の表し方

化学反応に伴う熱の出入りは，化学反応式の **右**（右 or 左）辺に **エンタルピー変化**（記号 ΔH）を書き加えて表される。このとき，発熱反応では ΔH **<** 0，吸熱反応では ΔH **>** 0 になる。（< or >）

黒鉛 C 1mol を完全燃焼させると 394kJ の熱が発生する。これを化学反応式に反応エンタルピーを書き加えた式で表す。

物質の状態が指定されていない場合，25℃，1.013×10^5 Pa における状態を書けばよい。

C(黒鉛) + O_2(気) ⟶ CO_2(気)　$\Delta H =$ **−394** kJ

物質の状態を書く。同素体が存在する炭素は，同素体名を書く。
熱を発生する **発熱** 反応なので ΔH は **負**（正 or 負）になる

1 次の(1)，(2)を化学反応式に反応エンタルピーを書き加えた式で表せ。

(1) 0℃の氷の融解エンタルピーは 6.0 kJ/mol である。

0℃の氷 H_2O(固) 1 mol に 6.0 kJ 加えると水 H_2O(液)になるので，
H_2O(固) ⟶ H_2O(液)（6.0 kJ の吸熱）　よって，$\Delta H > 0$ となり，

H_2O(固) ⟶ H_2O(液)　$\Delta H = 6.0$ kJ

(2) 25℃の水の蒸発エンタルピーは 44 kJ/mol である。

25℃の水 H_2O(液) 1 mol に 44 kJ 加えると水蒸気 H_2O(気)になるので，
H_2O(液) ⟶ H_2O(気)（44 kJ の吸熱）　よって，$\Delta H > 0$ となり，

H_2O(液) ⟶ H_2O(気)　$\Delta H = 44$ kJ

反応エンタルピー（生成エンタルピー）

生成エンタルピー：**化合物** 1 mol がその成分元素の **単体** から生成するときのエンタルピー変化
（化合物：NH_3(気)，H_2O(液)，CO_2(気)など　単体：N_2(気)，H_2(気)，O_2(気)，C(黒鉛)など）

例題 「NH_3(気)の生成エンタルピー −46 kJ/mol」を表す。

化合物の係数を「1」とする

$\frac{1}{2}N_2$(気) + $\frac{3}{2}H_2$(気) ⟶ NH_3(気)　$\Delta H = -46$ kJ

単体　25℃，1.013×10^5 Pa ではいずれも気体
化合物　1 は省略
NH_3(気) 1mol あたりのエンタルピー変化を表している。
$\Delta H < 0$（負の値）なので **発熱** 反応とわかる

2 次の(1)〜(3)を化学反応式に反応エンタルピーを書き加えた式で表せ。

(1) 水 H_2O(液)の生成エンタルピーは −286 kJ/mol である。（1mol）

H_2(気) + $\frac{1}{2}O_2$(気) ⟶ H_2O(液)　$\Delta H = -286$ kJ
単体　化合物　$\Delta H < 0$ なので発熱反応とわかる

H_2O(液)の係数を 1 にするので，分数でよい

H_2(気) + $\frac{1}{2}O_2$(気) ⟶ H_2O(液)　$\Delta H = -286$ kJ

(2) メタン CH_4(気)の生成エンタルピーは −75 kJ/mol である。

C(黒鉛) + $2H_2$(気) ⟶ CH_4(気)　$\Delta H = -75$ kJ

(3) 二酸化炭素 CO_2(気)の生成エンタルピーは −394 kJ/mol である。

C(黒鉛) + O_2(気) ⟶ CO_2(気)　$\Delta H = -394$ kJ

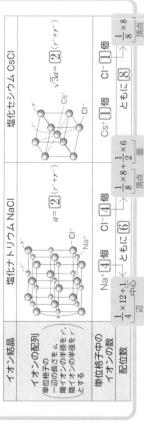

反応エンタルピー（燃焼エンタルピー）

燃焼エンタルピー：物質 1 mol が完全燃焼するときのエンタルピー変化
（物質 → 単体，化合物のどちらでもよい）

例題 「CH_4(気)の燃焼エンタルピー −891 kJ/mol」を表す。ただし，生成する水は液体とする。

CH_4(気)＋$2O_2$(気) ⟶ **CO_2(気)＋$2H_2O$(液)**　$\Delta H = -891$ kJ

（完全燃焼させる物質の係数を「1」とする）（C と H を含む化合物が完全燃焼すると CO_2 と H_2O が生じる）（燃焼エンタルピーはいつも $\Delta H<0$ の発熱反応）

3 次の(1)，(2)を化学反応式に反応エンタルピーを書き加えた式で表せ。

(1) 水素 H_2(気)の燃焼エンタルピーは −286 kJ/mol である。ただし，生成する水は液体とする。

H_2(気)＋$\frac{1}{2}O_2$(気) ⟶ H_2O(液)　$\Delta H = -286$ kJ
（H_2(気)の係数を 1 にする）（完全燃焼で H_2O が生じる）

H_2(気)＋$\frac{1}{2}O_2$(気) ⟶ H_2O(液)　$\Delta H = -286$ kJ

(2) 炭素 C(黒鉛)の燃焼エンタルピーは −394 kJ/mol である。

C(黒鉛)＋O_2(気) ⟶ CO_2(気)　$\Delta H = -394$ kJ
（C(黒鉛)の係数を 1 にする）（完全燃焼で CO_2 が生じる）

C(黒鉛)＋O_2(気) ⟶ CO_2(気)　$\Delta H = -394$ kJ

反応エンタルピー（中和エンタルピー，溶解エンタルピー）

【1】**中和エンタルピー**：酸と塩基が中和反応し，水 1 mol が生じるときのエンタルピー変化

例題 「塩酸と水酸化ナトリウム水溶液の中和エンタルピー −57 kJ/mol」を表す。

HCl aq＋NaOH aq ⟶ **NaCl aq＋H_2O(液)**　$\Delta H = -57$ kJ

（aq は溶媒の水を表す）（HCl 水溶液を表す）（NaOH 水溶液を表す）（中和により生じる H_2O(液)の係数を「1」とする）（中和エンタルピーはいつも $\Delta H<0$ の発熱反応）

【2】**溶解エンタルピー**：物質 1 mol が多量の水に溶けるときのエンタルピー変化（多量の水 → aq と書く）

例題 「NaOH(固)の水への溶解エンタルピー −45 kJ/mol」を表す。

NaOH(固)＋aq ⟶ **NaOH aq**　$\Delta H = -45$ kJ
（多量の水に溶解させる物質の係数を「1」にする）

4 次の(1)，(2)を化学反応式に反応エンタルピーを書き加えた式で表せ。

(1) 硝酸と水酸化カリウム水溶液の中和エンタルピーは −57 kJ/mol である。

HNO_3 aq＋KOH aq ⟶ KNO_3 aq＋H_2O(液)　$\Delta H = -57$ kJ

(2) 硫酸 H_2SO_4(液)の水への溶解エンタルピーは −95 kJ/mol である。

H_2SO_4(液)＋aq ⟶ H_2SO_4 aq　$\Delta H = -95$ kJ

5 空欄に生成エンタルピー，燃焼エンタルピーのいずれかを入れよ。

H_2(気)＋$\frac{1}{2}O_2$(気) ⟶ H_2O(液)　$\Delta H = -286$ kJ

この式は，H_2(気)の **燃焼エンタルピー** や H_2O(液)の **生成エンタルピー** を表している。

結合エネルギー（結合エンタルピー）

結合エネルギー：気体分子のもつ **共有** 結合 1 mol を切断して **気体** 状の **原子** にするために必要なエネルギー

例題 「H−H 結合の結合エネルギー 436 kJ/mol」を化学反応式と ΔH を用いて表す。

H−H(気)の **共有** 結合 1 mol を 436 kJ でたたいて切断し，H(気) **2** mol にするので，

H−H(気)＋(H−H(気)の結合エネルギー) ⟶ **H(気)＋H(気)**

（気体状）（「左辺」に結合エネルギー (436 kJ) を加えて結合を切断する）（バラバラになる）（気体状のまま）

より，**H_2(気)** ⟶ **2H(気)**　$\Delta H = 436$ kJ（いつも $\Delta H>0$（吸熱反応）になる）

6 N−H 結合の結合エネルギーは 391 kJ/mol である。

(1) NH_3(気)1 mol 中の結合をすべて切断して，N 原子 1 mol と H 原子 3 mol にするのに必要なエネルギーを，整数値で求めよ。

構造式 H−N(−H)−H(気)　から，$391 \times 3 = 1173$ kJ　が必要になる。　**1173** kJ

(2) (1)を化学反応式と ΔH を用いて表せ。

NH_3(気)＋(N−H(気)の結合エネルギー)×3 ⟶ N(気)＋3H(気)（吸熱反応）　より，

NH_3(気) ⟶ N(気)＋3H(気)　$\Delta H = 1173$ kJ

7 C−H 結合の結合エネルギーは 416 kJ/mol である。

(1) CH_4(気)1 mol 中の結合をすべて切断して，C 原子 1 mol と H 原子 4 mol にするのに必要なエネルギー　値で求めよ。

構造式 H−C(−H)(−H)−H(気)　から，$416 \times 4 = 1664$ kJ　が必要になる。　**1664** kJ

(2) (1)を化学反　ΔH を用いて表せ。

CH_4(気)＋(C−H(気)の結合エネルギー)×4 ⟶ C(気)＋4H(気)（吸熱反応）　より，

CH_4(気) ⟶ C(気)＋4H(気)　$\Delta H = 1664$ kJ

エンタルピー変化を表した図

【1】$\Delta H<0$ の発熱反応の場合

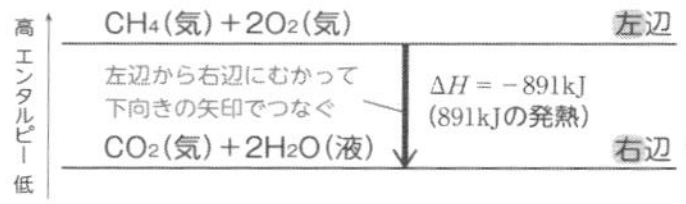

（エンタルピーが減少するので，右辺を下に書く）

左の図を化学反応式と ΔH を用いて表すと，

CH_4(気)＋$2O_2$(気) ⟶ **CO_2(気)＋$2H_2O$(液)**　$\Delta H = -891$ kJ　となる。（CH_4(気)の燃焼エンタルピー）

【2】$\Delta H>0$ の吸熱反応の場合

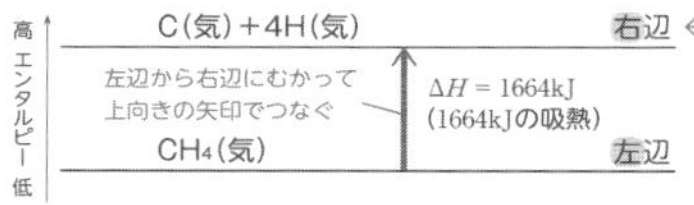

（エンタルピーが増加するので，右辺を上に書く）

左の図を化学反応式と ΔH を用いて表すと，

CH_4(気) ⟶ **C(気)＋4H(気)**　$\Delta H = 1664$ kJ

50 ヘスの法則

学習日 月 / 日

ヘスの法則(生成エンタルピーと反応エンタルピー)

例題 H_2(気) + $\frac{1}{2}O_2$(気) ⟶ H_2O(液)　$\Delta H_1 = -286\ kJ$　…①
（H_2O(液)の生成エンタルピー）

H_2(気) + $\frac{1}{2}O_2$(気) ⟶ H_2O(気)　$\Delta H_2 = -242\ kJ$　…②
（H_2O(気)の生成エンタルピー）

H_2O(気) ⟶ H_2O(液)　$\Delta H_3 = -44\ kJ$　…③

の①～③式を利用して，空欄に整数値，語句を入れよ。

考え方　エネルギー図を見ると，矢印の向きがすべて下向き(↓)にそろっているので

-286 kJ = -242 kJ + (-44 kJ)
（①式の反応エンタルピー　②式と③式の反応エンタルピーの総和）

の関係式が成り立つ(ヘスの法則)。

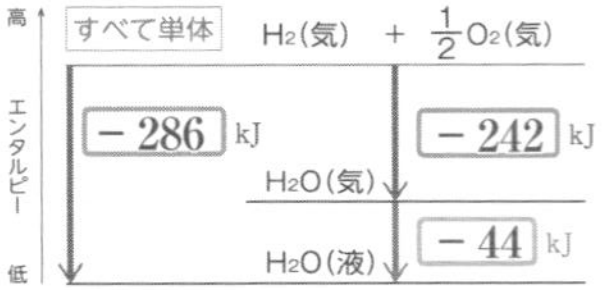

コツ　矢印の向きが上向き(↑)または下向き(↓)にすべてそろっていないときは，符号と矢印の向きを逆にして(+は−，−は+に直す)，すべての矢印の向きをそろえてから計算する。

☑ **1**　C(黒鉛) + O_2(気) ⟶ CO_2(気)　$\Delta H_1 = -394\ kJ$　，　CO(気) + $\frac{1}{2}O_2$(気) ⟶ CO_2(気)　$\Delta H_2 = -283\ kJ$

から，C(黒鉛) + $\frac{1}{2}O_2$(気) ⟶ CO(気)　$\Delta H_3 = Q$ [kJ]　における Q の値を整数値で求めよ。

考え方

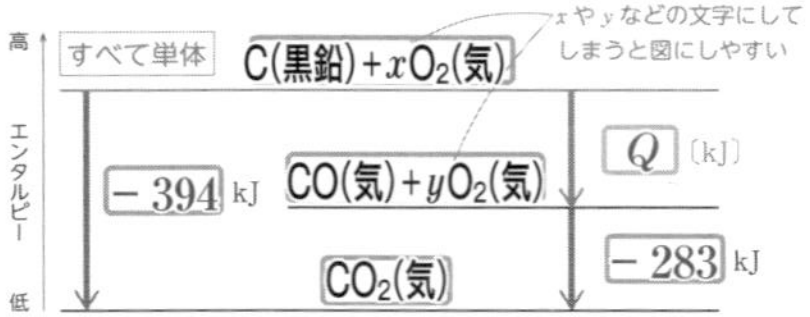

エネルギー図の矢印はすべて下向き(↓)にそろっているので，ヘスの法則より，

-394 kJ = Q + (-283 kJ)

Q = -111 kJ

☑ **2**　C(黒鉛) + $2H_2$(気) ⟶ CH_4(気)　$\Delta H_1 = -75\ kJ$　，

C(黒鉛) + O_2(気) ⟶ CO_2(気)　$\Delta H_2 = -394\ kJ$，H_2(気) + $\frac{1}{2}O_2$(気) ⟶ H_2O(液)　$\Delta H_3 = -286\ kJ$

から，CH_4(気) + $2O_2$(気) ⟶ CO_2(気) + $2H_2O$(液)　$\Delta H_4 = Q$ [kJ]　における Q の値を整数値で求めよ。

考え方

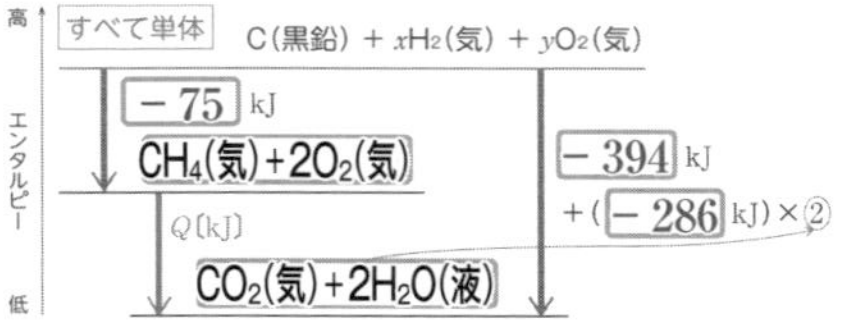

エネルギー図の矢印はすべて下向き(↓)にそろっているので，ヘスの法則より，

-75 kJ + Q

= -394 kJ + (-286 kJ) × 2

Q = -891 kJ

ポイント！

「生成エンタルピー」と「反応エンタルピー」の関係が問われたときは，右図をつくる。

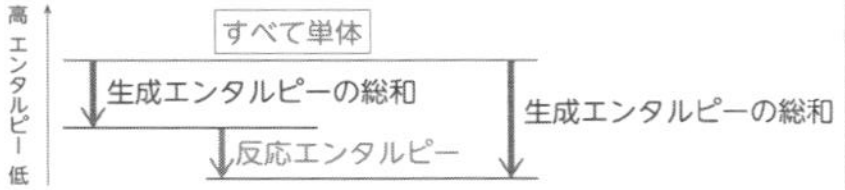

ヘスの法則(結合エネルギーと反応エンタルピー)

例題 H_2(気) ⟶ 2H(気)　$\Delta H_1 = 436\ kJ$

Cl_2(気) ⟶ 2Cl(気)　$\Delta H_2 = 243\ kJ$

HCl(気) ⟶ H(気) + Cl(気)　$\Delta H_3 = 432\ kJ$

$\frac{1}{2}H_2$(気) + $\frac{1}{2}Cl_2$(気) ⟶ HCl(気)　$\Delta H_4 = Q$ [kJ]

を利用して，空欄に整数値を入れ，Q の値を小数第1位まで求めよ。

考え方　エネルギー図を見ると，矢印の向きがそろっていない。そこで，すべて上向き(↑)にそろえてみる。

436 kJ × $\frac{1}{2}$ + 243 kJ × $\frac{1}{2}$ + (−Q) = 432 kJ

Q = -92.5 kJ　（小数第1位）

順不同

下向き(↓)を上向き(↑)に変えたので，符号を逆にする

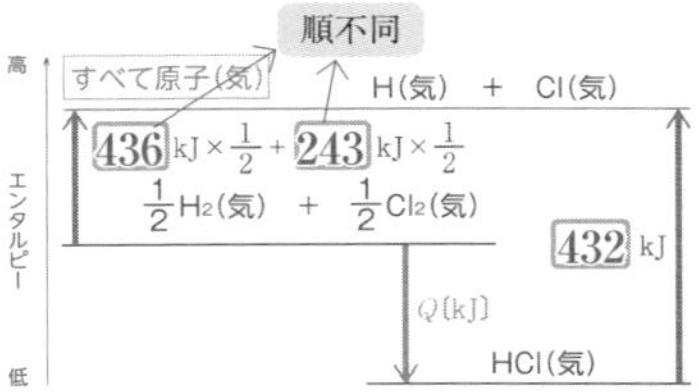

☑ **3**　N_2(気) ⟶ 2N(気)　$\Delta H_1 = 946\ kJ$　，　H_2(気) ⟶ 2H(気)　$\Delta H_2 = 436\ kJ$

NH_3(気) ⟶ N(気) + 3H(気)　$\Delta H_3 = 391 \times 3\ kJ$

から，$\frac{1}{2}N_2$(気) + $\frac{3}{2}H_2$(気) ⟶ NH_3(気)　$\Delta H_4 = Q$ [kJ]　における Q の値を整数値で求めよ。

考え方

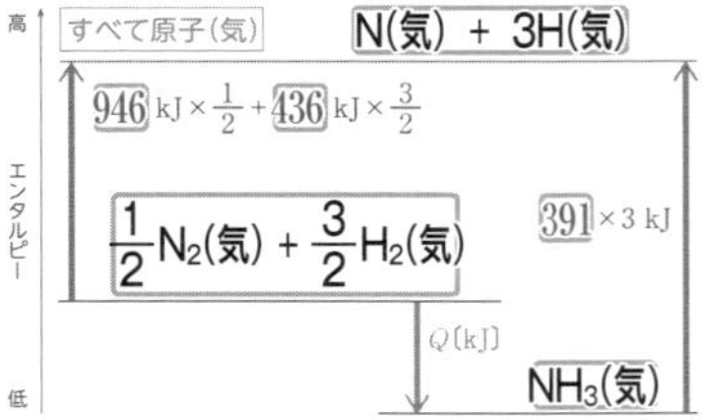

矢印の向きをすべて上向き(↑)にそろえると，

946 kJ × $\frac{1}{2}$ + 436 kJ × $\frac{3}{2}$ + (−Q)　（符号を逆にする）

= 391 × 3 kJ

Q = -46 kJ

☑ **4**　下の結合エネルギーの値を用いて，次の反応の Q の値を整数値で求めよ。

H_2(気) + $\frac{1}{2}O_2$(気) ⟶ H_2O(気)　$\Delta H = Q$ [kJ]

結合エネルギー[kJ/mol]：H−H 436 kJ/mol　，　O=O 498 kJ/mo

H_2 (気) ⟶ 2H(気)　$\Delta H_1 = 436\ kJ$

O_2 (気) ⟶ 2O(気)　$\Delta H_2 = 498\ kJ$

H_2O(気) ⟶ 2H(気) + O(気)　$\Delta H_3 = 463\ kJ \times 2$

矢印の向きをすべて上向き(↑)にそろえると，

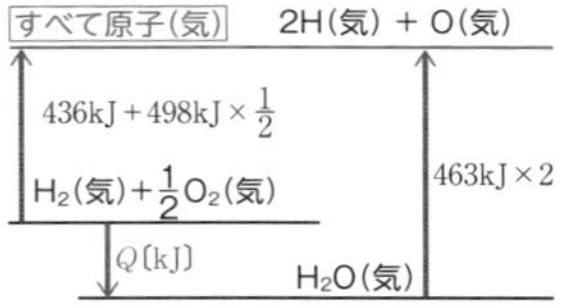

436 kJ + 498 kJ × $\frac{1}{2}$ + (−Q) = 463 kJ × 2　より，　Q = -241 kJ

符号を逆にする

ポイント！

「結合エネルギー」と「反応エンタルピー」の関係が問われたときは，右図をつくる。

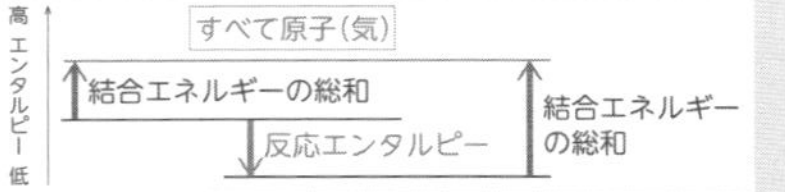

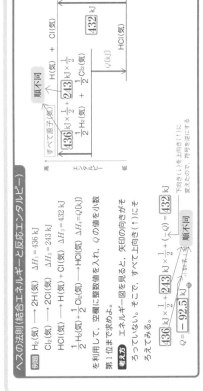

51 比熱，化学反応と光

学習日 月 日

比熱

物質 1 g の温度を 1 K(1℃) 上げるために必要な熱量を 比熱《ひねつ》 という。J/(g･K) や J/(g･℃) が 比熱 の単位になる。

比熱容量でも OK

【1】水の比熱が 4.2 J/(g･K) とあれば，次のように書き直すとよい。

➡ $\dfrac{4.2\ \text{J が必要}}{1\ \text{g の 水 を・}1\ \text{K 上げるのに}}$ または $\dfrac{4.2\ \text{J が発生}}{1\ \text{g の 水 が・}1\ \text{K 上がると}}$

【2】水溶液の比熱が 4.2 J/(g･K) とあれば，次のように書き直すとよい。

➡ $\dfrac{4.2\ \text{J が必要}}{1\ \text{g の 水溶液 を・}1\ \text{K 上げるのに}}$ または $\dfrac{4.2\ \text{J が発生}}{1\ \text{g の 水溶液 が・}1\ \text{K 上がると}}$

☑ **1** 空欄に整数値を入れよ。

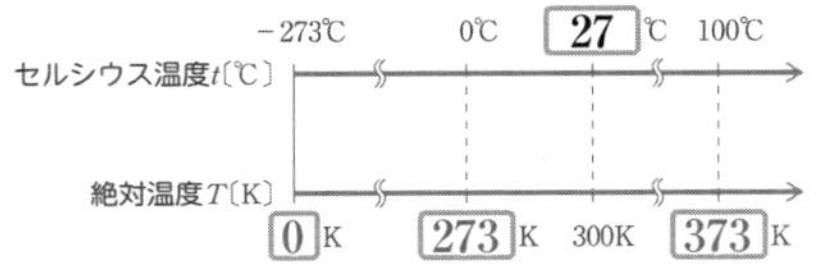

27℃ と 100℃ の温度の差は 73 ℃，300 K と 373 K の温度の差は 73 K となる。このように，温度の差は，

Δt〔℃〕 = ΔT〔K〕 になる。

☑ **2** 10℃ の水 50 g を 40℃ にするには何 J 必要か。有効数字 2 桁で求めよ。ただし，水の比熱は 4.2 J/(g･K) とする。

考え方 $\dfrac{4.2\ \text{J が必要}}{1\ \text{g の 水 を・}1\ \text{K 上げるのに}} \times 50\ \text{g の水を} \times (40 - 10)\ \text{K 上げるのに} = 6.3 \times 10^3\ \text{J}$ 必要になる

温度の差は℃ = K

☑ **3** NaOH の結晶 4.0 g を水に溶かすことで発生した熱量は何 kJ か。有効数字 2 桁で求めよ。ただし，NaOH の水への溶解エンタルピーは −44 kJ/mol，NaOH = 40 とする。

溶解エンタルピーが負(−)なので，発熱反応とわかる。 4.4 kJ

$\dfrac{44\ \text{kJ 発生}}{1\ \text{mol NaOH}} \times \dfrac{4.0}{40}\ \text{mol} = 4.4\ \text{kJ}$ が発生した

☑ **4** NaOH の結晶を水に溶かし，水溶液の温度変化を調べると，次のグラフ 1 やグラフ 2 が得られた。瞬間的に NaOH の溶解が終わり，熱の放冷が全くなかったと考えた真の最高温度は，それぞれ何℃になるか。小数第 1 位まで求めよ。

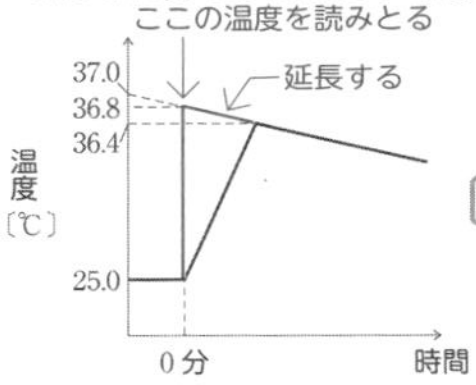

<グラフ 1>

36.8 ℃

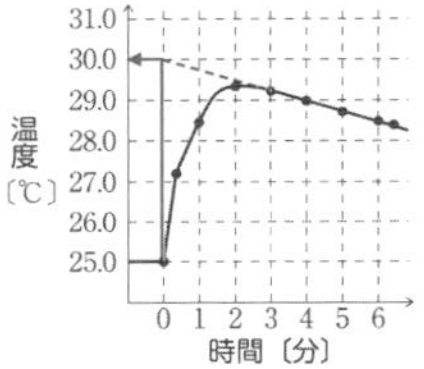

<グラフ 2>

30.0 ℃

☑ **5** 水酸化ナトリウムの水への溶解エンタルピーを測定するために，NaOH の結晶 2.0 g を 20.0℃ の水 98.0 g に加えて溶かしたところ，右図のような結果が得られた。有効数字 2 桁で答えよ。ただし，水溶液の比熱は 4.2 J/(g･K)，NaOH = 40 とする。

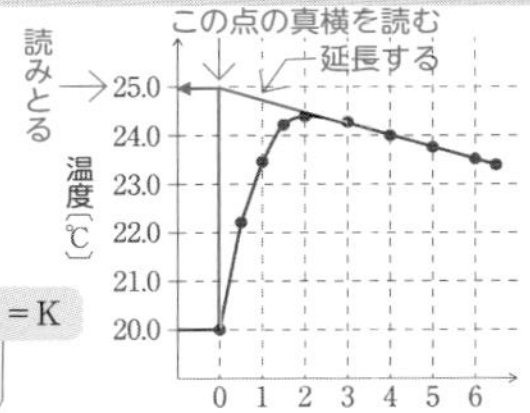

(1) この実験で発生した熱量は何 kJ か。

得られる NaOH 水溶液は 2.0 + 98.0 = 100.0 g となる。

温度の差は ℃ = K

$\dfrac{4.2\ \text{J が発生}}{1\ \text{g の水溶液が・}1\ \text{K 上がると}} \times 100.0\ \text{g の水溶液が} \times (25.0 - 20.0)\ \text{K 上がったので} \times \dfrac{1\ \text{kJ}}{10^3\ \text{J}}$ ← J から kJ に変換する

= 2.1 kJ 発生した

2.1 kJ

(2) NaOH の水への溶解エンタルピーを −Q〔kJ/mol〕(Q>0) とすると，NaOH の結晶 2.0 g を水に溶かすことで発生した熱量は何 kJ か。Q を使って表せ。

溶解エンタルピーが負(−)なので，発熱反応とわかる。

$\dfrac{Q\text{〔kJ〕発生}}{1\ \text{mol NaOH}} \times \dfrac{2.0}{40}\ \text{mol} = 0.050Q\text{〔kJ〕}$ 発生した

0.050Q〔kJ〕

(3) NaOH の水への溶解エンタルピー〔kJ/mol〕を求めよ。

2.1 kJ = 0.050Q〔kJ〕 となり，Q = 42 kJ/mol

(1)より (2)より

−42 kJ/mol

NaOH の溶解エンタルピーは負(−)

化学反応と光

反応物と生成物の化学エネルギーの差や，その一部が 光 として放出されることがある。この現象を 化学発光 という。

化学発光の例としては，科学捜査における血痕の鑑識法である ルミノール 反応などがある。

光とは電磁波の一種であり，人間の目で感じることができる光を 可視《かし》 光線といい，その波長範囲は約 380 nm〜780 nm である。光の色は波長によって異なる。

☑ **6** 赤，紫，赤外，紫外のいずれかを入れよ。

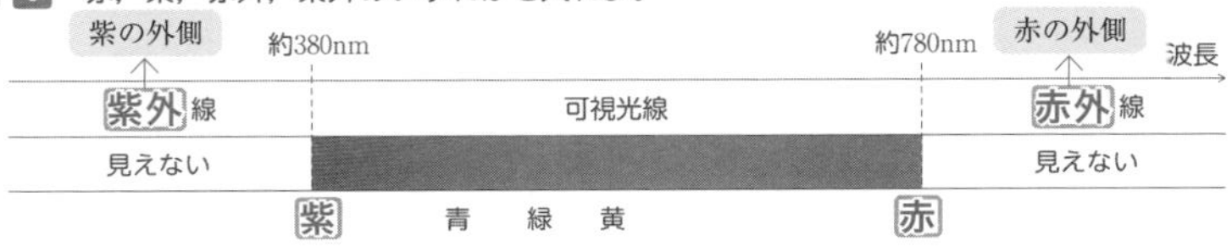

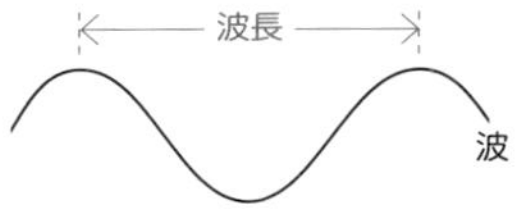

☑ **7** 緑色植物が光エネルギーを使って，CO_2 と H_2O から糖類などの有機化合物を合成する反応を 光合成 という。

52 電池の原理，ボルタ電池

学習日　月　日

イオン化傾向の異なる2種類の金属板AとBを電解質の水溶液に浸して導線でつなぐと**電流**が流れる。このとき，イオン化傾向の順が A>B であれば，
イオン化傾向の大きな金属板Aが**負**極となり，
イオン化傾向の小さな金属板Bが**正**極になる。

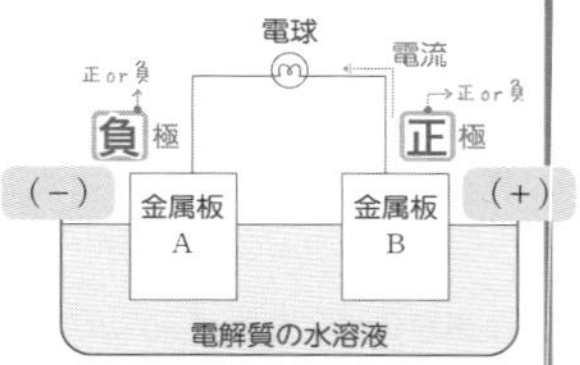

〈電池のしくみ〉
（イオン化傾向A>B）

(1) 電池において，電流は何極から何極へ流れるか。
答 **正極** から **負極**

(2) 電池において，電子は何極から何極へ流れるか。
答 **負極** から **正極**

(3) 金属板Aと金属板Bの間で発生する電位差(電圧)を電池の何というか。　答 **起電力**

(4) 電池から電流を取り出すことを**放電**，電池の**起電力**をもとに戻すことを**充電**という。

(5) 放電すると起電力が**低下**し，もとに戻らない電池を**一次**電池，起電力を**回復**させることができる電池を**二次**電池または**蓄**《ちく》電池という。

1 (1) 亜鉛板と銅板を希硫酸中に浸してつくった電池を何というか。
ボルタ電池

(2) Zn と Cu はどちらの方がイオン化傾向が大きいか。元素記号で答えよ。
イオン化傾向は Zn>Cu の順になる ← **Zn**

(3) 空欄に元素記号や正・負を入れよ。なお，下図はボルタ電池の模式図である。

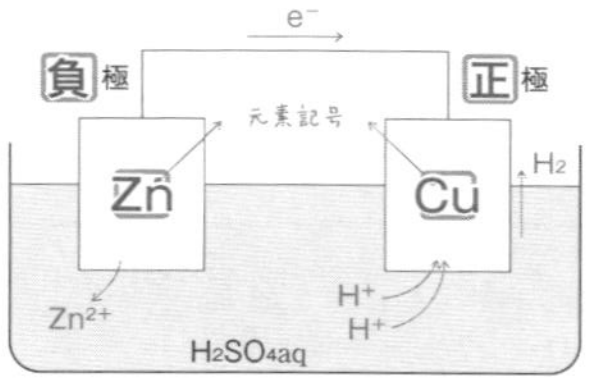

電子 e^- は **負** 極から **正** 極へ流れる。
[**負** 極]　$Zn \longrightarrow Zn^{2+} + 2e^-$
[**正** 極]　$2H^+ + 2e^- \longrightarrow H_2$

(4) ボルタ電池は，**亜鉛**板と**銅**板を**希硫酸**に浸してつくる。

(5) ボルタ電池の負極は**亜鉛**板，正極は**銅**板になる。

(6) ボルタ電池の放電時の負極と正極で起こる反応を e^- を含んだイオン反応式で書け。
[負極]　$Zn \longrightarrow Zn^{2+} + 2e^-$　　[正極]　$2H^+ + 2e^- \longrightarrow H_2$

(7) ボルタ電池は，電流を流すと起電力がすぐに**低下**する。これを電池の**分極**《ぶんきょく》という。

53 ダニエル電池

学習日　月　日

Zn板を浸した硫酸亜鉛**$ZnSO_4$**水溶液と**Cu**板を浸した硫酸銅(Ⅱ)**$CuSO_4$**水溶液を**多孔質の隔膜**で隔てた構造をもつ電池を**ダニエル**電池という。

例題 空欄に化学式・不等号・語句のいずれかを入れよ。なお，右の図はダニエル電池の模式図である。

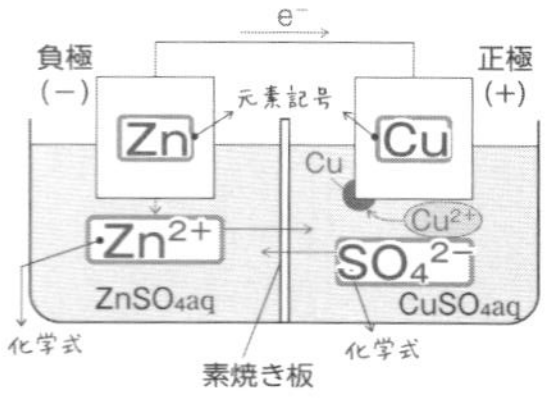

イオン化傾向は Zn **>** Cu なので，イオン化傾向の大きな**Zn**が**負**極になる。
[負極]　$Zn \longrightarrow$ **$Zn^{2+} + 2e^-$**（**酸化**反応）
還元剤は，相手の物質に**電子**を与え，自身は**酸化**される
[正極]　**$Cu^{2+} + 2e^-$** $\longrightarrow$ **Cu**（**還元**反応）
酸化剤は，相手の物質から**電子**をうばい，自身は**還元**される

上図で，左から右へ移動するイオンは**Zn^{2+}**，右から左へ移動するイオンは**SO_4^{2-}**になる。

1 ボルタ電池の構成は，次のように表される。このような式を**電池式**という。ダニエル電池を電池式で表せ。

〈ボルタ電池の電池式〉
$(-)Zn \mid H_2SO_4\,aq \mid Cu(+)$
左側に「負極」を示す　中央に「電解液」を示す　右側に「正極」を示す

〈ダニエル電池の電池式〉
$(-)Zn \mid ZnSO_4\,aq \mid CuSO_4\,aq \mid Cu(+)$

2 ダニエル電池について，次の(1)〜(5)に答えよ。

(1) 亜鉛板と銅板のうち，負極はどちらか答えよ。　**亜鉛**板

(2) 空欄に電流・電子のどちらかを入れよ。
亜鉛板から銅板に向かって流れるのが**電子**で，銅板から亜鉛板に向かって流れるのが**電流**になる。

(3) 放電時の負極と正極で起こる反応を e^- を含んだイオン反応式を書け。
[負極]　$Zn \longrightarrow Zn^{2+} + 2e^-$　　[正極]　$Cu^{2+} + 2e^- \longrightarrow Cu$

(4) 電子 1.0 mol が流れたときに，負極で溶け出す Zn と正極で析出する Cu はそれぞれ何 mol か。有効数字2桁で求めよ。
負極で溶け出す Zn は **0.50** mol，正極で析出する Cu は **0.50** mol　（5.0×10^{-1} も OK）

$(-)\ 1Zn \longrightarrow Zn^{2+} + 2e^-$ より，$1.0 \times \frac{1}{2}$ mol 溶け出す（$\times\frac{1}{2}$）
$(+)\ Cu^{2+} + 2e^- \longrightarrow 1Cu$ より，$1.0 \times \frac{1}{2}$ mol 析出する（$\times\frac{1}{2}$）

(5) 放電時に極板の質量が増加するのは**正**極で，減少するのは**負**極になる。

54 鉛蓄電池

学習日 月 日

(1) 鉛蓄電池は負極に Pb，正極に PbO_2，電解液に H_2SO_4 の水溶液を用いる。（化学式）

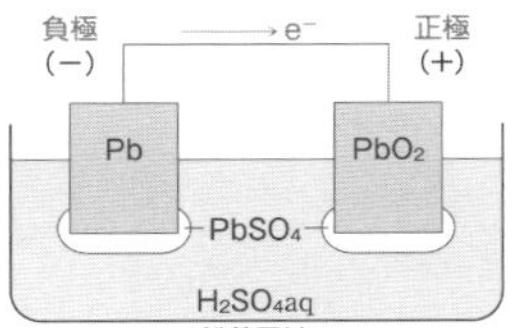

<鉛蓄電池>

(2) 下線を引いた原子の酸化数を求めよ。

Pb，PbO_2，Pb^{2+}，$PbSO_4$
0　　+4　　+2　　+2

Pb^{2+} と SO_4^{2-} に分けて考える

(3) Pb が Pb^{2+} に変化するときの e^- を含んだイオン反応式を書け。

$Pb \longrightarrow Pb^{2+} + 2e^-$

(4) PbO_2 が Pb^{2+} に変化するときの e^- を含んだイオン反応式を書け。

$PbO_2 + 4H^+ + 2e^- \longrightarrow Pb^{2+} + 2H_2O$

(5) (3)や(4)の e^- を含んだイオン反応式の両辺にそれぞれ SO_4^{2-} を加えると，鉛蓄電池の放電時の負極・正極の反応式になる。負極と正極の反応式を書け。

［負極］ $Pb + SO_4^{2-} \longrightarrow PbSO_4 + 2e^-$

［正極］ $PbO_2 + 4H^+ + SO_4^{2-} + 2e^- \longrightarrow PbSO_4 + 2H_2O$

（Pb^{2+} は SO_4^{2-} と結びついて $PbSO_4$ になる。）

☑ 1　鉛蓄電池の構成は次のように表される。このような式を 電池式 という。

(−)Pb | H_2SO_4 aq | PbO_2(+)

鉛蓄電池を放電させると，負極の Pb は Pb^{2+} に変化後，希硫酸の SO_4^{2-} と水に不溶な $PbSO_4$ を生じる。負極の e^- を含んだイオン反応式を書け。

［負極］ $Pb + SO_4^{2-} \longrightarrow PbSO_4 + 2e^-$ …①

正極の PbO_2 は放電により Pb^{2+} に変化後，希硫酸の SO_4^{2-} と水に不溶な $PbSO_4$ を生じる。正極の e^- を含んだイオン反応式を書け。

［正極］ $PbO_2 + 4H^+ + SO_4^{2-} + 2e^- \longrightarrow PbSO_4 + 2H_2O$ …②

☑ 2　1 の負極と正極の反応式を 1 つにまとめた化学反応式を書け。

［全体］ $Pb + PbO_2 + 2H_2SO_4 \longrightarrow 2PbSO_4 + 2H_2O$

負極と正極の電子 e^- の数が等しいので，①式と②式を加えるとよい。①+②より，
$Pb + PbO_2 + 4H^+ + 2SO_4^{2-} \longrightarrow 2PbSO_4 + 2H_2O$
（ここをまとめたものが答になる）

☑ 3　鉛蓄電池を放電し，電子 1.0 mol が流れた。O = 16，S = 32 とし，数値は整数値で答えよ。

1 の①式や②式を見ると，2 mol の電子が流れると，負極は Pb が $PbSO_4$ になるので SO_4 (= 96) g 増加し，正極は PbO_2 が $PbSO_4$ になるので SO_2 (= 64) g 増加することがわかる。よって，電子 1.0 mol では負極は 48 g 増加し，正極は 32 g 増加する。

負極 $\frac{96\,g}{2\,mol} \times 1.0\,mol$　　正極 $\frac{64\,g}{2\,mol} \times 1.0\,mol$

55 燃料電池，実用電池

学習日 月 日

燃料《ねんりょう》電池の負極では H_2 が H^+ と電子 e^- に分かれる。放出された電子 e^- は，導線を移動し正極に流れ込む。正極では O_2 が電子 e^- や H^+ と反応して H_2O が生成する。（化学式）（順不同）

［負極］ $H_2 \longrightarrow 2H^+ + 2e^-$

［正極］ $O_2 + 4H^+ + 4e^- \longrightarrow 2H_2O$

（いずれの□も整数）

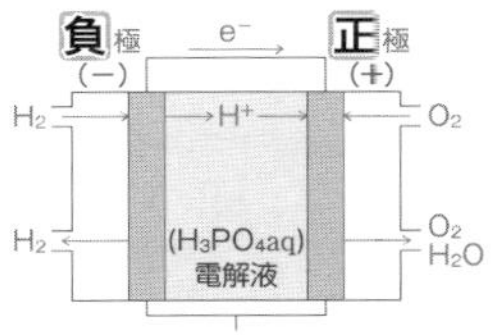

白金触媒をつけた多孔質の電極

☑ 1　燃料電池は H_2 と O_2 から H_2O を生成し，電気を外部に取り出す。電解液にリン酸 H_3PO_4 水溶液を使ったリン酸形燃料電池の電池式は (−)H_2 | H_3PO_4 aq | O_2(+) となり，負極と正極の e^- を含んだイオン反応式は次のようになる。（化学式）

［負極］ $H_2 \longrightarrow 2H^+ + 2e^-$ （ 酸化 反応） …①

［正極］ $O_2 + 4H^+ + 4e^- \longrightarrow 2H_2O$ （ 還元 反応） …②

（酸化 or 還元）

☑ 2　電解液に水酸化カリウム KOH 水溶液を使ったアルカリ形燃料電池の負極と正極の e^- を含んだイオン反応式は次のようになる。

(−)H_2 | KOH aq | O_2(+)

［負極］ $H_2 + 2OH^- \longrightarrow 2H_2O + 2e^-$

［正極］ $O_2 + 2H_2O + 4e^- \longrightarrow 4OH^-$

$H_2 \longrightarrow 2H^+ + 2e^-$
+) $2OH^- \quad 2OH^-$
$H_2 + 2OH^- \longrightarrow 2H_2O + 2e^-$

$O_2 + 4H^+ + 4e^- \longrightarrow 2H_2O$
+) $4OH^- \quad 4OH^-$
$O_2 + 4H_2O + 4e^- \longrightarrow 2H_2O + 4OH^-$（$4H_2O$ と $2H_2O$ を消して $2H_2O$）

☑ 3　実用電池

電池の名称	電池式・分類		起電力
マンガン 乾電池	(−)Zn | $ZnCl_2$ aq，NH_4Cl aq | MnO_2(+)	一 次電池	1.5 V
アルカリマンガン 乾電池	(−)Zn | KOH aq | MnO_2(+)	一 次電池	1.5 V
リチウム 電池	(−)Li | Li 塩 | MnO_2(+)	一 次電池	3.0 V
空気(亜鉛)電池	(−)Zn | KOH aq | O_2(+)	一次電池	1.3 V
鉛蓄電池	(−) Pb | H_2SO_4 aq | PbO_2(+)	二 次電池	2.0 V
ニッケル・カドミウム電池	(−) Cd | KOH aq | NiO(OH)(+)	二 次電池	1.3 V
ニッケル・水素 電池	(−)水素吸蔵合金 MH | KOH aq | NiO(OH)(+)	二 次電池	1.35 V
リチウムイオン 電池	(−)Li_xC_6 | Li 塩，有機溶媒 | $Li_{(1-x)}CoO_2$(+)	二 次電池	4.0 V

56 水溶液の電気分解

学習日　月／日

【1】電池(電源)の記号は ─┤├─ であり，長い方は 正 極，短い方は 負 極になる。

【2】電解質の水溶液に電極を浸し，外部の電池(電源)に接続すると，各電極で酸化還元反応を起こすことができる。これを 電気分解 という。

【3】電気分解では，（電解でも OK）電池(電源)の正極につないだ電極を 陽 極，電池(電源)の負極につないだ電極を 陰 極という。

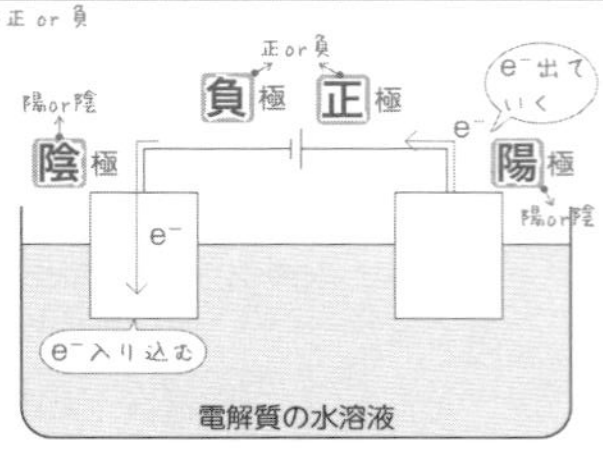

☑ 1　次の 例 のように，空欄の中に「陽や陰」，電解質の電離により生じる「陽イオンや陰イオンの化学式」，水の電離により生じる「H^+ や OH^-」を入れよ。また，「電子 e^- の流れ」も矢印とともに書き入れること。

例　$CuCl_2$ 水溶液の電気分解

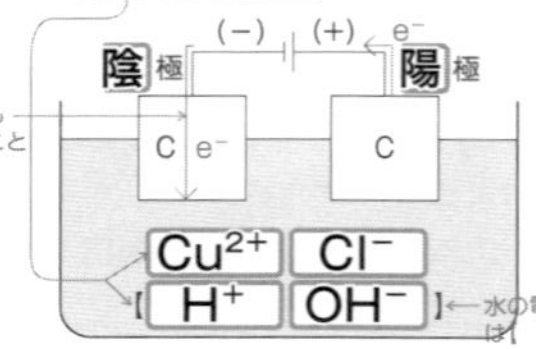

NaCl 水溶液の電気分解

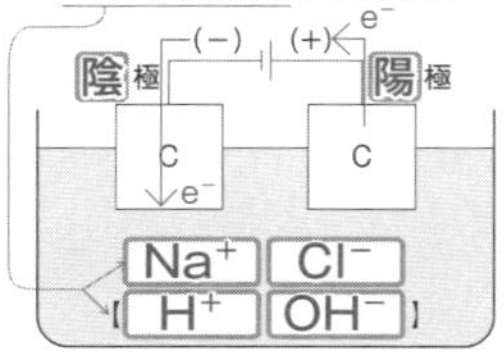

☑ 2　1 と同じように図を完成させ，陰極の e^- を含んだイオン反応式を書け。

$CuSO_4$ 水溶液の電気分解

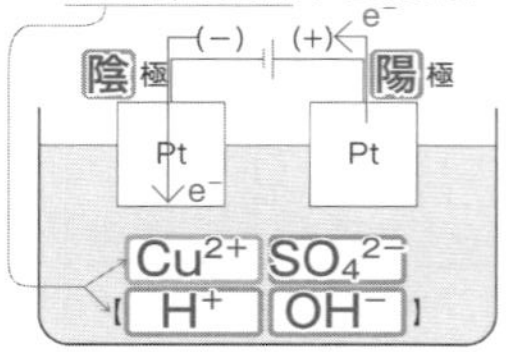

陰極の反応式を書くときは，水溶液中の陽イオン(左の図では，Cu^{2+}，H^+ になる)を探し，イオン化傾向の小さい方の陽イオンを反応させる。（< or >）

イオン化傾向は H_2 > Cu なので，Cu^{2+} が反応する。

［陰極］　$Cu^{2+} + 2e^- \longrightarrow Cu$

☑ 3　1 と同じように図を完成させ，陰極の e^- を含んだイオン反応式を書け。

NaCl 水溶液の電気分解

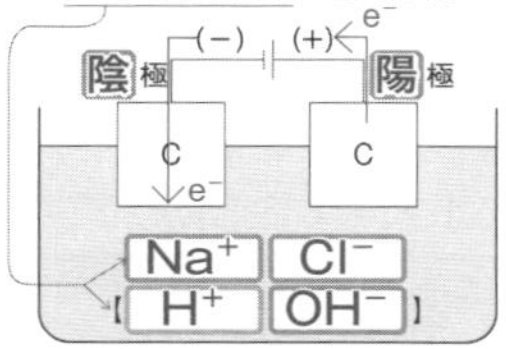

イオン化傾向は Na > H_2 なので，H^+ が反応する。（< or >）

$2H^+ + 2e^- \longrightarrow H_2$

両辺に $2OH^-$ をそれぞれ加える

$$2H^+ + 2e^- \longrightarrow H_2$$
$$+)\quad 2OH^- \qquad\quad 2OH^-$$
$$2H_2O + 2e^- \longrightarrow H_2 + 2OH^-$$

［陰極］　$2H_2O + 2e^- \longrightarrow H_2 + 2OH^-$

☑ 4　1 と同じように図を完成させ，陽極の e^- を含んだイオン反応式を書け。

$CuSO_4$ 水溶液の電気分解

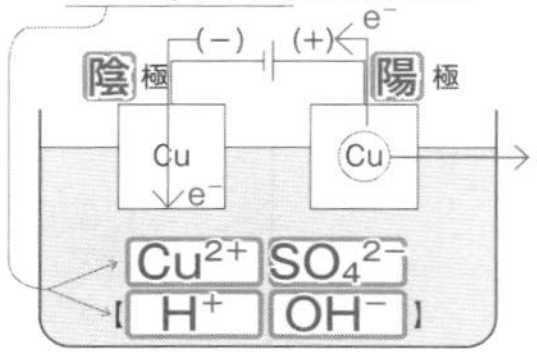

陽極板の種類をチェックする。陽極板は C，Pt，Au 以外のときは極板自身が酸化されて溶ける。

→極板は，C，Pt，Au 以外とわかる。

［陽極］　$Cu \longrightarrow Cu^{2+} + 2e^-$

☑ 5　1 と同じように図を完成させ，陽極の e^- を含んだイオン反応式を書け。

$CuCl_2$ 水溶液の電気分解

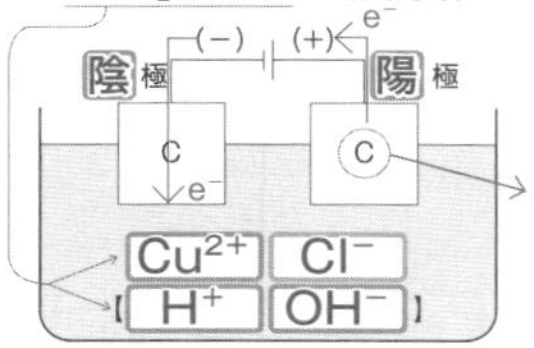

陽極板の種類をチェックする。陽極板が C，Pt，Au のいずれかのときは，水溶液中の陰イオンを探す。Cl^- があれば Cl^- が反応し，Cl^- がなければ OH^- が反応する。

→極板は，C なので溶けない。Cl^- があるので，Cl^- が反応する。

［陽極］　$2Cl^- \longrightarrow Cl_2 + 2e^-$

☑ 6　1 と同じように図を完成させ，陽極の e^- を含んだイオン反応式を書け。

$CuSO_4$ 水溶液の電気分解

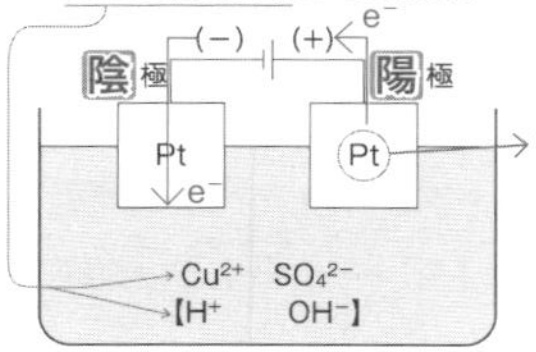

陽極板が C，Pt，Au のいずれかのときは，水溶液中の陰イオンを探す。Cl^- があれば Cl^- が反応し，Cl^- がなければ OH^- が反応する。

→極板は，Pt なので溶けない。Cl^- はないので，OH^- が反応する。

［陽極］　$4OH^- \longrightarrow O_2 + 2H_2O + 4e^-$

【　】の中の H^+ や OH^- が反応しているときは H_2O に直すこと

両辺に $4H^+$ をそれぞれ加える

［陽極］　$2H_2O \longrightarrow O_2 + 4H^+ + 4e^-$

$$4OH^- \longrightarrow O_2 + 2H_2O + 4e^-$$
$$+)\quad 4H^+ \qquad\qquad 4H^+$$
$$4H_2O \longrightarrow O_2 + 2H_2O + 4H^+ + 4e^-$$
$$2H_2O$$

☑ 7　次の 例 にならって，水溶液中のイオンと陰極・陽

電解液	水溶液中のイオン	
例 $CuCl_2$ 水溶液	Cu^{2+} Cl^- 【H^+ OH^-】	陰極 (C) $Cu^{2+} + 2e^- \longrightarrow Cu$ ← イオン化傾向の小さな陽イオンが反応する 陽極 (C) $2Cl^- \longrightarrow Cl_2 + 2e^-$ ← 極板が C で，Cl^- がある
NaCl 水溶液	Na^+ Cl^- 【H^+ OH^-】	陰極 (C) $2H_2O + 2e^- \longrightarrow H_2 + 2OH^-$ → 【　】の H^+ が反応。H_2O に直す 陽極 (C) $2Cl^- \longrightarrow Cl_2 + 2e^-$ → 極板が C で，Cl^- がある
$CuSO_4$ 水溶液	Cu^{2+} SO_4^{2-} 【H^+ OH^-】	陰極 (Cu) $Cu^{2+} + 2e^- \longrightarrow Cu$ → イオン化傾向の小さな陽イオンが反応 陽極 (Cu) $Cu \longrightarrow Cu^{2+} + 2e^-$ → 極板が C, Pt, Au 以外なので溶ける
$CuSO_4$ 水溶液	Cu^{2+} SO_4^{2-} 【H^+ OH^-】	陰極 (Pt) $Cu^{2+} + 2e^- \longrightarrow Cu$ → イオン化傾向の小さな陽イオンが反応 陽極 (Pt) $2H_2O \longrightarrow O_2 + 4H^+ + 4e^-$ → 【　】の OH^- が反応。H_2O に直す

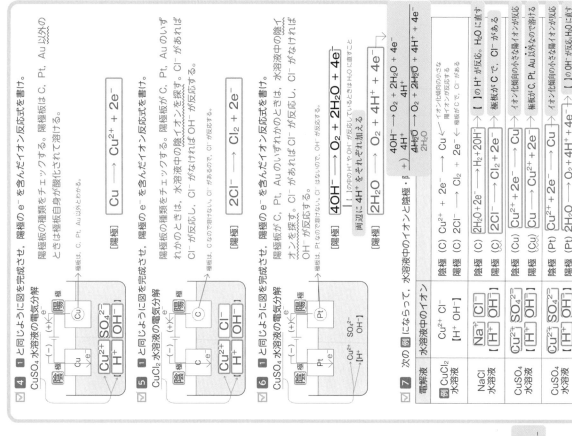

57 ファラデー定数，電気分解の法則

学習日　月／日

ファラデー定数

電子 1 mol あたりの電気量の大きさは **9.65 × 10⁴** C/mol であり，これを **ファラデー** 定数(記号 **F**)という。

電気量の単位は **クーロン**(記号 **C**)で，1 **C** は，1 A の電流が 1 秒(記号 **s**)間に運ぶ電気量である。

i[A]の電流が t[s]流れたときの電気量 Q[C]は，

$$Q\text{[C]} = \frac{i\text{[C]}}{1\text{[s]}} \times t\text{[s]}$$　(A = C/s となる)

となる。

☑ **1**　1 時間 4 分 20 秒は何 s か，整数値で答えよ。

1 時間 4 分 20 秒 = 64 分 20 秒　　$64\text{ 分} \times \frac{60\text{ 秒}}{1\text{ 分}} + 20\text{ 秒} = 3860\text{ 秒}$

3860 s

☑ **2**　4.0 A の電流で 3860 秒間電気分解した。

(1) 流れた電気量は何 C か。整数値で答えよ。

$$\frac{4.0\,\text{C}}{1\,\text{s}} \times 3860\,\text{s} = 15440\,\text{C}$$

15440 C

(2) 流れた電子 e^- は何 mol か。有効数字 2 桁で答えよ。ただし，ファラデー定数を 9.65×10^4 C/mol とする。

(1)より，$15440\,\text{C} \times \frac{1\,\text{mol}}{9.65 \times 10^4\,\text{C}} = 0.16\,\text{mol}$

0.16 mol

↑ 1.6×10^{-1} mol でも OK

☑ **3**　Cu^{2+} + $2e^-$ ⟶ Cu　の反応式より，電子 **2** mol が流れると，Cu(原子量 64)が **1** mol 析出することがわかる。電子 0.050 mol が流れたときに析出する Cu は何 g か。有効数字 2 桁で答えよ。

$$0.050\,\text{mol} \times \frac{1\,\text{mol}}{2\,\text{mol}} \times \frac{64\,\text{g}}{1\,\text{mol}} = 1.6\,\text{g}$$

e^-[mol]　Cu[mol]　Cu[g]

1.6 g

☑ **4**　$2H_2O$ + $2e^-$ ⟶ H_2 + $2OH^-$　の反応式より，電子 **2** mol が流れると H_2 **1** mol が発生することがわかる。5.0 A の電流を 16 分 5 秒間流したとき発生する H_2 の体積は 0℃，1.013×10^5 Pa で何 L か。有効数字 2 桁で求めよ。ただし，ファラデー定数を 9.65×10^4 C/mol とする。

16 分 5 秒 = 965 秒　なので，流れた電子の物質量[mol]は，

$$\frac{5.0\,\text{C}}{1\,\text{s}} \times 965\,\text{s} \times \frac{1\,\text{mol}}{9.65 \times 10^4\,\text{C}} = 0.050\,\text{mol}$$

したがって，発生する H_2 の体積は，0℃，1.013×10^5 Pa で

$$0.050\,\text{mol} \times \frac{1\,\text{mol}}{2\,\text{mol}} \times \frac{22.4\,\text{L}}{1\,\text{mol}} = 5.6 \times 10^{-1}\,\text{L}$$

e^-[mol]　H_2[mol]　H_2[L]

0.56 L でも OK

5.6×10^{-1} L

電気分解の法則

白金電極を用いて，硝酸銀水溶液を 2.00 A の電流で 64 分 20 秒間電気分解した。O = 16.0，Ag = 108

(1) この電気分解で流れた電子は何 mol か。有効数字 3 桁で求めよ。ただし，ファラデー定数は 9.65×10^4 C/mol とする。

64 分 20 秒 = 3860 秒　　$\frac{2.00\,\text{C}}{1\,\text{s}} \times 3860\,\text{s} \times \frac{1\,\text{mol}}{9.65 \times 10^4\,\text{C}} = 0.0800$ mol

0.0800 mol

↑ 8.00×10^{-2} mol でも OK

(2) 陰極で起こる反応式と陽極で起こる反応式をそれぞれ答えよ。

Ag^+ NO_3^-
[H^+ OH^-]

[陰極]　**$Ag^+ + e^- \longrightarrow Ag$**

[陽極]　**$2H_2O \longrightarrow O_2 + 4H^+ + 4e^-$**

イオン化傾向は $H_2 > Ag$ なので，イオン化傾向の小さな Ag^+ が反応する。

陽極板が Pt なので溶けない。Cl^- がないので OH^- が反応する。[　]の中の OH^- が反応しているので H_2O に直す。

(3) 陰極で析出した銀は何 g か。有効数字 3 桁で求めよ。

$Ag^+ + e^- \longrightarrow Ag$　より，電子 1 mol が流れると Ag 1 mol が析出することがわかる。

$$0.0800\,\text{mol} \times \frac{1\,\text{mol}}{1\,\text{mol}} \times \frac{108\,\text{g}}{1\,\text{mol}} = 8.64\,\text{g}$$

e^-[mol]　Ag[mol]　Ag[g]

8.64 g

(4) 陽極で発生した酸素の体積は 0℃，1.013×10^5 Pa で何 L か。有効数字 3 桁で求めよ。

$2H_2O \longrightarrow O_2 + 4H^+ + 4e^-$　より，電子 4 mol が流れると O_2 1 mol が発生することがわかる。

$$0.0800\,\text{mol} \times \frac{1\,\text{mol}}{4\,\text{mol}} \times \frac{22.4\,\text{L}}{1\,\text{mol}} = 4.48 \times 10^{-1}\,\text{L}$$

e^-[mol]　O_2[mol]　O_2[L]

4.48×10^{-1} L

↓ 0.448 L でも OK

☑ **5**　白金電極を用いて，希硫酸を電気分解すると，陰極で H_2 が 0℃，1.013×10^5 Pa で 4.48 L 発生した。流れた電子は何 mol か。有効数字 2 桁で答えよ。

H^+ SO_4^{2-}
[H^+ OH^-]

[陰極]　$2H^+ + 2e^- \longrightarrow H_2$

[陽極]　$2H_2O \longrightarrow O_2 + 4H^+ + 4e^-$

[　]の外や中に H^+ があるが，[　]の中の H^+ はわずかしかないので，水溶液中に多く存在する H_2SO_4 の H^+ が反応している。そのため，H_2O に直さない。

[　]の OH^- が反応。H_2O に直す。

$2H^+ + 2e^- \longrightarrow H_2$　より，H_2 1 mol が発生すると e^- 2 mol が流れることがわかる。

$$4.48\,\text{L} \times \frac{1\,\text{mol}}{22.4\,\text{L}} \times \frac{2\,\text{mol}}{1\,\text{mol}} = 0.40\,\text{mol}$$

H_2[L]　H_2[mol]　e^-[mol]

0.40 mol

☑ **6**　白金電極を用いて，水酸化ナトリウム水溶液を 0.10 A の電流で 2 時間 40 分 50 秒間電気分解した。陽極で発生する気体は何 mol か。有効数字 2 桁で求めよ。ただし，ファラデー定数は 9.65×10^4 C/mol とする。

Na^+ OH^-
[H^+ OH^-]

[陰極]　$2H_2O + 2e^- \longrightarrow H_2 + 2OH^-$

[陽極]　$4OH^- \longrightarrow O_2 + 2H_2O + 4e^-$

[　]の H^+ が反応。H_2O に直す。

[　]の外や中に OH^- があるが，[　]の中の OH^- はわずかしかないので，H_2O に直さない。

$$\frac{0.10\,\text{C}}{1\,\text{s}} \times (2 \times 60 \times 60 + 40 \times 60 + 50)\,\text{s} \times \frac{1\,\text{mol}}{9.65 \times 10^4\,\text{C}} \times \frac{1\,\text{mol}}{4\,\text{mol}}$$

$= 2.5 \times 10^{-3}$ mol

e^-[mol]　O_2[mol]

2.5×10^{-3} mol

58 化学反応の速さ

学習日 月 / 日

【1】化学反応が起こるためには，反応する粒子が **衝突** (衝突 or 分離) する必要がある。反応物の **濃度** が大きいと，単位時間あたりの反応する粒子どうしの **衝突回数** (衝突回数 or 分離回数) が増加するので，反応速度は **大きく** (大きく or 小さく) なる。

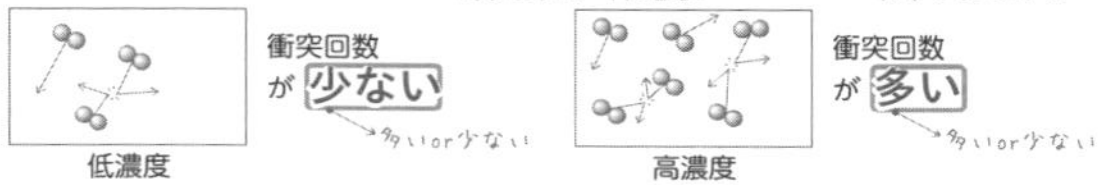

【2】反応速度は，**温度** (温度 or 体積) が高くなるほど大きくなる。

【3】化学反応は，エネルギーの高い状態を経由して進む。このエネルギーの高い状態を **遷移《せんい》状態** (活性化状態でも OK) という。**遷移状態** になるときに必要な最小のエネルギーを **活性化エネルギー** という。

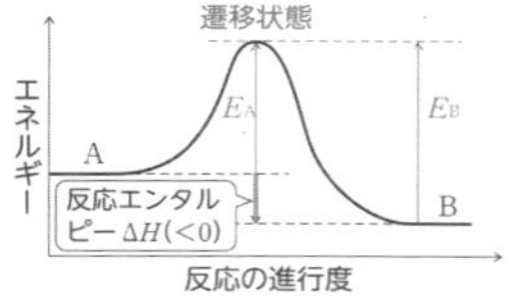

触媒《しょくばい》 を用いると，活性化エネルギーが小さくなる

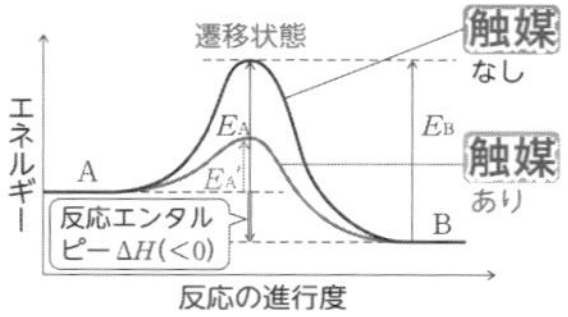

E_A は A → B の **活性化エネルギー**
E_B は B → A の **活性化エネルギー**

反応エンタルピー の大きさは触媒のあり・なしには関係しない。

☑ 1 (1) 化学反応が起こるためには，反応する粒子の何が必要になるか。

衝突

(2) 単位時間あたりの粒子の衝突回数が多くなると，反応速度はどうなるか。

大きくなる

(3) 衝突した反応物の粒子のすべてが反応するわけではない。反応が起こるためには，それぞれの反応に応じた一定以上のエネルギーを必要とする。このエネルギーを何というか。

活性化エネルギー

(4) 反応速度を大きくするためには，反応物の濃度や温度はどうすればよいか答えよ。

反応物の濃度：**大きくすればよい**　温度：**高くすればよい**

(5) 触媒を加えると活性化エネルギーや反応エンタルピーの値はどうなるか答えよ。

活性化エネルギー：**小さくなる**　反応エンタルピー：**変化しない**

(6) 活性化エネルギーの大きい反応は，速い反応・遅い反応のどちらか。

遅い反応

59 反応速度の表し方

学習日 月 / 日

【1】反応の速さは，単位時間あたりの **反応物** のモル濃度の減少量や **生成物** のモル濃度の増加量で表される。これを **反応速度** という。

【2】うすい過酸化水素 H_2O_2 水に少量の酸化マンガン(Ⅳ) MnO_2(触媒)を加えると，H_2O_2 が分解し O_2 が発生する。このときの化学反応式を書け。

$$2H_2O_2 \longrightarrow 2H_2O + O_2$$

【3】1.00 mol/L の過酸化水素 H_2O_2 水 10 mL に少量の MnO_2 を加えた。このとき，反応開始から 120 秒後に H_2O_2 水の濃度が 0.64 mol/L に減少した。この間の H_2O_2 の平均の分解速度 $\bar{v}$[mol/(L·s)] を有効数字 2 桁で求めよ。

考え方 反応物である H_2O_2 は 120 秒間に，1.00 − 0.64 = 0.36 mol/L　減少したことがわかる。
また，120 秒は 120 s と表すことができる。よって，H_2O_2 の平均の分解速度 $\bar{v}$ は，

$$\bar{v} = \frac{\text{反応物のモル濃度の減少量〔mol/L〕}}{\text{反応時間〔s〕}} = \frac{0.36\ \text{mol/L}}{120\ \text{s}} = 3.0 \times 10^{-3}\ \text{mol/(L·s)}$$

☑ 1 例題 時刻 t_1 と t_2 における A のモル濃度をそれぞれ $[A]_1$ と $[A]_2$ とし，反応物 A が生成物 B となる反応 A ⟶ B について考える。
時刻 t_1 から t_2 の間に，反応物 A のモル濃度が $[A]_1$ から $[A]_2$ に減少したときの，反応物のモル濃度の変化を表すグラフは次のようになった。

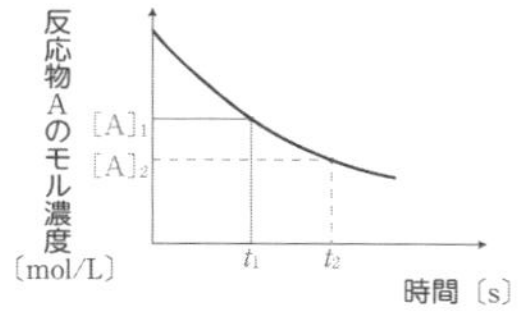

A の平均の反応速度(減少速度) $\bar{v}_A$ は，次のように表される。

$$\bar{v}_A = -\frac{[A]_2 - [A]_1}{t_2 - t_1} = -\frac{\Delta[A]}{\Delta t}$$

Δ[A] は負の値になるので，$\bar{v}_A$ を正の値にするために「マイナス」をつける

$\bar{v}_A$ の値を正の値にするために，「マイナス」をつける
($[A]_2 - [A]_1$ が負の値になる)

(1) 過酸化水素の分解反応のモル濃度の変化(25℃，触媒 MnO_2)のグラフは次のようになった。反応開始後 2 分から 4 分の間の H_2O_2 の平均の分解速度は何 mol/(L·min) か。有効数字 2 桁で求めよ。

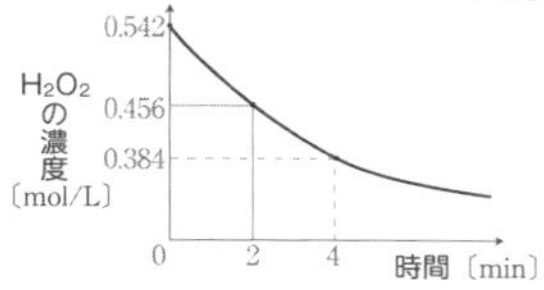

2 分は 2 min，4 分は 4 min と表すことができる。

$$\bar{v} = -\frac{\Delta[H_2O_2]}{\Delta t} = -\frac{0.384 - 0.456\ \text{〔mol/L〕}}{4 - 2\ \text{〔min〕}}$$

$$= 3.6 \times 10^{-2}\ \text{mol/(L·min)}$$

0.036 mol/(L·min) でも OK

☑ **2**　25℃で過酸化水素水に触媒として MnO_2 を加え，H_2O_2 の分解反応を H_2O_2 の減少で観察した。次の表は，各反応時間における H_2O_2 のモル濃度の値である。

時間 t〔min〕	0	1	2	3	…
濃度 $[H_2O_2]$〔mol/L〕	0.95	0.75	0.59	0.47	…

(1) 表の結果を使い，次のグラフを完成させ，このとき起こる反応を化学反応式で示せ。

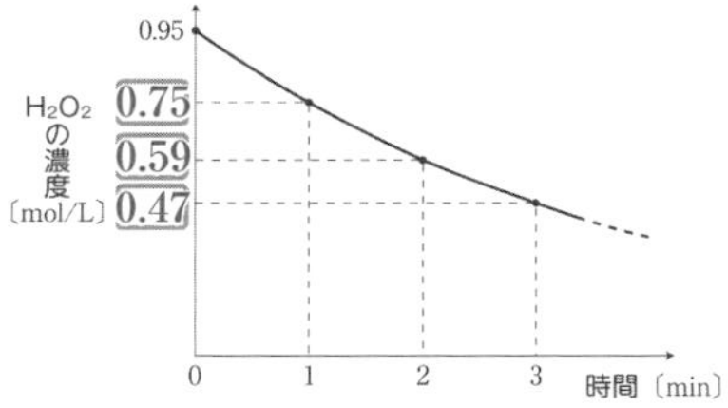

反応式

$$2H_2O_2 \longrightarrow 2H_2O + O_2$$

(2) ①〜③の H_2O_2 の平均の分解速度 $\bar{v}$〔mol/(L・min)〕を有効数字 2 桁で求めよ。

① 反応開始後 0〜1 分の間の平均の分解速度〔mol/(L・min)〕

$$\bar{v} = -\frac{\Delta[H_2O_2]}{\Delta t} = -\frac{0.75 - 0.95〔mol/L〕}{1 - 0〔min〕} = \boxed{0.20}\ mol/(L\cdot min)$$

② 反応開始後 1〜2 分の間の平均の分解速度〔mol/(L・min)〕

$$\bar{v} = -\frac{\Delta[H_2O_2]}{\Delta t} = -\frac{0.59 - 0.75〔mol/L〕}{2 - 1〔min〕} = \boxed{0.16}\ mol/(L\cdot min)$$

③ 反応開始後 2〜3 分の間の平均の分解速度〔mol/(L・min)〕

$$\bar{v} = -\frac{\Delta[H_2O_2]}{\Delta t} = -\frac{0.47 - 0.59〔mol/L〕}{3 - 2〔min〕} = \boxed{0.12}\ mol/(L\cdot min)$$

(3) ①，②の H_2O_2 の平均の濃度 $\overline{[H_2O_2]}$〔mol/L〕を有効数字 2 桁で求めよ。

例題 反応開始後 0〜1 分の間の平均の濃度 $\overline{[H_2O_2]}$

0 分のモル濃度〔mol/L〕　1 分のモル濃度〔mol/L〕

$$\overline{[H_2O_2]} = \frac{0.95 + 0.75〔mol/L〕}{2} = \boxed{0.85}\ mol/L$$

平均点を求めるのと考え方は同じ。50 点の人と 60 点の人がいたら平均点は，$\frac{50+60\text{点}}{2\text{人}}$ で求める。

① 反応開始後 1〜2 分の間の平均の濃度 $\overline{[H_2O_2]}$

$$\overline{[H_2O_2]} = \frac{0.75 + 0.59〔mol/L〕}{2} = \boxed{0.67}\ mol/L$$

② 反応開始後 2〜3 分の間の平均の濃度 $\overline{[H_2O_2]}$

$$\overline{[H_2O_2]} = \frac{0.59 + 0.47〔mol/L〕}{2} = \boxed{0.53}\ mol/L$$

☑ **3**　**2** の(2)，(3)の結果を以下の表にまとめよ。

時間 t〔min〕	0	1	2	3	…
濃度 $[H_2O_2]$〔mol/L〕	0.95	0.75	0.59	0.47	…
(2) の結果を記入せよ 平均の分解速度 $\bar{v}$〔mol/(L・min)〕		(2)①より (ア) 0.20	(2)②より (イ) 0.16	(2)③より (ウ) 0.12	
(3) の結果を記入せよ 平均の濃度 $\overline{[H_2O_2]}$〔mol/L〕		(3) 例題 より (エ) 0.85	(3)①より (オ) 0.67	(3)②より (カ) 0.53	

(1) つくった表のデータを読みとり，平均の濃度 $\overline{[H_2O_2]}$ を横軸，平均の分解速度 $\bar{v}$ をたて軸としたグラフを完成させよ。

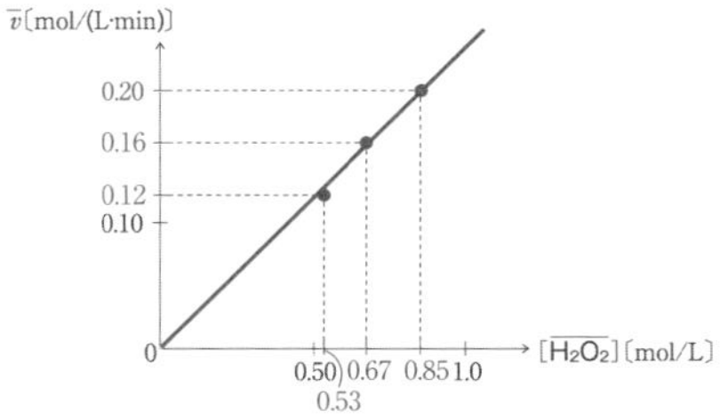

グラフを見ると，$\bar{v}$ は $\overline{[H_2O_2]}$ に **比例** することがわかる。
比例定数を k とおき，$\bar{v}$ を k と $\overline{[H_2O_2]}$ を用いて表すと，

$\boxed{\bar{v} = k\overline{[H_2O_2]}}$ となる。

これを反応速度式または速度式という。また，k を反応速度定数または速度定数という。

(2) 上の表のデータから，$\bar{v} \div \overline{[H_2O_2]}$ の値（k_1，k_2，k_3，$\bar{k}$）を有効数字 2 桁で求めよ。

① (ア)÷(エ)

$$k_1 = \bar{v} \div \overline{[H_2O_2]} = \frac{\bar{v}}{\overline{[H_2O_2]}} = \frac{(ア)}{(エ)} = \frac{\boxed{0.20}}{\boxed{0.85}} \fallingdotseq \boxed{0.24}$$

② (イ)÷(オ)

$$k_2 = \bar{v} \div \overline{[H_2O_2]} = \frac{\bar{v}}{\overline{[H_2O_2]}} = \frac{(イ)}{(オ)} = \frac{\boxed{0.16}}{\boxed{0.67}} \fallingdotseq \boxed{0.24}$$

③ (ウ)÷(カ)

$$k_3 = \bar{v} \div \overline{[H_2O_2]} = \frac{\bar{v}}{\overline{[H_2O_2]}} = \frac{(ウ)}{(カ)} = \frac{\boxed{0.12}}{\boxed{0.53}} \fallingdotseq \boxed{0.23}$$

④ k_1，k_2，k_3 の平均を $\bar{k}$ として，$\bar{k}$ の値を有効数字 2 桁で求めよ。

（反応）速度定数

①より　②より　③より

$$\bar{k} = \frac{k_1 + k_2 + k_3}{3} = \frac{\boxed{0.24} + \boxed{0.24} + \boxed{0.23}}{3} \fallingdotseq \boxed{0.24}$$

3 の(1)，(2)の結果から，この反応の反応速度式は，$v = k[H_2O_2]$ となり，k の値は 0.24 とわかる。

60 反応速度式

学習日　月　日

【1】過酸化水素水に少量の酸化マンガン(Ⅳ)MnO_2 や塩化鉄(Ⅲ)$FeCl_3$ を加え，25℃に保つと酸素が発生した。この反応は，次の化学反応式で表される。

$$2H_2O_2 \longrightarrow 2H_2O + O_2$$

【2】加えた MnO_2 や $FeCl_3(Fe^{3+})$ は，反応の前後で変化せず，反応速度を **大きく** （→大きく or 小さく）する物質で **触媒** という。
MnO_2 のように過酸化水素水(反応物)と均一に混じり合わずにはたらく触媒を **不均一触媒** （→不均一系触媒でも OK）といい，$FeCl_3$ のように反応物と均一に混じり合ってはたらく触媒を **均一触媒** （→均一系触媒でも OK）という。

【3】H_2O_2 の分解速度を v とおくと，v は実験結果から次式で表すことができる。

$$v = k[H_2O_2]$$

反応速度を反応物の濃度を用いて表した式を **反応速度式** （→速度式でも OK），比例定数 k を **反応速度定数** （→速度定数でも OK）という。

☑ **1** さまざまな反応について，実験の結果から反応速度式を求めると，次のような結果になった。

① 五酸化二窒素の分解反応

$$2N_2O_5 \longrightarrow 4NO_2 + O_2$$

において，N_2O_5 の分解速度 v は $v = k[N_2O_5]$ となった。

② ヨウ化水素の分解反応

$$2HI \longrightarrow H_2 + I_2$$

において，HI の分解速度 v は $v = k[HI]^2$ となった。

このように，反応速度式は化学反応式の係数からは単純に決めることができず，**実験** によって決める。k は **反応速度定数** （速度定数でも OK）とよばれ，反応の種類が同じで温度が一定ならば **一定** （→一定 or 可変）の値となる。k の値は，**温度** （→体積 or 温度）を変えたり，**触媒** （→圧力 or 触媒）を加えたりすると変化する。

☑ **2** 触媒が作用することで反応速度は **大きく** （大きく or 小さく）なる。これは，触媒によって **活性化エネルギー** のより小さい経路で反応が進むためである。ただし，触媒を用いても反応エンタルピーは **変化** （→一定 or 変化）しない。
また，反応物と均一に混じり合ってはたらく触媒を **均一触媒** （→均一系触媒でも OK），反応物とは均一に混じり合わずにはたらく触媒を **不均一触媒** （→不均一系触媒でも OK）という。

61 反応速度と温度

学習日　月　日

反応速度は，温度が高くなると急激に **大きく** （→大きく or 小さく）なる。一般に，温度が 10 K 上がるごとに反応速度はおおよそ **2〜4** 倍になることが多い。

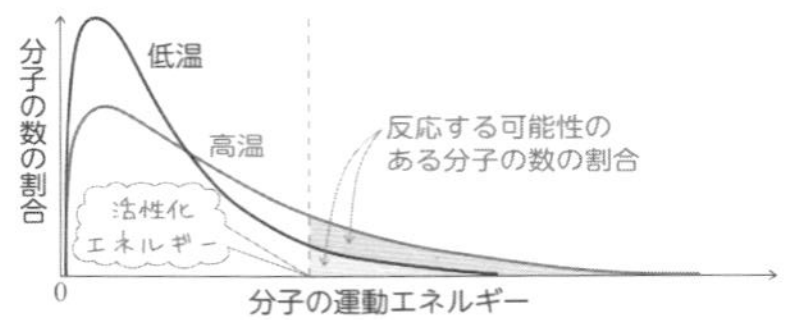

温度が高くなると反応速度が急激に **大きく** （→大きく or 小さく）なるが，これは分子の衝突回数が **増加** することだけでは説明できないほどである。これは，温度が高くなると，**活性化** エネルギー以上の大きな運動エネルギーをもった分子の数の割合が急激に増えるためである。

☑ **1** 次の表を完成させよ。

条件と反応速度のようす	理由
反応物の濃度が **大きい** （→大きい or 小さい）ほど，反応速度は大きくなる。 気体どうしの反応では，分圧と濃度が **比例** （→比例 or 反比例）するので，分圧が **大きい** （→大きい or 小さい）ほど反応速度は大きくなる。	反応する分子どうしの **衝突回数** が増加するため。
反応温度が **高** いほど，反応速度は大きくなる。	**活性化** エネルギー以上の大きな運動エネルギーをもつ分子の数の割合が **増加** するため。
触媒 を用いると反応速度は大きくなる。	触媒によって **活性化** エネルギーのより小さい反応経路で反応が進むため。

☑ **2** 次の図を完成させよ。

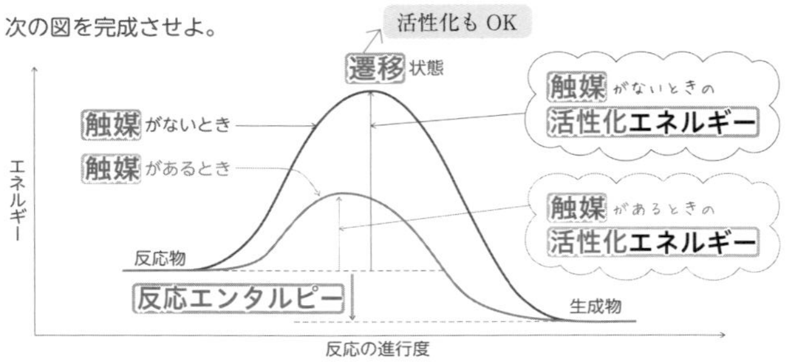

62 可逆反応，化学平衡，平衡定数と化学平衡の法則

学習日　月／日

可逆反応

過酸化水素水に酸化マンガン(Ⅳ)MnO_2 や塩化鉄(Ⅲ)$FeCl_3$ を加えると酸素が発生する。このときの化学反応式を書くと次のようになる。

$$2H_2O_2 \longrightarrow 2H_2O + O_2$$ （MnO_2 や $FeCl_3$ は **触媒**）

この反応のように一方向だけにしか進まない反応を **不可逆《ふかぎゃく》** 反応という。

これに対し，密閉容器に水素 H_2 とヨウ素 I_2 を入れて加熱し，高温に保つとヨウ化水素 HI が生成する。この反応は，逆向きにも起こる。このように，どちらの方向にも進む反応を **可逆** 反応という。このときの反応を $\rightleftarrows$ を用いて表すと次のようになる。

$$H_2 + I_2 \rightleftarrows 2HI$$

可逆 反応において，左辺から右辺への反応(⟶)を **正《せい》反応**，右辺から左辺への反応(⟵)を **逆《ぎゃく》反応** という。

☑ **1**　1 L の密閉容器の中に H_2 0.50 mol と I_2 0.50 mol を入れて 700 K に保った。そのときの反応時間と H_2，I_2，HI のモル濃度〔mol/L〕は次のようになった。→ 反応時間 60 分以降は H_2, I_2, HI のモル濃度〔mol/L〕が見かけ上変化しなくなっている

反応時間〔分〕	0	3	7	15	20	30	40	60	80	100
H_2〔mol/L〕	0.50	0.40	0.30	0.20	0.18	0.17	0.16	0.14	0.14	0.14
I_2〔mol/L〕	0.50	0.40	0.30	0.20	0.18	0.17	0.16	0.14	0.14	0.14
HI〔mol/L〕	0	0.20	0.40	0.60	0.64	0.66	0.68	0.72	0.72	0.72

反応時間〔分〕を横軸，モル濃度〔mol/L〕をたて軸としたグラフを完成させよ。

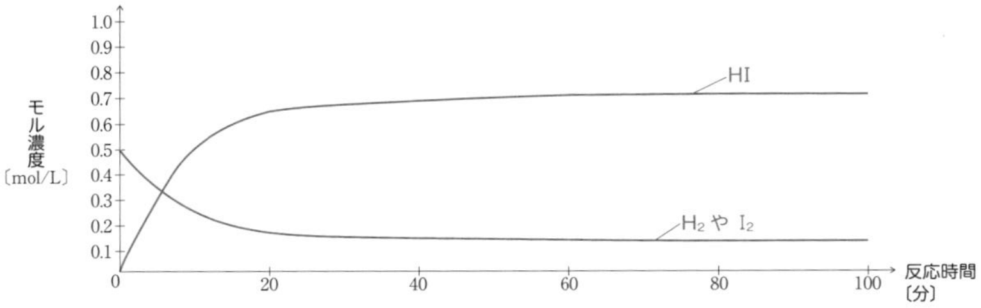

化学平衡

1 で完成させたグラフを見ると，60 分以降では H_2，I_2，HI の濃度が変化せず，反応が止まったように見える状態になる。このような状態を **化学平衡** の状態，または単に **平衡状態** という。

☑ **2**　$H_2 + I_2 \rightleftarrows 2HI$

上の可逆反応で，正反応の反応速度を v_1，逆反応の反応速度を v_2 とする。ある時間が経過すると，**$v_1 = v_2$** となり，反応が **止まった** ように見える状態になる。このような状態を **化学平衡** の状態という。

平衡定数と化学平衡の法則

H_2 と I_2 を密閉容器に入れて加熱し，高温に保つと，H_2 と I_2 の濃度は減少し，代わりに HI の濃度が増加する。この可逆反応を $\rightleftarrows$ を用いて書け。

$$H_2 + I_2 \rightleftarrows 2HI \quad \cdots①$$

各成分のモル濃度を $[H_2]$，$[I_2]$，$[HI]$ とすると，①式の正反応の反応速度 v_1，および逆反応の反応速度 v_2 は次のように表せる。

$v_1 = k_1[H_2][I_2]$　…②
$v_2 = k_2[HI]^2$　…③　（反応速度式）

（k_1 と k_2 はそれぞれの反応の **反応速度定数**）（速度定数でも OK）

反応のはじめは $[H_2]$，$[I_2]$ が大きく，v_1 は **大きい**。
反応が進むと $[H_2]$，$[I_2]$ が小さくなり，v_1 は **小さく** なっていく。
一方，[HI] は大きくなるので v_2 は **大きく** なっていく。

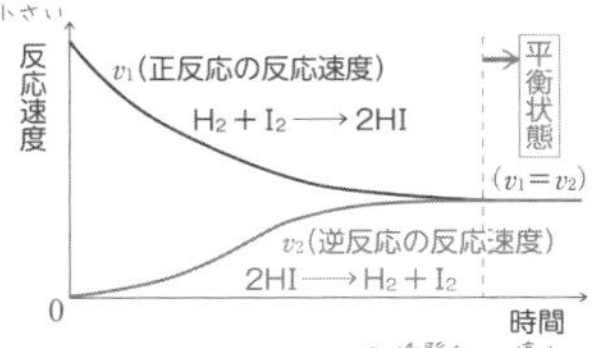

ある時間が経過すると，正反応と逆反応の反応速度が等しくなり，見かけ上，反応が **停止** した状態になる。このような状態を **化学平衡** の状態，または単に **平衡状態** という。**化学平衡** の状態では **$v_1 = v_2$** となるので，②式と③式を **$v_1 = v_2$** に代入すると，次の式が成り立つ。

$$k_1[H_2][I_2] = k_2[HI]^2$$

（②式より）（③式より）

ここで，$\dfrac{[HI]^2}{[H_2][I_2]}$ の形をつくると，$\dfrac{[HI]^2}{[H_2][I_2]} = \dfrac{k_1}{k_2}$ となる。この $\dfrac{k_1}{k_2}$ は定数なので，これを K とおくと，次の式が得られる。

$$K = \frac{[HI]^2}{[H_2][I_2]} = \frac{k_1}{k_2}$$

（K はいつも $\dfrac{右辺}{左辺}$ で書く。）

K をこの化学平衡の **平衡定数** または **濃度平衡定数** という。
K は温度が変わらなければ，常に **一定** の値になる。これを，**化学平衡** の法則または **質量作用** の法則という。

☑ **3**　$N_2 + 3H_2 \rightleftarrows 2NH_3$ について，平衡定数 K を表す式を書け。

$aA + bB \rightleftarrows cC + dD$ の平衡定数 K は，
右辺を分子に書く
$K = \dfrac{[C]^c[D]^d}{[A]^a[B]^b}$ となり，温度一定で一定の値になる。
左辺を分母に書く

$$K = \frac{[NH_3]^2}{[N_2][H_2]^3}$$

63 (濃度)平衡定数とその計算

学習日 月 日

(濃度)平衡定数

例題 次の反応が平衡状態にあるとき，平衡定数 K を表す式を書き，単位も記せ。

(1) H_2(気) + I_2(気) $\rightleftarrows$ 2HI(気)

$K=\dfrac{[HI]^2}{[H_2][I_2]}$ 単位 なし → $\dfrac{\left(\frac{mol}{L}\right)^2}{\left(\frac{mol}{L}\right)\left(\frac{mol}{L}\right)}$ より「なし」

(2) N_2(気) + $3H_2$(気) $\rightleftarrows$ $2NH_3$(気)

$K=\dfrac{[NH_3]^2}{[N_2][H_2]^3}$ 単位 $(mol/L)^{-2}$ → $\dfrac{\left(\frac{mol}{L}\right)^2}{\left(\frac{mol}{L}\right)\left(\frac{mol}{L}\right)^3}=\dfrac{1}{\left(\frac{mol}{L}\right)^2}$ より「$(mol/L)^{-2}$」

$(L/mol)^2$，L^2/mol^2 も OK

1 N_2O_4(気) $\rightleftarrows$ $2NO_2$(気) の平衡定数 K を表す式とその単位を答えよ。

$K=\dfrac{[NO_2]^2}{[N_2O_4]}$ 単位 mol/L → $\dfrac{\left(\frac{mol}{L}\right)^2}{\left(\frac{mol}{L}\right)}$ より「mol/L」

(濃度)平衡定数の計算

例題 H_2 + I_2 $\rightleftarrows$ 2HI の反応について，体積 2.0 L の容器内で，温度を一定に保ってしばらく置くと，平衡状態に達した。このとき，H_2 は 1.0 mol，I_2 は 1.0 mol，HI は 8.0 mol となった。この条件での平衡定数 K の値を有効数字 2 桁で求めよ。また，単位を記せ。

$$K=\frac{[HI]^2}{[H_2][I_2]}=\frac{\left(\frac{8.0\,mol}{2.0\,L}\right)^2}{\left(\frac{1.0\,mol}{2.0\,L}\right)\left(\frac{1.0\,mol}{2.0\,L}\right)}=64$$

$K=$ 64 単位 なし

6.4×10 でも OK

2 H_2 + I_2 $\rightleftarrows$ 2HI の反応について，3.0 L の密閉容器に H_2 1.0 mol と I_2 1.0 mol を入れて加熱し，一定温度に保ったところ，HI が 1.6 mol 生じ平衡状態になった。この条件での平衡定数 K の値を有効数字 2 桁で求めよ。また，単位を記せ。

$1H_2$ + $1I_2$ $\rightleftarrows$ 2HI より，HI 1.6 mol が生じているとき，反応した H_2 は（$\times\frac{1}{2}$，$\times\frac{1}{2}$）

$1.6\times\frac{1}{2}=0.80$ mol，I_2 は $1.6\times\frac{1}{2}=0.80$ mol とわかる。

	H_2	+ I_2	$\rightleftarrows$ 2HI
反応前	1.0 mol	1.0 mol	0 mol
変化量	−0.80 mol	−0.80 mol	+1.6 mol
平衡時	0.20 mol	0.20 mol	1.6 mol

$$K=\frac{[HI]^2}{[H_2][I_2]}=\frac{\left(\frac{1.6\,mol}{3.0\,L}\right)^2}{\left(\frac{0.20\,mol}{3.0\,L}\right)\left(\frac{0.20\,mol}{3.0\,L}\right)}=64$$

6.4×10 でも OK

$K=$ 64 単位 なし

化学平衡の計算

例題 H_2 + I_2 $\rightleftarrows$ 2HI の反応について，体積 V〔L〕の容器に H_2 5.0 mol，I_2 5.0 mol を入れ，温度を一定に保ってしばらく置くと，平衡状態に達した。この条件での平衡定数 K の値が 64 とすると，平衡状態における H_2，I_2，HI の物質量〔mol〕を有効数字 2 桁で答えよ。

考え方 平衡状態で生じた HI を $2x$〔mol〕とおくと，反応した H_2 や I_2 は x mol ずつとなる。よって，その量的関係は次のようになる。

$2x\times\frac{1}{2}=x$

HI が 2 mol 生じるとき，H_2 や I_2 は 1 mol 反応しているので。

	H_2	+ I_2	$\rightleftarrows$ 2HI
反応前	5.0 mol	5.0 mol	0 mol
変化量	$-x$ mol	$-x$ mol	$+2x$ mol
平衡時	$5.0-x$ mol	$5.0-x$ mol	$2x$ mol

容器 V〔L〕

平衡定数 K の値が 64 なので，

$$K=\frac{[HI]^2}{[H_2][I_2]}=\frac{\left(\frac{2x\,[mol]}{V\,[L]}\right)^2}{\left(\frac{5.0-x\,[mol]}{V\,[L]}\right)\left(\frac{5.0-x\,[mol]}{V\,[L]}\right)}=64$$ と表せる。

$\dfrac{(2x)^2}{(5.0-x)^2}$ でも OK

$\dfrac{(2x)^2}{(5.0-x)^2}=64$ $\dfrac{2x}{5.0-x}=8(>0)$ $x=4.0$

よって，H_2 は $5.0-x=1.0$ mol，I_2 も $5.0-x=1.0$ mol，HI は $2x=8.0$ mol

H_2 1.0 mol I_2 1.0 mol HI 8.0 mol

3 上の反応で，5.0 L の容器に H_2 1.0 mol，I_2 1.0 mol を入れたら平衡状態に達した。この条件での平衡定数 K の値が 64 とすると，平衡状態における H_2，I_2，HI の物質量〔mol〕を有効数字 2 桁で答えよ。

	H_2	+ I_2	$\rightleftarrows$ 2HI
反応前	1.0 mol	1.0 mol	0 mol
変化量	$-x$〔mol〕	$-x$〔mol〕	$+2x$〔mol〕
平衡時	$1.0-x$〔mol〕	$1.0-x$〔mol〕	$2x$〔mol〕

$$K=\frac{[HI]^2}{[H_2][I_2]}=\frac{\left(\frac{2x\,[mol]}{5.0\,L}\right)^2}{\left(\frac{1.0-x\,[mol]}{5.0\,L}\right)\left(\frac{1.0-x\,[mol]}{5.0\,L}\right)}=64$$

$\dfrac{(2x)^2}{(1.0-x)^2}=64$ $\dfrac{2x}{1.0-x}=8(>0)$ $x=0.80$

よって，H_2 は $1.0-x=0.20$ mol，I_2 も $1.0-x=0.20$ mol，HI は $2x=1.6$ mol

H_2 0.20 mol I_2 0.20 mol HI 1.6 mol

64 ルシャトリエの原理

学習日 月 / 日

ルシャトリエの原理

可逆反応が平衡状態にあるとき，条件(**濃度** ， **圧力** ， **温度** など)を変化させると，一時的に平衡状態がくずれるが，すぐに正反応や逆反応が進み(**平衡** が移動し)，新しい平衡状態となる。

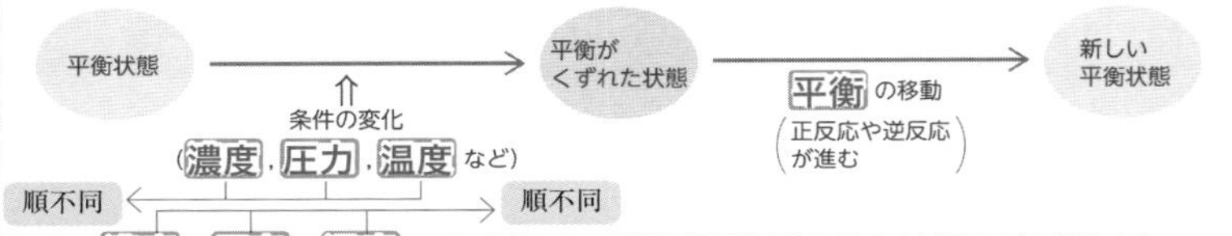

平衡は **濃度** ， **圧力** ， **温度** などの変化による影響を打ち消す向き(やわらげる向き)に移動する。
これを **ルシャトリエ** の原理(**平衡移動の原理**)という。

☑ **1** 化学反応が平衡状態にあるとき，

反応に関係する物質の濃度を増加させると，その物質の濃度が **減少** する向きに平衡の移動が起こる。 増加 or 減少

H_2(気) ＋ I_2(気) ⇄ 2HI(気)

H_2 を加えると，H_2 の濃度を **減少** させる向き，つまり，「平衡が **右** (⟶)に移動」し，新しい平衡状態になる。 右 or 左

(1) N_2(気) ＋ $3H_2$(気) ⇄ $2NH_3$(気) では，N_2 を加えると，平衡は左右どちら向きに移動するか。

N_2 の濃度を減少させる向き，つまり，平衡は右に移動する。 **右**

(2) H_2(気) ＋ I_2(気) ⇄ 2HI(気) では，HI を除くと，平衡は左右どちら向きに移動するか。

HIの濃度を増加させる向き，つまり，平衡は右に移動する。 **右**

温度変化と平衡の移動

化学反応が平衡状態にあるとき，

「温度を上げる」と「ΔH **＞** 0 の **吸熱** 反応の向き」
「温度を下げる」と「ΔH **＜** 0 の **発熱** 反応の向き」

(＜ or ＞)(発熱 or 吸熱)

に平衡が移動する。

例題 N_2O_4(気) ⇄ $2NO_2$(気) $\Delta H = 57$ kJ で，温度を上げると，平衡は左右どちら向きに移動するか。

$\Delta H > 0$ の吸熱反応の向き，つまり，平衡は右に移動する。 **右**

☑ **2** N_2(気)＋$3H_2$(気) ⇄ $2NH_3$(気) $\Delta H = -92$ kJ では，温度を下げると，平衡は左右どちら向きに移動するか。

$\Delta H < 0$ の発熱反応の向き，つまり，平衡は右に移動する。 **右**

圧力変化と平衡の移動

気体反応が平衡状態にあるとき，

反応に関係する混合気体の圧力を増加させると，気体の粒子数を **減少** させる向きに平衡の移動が起こる。 増加 or 減少

例題 $2NO_2$(気) ⇄ N_2O_4(気) で，圧力を高くすると，気体の粒子数を **減少** させる向き(**2 ⟶ 1**)，つまり，平衡は **右** に移動する。

左辺 右辺 可逆反応の反応式の係数を読みとる

☑ **3** N_2(気) ＋ $3H_2$(気) ⇄ $2NH_3$(気) では，圧力を高くすると，平衡は左右どちら向きに移動するか。

気体の粒子数を減少させる向き(1 ＋ 3 [左辺] ⟶ 2 [右辺])，つまり，平衡は右に移動する。 **右**

☑ **4** 気体反応が平衡状態にあるとき，反応に関係する混合気体の圧力を減少させると，気体の粒子数を **増加** させる向きに平衡の移動が起こる。

$2NO_2$(気) ⇄ N_2O_4(気) では，圧力を低くすると，気体の粒子数を **増加** させる向き(2 **⟵** 1)，つまり，平衡は **左** に移動する。 ⟶ or ⟵

☑ **5** H_2(気) ＋ I_2(気) ⇄ 2HI(気) のような，反応前後で気体の粒子数が変化 **しない** (左辺：1＋1，右辺：2)反応では，圧力を変化させても平衡は移動 **しない** 。 する or しない

触媒と化学平衡

化学反応が平衡状態にあるとき，触媒を加えると，正反応の **活性化エネルギー** を小さくし，逆反応の **活性化エネルギー** も小さくする。そのため，正反応，逆反応のどちらの反応速度も **大きく** なる。したがって，触媒を加えても平衡は移動 **しない** 。ただし，触媒を加えると，平衡に達するまでの時間は **短く** なる。

大きく or 小さく　する or しない　長く or 短く

☑ **6** N_2(気) ＋ $3H_2$(気) ⇄ $2NH_3$(気) では，触媒を加えると，平衡はどちら向きに移動するか。右，左，移動しない のいずれかで答えよ。

触媒を加えると，平衡状態に達するまでの時間が短くなるが，平衡は移動しない。 **移動しない**

65 電離平衡と電離定数

学習日 月 / 日

水溶液の化学平衡

電離によって生じる平衡を **電離平衡** といい，**化学平衡** の法則（**質量作用** の法則）が成り立つ。このときの平衡定数を **電離定数** という。

例題 次の電離平衡について，それぞれの電離定数 K_a，K_b を書け。（酸(acid)の a，塩基(base)の b）

(1) $CH_3COOH \rightleftarrows CH_3COO^- + H^+$ $\quad K_a=\dfrac{[CH_3COO^-][H^+]}{[CH_3COOH]}$

(2) $NH_3 + H_2O \rightleftarrows NH_4^+ + OH^-$ $\quad K_b=\dfrac{[NH_4^+][OH^-]}{[NH_3]}$

平衡定数は $K=\dfrac{[NH_4^+][OH^-]}{[NH_3][H_2O]}$ で表されるが，$[H_2O]$は一定とみなし

$K[H_2O]=\dfrac{[NH_4^+][OH^-]}{[NH_3]}=K_b$ とする。よって，$K_b=\dfrac{[NH_4^+][OH^-]}{[NH_3]}$

☑ **1** 酢酸の電離平衡について，酢酸の初濃度を c〔mol/L〕，その電離度を α とし，変化量や平衡時のモル濃度の関係を c と α を用いて表せ。ただし，変化量には＋や－もつけよ。

	CH_3COOH	$\rightleftarrows$ CH_3COO^-	＋ H^+	
電離前	c	0	0	〔mol/L〕
変化量	$-c\alpha$	$+c\alpha$	$+c\alpha$	〔mol/L〕
平衡時	$c-c\alpha$	$c\alpha$	$c\alpha$	〔mol/L〕

（$c-c\alpha$ → $c(1-\alpha)$でも OK）

☑ **2** c〔mol/L〕の弱酸 HA の水溶液について，電離度を α とすると，変化量（＋や－もつけること），平衡時のモル濃度の関係を c と α を用いて表せ。

	HA	$\rightleftarrows$ H^+	＋ A^-	
電離前	c	0	0	〔mol/L〕
変化量	$-c\alpha$	$+c\alpha$	$+c\alpha$	〔mol/L〕
平衡時	$c-c\alpha$	$c\alpha$	$c\alpha$	〔mol/L〕

（$c-c\alpha$ → $c(1-\alpha)$でも OK）

弱酸の電離

例題 c〔mol/L〕の酢酸水溶液について，電離度を α とし，電離定数 K_a を α を用いて表せ。

	CH_3COOH	$\rightleftarrows$ CH_3COO^-	＋ H^+	
電離前	c	0	0	〔mol/L〕
平衡時	$c-c\alpha$	$c\alpha$	$c\alpha$	〔mol/L〕

（$c-c\alpha$ → $c(1-\alpha)$でも OK）

それぞれのモル濃度は，

$[CH_3COOH]=c-c\alpha$〔mol/L〕，$[CH_3COO^-]=c\alpha$〔mol/L〕，$[H^+]=c\alpha$〔mol/L〕

となる。これを K_a に代入し，K_a を α を用いて表す。

$$K_a=\frac{[CH_3COO^-][H^+]}{[CH_3COOH]}=\frac{c\alpha\cdot c\alpha}{c-c\alpha}=\frac{c^2\alpha^2}{c(1-\alpha)}=\frac{c\alpha^2}{1-\alpha}$$

$K_a=\dfrac{c\alpha^2}{1-\alpha}$

電離度と電離定数

1 に対して α がきわめて小さいときは，$1-\alpha\fallingdotseq 1$ とみなすことができる。このことを利用すると，

$K_a=\dfrac{c\alpha^2}{1-\alpha}\fallingdotseq\dfrac{c\alpha^2}{1}=c\alpha^2$ とすることができる。

電離度 α は，$0<\alpha\leqq 1$ なので，$K_a=c\alpha^2$ を α について解くと，

$\alpha^2=\dfrac{K_a}{c}$ より，$\alpha=\sqrt{\dfrac{K_a}{c}}$

となる。

☑ **3** 酢酸の初濃度を c〔mol/L〕，電離定数を K_a とする。電離度 α を，c と K_a を使って表せ。ただし，α は 1 に比べてきわめて小さいものとする。

	CH_3COOH	$\rightleftarrows$ CH_3COO^-	＋ H^+	
電離前	c	0	0	
平衡時	$c(1-\alpha)$	$c\alpha$	$c\alpha$	〔mol/L〕

$$K_a=\frac{[CH_3COO^-][H^+]}{[CH_3COOH]}=\frac{c\alpha\cdot c\alpha}{c(1-\alpha)}=\frac{c\alpha^2}{1-\alpha}$$

$1-\alpha\fallingdotseq 1$ とみなせるので，$K_a=c\alpha^2$ $\quad \alpha^2=\dfrac{K_a}{c}$ $\quad \alpha>0$ より，$\alpha=\sqrt{\dfrac{K_a}{c}}$

弱酸の水素イオン濃度

酢酸の初濃度を c〔mol/L〕，電離定数を K_a とする。酢酸の$[H^+]$を，c と K_a を用いて表せ。ただし，α は 1 に比べてきわめて小さいものとする。

	CH_3COOH	$\rightleftarrows$ CH_3COO^-	＋ H^+	
電離前	c	0	0	〔mol/L〕
平衡時	$c(1-\alpha)$	$c\alpha$	$c\alpha$	〔mol/L〕

$\alpha=\sqrt{\dfrac{K_a}{c}}$ より，酢酸の水素イオン濃度$[H^+]$は，

$[H^+]=c\alpha=c\cdot\sqrt{\dfrac{K_a}{c}}=\sqrt{cK_a}$ となる。

☑ **4** 0.10 mol/L の酢酸水溶液の電離度 α と$[H^+]$を有効数字 2 桁で求めよ。ただし，酢酸の電離定数 K_a は 2.8×10^{-5} mol/L，$\sqrt{2.8}=1.7$，電離度 α は 1 に比べてきわめて小さいものとする。

$\alpha=\sqrt{\dfrac{K_a}{c}}=\sqrt{\dfrac{2.8\times10^{-5}}{0.10}}=\sqrt{2.8\times10^{-4}}=1.7\times10^{-2}$

$[H^+]=c\alpha=0.10\times1.7\times10^{-2}=1.7\times10^{-3}$ mol/L

または，

$[H^+]=\sqrt{cK_a}=\sqrt{0.10\times2.8\times10^{-5}}=\sqrt{2.8\times10^{-6}}=1.7\times10^{-3}$ mol/L

$\alpha=1.7\times10^{-2}$

$[H^+]=1.7\times10^{-3}$ mol/L

66 緩衝液

学習日 月 / 日

緩衝液

酸や塩基がわずかに加えられても pH の値をほぼ一定に保つはたらきを 緩衝《かんしょう》 作用という。
緩衝 作用のある溶液を 緩衝液 といい，
弱酸とその塩や**弱塩基とその塩**の混合水溶液は 緩衝液 になる。

〈緩衝液 の例〉
- CH_3COOH（弱酸） と CH_3COONa（弱酸の塩） の混合水溶液
- NH_3（弱塩基） と NH_4Cl（弱塩基の塩） の混合水溶液

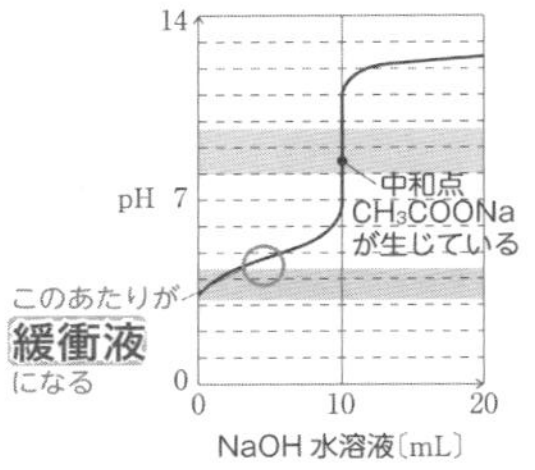

〈0.10mol/LCH₃COOH 水溶液 10mL に 0.10mol/LNaOH 水溶液を滴下したときの滴定曲線〉

☑ **1** 0.10 mol の CH_3COOH と 0.10 mol の CH_3COONa を水に溶かし，1.0 L の混合水溶液を作った。

(1) この混合水溶液に少量の酸や塩基を加えても，溶液の pH の値はほとんど変化しない。このような性質を何というか。また，このような水溶液は何とよばれるか。

性質 **緩衝作用**　　水溶液 **緩衝液**

(2) この混合水溶液に少量の酸（H^+ とせよ）や，少量の塩基（OH^- とせよ）を加えたときに起こる反応をイオン反応式で表せ。

少量の酸を加えたとき　$CH_3COO^- + H^+ \longrightarrow CH_3COOH$

少量の塩基を加えたとき　$CH_3COOH + OH^- \longrightarrow CH_3COO^- + H_2O$

緩衝液の$[H^+]$

0.10 mol の CH_3COOH と 0.10 mol の CH_3COONa を水に溶かし，0.50 L の混合水溶液を作った。この混合水溶液を 緩衝液 といい，$[H^+]$ は次のように求める。

手順1　緩衝液中の CH_3COOH と CH_3COONa（CH_3COOH と CH_3COO^-）の物質量〔mol〕比を求める。

$CH_3COOH : CH_3COONa = CH_3COOH : CH_3COO^- =$ **0.10** : **0.10** = **1** : **1**（物質量〔mol〕比）

↓

手順2　手順1で求めた比を K_a に代入する。

$K_a = \dfrac{[CH_3COO^-][H^+]}{[CH_3COOH]} = \dfrac{1[H^+]}{1} = [H^+]$　　よって，$[H^+] =$ **K_a**

［ ］は mol/L だが，混合水溶液の体積は同じ 0.50 L なので，mol の比 = mol/L の比　となる

☑ **2** 0.10 mol の CH_3COOH と 0.20 mol の CH_3COONa を水に溶かして，0.80 L の混合水溶液を作った。この混合水溶液の $[H^+]$ を有効数字 2 桁で求めよ。ただし，酢酸の電離定数は $K_a = 2.8 \times 10^{-5}$ mol/L とする。

$CH_3COOH : CH_3COONa = CH_3COOH : CH_3COO^- = 0.10 : 0.20 = 1 : 2$（物質量〔mol〕比）

$K_a = \dfrac{[CH_3COO^-][H^+]}{[CH_3COOH]} = \dfrac{2[H^+]}{1}$　より，$[H^+] = \dfrac{1}{2} \times K_a = \dfrac{1}{2} \times 2.8 \times 10^{-5} = 1.4 \times 10^{-5}$ mol/L

1.4×10^{-5} mol/L

☑ **3** 0.20 mol/L 酢酸水溶液の電離度 α を有効数字 2 桁で，pH を小数第 1 位まで求めよ。ただし，酢酸の電離定数は $K_a = 2.0 \times 10^{-5}$ mol/L，$\log_{10} 2 = 0.30$ とし，電離度 α は 1 に比べてきわめて小さいものとする。

c〔mol/L〕とおく。

$\alpha = \sqrt{\dfrac{K_a}{c}} = \sqrt{\dfrac{2.0 \times 10^{-5}}{0.20}} = \sqrt{10^{-4}} = 1.0 \times 10^{-2}$

$[H^+] = c\alpha = 0.20 \times 1.0 \times 10^{-2} = 2.0 \times 10^{-3}$ mol/L
$pH = -\log_{10}[H^+] = -\log_{10}(2 \times 10^{-3}) = 3 - \log_{10} 2 = 3 - 0.30 = 2.7$

または，$[H^+] = \sqrt{cK_a} = \sqrt{0.20 \times 2.0 \times 10^{-5}} = \sqrt{4.0 \times 10^{-6}} = 2.0 \times 10^{-3}$ mol/L
$pH = -\log_{10}[H^+] = -\log_{10}(2 \times 10^{-3}) = 3 - \log_{10} 2 = 2.7$

0.010 でも OK

$\alpha =$ **1.0×10^{-2}**　　pH = **2.7**

☑ **4** 酢酸水溶液 5.0×10^{-2} mol/L と酢酸ナトリウム水溶液 4.0×10^{-2} mol/L をそれぞれ 300 mL ずつ混合して 600 mL の混合水溶液をつくった。この混合水溶液の pH を小数第 1 位まで求めよ。ただし，酢酸の電離定数は $K_a = 2.0 \times 10^{-5}$ mol/L，$\log_{10} 2 = 0.30$ とする。

$CH_3COOH : CH_3COONa = CH_3COOH : CH_3COO^-$（物質量〔mol〕比）
$= 5.0 \times 10^{-2} \times \dfrac{300}{1000}$ mol $: 4.0 \times 10^{-2} \times \dfrac{300}{1000}$ mol
$= 5 : 4$

$K_a = \dfrac{[CH_3COO^-][H^+]}{[CH_3COOH]} = \dfrac{4[H^+]}{5}$　より，$[H^+] = \dfrac{5}{4} \times K_a$

$[H^+] = \dfrac{5}{4} \times 2.0 \times 10^{-5} = \dfrac{10 \times 10^{-5}}{4} = \dfrac{1}{4} \times 10^{-4} = \dfrac{1}{2^2} \times 10^{-4}$ mol/L

$pH = -\log_{10}[H^+] = -\log_{10} \dfrac{10^{-4}}{2^2}$
$= -(\log_{10} 10^{-4} - \log_{10} 2^2)$
$= 4 + 2\log_{10} 2 = 4 + 2 \times 0.30 = 4.6$

pH = **4.6**

67 溶解平衡

学習日　月／日

溶解平衡

塩化銀 AgCl や硫酸バリウム $BaSO_4$ は，水に溶けにくい塩（**難溶性** 塩）だが，これらの塩もわずかには水に溶ける。

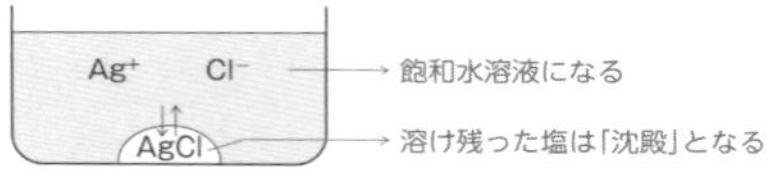

このとき，沈殿と水溶液中のイオンとの間には，次の平衡が成り立つ。

AgCl(固) $\rightleftarrows$ Ag^+ ＋ Cl^- …①

①式に **化学平衡** の法則（**質量作用** の法則）を適用すると，平衡定数は次の式のように表される。

$$K=\frac{[Ag^+][Cl^-]}{[AgCl(固)]}$$

ここで，[AgCl(固)]は **一定** とみなすことができ，K[AgCl(固)]＝K_{sp} とすると，次のようになる。

（溶解度積（solubility product）を表す）

$$K_{sp}=K[AgCl(固)]=[Ag^+][Cl^-]$$

K_{sp} を **溶解度積** といい，温度が一定であれば常に **一定** の値になる。（一定 or 可変）

☑ **1** 次の溶解平衡から溶解度積 K_{sp} を表す式を書け。

(1) $BaSO_4$(固) $\rightleftarrows$ Ba^{2+} ＋ SO_4^{2-}　　K_{sp}＝ $[Ba^{2+}][SO_4^{2-}]$

(2) Ag_2CrO_4(固) $\rightleftarrows$ $2Ag^+$ ＋ CrO_4^{2-}　　K_{sp}＝ $[Ag^+]^2[CrO_4^{2-}]$

→ [$BaSO_4$(固)]や[Ag_2CrO_4(固)]は K_{sp} に入れない

☑ **2** AgCl の沈殿を含む飽和溶液に NaCl を加えると，飽和溶液中の$[Cl^-]$が **大きく** なり，**ルシャトリエ** の原理から$[Cl^-]$の **減少** する向きに平衡が移動する。この結果，AgCl の溶解度が **小さく** なり，AgCl(固)の量が **増加** する。この現象を **共通イオン** 効果という。

（大きく or 小さく）（増加 or 減少）（大きく or 小さく）（大きく or 小さく）（増加 or 減少）

沈殿生成の有無の判定

K_{sp} を使うことで，沈殿が生じるか生じないかを判定できる。

〈判定のしかた〉

すべてイオンとして存在している（沈殿を生じていない）と考えたときのモル濃度の積を計算し，K_{sp} と比べて，沈殿が「生じる」か「生じない」かを判定する。

❶（計算値）＞ K_{sp}　のとき
沈殿が生じ **る**。水溶液中では K_{sp} が成立している。（る or ない）

❷（計算値）≦ K_{sp}　のとき
沈殿は生じ **ない**。（る or ない）

☑ **3** 2.0×10^{-5} mol/L の $AgNO_3$ 水溶液 100 mL に 2.0×10^{-5} mol/L の NaCl 水溶液 100 mL を加えたとき，AgCl の沈殿は生じるか，生じないか。ただし，AgCl の溶解度積は 1.8×10^{-10} $(mol/L)^2$ とする。

同体積（100 mL ずつ）混合し 200 mL とするので，濃度は $\frac{1}{2}$ 倍になる。

$[Ag^+]=2.0\times10^{-5}\times\frac{1}{2}=1.0\times10^{-5}$ mol/L

$[Cl^-]=2.0\times10^{-5}\times\frac{1}{2}=1.0\times10^{-5}$ mol/L

$[Ag^+][Cl^-]=(1.0\times10^{-5})\times(1.0\times10^{-5})=\underbrace{10^{-10}}_{計算値}<K_{sp}=1.8\times10^{-10}$

となり，AgCl の沈殿は生じない。

AgCl の沈殿は生じ **ない**。

☑ **4** 0.10 mol/L の Cu^{2+} と 0.10 mol/L の Zn^{2+} を含む水溶液に H_2S を通じて，水溶液中の S^{2-} のモル濃度を 1.0×10^{-22} mol/L にした。

(1) CuS の溶解度積は $K_{sp(CuS)}=6.5\times10^{-30}(mol/L)^2$
ZnS の溶解度積は $K_{sp(ZnS)}=2.2\times10^{-18}(mol/L)^2$　である。
次の 例題 にならって，ZnS の溶解平衡を表すイオン反応式と溶解度積 K_{sp} を表す式を数値とともに書け。

例題 CuS $\rightleftarrows$ Cu^{2+} ＋ S^{2-}　　$K_{sp(CuS)}=[Cu^{2+}][S^{2-}]=6.5\times10^{-30}(mol/L)^2$

ZnS $\rightleftarrows$ $Zn^{2+}+S^{2-}$　　$K_{sp(ZnS)}=[Zn^{2+}][S^{2-}]=2.2\times10^{-18}(mol/L)^2$

(2) CuS や ZnS の沈殿は生じるか，生じないか。

〈CuS について〉

$[Cu^{2+}][S^{2-}]=0.10\times(1.0\times10^{-22})=\underbrace{10^{-23}}_{計算値}>K_{sp(CuS)}=6.5\times10^{-30}$

となり，CuS の沈殿が生じる。

〈ZnS について〉

$[Zn^{2+}][S^{2-}]=0.10\times(1.0\times10^{-22})=\underbrace{10^{-23}}_{計算値}<K_{sp(ZnS)}=2.2\times10^{-18}$

となり，ZnS の沈殿は生じない。

CuS の沈殿は生じ **る**。　ZnS の沈殿は生じ **ない**。

〔基礎からのジャンプアップノート 理論化学 計算＆暗記ドリル　改訂版（別冊）〕橋爪健作　S4e124

年　　　　　組　　　　　番　名前